Web 开发经典丛书

HTML5 Web 开发最佳实践

使用 CSS JavaScript 和多媒体

[美] Mark J. Collins   著

王 净 范园芳 译

U0236073

清华大学出版社

北 京

Mark J. Collins

Pro HTML5 with CSS, JavaScript, and Multimedia：Complete Website Development and Best Practices

EISBN：978-1-4842-2462-5

Original English language edition published by Apress Media. Copyright © 2017 by Mark J. Collins. Simplified Chinese-Language edition copyright © 2017 by Tsinghua University Press. All rights reserved.

北京市版权局著作权合同登记号　图字：01-2017-5741

本书封面贴有清华大学出版社防伪标签，无标签者不得销售。

版权所有，侵权必究。侵权举报电话：010-62782989　13701121933

图书在版编目(CIP)数据

HTML5 Web 开发最佳实践：使用 CSS JavaScript 和多媒体 / (美) 马克·J. 柯林斯(Mark J. Collins) 著；王净，范园芳　译. —北京：清华大学出版社，2018

(Web 开发经典丛书)

书名原文：Pro HTML5 with CSS, JavaScript, and Multimedia：Complete Website Development and Best Practices

ISBN 978-7-302-48698-5

Ⅰ. ①H… Ⅱ. ①马… ②王… ③范… Ⅲ. ①超文本标记语言－程序设计 Ⅳ. ①TP312.8

中国版本图书馆 CIP 数据核字(2017)第 270945 号

责任编辑：王　军　于　平
装帧设计：牛艳敏
责任校对：成凤进
责任印制：李红英

出版发行：清华大学出版社
　　　　　网　　址：http://www.tup.com.cn，http://www.wqbook.com
　　　　　地　　址：北京清华大学学研大厦 A 座　　邮　　编：100084
　　　　　社 总 机：010-62770175　　邮　　购：010-62786544
　　　　　投稿与读者服务：010-62776969，c-service@tup.tsinghua.edu.cn
　　　　　质 量 反 馈：010-62772015，zhiliang@tup.tsinghua.edu.cn
印 装 者：清华大学印刷厂
经　　销：全国新华书店
开　　本：185mm×260mm　　印　　张：32　　字　　数：759 千字
版　　次：2018 年 1 月第 1 版　　印　　次：2018 年 1 月第 1 次印刷
印　　数：1～3000
定　　价：98.00 元

产品编号：076423-01

译 者 序

　　HTML5 是最新一代的 HTML 标准，它不仅拥有 HTML 中所有的特性，而且增加了许多实用的特性，如视频、音频、画布(canvas)等。HTML5 的最显著的优势在于跨平台性，用 HTML5 搭建的站点与应用可以兼容 PC 端与移动端、Windows 与 Linux、安卓与 iOS。它可以轻易地移植到不同的开放平台、应用平台上。这种强大的兼容性可以显著地降低开发与运营成本，可以让企业特别是创业者获得更多的发展机遇。此外，HTML5 的本地存储特性也给使用者带来了更多便利。基于 HTML5 开发的轻应用比本地 APP 拥有更短的启动时间，更快的联网速度，而且不需要下载占用存储空间，特别适合手机等移动媒体。而 HTML5 让开发者不需要依赖第三方浏览器插件即可创建高级图形、版式、动画以及过渡效果，这也使得用户用较少的流量就可以得到炫酷的视觉听觉效果。

　　本书由著名的软件开发专家 Mark J.Collins 撰著，他拥有 35 年的软件开发经验，所涉足的一些关键技术领域包括 COM、.NET、SQL Server 以及 SharePoint，并且在许多行业创建过大量的企业级应用程序，对 HTML5 具有深刻的理解。

　　全书分为五个部分，第 I 部分"HTML5 技术"包括三章，分别介绍 HTML5 技术的三个主要方面：HTML、CSS 和 JavaScript。对于那些初次接触 Web 开发的读者来说，本部分是必读章节，因为所介绍的一些基本概念将在书中的其他部分应用；第 II 部分"HTML"包括五章，深入详细地介绍了可用的 HTML 元素以及它们的使用方式和时机。为便于读者理解，将这些元素分为结构元素、文本元素、表元素、嵌入元素以及表单元素，并分别提供了相关的示例加以演示；第 III 部分"CSS"包括七章，介绍了如何使用 CSS 对内容进行格式化。CSS 是 HTML5 中比较难以理解的一部分，特别是对于那些初次接触 Web 应用开发的读者来说，很多概念没有接触过，因此本部分从 CSS 最基本的概念入手，并提供了示例帮助理解相关概念；第 IV 部分"JavaScript"包括五章，深入介绍并演示如何在 Web 环境中使用 JavaScript。JavaScript 是 HTML5 中非常重要的一部分，它可以让 Web 页面更具有动态性和交互性。只要读者具备一定的编程知识，就可以很好地理解本章的内容；第 V 部分"高级应用"包括六章。每一章都以示例的方式实现 HTML5 的一项高级功能。每一个示例都分步骤介绍了需要完成的工作，读者可以跟着书一步一步地动手实践，从而真正体会到编程的乐趣。

　　本书图文并茂，技术新，实用性强，以大量的实例对 HTML5 做了详细的解释，是学习 HTML5 的用户不可缺少的实用参考书籍。本书可作为 HTML5 编程人员的参考手册，适合于计算机技术人员使用。此外，该书附录中提供了相关的参考资料，如果在阅读过程中遇到不懂的方法或属性，可以参阅相关内容。

　　本书由王净、范园芳翻译，参与翻译的还有田洪、范桢、胡训强、晏峰、余佳隽、张洁、何远燕、任方燕、吴同菊、曹兵、朱婷婷、蒋芬娇、王湘旭、罗聪玉、戈毛毛、赵舒欣、颜欢。最终由王净负责统稿，在此一并表示感谢。此外，还要感谢我的家人，她们总是无怨无悔地支持我的一切工作，我为有这样的家庭而感到幸福。

译者在翻译过程中，尽量保持原书的特色，并对书中出现的术语和难词难句进行了仔细推敲和研究。但毕竟有少量技术是译者在自己的研究领域中不曾遇到过的，所以疏漏和争议之处在所难免，望广大读者提出宝贵意见。

最后，希望广大读者能多花些时间细细品味这本凝聚作者和译者大量心血的书籍，为将来的职业生涯奠定良好的基础。

王 净
作于广州

简　　介

作者简介

　　Mark J.Collins 从事软件开发 35 年。他所涉足的一些关键技术领域包括 COM、.NET、SQL Server 以及 SharePoint。他在许多行业创建过大量的企业级应用程序。目前，他是多家企业的应用程序和数据架构师。可以通过他的网站了解更多信息(www.TheCreativePeople.com)。如果有任何问题和评论，可以通过 markc@thecreativepeople.com 与 Mark 联系。

技术编辑简介

　　Gaurav Mishra 是用户界面开发和 UX 设计方面的专家，拥有 10 多年的开发经验。他主要从事 UI 开发、UX 设计以及 Drupal 方面的培训。Gaurav 在许多组织的成功中都发挥了关键作用，并喜欢从零开始构建产品和服务。目前，他居住在 India 的 New Delhi，喜欢和自己的孩子 Yuvika 和妻子 Neeti 共度休闲时光。他喜欢所有类型的音乐，从印度古典音乐到俱乐部音乐。可以通过 mr.gauravmishr@gmail.com 与他取得联系，也可以通过 tweets(@gauravmishr)联系他。

致　　谢

　　我要感谢我美丽的妻子 Donna。如果不是因为你在我生命中播种，就不会成就现在的我。我真的很幸运能和你分享我的生活。谢谢你爱的支持和带来的生活乐趣！

　　我要感谢 Apress 出版社中帮助本书出版的人，是他们的辛勤工作才完成了你所看到的这本书；这是团队努力的结果。感谢 Jill 让一切都顺利进行；感谢 Gaurav 的投入和批评，帮助提高了本书的质量和准确性；还要感谢 Apress 出版社中监督本书细节部分的人。所有人都很愉快地完成了本书的出版。

前　言

本书旨在帮助读者学习相关的知识，从而创建使用了 HTML5 众多优秀功能的 Web 应用程序。不管是对于新手还是经验丰富的专业人员来说，本书都是大有裨益的。但最终还是由读者来判断我的这些目的是否达到。

本书包含了大量信息，所以如何有效地组织这些信息是需要优先考虑的问题。总的来说，HTML5 包括 HTML、CSS 以及 JavaScript；可以将它们视为 Web 应用程序所依赖的三脚架的三条腿。本书的第 I 部分为每一种技术提供了一个导言章节。我建议从这些章节开始阅读，尤其是那些初次接触 Web 开发的读者。第 II 部分、第III部分和第IV部分分别详细地介绍这三种技术。最后一部分提供了一些高级主题的演示程序，比如画布、SVG、拖放以及索引数据库。

此外，还要感谢 Mozilla、W3 Schools 以及许多其他组织和个人所提供的一些真正有用的网站，从中可以随时获取大量有用的材料。本书旨在通过重点关注概念来扩充这些资源。只有掌握了基本原理，才可以更有效地应用特定功能的细节信息。同时，为了达到撰写本书的目的，书中也会提供许多详细信息。为了便于读者读懂书中的相关概念，附录部分包含了参考资料。

书中还会介绍一些非常优秀的框架，例如 jQuery、Angular、Bootstrap 以及 Knockout。如果想要完成一些重大的 Web 开发工作，就需要使用一种或者多种框架。虽然你无法通过本书所介绍的技术亲自创建这些框架，但选择使用这些框架可以让开发工作更加轻松。但本书的重点是介绍 Web 技术的自身功能，而不是如何使用这些框架。

可从 www.apress.com 下载每章的源代码。除了最后一部分之外，书中其他部分的代码都相对比较简短，以便读者在学习的过程中可以亲自输入代码。但为了便于使用，所下载的源代码提供了每章的完整代码。在某些情况下，我还会使用两种或者三种方法来完成相同的事情。而下载的代码可能会注释掉部分代码。也可在本书封底扫描二维码下载本书源代码。

本书所要介绍的技术不是针对某一平台或者供应商的。书中所演示的示例 Web 页面可以在大多数主流的浏览器上运行。而读者所编辑的文件(HTML、CSS 以及 JavaScript)是可以使用任何文本编辑器编写的简单文本文件。然而，许多针对 Web 开发所设计的工具提供了 IntelliSense和上下文敏感格式，从而让开发工作变得更加容易。在本书中，我使用 Microsoft 的 WebMatrix创建示例。WebMatrix 是一款免费软件并且易于安装和使用。然而，2017 年 11 月以后 Microsoft放弃对 WebMatrix 的支持，转而提供一款免费、开源的 Visual Studio 版本。除非你已经是 Microsoft阵营中的一员，否则会有一段艰苦的适应过程。当然，也可以使用其他替代工具。你所喜欢的浏览器可能就已经提供了基本的编辑功能。

最后需要说明的是，与大多数技术一样，应用背景是在不断变化的。为此，本书选择介绍那些大多数平台所支持的功能，而避免介绍那些受限制的功能。在你阅读的过程中，技术也在不断地发展，所以你可能会发现某些内容过时了。此时，就需要你针对特定的功能进行研究。然而，我相信，不管 HTML5 技术如何发展，只要掌握本书所介绍的基础知识，你就可以自如地应用这些技术。

祝各位读者顺利掌握开发 Web 应用程序的各方面知识。此外，不要停止学习！

目　录

第 II 部分　HTML

第III部分　CSS

第 IV 部分　JavaScript

第 V 部分 高级应用

第 I 部分　HTML5 技术

术语 HTML5 涵盖非常广泛的技术，这些技术组合在一起提供了一个创建优秀 Web 应用程序所需的功能强大的平台。这些技术可以分为以下三个方面：

- 1) HTML——网页内容，包括了标记指令。
- 2) CSS——定义了内容如何显示的样式规则。
- 3) JavaScript——提供了客户端脚本和高级功能。

针对以上三方面的内容，第 I 部分别使用三章来介绍需要理解的一些基本概念，以便在书中其他部分应用这些概念。对于那些初次接触 Web 开发的读者来说，本部分是必读章节。

此外，每一章还介绍了许多其他的技术，即使你是一位经验丰富的开发人员，也会从本书中找到你所不知道或者可能遗忘的内容。我建议每位读者至少要浏览一下这些章节。在学习其他高级章节的过程中可能需要复习这些章节。

第 1 章

■■■

超文本标记语言

在本章将学习 HTML5 三大核心技术的第一种，就是 Web 页面中所呈现的实际内容。而在接下来的两章中，还会陆续学习如何使用 CSS 对内容进行样式设计以及学习 JavaScript 语言。接下来开始学习本章内容。

> **注意**
>
> 虽然我总是将 HTML 称为原内容(raw content)，但这并不是一种准确的描述。一个正确生成的 HTML 文档包括大量的结构和组织。

回想一下你早年上学的情景，老师每天会发下带有红色标记的家庭作业。其中拼写错误的单词、错误的语法或者其他错误都会被圈起来或者突出显示。可将这种文档称为标记(marked-up)文档，通常标记越多，分数也就越差。

同样，可使用一种标记语言来调用文档的一部分并提供说明或背景信息。然而阅读这些标记的人却是不同的。虽然你可能非常擅长阅读 HTML，同时可以非常轻松地阅读书中的代码，但你并不是书中标记的预期接收者。这些标记是提供给浏览器的，指示浏览器应该如何进行呈现。因此，标记本身在语法上必须是准确的。

> **提示**
>
> 相对而言，HTML5 是一种比较成熟的标准，或者更准确地讲，是一组由 W3C(World Wide Web Consortium)所管理的标准。例如，https://www.w3.org/TR/html5/syntax.html 定义了完整的 HTML 语法。本书中的大部分内容都可以从这些规范中获取，我建议大家看一下这些规范，并意识到它们的存在。随着时间的推移，这些标准可能被修改或者更有可能被扩展，但不管如何，这些规范都是最终的权威。

1.1　HTML 文档

通常，HTML 是以一个文档的形式被创建和使用的。虽然在学习过程中可以讨论 HTML 片段，但在大多数情况下，一个网站将使用一个完整的 HTML 文档来响应一个请求，然后客户端解析该文档并在设备上进行呈现。

首先对 HTML 语法进行简述，先让我们看一个非常简单的 HTML 文档。代码清单 1-1 包含了 Hello World 的 HTML 文档版本。

代码清单 1-1　简单的 HTML5 文档

```
<!DOCTYPE html>

<html lang="en">
    <head>
        <meta charset="utf-8" />
        <title>HTML5 Sample Document</title>
    </head>
    <body>
        Hello World!
    </body>
</html>
```

1.1.1　元素

接下来对上述代码进行分析，并学习该文档所使用的结构。这些基本的概念在编写后续内容时都需要用到。该文档由多个 HTML 元素组成，这些元素以层次结构的方式嵌套使用。

与其他的标记语言相类似，可以使用标签(tag)来注释那些带有有用信息的内容。一个 HTML 元素通常遵循以下结构：

```
<tag attribute="value" ... > content </tag>
```

例如，文档标题"My First HTML5 Document"就使用了开始和结束标签(<title>和</title>)进行标识。大多数情况下，每个元素都有一个开始和结束标签，两个标签是相同的，只不过结束标签前面多了一个"/"字符。虽然，术语"元素"和"标签"有时交替使用，但确切地讲，一个元素是由一个开始和结束标签以及两个标签之间的内容所组成的。

一个元素通常可以包含其他元素。注意，在上面所示的示例文档中，html 元素包含一个 head 和 body 元素。同时，head 元素还包含一个 meta 和 title 元素。为了便于阅读，使用缩进子元素的方式说明这种嵌套层次结构。

1.1.2　DOCTYPE

元素 DOCTYPE 看起来非常奇怪，并且不符合任何标准的元素格式。该元素的背后有一段不得不提的历史。在 Web 开发的早期(IE4 和 Netscape)，Web 页面是根据当前所使用浏览器的实现方式而开发的。随着 HTML 规范的发展和成熟，使用更新后的规范所开发的新浏览器无法使用旧的 Web 页面，因此引入了 DOCTYPE 元素，以便每个页面可以指定所针对的规范的版本。浏览器需要解释该元素并提供必要的向后兼容性。

虽然我并不打算介绍所有的细节，但是可以想象，对于浏览器厂商和 Web 开发人员来说，这都是一种混乱。幸运的是，如果使用 HTML5，则完全可以忽略 DOCTYPE 元素。只需要将其设置为 html 即可：

```
<!DOCTYPE html>
```

1.1.3　特性

一个开始标签可以包含一个或者多个特性(attribute)，上面所示的示例文档中就显示了两个特性示例。在本章的后面将会分别介绍可用的不同特性。可以使用特性提供某一元素的详细信息。例如，示例文档中的 html 元素就包含了特性 lang="en"，从而告诉浏览器文档内容是用 English 编写的。如果当前使用的语言不是 English，那么浏览器就可以使用该特性来翻译文档内容。

可以在任何 HTML 元素上使用一组被称为全局特性的特性。附录 C 中提供了完整的特性列表及其参考资料。其中最常用的特性是 id 和 class。id 特性定义了每个元素的唯一键；在整个 HTML 文档中该特性值必须是唯一的。当需要在 JavaScript 中访问一个元素时就会用到 id 特性。class 特性有时也称为 CSS 类，因为通常会使用该特性将样式应用于一个元素。但与 id 不同的是，class 特性并不是唯一键；单个值可以应用于多个需要具有相同格式的元素上。

除了全局特性外，每种元素类型还可以支持其他特性。比如，在下例中，meta 元素包括了一个 charset 特性：

```
<meta charset="utf-8" />
```

charset 特性指定了页面所使用的字符集编码的类型。通常应该定义该字符集，尤其是当页面需要显示非标准字符时更是如此。

此外，还有一些不需要值的 Boolean 特性；这些特性的出现就表示一个 true 值，而没有出现则表示一个 false 值。例如，如果复选框被选中了，该元素中就会出现一个 checked 特性，相反，如果没有选中，则删除该特性。有时你可能会看到类似于 checked="checked" 之类的语句，尤其是在由服务器端代码所生成的动态 HTML 中。但浏览器会忽略所提供的值，其实只需要包括特性就可以了，值是不需要的。

1.1.4　各种结构规则

请注意，meta 元素并没有包含结束标签。有一些不需要使用结束标签的元素，通常被称为自结束(self-closing)标签。虽然这种用法非常简便，但这些元素无法包含任何内容，因为内容都是放置在开始和结束标签之间的。从技术上讲，自结束标签结尾处的 "/" 字符是可选的，但普遍的共识是应该包括该字符，一些 HTML 验证器会将没有该字符的标签标记为一个警告。

记住，诸如制表符、回车符以及额外空格之类的空白字符都会被浏览器所忽略。即使将代码清单 1-1 中所示的全部文本左对齐，所呈现的 HTML 也是完全相同的。如果你愿意，甚至可将完整的文档放置到单行中。但一般惯例以及最佳实践是按照代码清单 1-1 那样对 HTML 进行格式化。

在继续介绍后面的内容以前还有一点需要注意：所有的结构都是可选的。事实上，如果输入以下代码作为完整的 HTML 文档，则在浏览器中也会呈现完全相同的内容。

```
Hello World!
```

警告

一般来说，当文档中缺少了相关的详细信息时，浏览器会使用默认的配置来进行显示。然而，我认为你之所以阅读本书是为了创建专业质量的 Web 应用程序。而这些额外的元素提供了重要信息，所以，你应该习惯于创建格式良好的文档，以便使页面尽可能有用。

HTML 标签是不区分大小写的。一般惯例是全部使用小写的标签(书中的代码也遵循该惯例)。但也可以使用<HEAD>或者<Head>，它们都是有效的。

1.1.5　html 元素

如你所见，html 元素是根节点：即文档的开始点。对于该元素，没有什么过多内容需要介绍。html 元素可以包含一个 head 元素和一个 body 元素。除了全局特性外，它还支持 manifest 特性。

```
<html manifest="www.mywebsite.com/cache.appcache">
```

manifest 特性可用来定义应用程序缓存。该特性值可以是 URL，或者是缓存清单(即列出了应该被缓存的资源的文本文件)的地址。可以是绝对或者相对 URL。当在客户端上缓存这些资源时，即使是断开了与 Internet 的连接，页面也会被正确加载。此外，对资源进行缓存还可以提高页面的加载速度，并减少 Web 服务器上的负载。

提示

清单文件的标准扩展名为.appcache。重要的是，该文件应该由具有正确 MIME 类型(text/cache-manifest)的 Web 服务器所提供。根据所使用的 Web 服务器类型的不同，配置也是不一样的。要了解更多信息，可参阅 http://www.html5rocks.com/en/tutorials/ appcache/ beginner/中相关的文章。

1.2　head 元素

在 head 元素中并没有任何真正的内容；它只是包含了 body 元素。从第 4 章到第 8 章，将会学习用来定义 body 内容的各种不同的元素。在本章的剩余部分，先重点学习一下 head 元素。

接下来介绍 head 元素中可以包含哪些元素。在前面的示例文档中已经见过 title 和 meta 元素(稍后会详细介绍这两个元素)，除此之外，还有一些其他的有用元素。

1.2.1　title 元素

title 元素指定了页面的标题。该标题会在多个地方使用：
- 在浏览器的标题栏或者选项卡中显示(见图 1-1)。

- 搜索引擎通常在搜索结果中显示该标题。
- 当向收藏夹或书签中添加一个页面时，会使用该标题作为收藏名称(见图 1-2)。

图 1-1　在浏览器的选项卡中显示标题

图 1-2　　在书签中使用标题

显而易见，一个文档中只能包含一个 title 元素。如果包括了多个 title 元素，那么浏览器通常会显示第一个 title 元素，而忽略其他的 title 元素。

1.2.2　meta 元素

meta 元素是元数据的缩写，元数据是用来描述其他数据的数据。在 HTML 文档中，meta 元素描述了 HTML 文档的内容。head 元素可以包含多个 meta 元素，而每个 meta 元素使用名称/值对结构提供了单个数据点。例如：

```
<meta name="author" content="Mark J Collins" />
<meta name="description" content="Sample HTML document" />
<meta http-equiv="refresh" content="45" />
```

名称/值对中的值部分由 content 特性指定；而名称部分则可以根据所设置的数据类型在 name 特性或者 http-equiv 特性中定义。对于那些用来描述 HTML 文档内容的元数据，应该使用 name 特性。其中最常用的 name 特性值是 application-name、author、description 和 keywords。这些特性值的含义不言自明。对于 keywords 来说，content 特性可以包含一个以逗号分隔的关键字列表。

http-equiv 特性通常用来模拟一个 http 响应头。常用的值如下所示：

- content-type——该 content 特性指定内容类型，通常为 text/html 以及字符集。例如 content="text/html；charset=UTF-8"。
- default-style——使用该值指定默认的样式表。
- refresh——可以强制页面在一定时间间隔后自动刷新，具体的刷新间隔可以在 content 特性中指定，以秒为单位。

如示例文档所示，还可以使用更简短的表示法来指定字符集：<meta charset="utf-8"/>。

除了上面所介绍的之外，还可以使用许多其他的 meta 标签。如果你感兴趣，可以查阅 http://www.html-5.com/metatags 中的相关文章。该网站将这些 meta 划分为不同的逻辑组，比如搜索引擎优化(Search Engine Optimization，SEO)、移动设备等，并提供了详细的介绍。

1.2.3　script 元素

script 元素用于在页面中加载 JavaScript。如果想要使用某个函数，必须先定义该函数或者加载一个包含该函数的外部脚本文件。不管是定义函数还是加载外部文件，都必须在 script 元素中完成。如果想要直接定义 JavaScript，则必须在开始和结束标签之间编写代码，如下所示：

```
<script type="text/javascript">
    function doSomething() {
        alert("Hello World!");
    }
</script>
```

其中，type 特性是可选的，如果没有指定，其默认值是 text/JavaScript。但在 HTML4 中该特性是必需的，并且会被频繁地使用。

通常认为的最佳实践是将 JavaScript 放置到一个单独的外部文件中。这样做的一个最大优点是可以在不同页面之间共享相同的脚本。为了引用一个外部文件，只需要使用 src 特性即可，在开始和结束标签之间不需要包含任何内容。如果需要加载多个文件，可以在独立的 script 元素中指定这些文件，例如：

```
<script src="../scripts/sample.js" type="text/javascript"></script>
<script src="../scripts/demo.js" type="text/javascript"></script>
```

一般来说，在浏览器解析一个 HTML 文档的过程中，当遇到 script 元素时会加载并执行脚本，然后再继续解析文档的其他部分。针对外部文件，可以使用 async 或 defer 特性来更改该解析行为。这两个都是 Boolean 特性。如果指定了 async 特性，那么会以并行方式加载和执行文件，同时解析过程继续进行。相反，如果使用了 defer 特性，脚本将会在页面完全解析之后执行。

```
<script src="../scripts/demo.js" defer ></script>
```

如果脚本中包含了需要引用 HTML 元素的代码，就应该使用 defer 特性。如果在文件解析完毕之前就执行了该代码，脚本会执行失败，因为此时元素还不可用。

1.2.4　link 元素

link 元素用于引用额外的外部资源，这些资源可以分为两类。首先，使用链接来加载呈现源文档所需的资源，其中最常见的是级联样式表。第二类是对其他相关文档的链接。

此时，可以选择导航到这些文档，同时无须呈现当前页面。

　　link 元素使用了一个自结束标签，所链接的资源完全通过特性来指定，其中主要是通过定义了资源地址的 href 特性和 rel 特性来完成。rel(relationship 的缩写)特性表明了源文档与所链接资源之间的关系。

　　下面所示的是一些典型的 link 元素：

```
<link rel="stylesheet" type="text/css" href="Sample.css" />
<link rel="icon" type="image/x-icon" href="HTMLBadge.ico" />
<link rel="alternate" type="text/plain" href="TextPage.txt" />
```

　　上述代码加载了一个名为 Sample.css 的 CSS 文件以及一个名为 HTMLBadge.ico 的图标文件。请注意，type 特性表明了文件的格式。对于样式表来说，该特性是可选的，因为 text/css 是假定的类型。而对于其他文件来说，比如图标文件，则需要设置该特性，因为.png 或.bmp 文件也可能被使用。最后一个 link 元素引用了页面的纯文本版本。

　　下一章将详细介绍样式表。图 1-3 显示了在浏览器选项卡上显示的图标文件。此外，还可在其他地方使用图标，比如书签、收藏夹以及历史列表中。

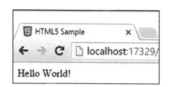

图 1-3　在浏览器上显示指定的图标

注意

　　出于多种原因，有时需要使用 link 元素引用多种不同类型的资源。但遗憾的是，术语“关系”通常并不能完全表达这个特性的真正含义。对于一些常见的值(如 stylesheet 和 icon)，将该特性解释为资源类型可能更加合适。而对于某些值(如 first、next 和 alternate)，关系则是比较恰当的术语。然而，为了保证一致性，使用 rel 特性表示所有的链接资源。

　　表 1-1 和表 1-2 分别列出了 link 元素所支持的最新 rel 值。当然还有一些已经过时的其他值，在某些情况下这些值也可能被支持。此外，还有一些已经被提出但在编写本书时尚未被采纳的值。如果想要编写新的 HTML 文档，则应该使用 1-1 表中所示的值。可以从 https://www.w3.org/TR/html5/links.html#linkTypes 找到这些值的官方规范。

表 1-1　资源-类型的关系

rel	描述
icon	如前所示，加载页面所使用的图标。可以使用 sizes 特性来指定所需的尺寸，因为一个图标文件通常包含多种尺寸。此时 type 特性应该是一个图像文件类型，比如"image/x-icon"或"image/png"
prefetch	通知浏览器稍后可能需要使用外部资源，应尽可能加载
preload	告诉浏览器当前文档需要相关的资源，应该尽快加载
stylesheet	加载一个级联样式表；type 特性是可选的，被假定为 text/css

表 1-2　引用-类型关系

rel	描述
alternate	引用了源文档的一种替代形式。可采用不同的方式使用，稍后会详细进行介绍
author	引用一个提供关于源文档作者相关信息的资源。通常是一个 mailto 引用，比如 "href=mailto://markc@thecreativepeople.com"，以便向作者发送电子邮件。此外，也可以是一个包含作者详细信息的 Web 页面
help	引用一个提供关于当前 Web 页面的帮助信息的页面
next	指向集合中的下一个文档
license	指定一个可提供许可详细信息的页面链接
pingback	提供了一个指向 pingback 服务的链接。当从另一个页面创建了指向本页面的链接时，可以使用该 rel 值告知本页面。通常在博客以及社交媒体网站上使用该值。更多内容，请参见 https://www.w3.org/wiki/Pingback
prev	指向集合中前一个文档的链接
search	所引用的文档可用于在当前文档或网站中搜索

注意

rel 特性还可以用在锚(a)元素和 area 元素中。第 7 章将会介绍相关内容。在这些元素中，可以使用 link 元素所不支持的其他 rel 值。表 1-2 仅列出了 link 元素所支持的 rel 值。

虽然可以以不同的方式使用 alternate 关系链接，但都遵循了基本的概念，即链接到另一个提供了源文档替代形式的资源。主要有两种类型的替代文档：

- type ——该 link 以不同的格式引用当前文档。可以使用 type 特性来指定替换文档的类型，比如 type="application/pdf"。常见的用途是将文档作为订阅源(比如 ATOM)来提供。此时，type 特性被指定为 type="application/atom+xml"。
- language ——该 link 将当前文档翻译成另一种不同的语言。为此，需要使用 hreflang 特性来指定所引用文档的语言。比如，hreflang="es"。

可以在单个 link 元素中组合使用这两种替代形式。例如，如果想要以 PDF 文档的形式提供当前文档的 French 版本，那么应该使用 type="application/pdf" hreflang="fr"。

next 和 prev 链接通常用来链接集合中的文档。例如，如果有一篇文章分成三部分发表，那么第一个和第二个文档应该使用 next 关系提供指向下一个文档的链接。同样，第二和第三个文档应该使用 prev 关系提供指向前一个文档的链接。在大多数情况下，previous 关系仍然被支持，其用法与 prev 相同。而一些较老的值(比如 first、last 以及 up)目前都已被淘汰。

提示

如前所述，head 元素不包括任何实际内容(虽然可以将 title 元素视为 head 元素的内容)。head 元素的目的是提供文档的元数据。对于 link 元素来说也是一样的；向 head 元素添加 link 元素并不会在页面上生成用户可以点击的超链接。如果想要添加实际的超链接，则需要在 body 元素中添加一个锚元素。使用 link 元素类似于提供了一本书的标题页面；虽然没有多少人会读取该页面，但提供相关的详细信息却是一种非常好的做法。

preload 和 prefetch 关系是相类似的。它们都提示浏览器应该加载资源，以便在需要时使用。两者之间的主要区别在于对资源需求的紧迫性。preload 关系表明资源应该在整个页面呈现过程的早期被加载。由于当前文档需要使用相关的资源，因此给予浏览器的指令是尽快加载所需资源。与之相反的是，如果稍后才需要资源(比如在后续页面中使用)，则使用 prefetch。在加载资源的同时不应该减缓当前页面的加载速度。

1.2.5　style 元素

可以在元素上显式地指定特定的样式特性(被称为内联样式)，比如颜色或大小。然而，最常见也是首选的方法是定义一组规则，其中确定了应用于整个文档的特定样式特性。下一章将会学习如何实现这些规则。

这些规则可以包含在一个外部样式表中(通过 link 元素引用)，也可以在 style 元素中定义。从这方面讲，style 元素与 script 元素有点类似，只不过前者包含的是 CSS 而不是 JavaScript。

提示

style 元素和 script 元素之间存在一个非常大的区别。script 元素可以使用两种方法来包含 JavaScript：通过 script 元素的内容或者使用 scr 特性引用一个外部文件。当需要包含样式时，可以使用 style 元素来定义样式；但如果想要加载一个外部的样式文件，则必须使用 link 元素。此外，两者的另一个区别是 link 元素只能在 head 元素中使用，而 style 元素可以在 head 或者 body 元素中使用(虽然这种做法并未得到广泛的支持)。

下面的代码演示了一个非常简单的 style 元素：

```
<style>
    html {
        color: red;
    }
</style>
```

上述代码将 html 元素中所有元素的 color 特性都设置为红色(如前所示，html 元素是整个文档的根元素)。这意味着文档中的所有内容都是红色。

style 元素支持 media 特性，从而允许包括一个媒体查询(media query)。一个媒体查询就是一个 Boolean 表达式，可以根据条件应用一组样式。只有在表达式求值为 true 时才会应用对应的样式。媒体查询最初的目的是让同一文档在打印时呈现不同的格式。例如，下面所示的样式只有在打印一个文档时才会应用：

```
<style media="print">
    html {
        color: black;
    }
</style>
```

然而，现在的媒体查询功能已经得到了显著增强，可以根据许多不同的因素调整样式。最常见的是在创建一个响应式设计时使用，此时可以根据屏幕的分辨率自动调整页面的格式和布局。第 9 章将详细介绍媒体查询。

注意

style 元素通常被放置在 head 元素中。但如果使用了 scoped 特性，情况就不同了。scoped
特性表明 style 应该应用于父元素以及所有的后代元素。在撰写本书时，只有 Firefox 浏览器支
持 scoped 特性。

1.2.6　base 元素

base 元素用于定义文档中所有其他引用所使用的基本 URL。这样一来，就可以在文档
中使用相对 URL，不仅节约了大量的输入时间，还可以在需要时更改基本地址。base 元素
支持两个特定的特性：href(定义了基本 URL)和 target(指定了链接被选择时的默认行为)。

base 元素的用法如下所示：

```
<base href="www.thecreativepeople.com/html5" target="_self" />
```

注意

base 元素应该是 head 元素的第一个子元素，或者至少在任何 link 元素之前出现，以便在
后续的 link 元素中应用基本地址。

如你所见，base 元素使用了一个自结束标签。上面所示的代码将 target 特性设置为_self，
表明应该在与当前页面相同的窗口和选项卡中打开链接。可以通过在特定链接中分配不同
的 target 来重写该特性。target 特性所支持的值如下所示：

- _blank——在新的窗口或者选项卡中打开。
- _self——在当前的窗口或者选项卡中打开(如果没有指定 target 特性，那么该值为默
  认值)。
- _parent——在父框架中打开。
- _top——在最顶层的框架中打开。

警告

在 HTML5 中并不支持 frameset 和 frame 元素，所以_parent 和_top 值并不适用，除非使用
了 iframe。如果想要了解有关浏览上下文的详细信息，请参阅 https://www.w3.org/TR/html5/
browsers. html#windows 中的相关规范。

1.3　小结

本章主要学习了创建 HTML 文档所需的基本语法(通常也称为标记)，同时还介绍了
head 元素可以包含的各种元素。本书的第 II 部分将会介绍用来定义文档实际内容的元素。

下一章将会学习 CSS(Cascading Style Sheets，级联样式表)以及如何对标记应用样式。
样式与内容的分开将有助于构建更易于维护的 Web 页面。

在本书第 II 部分的学习过程中，每一章的内容都是根据前一章所创建的 Web 页面而构

建的。而本章的重点是介绍 head 元素。代码清单 1-2 显示了根据本章所介绍的内容创建的示例 Web 页面。

代码清单 1-2　示例 HTML 文档

```
<!DOCTYPE html>
<html lang="en" manifest="sample.appcache">
    <head>
        <meta charset="utf-8" />
        <meta name="author" content="Mark J Collins" />
        <meta name="description" content="Sample HTML document" />
        <title>HTML5 Sample</title>
        <link rel="icon" type="image/x-icon" href="HTMLBadge.ico" />
        <link rel="alternate" type="application/pdf" href="MainPage.pdf" />
        <link rel="author" href="mailto:markc@thecreativepeople.com" />
        <link rel="author" type="text/html"
       href="http://www.thecreativepeople.com" />
        <style>
            html {
                color: red;
            }
        </style>
        <style media="print">
            html {
                color: black;
            }
        </style>
    </head>
    <body>
        <h1>
            Hello World!
        </h1>
    </body>
</html>
```

与期望的一样，尽管在浏览器的选项卡上显示了标题和图标，但该 Web 页面(如图 1-4 所示)所包含的内容却非常少。

图 1-4　第 1 章最终的 Web 页面

读者可以从下载的源代码中找到完整的解决方案，包括图标文件。在下一章，将会使用外部样式表替代 style 元素。

第 2 章

■ ■ ■

级联样式表

本章将介绍 HTML 开发的第二个核心技术：级联样式表。在创建 HTML 文档时，将实际内容与样式规则分离是一个非常好的主意，主要包括以下几点理由：

- **关注点分离**——这通常是责任(以及技能集)的逻辑分离；作家一般善于文字表达，而平面设计师则知道如何使用字体、颜色和布局使文章视觉上更吸引人。虽然这并不是说一个人不能完成这两项工作，但你通常会发现在某项工作上一个人会比另一个人更适合。
- **一致性**——对不同的内容应用一组标准的样式集通常会导致更加一致的外观和感觉。
- **可重用性**——只需要对相同的内容应用不同的样式，就可以在多个网站上对同一篇文章进行重新设计。
- **可维护性**——内容往往是趋向稳定的，但样式却是在不断变化。可以在不更新实际内容的情况下更新 Web 页面的外观。

2.1 样式设计指导

如何实现独立于内容而定义的丰富样式？主要包括两部分工作。首先应该对内容进行良好的组织，并进行适当的注释，以便提供上下文信息。其次必须定义一组规则，指定如何将适当的样式特性应用于所需的元素集。

2.1.1 组织内容

虽然内容中不应该有任何明确的格式，但对那些需要特殊处理的文本进行识别还是合适和可取的。例如，应该将被强调的单词或短语放置在一个 em 元素中。同样，可以在 strong 元素中放置需要重点强调的内容，如下所示：

```
<p>This <em>needs</em> to be emphasized, don't <strong>forget</strong> it!</p>
```

你可能已经知道，em 元素的默认样式是斜体字，而 strong 元素通常是粗体字。然而，问题就在这里，如果不使用 em元素是否可以以斜体方式显示文本；又或者使用其他的方式表明文本需要被强调。创建了样式表的人可以决定使用哪种方式进行强调。他们可以选择使用不同的字体或颜色，而不是使用斜体字。

提示

请记住，并不是只有样式表会读取内容。诸如 Braille 输出设备或者文字语音软件之类的屏幕读取器也可能会对 em 和 strong 元素进行解释。这样一来，内容中所提供的上下文信息可能以尚未想象的方式使用。

另一个重点是诸如 em 和 strong 之类的元素应该以一致的方式使用。第 4～9 章将详细介绍所有可用的语义元素。而你应该知道的是每个元素的作用是什么以及何时使用。从根本上讲，决定是使用 em 元素还是 strong 元素归根到底是一个判断过程。为此需要制定一些指导方针，以便每个人都知道元素使用得是否合适。

2.1.2　应用样式

一旦拥有了格式良好且注释充分的内容之后，就可以应用所期望的样式。样式表由一组规则组成。规则有时也被称为规则集(rule set)或者规则块(rule block)。而一条规则通常由一个选择器(selector,定义了一个应该应用该规则的元素集)以及一个或者多个声明组成。每个声明设置了单个特性值。规则的常见形式如下所示：

```
selector { declaration; declaration; ...}
```

一个声明包括由冒号分隔的属性和值，例如 color:red，该声明将元素的 color 特性设置为 red。图 2-1 显示了一条规则的部分内容；其中选择器 p 选择了所有的段落元素，而声明则分别设置了 font-size 和 color 特性。

p { font-size:10px; color:red; }

图 2-1　部分 CSS 规则

与 HTML 一样，在 CSS 中也会忽略空格，因此常常写为：

```
p {
    font-size:10px;
    color:red;
}
```

关于格式化这些规则的"最佳"方式，至今仍存在一些争论；没有完全正确或者完全错误的答案。然而，我个人比较喜欢使用上面所示的风格，因为它似乎更加流行。

与 HTML 不同的是，CSS 本身没有层次结构，所以不需要对规则进行缩进处理以显示与其他规则的关系。

提示

几年前，Natalie Downe 曾经做过一次演讲(http://clearleft.s3.amazonaws.com/2008/cssSystems_notes_small.pdf)，给出了一些编写良好 CSS 的建议。虽然其中一些建议已经过时，但大多数建议今天看来仍然非常适用。我建议通读一下该演讲内容，其内容也是比较容易理解的。但是最重要的是，我希望他对 CSS 的热情可以感染你。编写好的软件不仅是一门学问，也是一门艺术。我可以教你编程的知识，但艺术方面却不是那么容易学会的。

2.1.3　CSS3 规范

与 HTML 一样，CSS 功能也是由一组不断发展的规范集所定义的。目前已发布的推荐版本是 CSS 2.1，正在起草的下一个版本被称为 CSS3。然而，CSS3 被分解成 50 多个"模块"，而每个模块包含一个单独的规范。在编写本书时，其中一些模块已经成为官方的 W3C Recommendations(REC)；然而，更多的模块仍处于 Proposed Recommendation(PR)或者 Candidate Recommendation(CR)状态。W3C 鼓励使用这些规范。除此之外，还有一些规范处于 Working Draft(WD)状态，尚未准备好被采用。

提示

由于每个 CSS 模块的状态是在不断变化的，因此想要了解每个模块当前的状态，请参阅文章 www.w3.org/Style/CSS/current-work。

由此可见，实际的 CSS3 "规范"是在不断变化的，所以浏览器对这些规范的支持也是变化的。但目前已经有一些非常出色的功能可用，第 9～15 章将详细讨论这些功能。

2.2　CSS 概念

在本章的后续部分将主要介绍样式表工作原理的基本概念。对这些概念的详细解读，则放在第 9～15 章。

2.2.1　选择器

选择器的功能非常强大，尤其是在 CSS3 中得到了许多改进，想要完全掌握它们，需要付出一定的努力。在此只是简要地介绍一下选择器，详细的介绍请参阅第 9 章。最常用的一个选择器是元素选择器(element selector)。最简单的形式是指定应该应用声明的元素类型，例如：

```
em {
    font-style: italic;
}
strong {
    font-weight: bold;
}
```

通过使用上述规则，em 元素中的所有内容都会使用斜体字类型。同样，strong 元素中的所有内容都使用粗体字。如前所述，这些都是 em 元素和 strong 元素的默认样式。浏览器拥有定义了这些默认样式的内部样式表。所以即使不提供任何样式规则，浏览器也会使用默认规则以合理的方式显示元素内容。

选择器通常是级联的，所以 body 选择器可以选择所有的 body 元素以及 body 元素中的所有元素。此外还可采用不同方式组合选择器。例如，可以使用逗号分隔符作为逻辑 OR 运算符，也就是说，h1,h2,h3 将会选择位于元素 h1、h2 或者 h3 中的所有元素。同理，可以使用空格分隔符作为逻辑 AND 运算符,即 h1 p 将选择位于元素 h1 和 p 内的所有元素。

2.2.2　声明

选择器决定了规则应用于哪些元素,而声明则指定了应用于所选择元素的样式特性。在大多数情况下,每个声明设置了单个特性的值,其中名称和值由一个冒号分割,并以一个分号结束;例如:color:red;。由此可见,可以设置大量的样式特性,第 10～15 章将演示如何设置这些特性。

CSS 支持简写方式,以便在单个声明中指定多个特性。margin 特性就是一个非常好的示例。该特性指定了元素之间的边距值,可以分别指定上、下、左和右的边距。如果想要将这些边距值都设置为五个像素,则可以使用下面所示的声明:

```
margin-top: 5px;
margin-right: 5px;
margin-bottom: 5px;
margin-left: 5px;
```

此外,CSS 还允许在单个简写方式声明中设置这四个值:

```
margin: 5px 5px 5px 5px;
```

该声明中的四个值分别指定了上、右、下和左的边距值。

提示

此时,值的顺序是非常重要的,因为这些值并没有命名,而是根据顺序推定的。为了帮助读者记住正确的顺序,可以想象一个时钟。一天从午夜开始(上),然后继续顺时针方向到 3(右),随后到 6(底部),最后到 9(左)。

然而这种简写方式还可以进一步简化。如果没有提供右边距的值,则会将其设置为与左边距相同的值。同样,底部边距也可以使用与顶部边距相同的值,如此一来,可以进行如下设置:

```
margin: 5px 5px;
```

此时,只有顶部边距和右边距值被指定;而底部边距和左边距值则分别设置为与顶部和右边相同的值。如果所有的值都是相同的,则可以使用最简单的简写方式:

```
margin: 5px;
```

2.2.3　单位

在前面的示例中,使用了任意的单位来设置字体大小、颜色和边距。接下来让我们看一下最常用的单位。

距离单位

距离单位(有时也被称为长度或大小)被用在许多声明中,并且支持多种单位类型。基本的绝对单位是英寸(in)、厘米(cm)、毫米(mm)和 1/4 毫米(q)。关于这些单位没有太多需要介绍的；所有人都应该知道英寸和厘米表示什么意思。然而，这些单位对应的排版单位(皮咔(pc)、点(pt)和像素(px))似乎更加常用。1 英寸等于 6 皮咔、72 点或者 96 像素。

警告

单位像素(px)并不等于设备像素，除非设备的分辨率恰好是 96dpi(dots per inch，每英寸的点数)。为了避免产生这种混乱，在 W3C 文档中将该术语称为"视角单位"。然而，该单位目前仍然被称为像素，其定义为 1 英寸的 1/96；请注意，设备像素的实际数量可能会有所不同。

使用这些绝对单位的一个根本缺点在于它们很少与现实世界的尺寸相关联。根据设备分辨率的不同，屏幕之间的实际大小会有所不同。如果想要比较准确地按照物理尺寸进行打印，那么绝对单位是非常有用的。而如果是正常的屏幕显示，则推荐使用相对单位。共有两种类型的相对尺寸：文本相对(font-relative)以及视口相对(viewport-relative)。

文本相对单位是相对于字体大小(通常是当前字体)而言。这些单位包括字体大小(em)、字符高度(ex)、零宽度(ch)和根字体大小(rem)。术语"em"来自印刷领域，其中字体大小曾经被定义为大写字母"M"的宽度。现在的字体大小则被定义为字体的高度，包括字体上方和下方的空间。单位 em 等于字体大小。例如，如果字体大小为 12px，那么 1em=12px。

提示

全角空格字符( )创建了宽度为 1em 的空格。同样，破折号符号(—)创建了长度为 1em 的破折号(连字符)。更有趣的是，半角空格符号( )创建一个宽度为 1/2em 的空格。

单位 ex 被定义为小写"x"字符的高度。类似的方式，单位 ch 被定义为字符"0"的宽度。当一个特定的字体不包含"x"或"0"字符时，会使用一些特殊的规则。如果没有其他定义 ex 或 ch 单位的实际方法，就使用 1/2em 的值。

单位 em、ex 和 ch 都是根据当前字体所定义的。在典型的 HTML 文档中，通常会使用不同的字体大小，因此需要根据当前所使用的字体对文本相对单位进行相应调整。例如，h1 元素中的 em 值通常会大于段落(p)元素。而与之相反的是，单位 rem 是根据根元素(如前一章所述，通常为 html 元素)的字体大小而确定的。所以在 HTML 文档的任何地方单位 rem 都是相同的。如果想要根据当前的字体调整大小，可以使用 em(或者 ex 或 ch)，但如果希望大小保持一致，则使用 rem。

视口相对单位包括视口宽度(vw)、视口高度(vh)、视口最小值(vmin)以及视口最大值(vmax)。这些单位都代表所适用视口尺寸的 1%。例如，如果设备(或者浏览器窗口)的视口是 600 像素宽度×400 像素高度，那么 1vw=6px，1vh=4px。单位 vmin 是根据最小视口尺寸确定的，本示例中，最小视口尺寸为 400 像素，所以 1vmin=4px，此时与视口的方向没有关系。同样，单位 vmax 根据最大尺寸确定，所以 1vmax=6px。

实际上，距离大小并不是一个"单位"，也可以使用百分比来指定，比如 width: 20%;。当以这种方式定义时，宽度被表示为包含元素的百分比。而与之不同的是，vm 和 vh 是初始包含块的百分比，即总窗口大小。

颜色单位

color 特性通常分别使用红色、绿色和蓝色组成值来定义。标准的格式是使用十六进制值(从 0 到 xFF)指定每种组成颜色。此时颜色由一个 6 位数字组合定义，其中前两个数字定义了红色组成值，接下来的两个数字定义了绿色组成值，最后两个数字定义了蓝色组成值。当以这种方式指定颜色时，十六进制数字前面应该加上哈希符号("#")。例如，黑色被定义为#000000，而白色被定义为#FFFFFF。

此外，还可以使用多种其他方法指定 color 特性。第一种方法是仅使用单个数字来表示每种组成颜色。例如，可将白色定义为#FFF。当以这种格式表达颜色时，通过复制单个数字的方式生成两位数的表示形式。所以#567 会被转换为#556677。

对于那些喜欢以十进制数的形式输入颜色值的人来说，可以使用 rgb()函数。该函数接收 3 个参数，分别是以十进制值表示的红色、绿色和蓝色值(范围从 0~255)。(255 等于十六进制中的 xFF)。如果使用这种形式，那么可以将白色指定为 rgb(255,255,255)。如果想要更加简便，还可以指定最大值的百分比，比如将白色定义为 rgb(100%,100%,100%)。

提示

还有一个可以接收四个参数的 rgba()函数，其中前三个参数与 rgb()函数相同，第四个参数被称为 alpha，可以指定不透明度。alpha 值介于 0 和 1 之间，其中，1 表示完全不透明，而 0 则表示完全透明。

可以使用 16 个关键字来定义特定的颜色值，比如 red、blue 和 black。你可以使用这些关键字来选择颜色而无须指定 RGB 值。在附录 C 的参考文献中列出了这些关键字及其等价的 RGB 值。此外，CSS3 还定义了一些许多浏览器都支持的扩展颜色关键字。这些关键字的完整列表请参见 https://www.w3.org/TR/css3-color/#svg-color。

当彩色阴极射线管(color cathode-ray tubes, CRT)被首次投入使用时，就开始使用 RGB 来定义颜色了。CRTs 能够显示三种颜色：红色、绿色和蓝色。三种颜色中每一种颜色的强度可以针对屏幕上的每个点或像素而变化。所以使用术语 RGB 的想法完全是基于现有硬件能力而产生的。随着技术的发展，最终会停止使用 RGB 值来显示某一特定颜色，使用色调、饱和度和亮度(Hue, Saturation and Lightness，HSL)已经成为更直观的表示颜色的方式。

色调通常表示为一个角度。可以画一个色轮(color wheel)，其中红色在 0°位置，绿色在 120°位置，而蓝色在 240°位置。这三种颜色之间的颜色是相邻颜色的相对组合。饱和度表示颜色的强度，通常由一个百分数来表示，100%表示完全饱和，而 0%则表示灰色。亮度也是使用一个百分数来表示，100%是白色，而 0%是黑色。典型的值是 50%。随着亮度增加，颜色逐步被清洗，并开始显示为白色。相反，随着亮度减弱，颜色看起来越来越暗，并最终变成黑色。

如果想要通过色调、饱和度和亮度来定义颜色，可以使用 hsl() 函数。实心红色可以表示为 hsl(0,100%,50%)。其中第一个参数被假定为以度为单位进行指定，所以没有必要使用单位。此外，还可以使用 hsla() 函数，其中 alpha 参数指定了不透明度。

注意

可以从 https://www.w3.org/TR/css3-values 找到关于单位的 W3C 规范。如果想要了解颜色单位的详细信息，可以参阅 https://www.w3.org/TR/css3-color。

关键字

在大多数样式声明中，可以将一些关键字作为"单位"来使用。其中包括 auto、inherit、initial、revert 以及 unset。

- Inherit——关键字 inherit 表明属性应该使用父元素的值。大多数的属性都会被默认继承，所以将值设置为 inherit 并不会实际更改什么；无论如何，都会继承父值。使用该关键字可以改进表明作者意图的文档。此外，还可以创建一个新规则，使用 inherit 来重写另一个规则的值。
- initial——关键字 initial 用于将属性设置为初始的默认设置。在大多数情况下，这些初始值就是浏览器的默认值。例如，因为默认颜色通常为黑色，所以 color:initial; 会将颜色设置为黑色。在编写本书时，并不是任何版本的 Internet Explorer 都支持使用该关键字。
- auto——auto 值比较难以确定，具体行为取决于使用的地方。例如，如果设置 padding:auto，就会自动调整左右边距，以便使内容居中。如果设置 height:auto，就会拉长高度以适应内容。
- revert——关键字 revert 表明浏览器应该忽略任何作者样式而使用浏览器默认值。在编写本书时，许多浏览器都不支持该关键字。
- unset——关键字 unset 是 inherit 和 initial 的组合。从根本上讲，对于所有可继承的属性来说，其行为类似于 inherit，而对于其他属性来说，则类似于 initial。与 revert 一样，目前许多浏览器都不支持 unset 关键字。

2.3 优先级

选择器返回元素组，而这些组可能存在重叠。这样一来，相同的元素可能会被应用多个规则。假设存在三个规则，分被设置字体大小、颜色以及背景，那么它们之间不存在任何冲突。但如果一个规则将颜色设置为红色，而另一个规则将颜色设置为绿色，那么会发生什么事情呢？此时就会用到优先级规则。

2.3.1 样式表来源

首先有三种样式表来源：

- **开发人员**：这些都是由 Web 开发人员所创建的样式表，其中包含了你想要引用的大部分样式表。

- **用户**：用户可以专门创建一个样式表来控制 Web 页面显示的方式。
- **用户代理**：用户代理(Web 浏览器)拥有一个默认的样式表。例如，如果创建一个不带有样式规则的文档，那么浏览器将会使用默认的字体系列和大小来显示文档内容。实际上，这些样式规则都是在一个专门针对浏览器而设计的样式表中定义的。

当呈现一个页面时，浏览器必须处理来自以上来源的所有样式，从而确定每个元素所应该应用的样式。当存在有冲突的规则时，开发人员样式表的优先级高于用户样式表，当然也高于用户代理样式(浏览器的默认样式)。

提示

你会发现，了解默认的浏览器样式表非常有用。通常这些样式表都是可用的，虽然需要完成一些搜索来找到它们。例如，可以使用下面所示的链接来查看 Chrome 所使用的样式表:
http://trac.webkit.org/browser/trunk/Source/WebCore/css/html.css。

2.3.2　特殊性规则

即使是在一组开发人员样式表中也可能有存在冲突的声明。例如，一个样式表可以包含以下内容:

```
p {
    color: black;
}

header p {
    color: red;
}
```

header 元素中的 p 元素被两个规则所选择，那么应该使用哪个规则呢？此时就需要应用特殊性规则(specificity rule)，该规则指出了所使用的更特殊的选择器，此时为 header p 选择器。当所有的选择器都可用时，确定哪个选择器更特殊可能并不像想象的那么简单。通常认为 ID 选择器比类或特性选择器更特殊,而类或特性选择器比元素选择器更特殊。

当应用特殊性规则逻辑时，浏览器将会分析每个选择器，并根据选择器的类型进行打分。该分数通常表示为一组四个值:

(1) 内联样式的数量(包含在样式特性中的元素)

(2) ID 选择器的数量

(3) 类、特性或者伪类选择器的数量

(4) 元素选择器的数量

分析过程首先比较第一个值，只有相等时，才会继续比较下一个值。所以，如果一个选择器包含了一个 ID 选择器，而另一个选择器不包含，则不再需要进行进一步的分析。此时带有 ID 选择器的选择器胜出。最后，如果这 4 个值都相等，则采用最后出现的规则。

提示

理解这些优先级规则非常重要，因为冲突经常会发生，你需要知道如何进行处理。然而，最好是能够计划好样式表以避免出现冲突。

2.3.3　关键字!important

关键字!important 是一个"法宝"。如果在一个样式规则中使用了该关键字，那么该规则就会胜过所有其他的规则。

```
p {
    color: red !important;
}
```

请记住，关键字!important 只在声明中应用，而不是在规则中应用，并且只能应用于单个声明。如果需要在多个声明中应用，则必须在每个声明中重复该关键字。

如果两个存在冲突的规则都使用了关键字!important，就需要根据前面介绍的方法来确定优先级。然而，当涉及样式表来源时，则以相反的顺序进行确定。用户样式表中的重要规则将覆盖开发人员样式表中的重要规则。这是一个非常重要的应用，它允许用户重写某些属性的开发人员样式。例如，某些视力受损的人可能需要增加字体大小。同时又确保了开发人员样式不会被重写。

警告

有时，你可能会尝试使用!important 关键字来快速解决问题并覆盖一个级联样式规则。但如果掌握了前面介绍的优先级规则，则不需要这么做。我建议将使用关键字!important 作为最后的方法。过度地使用关键字! important 可能会导致样式表难以维护。

2.4　盒子模型

文档中的每个元素都会根据元素的内容占用一定数量的空间。此外，诸如内边距和外边距之类的因素也会影响占用的空间。内边距(padding)表示内容与元素边框之间的空间，而外边距(margin)表示边界与相邻元素之间的空间。如图 2-2 所示。

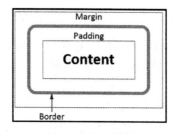

图 2-2　盒子模型

前面已经介绍过 margin 特性。同样的方法，可以使用 padding 声明来指定内边距。内边距和外边距非常相似；主要的区别在于内边距在边框之内。

在确定所使用的空间时，请记住还要包括边框宽度。例如，如果分别将 padding 设置为 10px，margin 设置为 5px，border-width 设置为 3px，那么所使用的空间(除了实际的元素内容之外)为(2 * 10) + (2 * 5) + (2 * 3) = 36px。

2.5　厂商前缀

生活在边缘的乐趣！与 HTML5 其他领域一样，浏览器厂商将对 CSS 规范的支持也是不相同的。然而，在大多数情况下，这些厂商所实现的新属性在一段时间之后才会成为官方推荐的一部分。事实上，CSS3 规范中所包括的大部分内容已经在一个或者多个浏览器上使用了。

当浏览器厂商所添加的新功能不是 CSS3 推荐的一部分时，该属性就会被添加一个特定的厂商前缀(vendor prefixes)，从而表明这是一个非标准的功能。如果该功能成为推荐的一部分，就可以将该前缀删除。为了利用一些较新的功能，可能需要使用厂商特定的属性，如果想要页面在所有厂商的浏览器上工作，就需要添加所有厂商特定的属性。例如，为指定边界半径，除了设置标准的 border-radius 属性外，还需要设置所有厂商特定的属性，如下所示：

```
header
{
    -moz-border-radius: 25px;
    -webkit-border-radius: 25px;
    -ms-border-radius: 25px;
    border-radius: 25px;
}
```

表 2-1 列举了最常用的前缀。虽然还有其他的前缀，但该表涵盖了绝大多数浏览器。

表 2-1　厂商前缀

前缀	浏览器
-moz-	Firefox
-webkit-	Chrome，Safari，Opera
-ms-	Internet Explorer

不能盲目地假设所有的厂商前缀属性都是标准属性名称加上前缀，虽然大多数情况下确实如此。下面所示的一篇文章列举了许多厂商特定的属性：http://peter.sh/experiments/vendor-prefixed-css-property-overview。但遗憾的是，该页面很长一段时间没有更新了，可能部分内容已经过时。如果你发现一个标准的属性无法在某一特定的浏览器上使用，就需要查阅一下相关资料，看看对应浏览器的开发人员网站上是否提供了一个带有前缀的属性。例如，使用下面的链接可以找到 Webkit 扩展：https://developer.mozilla.org/en-US/docs/Web/CSS/Reference/Webkit_Extensions。

警告

应该始终使用标准属性，以覆盖厂商特定版本。一些浏览器同时支持标准版本和厂商特定版本，虽然大多数时候两个版本的实现过程是相同的，但有时厂商特定版本的行为会有所不同。

2.6　style 特性

虽然 style 特性并不是样式表的一部分，却有类似的用途，所以在此介绍一下该特性。style 特性是所有元素都支持的其中一个全局特性。它允许在单个元素上设置一个或者多个声明。虽然常见的样式规则都包含了一个选择器来确定规则所应用的元素，但如果在一个元素中包含了 style 特性，就不再需要选择器了。使用 style 特性被称为内联样式。使用内联样式的一个样例元素如下所示：

```
<p style="font-size: 1.5rem; color: hsla(175, 80%, 60%, .8);">
    Hello World!
</p>
```

提示

在上面的示例中，使用了前面介绍的 rem 单位，所以该字体将比根字体的大小要大 50%。同时，分别将色调、饱和度、亮度以及不透明度定义为 175°（介于绿色和蓝色之间）、80%、60% 以及 80%。

与其他特性一样，style 特性值也是在双引号中定义，由一个或者多个声明组成。这些声明的格式与样式表中声明的格式相同：一个由冒号分隔并以分号结尾的名称/值对。在外部样式表中可以设置的任何属性都可以在 style 特性中设置。

警告

之所以将 style 特性放在最后介绍，是因为我希望你永远不要使用它。一旦使用了内联样式，就无法再将内容和样式分离开来。如果日后你认为蓝绿字体不好看，就无法仅通过修改 CSS 来解决该问题。请记住，内联样式优先于任何基于 CSS 的规则。

2.7　小结

在本章，我们学习了一些创建样式表时需要使用的基本概念。如果想要创建可以在自己的 Web 页面中包含的外部样式表，就需要应用这些概念。

首先，从代码清单 2-1 所示的简单样式表开始。该代码位于文件 Initial.css 中。

代码清单 2-1　Initial.css 文件

```
/* Make sure the non-content elements are hidden */
head, title, meta, script, link, style, base {
    display: none;
}
```

```
/* Default styling for emphasis and strong elements */
em {
    font-style: italic;
}
strong {
    font-weight: bold;
}
/* Style the text */
body>h1 {
    font-size: 1.5rem;
    color: hsla(175, 80%, 60%, .8);
}
```

第一条规则确保第 1 章所介绍的非内容元素不会被显示出来。浏览器的默认样式表将会设置这些元素。第二条规则设置了前面所讨论的 em 和 strong 元素的相关特性。当然，所设置的都是默认样式。最后一条规则使用本章所介绍的 rem 和 hsla 单位设置了文本的字体大小和颜色。

接下来，将会创建用于打印模式的第二个 CSS 文件。代码清单 2-2 所示的文件名为 Print.css。

代码清单 2-2　Print.css 文件

```
body>h1 {
    color: black;
}
body {
    border: 1px solid;
    border-color: black;
    border-radius: 25px;
    padding: 24px;
}
```

上面的代码包含了两条规则：第一条规则将颜色设置为黑色，第二条规则在整个文档周围添加了一个边框。

最后修改 MainPage.html 文件，使用下面所示的 link 元素替换这两个 style 元素。此时，将会引用新的 CSS 文件，而不是在 HTML 文档中指定样式规则。

```
<link rel="stylesheet" href="Initial.css" />
<link rel="stylesheet" href="Print.css" media="print" />
```

Initial.css 文件在不使用任何 media 特性的情况下被引用，所以文件中的规则将应用于屏幕和打印模式。而 Print.css 文件只能在打印模式下使用。请注意，两个文件都使用了 body>h1 选择器，由于两者是相同的，因此具有相同的特殊性。具体使用哪一个取决于日后所定义规则(重写先前规则)的行为。

Initial.css 文件包含了 font-size 声明，而 Print.css 文件则没有包含，所以该声明可应用于屏幕和打印模式。在打印模式中仅重写了 color 特性。

现在可以显示该 Web 页面，应该看到以蓝绿色字体显示的"Hello World!"文本。然后通过浏览器打印该文档。此时的输出如图 2-3 所示(根据所使用浏览器的不同，输出会稍有差别)。

图 2-3 HTML 文档的打印版本

请注意由 title 元素所指定的标题显示在页面的顶部。

注意

每种浏览器以不同的方式处理打印模式。有的浏览器左对齐标题，有的把 URL 放在页面顶部，有的包括页码，还有的显示打印日期。

第 3 章将介绍本书的第三个核心技术 JavaScript，主要讨论 JavaScript 语言的概念，而这些概念是学习第Ⅳ部分和第Ⅴ部分相关主题的基础。

第 3 章

■■■

JavaScript 要素

在本章，将学习 HTML5 开发的第三个核心技术：JavaScript。在第 16～20 章将会演示如何使用 JavaScript 在 HTML5 Web 页面上完成各种操作。但首先必须介绍一下该语言本身。

3.1 JavaScript 介绍

关于 JavaScript 语言的内容非常多，因为它的功能非常强大。初次学习 JavaScript 似乎有点困难，尤其是对于那些使用过诸如 C++或者 C#之类编译语言的人来说更是如此。但实际上该语言非常容易学习；首先介绍一些基本概念，然后你将会在后续的章节应用这些概念。

3.1.1 对象

在 JavaScript 中，主要的构件是对象(object)。一个对象就是一个元素集合；每个元素可以是一个属性(property)或者一个方法(method)。一个属性保存了单个数据值，而一个方法则执行了一些被定义为函数的操作。换一种说法，一个属性就是对象中所定义的一个变量(请注意关键字 var)。同样，一个方法是对象中所定义的一个函数。

创建对象的最简单方法是通过一组名称/值对来指定成员，如下所示：

```
var myObject = {
    color: "Red",
    count: 5
};
```

注意

你可能已经非常熟悉使用 JSON(JavaScript Object Notion，JavaScript 对象表示法)来格式化数据。而该代码就是 JSON 的由来。

也可以使用这种表示法定义方法，如下所示：

```
var myObject = {
    color: "Red",
    count: 5,
    log: function () {
        console.log("Quantity: " + this.count + ", Color: " + this.color);
```

```
    }
};
```

以这种方式创建对象有时也被称为对象字面量(object literal)表示法。此时的对象
myObject 包含了两个属性(color 和 count)以及一个函数(log())。可以使用点表示法来访问这
些属性和函数，如下所示：

```
window.alert(myObject.color);
myObject.log();
```

提示

上述代码演示了两种流行的调试方法。调用 window 对象的 alert()函数将会显示一个模态
对话框，其中包含了输入到该函数的文本。而调用 console 对象的 log()函数则会将指定的文本
写入浏览器控制台，可以通过浏览器所提供的开发者工具访问该控制台。请注意，window 和
console 都是带有属性和函数的对象。我们将在第 16 章和第 17 章详细学习这两个对象。

创建对象的另一种方法是使用对象构造函数(object constructor)。该方法需要使用关键
字 new 并调用默认的构造函数。下面所示的代码创建了与上面完全相同的对象：

```
var redObject = new Object();
redObject.color = "Red";
redObject.count = 5;
redObject.log = function() {
    console.log("Quantity: " + this.count + ", Color: " + this.color);
}
```

如果只需要一个简单的对象(主要用来存储数据)，那么 JSON 方法可能更直观、更紧
凑。然而，如果需要创建面向函数的对象，那么构造函数方法将会提供更多的功能，而该
方法恰恰也是后面我要重点介绍的内容。

如果需要第二个实例来计算绿色物品的数量，只需要重复上面的代码即可，如下所示：

```
var greenObject = new Object();
greenObject.color = "Green";
greenObject.count = 7;
greenObject.log = function() {
    console.log("Quantity: " + this.count + ", Color: " + this.color);
}
```

然后，就可以在自己的代码中使用这两个对象了：

```
if (greenObject.count > redObject.count) {
    console.log("You have more green items than red item");
}
```

3.1.2　构造函数

注意，必须在两个对象中都定义 log()方法。如果你熟悉基于类的语言，比如 C#，那么
可能会认为这有一点奇怪。一个类通常被用作一个模板，通过模板创建该类的每个实例。
当使用一个类创建一个对象时，类中的所有属性和方法定义都会被复制。

　　然而，JavaScript 并不使用类。相反，可以通过创建构造函数来重用对象定义。在上面的示例中使用了通用构造函数 Object()，并创建了一个空对象。此外，还可以定义一个自定义构造函数，如下所示：

```
function Item(){
    this.color = undefined;
    this.count = 0;
    this.log = function() {
        console.log("Quantity: " + this.count + ", Color: " + this.color);
    };
}
```

　　构造函数是一个用来实例化对象的函数。上面所示的函数创建了一个名为 color 的属性，但值还没有定义，同时还创建了一个名为 count 的属性并初始化为 0。此外，定义了一个 log() 方法并使用了这两个属性。现在，可以通过调用 Item() 构造函数来创建一个使用此原型的对象：

```
var redObject = new Item();
redObject.color = "Red";
redObject.count = 5;
```

　　在创建完对象之后，分别设置了实例的值(而不是方法)。然后，就可以像之前创建的其他对象那样使用它。与前面一样，在添加了下面的代码后，就可以将 color 和 count 属性写入控制台：

```
redObject.log();
```

　　与其他函数一样，构造函数也可以接收参数，常被用来初始化属性。例如，可以重写上面的构造函数，使其接收 color 和 count 参数：

```
function Item(color, count){
    this.color = color;
    this.count = count;
    this.log = function () {
        console.log("Quantity: " + this.count + ", Color: " + this.color);
    };
}
```

　　然后创建如下所示的 greenObject 变量：

```
var greenObject = new Item("Green", 7);
```

　　不能定义多个同名的构造函数。例如，不能同时定义构造函数 Item() 和 Item(color,count)。如果这么做了，第二个定义将被第一个定义所取代。然而，参数是可选的，所以可以先定义一个接收两个参数的构造函数，然后不带参数地调用该构造函数。如果以这种方式使用，那么构造函数应该能够处理未定义的参数，比如提供默认值等，如下所示：

```
function Item(color, count){
    this.color = color;
    this.count = count;
    // Handle missing parameters
    if (color == undefined){this.color = "Black";}
```

```
    if (count == undefined){this.count = 0;}

    this.log = function () {
        console.log("Quantity: " + this.count + ", Color: " + this.color);
    };
}
```

3.1.3　原型

所有的对象都有一个原型(prototype)。原型是实际对象被实例化的模型或蓝图。那么如果需要额外的属性，应该怎么做呢？可以向现有的对象添加一个属性，如下所示：

```
greenObject.isAvailable = true;
```

上面的代码仅是将 isAvailable 属性添加到 greenObject 对象；如果可以将该属性添加到 Item 原型中，那么所有的实例都可以使用该属性了。为此，请使用构造函数的 prototype 属性访问并修改原型：

```
Item.prototype.isAvailable = true;
```

上面的代码在原型中定义了新的属性，并将其初始化为 true。现在，所有使用 Item() 构造函数创建的对象都拥有了 isAvailable 属性：

```
var blueObject = new Item("Blue", 3);
if (blueObject.isAvailable){
    console.log("The blue object is available");
}
```

可以以同样的方式向原型添加方法：

```
Item.prototype.add = function(n){this.count += n;};
```

3.2　继承

接下来让我们学习得更深入一点。请考虑以下 JavaScript：

```
var blueObject = new Item("Blue", 3);
console.log(blueObject);
```

上述代码使用 Item()构造函数创建了一个 blueObject，并向控制台输出结果。在展开了所有的条目之后，控制台窗口将会如图 3-1 所示。

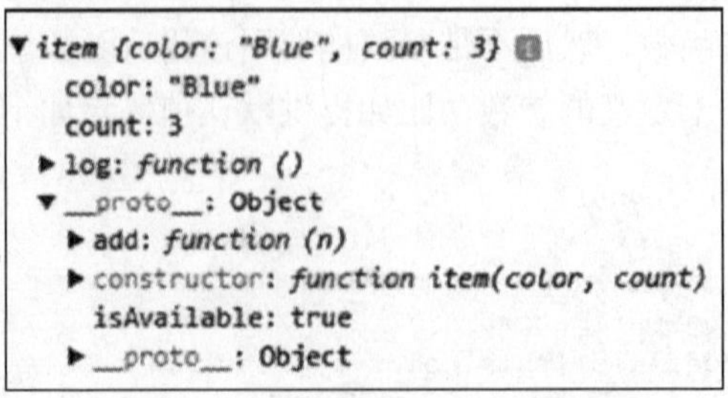

```
▼ item {color: "Blue", count: 3} 🔳
    color: "Blue"
    count: 3
  ▶ log: function ()
  ▼ __proto__: Object
    ▶ add: function (n)
    ▶ constructor: function item(color, count)
      isAvailable: true
    ▶ __proto__: Object
```

图 3-1　在控制台窗口中显示对象

与预期的一样，窗口中显示了 color 和 count 的属性值以及 log()方法。请特别注意被定义为 Object 类型的__proto__属性。这是一个 prototype 属性。如果将其展开，会发现 isAVailable 属性、add()方法以及 Item()构造函数。

提示

只需要通过简单的定义就可以向一个对象添加属性和方法，比如 o.newProperty=5;。此外，还可以在构造函数原型上定义属性和方法，从而将它们添加到原型中，比如 Item.prototype.newProperty = 5;。如果只是向对象添加属性和方法，那么将只会影响该对象，但如果是添加到原型中，那么所有使用该构造函数的对象都可以使用新的属性和方法。

如本章前面所介绍的那样，对象是属性和/或方法的集合。这些属性和方法被称为自有(own)成员。术语自有表明这些成员直接由对象拥有，而不是通过继承得到的。此外，每个对象都有一个原型，该原型也是一个对象，同时也拥有自己的成员。

当访问一个对象的成员时，比如 o.someProperty，JavaScript 将会首先在 o 对象的自有成员集中查找 someProperty。如果没有找到，则会在对象的 prototype 中进行查找。

3.2.1　使用原型

JavaScript 通过一种被称为原型继承(prototypal inheritance)的方法提供对继承的支持。这意味着一个原型(本身也就是一个对象)可以拥有 prototype 属性。当然，也可以拥有一个原型，以此类推。这通常被称为原型链(prototype chain)。

请注意，还有另一个__proto__属性被列为 Item 原型的一个成员。这是所有对象派生的 Object 原型。如果在控制台窗口中展开该原型，会看到许多诸如 Object()构造函数的方法以及 toString()方法。但没有__proto__属性；因为原型链到此就结束了。

提示

在一些诸如 IE 之类的浏览器中，Object 原型__proto__属性被显示为空值，这种表示方法更加准确；所有的对象都拥有一个 prototype 属性，但如果没有进一步的继承，那么该属性值为空。

为此，只需要将原型属性赋给父类构造函数就可以构建继承关系。假设想要创建一个继承自 Item 的新对象 SpecialItem，那么首先创建如下所示的 SpecialItem()构造函数：

```
function SpecialItem(name) {
    this.name = name;
    this.describe = function() {
        console.log(this.name + ": color=" + this.color);
    };
}
```

上述代码创建了一个 name 属性，并在构造函数中进行了初始化。此外还创建了一个将 name 属性和 color 属性写入控制台的 describe()方法。为构建所需的继承关系，需要设置 prototype 属性，如下所示：

```
// Setup the inheritance using prototypal inheritance
SpecialItem.prototype = new Item();
```

因为在构造函数中没有指定 color 和 count 属性，所以使用默认值。如果想要设置这两个属性值，只需要在 SpecialItem()构造函数中添加 color 和 count 参数，并将它们传递给 Item()构造函数即可。请修改 SpecialItem()构造函数，添加下面粗体显示的代码：

```
function SpecialItem(name, color, count) {
    Item.call(this, color, count);
    this.name = name;
    this.describe = function () {
        console.log(this.name + ": color=" + this.color);
    };
}
```

上述代码使用了父对象的 call()方法(稍后将会介绍该方法)。在使用 SpecialItem()构造函数创建一个对象之后，就可以访问 log()方法和 describe()方法。为验证这一点，可添加下面所示的代码：

```
var special = new SpecialItem("Widget", "Purple", 4);
special.log();
special.describe();
console.log(special);
```

此时，控制台窗口如图 3-2 所示。

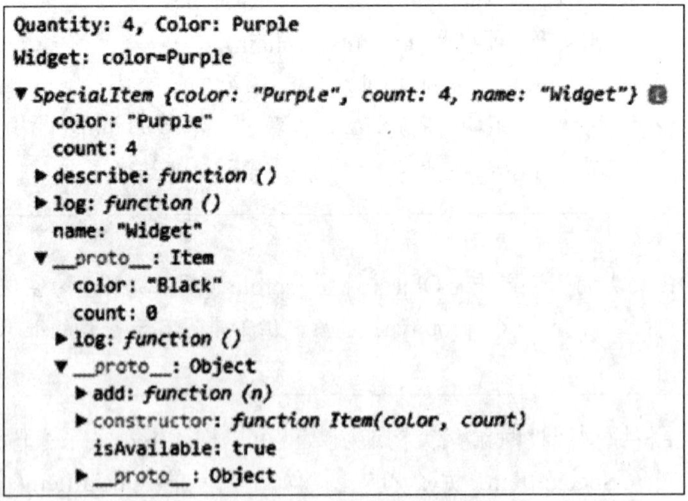

图 3-2   测试 specialItem()构造函数

3.2.2   使用 Create

这是实现继承的另一种方法，通常被称为类的继承(classical inheritance)。该技术使用 Object.create()函数建立父对象和子对象之间的关系。

如果想要使用该方法，需要使用 create()方法定义子对象的原型。例如，使用下面的代码替换前面设置 SpecialItem.prototype 的语句：

```
// Setup the inheritance using classical inheritance
SpecialItem.prototype = Object.create(Item.prototype);
SpecialItem.prototype.constructor = SpecialItem;
```

然后，使用与前面相同的代码测试 SpecialItem 的新的实现：

```
var special = new SpecialItem("Widget", "Purple", 4);
special.log();
special.describe();
console.log(special);
```

虽然新对象的运行方式与前面的对象一样，但元素的继承方式却不同。如图 3-3 所示，请注意，大多数的属性和方法都显示在子类中，而不显示在父原型中。

```
Quantity: 4, Color: Purple
Widget: color=Purple
▼SpecialItem {color: "Purple", count: 4, name: "Widget"}
    color: "Purple"
    count: 4
  ▶describe: function ()
  ▶log: function ()
    name: "Widget"
  ▼__proto__: Item
    ▶constructor: function SpecialItem(name, color, count)
    ▼__proto__: Object
      ▶add: function (n)
      ▶constructor: function Item(color, count)
        isAvailable: true
      ▶__proto__: Object
```

图 3-3　使用了类的继承的 SpecialItem 对象

3.2.3　使用类关键字

ECMAScript 版本 6 引入了一些新的关键字，从而让那些熟悉基于类继承的开发人员更容易接受 JavaScript 中的继承。这些关键字包括 class、constructor、extends 和 super。这种方法(即使用类关键字)的实现过程与前面使用 Object.create()方法的实现过程一样，虽然使用了一些新的关键字并进行了一些小的语法变化，但完成的事情却是相同的。

警告

虽然支持力度在不断加快，但并不是所有的浏览器都支持所有的 ECMAScript 版本 6 的功能。下面所示的链接显示了当前可用的功能：http://kangax.github.io/compat-table/es6。

Item()和 SpecialItem()函数的完整实现过程如代码清单 3-1 所示。

代码清单 3-1　演示类关键字

```
class Item {
    constructor(color, count) {
        this.color = color;
        this.count = count;
        this.log = function () {
```

```
            console.log("Quantity: " + this.count + ", Color: " + this.color);
        };
    }
}

class SpecialItem extends Item {
    constructor(name, color, count) {
        super(color, count);
        this.name = name;
        this.describe = function () {
            console.log(this.name + ": color=" + this.color);
        }
    }
};
```

为了保证两种方法的解决方案的一致性，请添加下面所示的代码定义 isAvailable()和 add()方法。该代码与前面所用的代码完全相同。

```
Item.prototype.isAvailable = true;
Item.prototype.add = function(n){this.count += n;};
```

虽然上面的代码使用了新的 class 关键字，但所定义的构造函数与前面的完全相同。关键字 extends 定义了父构造函数名，而关键字 super 替换了用来调用父构造函数的语句 Item.call(this);。

为了测试新代码，可以使用与前面相同的调用过程。运行完毕后，将会看到与图 3-3 相同的控制台窗口。

```
var special = new SpecialItem("Widget", "Purple", 4);
special.log();
special.describe();
console.log(special);
```

警告

当调用一个继承的方法时，this 的值就是被调用的对象，但该方法并不一定是在被调用的对象中定义。在前面的示例中，当调用 special.log()时，this 指向 SpecialItem 对象，但 log()方法却是在 Item()构造函数中定义的。当一个子类重写了任何父类的成员时，记住这一点是非常重要的。

3.2.4　重写成员

不管是使用哪种语法来实现继承，处理重写成员的方法都是相同的。如前所述，每个对象都有一个成员集合(也被称为自有属性或成员)。继承对象可以拥有与被继承对象同名的成员。

当访问一个属性或者调用一个方法时，JavaScript 将首先查找带有指定名称的自有成员。如果没有找到，则搜索原型链。对于方法来说，该过程很好理解。如果子对象中定义了方法，则使用子对象中的实现过程。如果没有定义，则使用父对象中的方法。

对于属性来说，如果父对象和子对象中都存在相同名称的属性，那么可以拥有两个具有不同值的实例。具体使用哪一个实例取决于作用域，稍后会详细介绍。

3.3　属性

前面之所以简单介绍了一下属性的概念，是因为我想首先重点介绍对象、原型和继承。但现在让我们详细地介绍一下属性。

正如你已经看到的，属性是一个简单的数据类型(字符串、数字以及 Boolean)。你并不需要显式地声明数据类型；相反，可以根据所赋的值推断出数据类型。当被赋予了新值时，数据类型也会发生变化，例如：

```
var test = "Some string";
test = 5;
test = true;
```

上面的代码首先创建了一个字符串，然后又更改为一个数字，最后改为一个 Boolean。为了验证数据类型的实际变化过程，可以运行下面的代码：

```
var test = "Some string";
console.log(test + ': ' + isNaN(test));
test = 5;
console.log(test + ': ' + isNaN(test));
```

如果传入的值不是一个数字数据类型，那么 isNaN()函数将返回 true。如果运行该代码，会在控制台中看到如下所示的内容：

```
Some string: true
5: false
```

3.3.1　数组

在 JavaScript 中，数组就是一个属性集合。数组本身也有一个名称，并且可以作为对象或变量的一个成员。可以通过一个数字索引访问数组中的条目。可以使用字面量表示法(literal notation)创建一个数组，如下所示：

```
var colors = ["red", "green", "blue", "yellow", "purple", "orange"];
```

此外，还可以先创建一个空字符串，然后使用 push()方法添加条目：

```
var colors = [];
colors.push("red");
colors.push("green");
```

如果想要访问数组中的条目，必须指定一个索引。例如，colors[0]将返回字符串 "red"。length 属性表示数组中拥有多少元素。由于索引是从 0 开始的，因此 length 属性始终引用最后一个元素之后的元素。所以，如果想要向数组的末尾添加元素，可以使用下面的代码：

```
colors[colors.length] = "blue";
```

提示

数组中的条目可以通过一个从 0 开始的数字索引进行访问。数组不支持命名索引或键。如果想要通过名称访问条目，则应该将其创建为命名属性或变量，而不是数组元素。

一个数组可以包含不同类型的元素。在单个数组中包含数字、字符串和对象引用是完全可以的。虽然从逻辑上这种做法并不正确(取决于如何使用数组),但 JavaScript 并没有阻止这么做。

可以使用一个 for 循环遍历数组中的元素:

```
for (var i=0; i < colors.length; i++) {
    console.log(colors[i]);
}
```

3.3.2　特性

所有的属性都拥有一组可以读取和更新的特性(attribute)。这些特性主要包括:

- value——属性值,其为默认属性。
- writable——如果属性被更新,将其设置为 true。
- enumerable——在枚举对象成员时,如果该属性应该被包括在内,则将该特性设置为 true。
- configurable——如果属性可以被删除,并且该特性可以被修改,则将其设置为 true。

通过使用 getOwnPropertyDescriptor()方法,可以访问属性描述符(property descriptor)。属性描述符是一组命名值,指定了上述特性的值。例如,参考以下代码:

```
function Item(color, count){
    this.color = color;
    this.count = count;
}

var redObject = new Item("Red", 5);
console.log(Object.getOwnPropertyDescriptor(redObject, "color"));
```

该代码将输出 redObject 的 color 属性的相关特性值。控制台内容如下所示:

```
Object {value: "Red", writable: true, enumerable: true, configurable: true}
```

getOwnPropertyDescriptor()方法接收两个参数:第一个参数为包含属性的对象;第二个参数为属性名。该方法返回一个属性描述符。

可以使用 Object.defineProperty()方法更新这些特性。该方法的前两个参数分别是一个对象和一个属性名称(与 getOwnPropertyDescriptor()方法一样)。第三个参数需要传入一个属性描述符。只需要在该描述符中指定想要更改的值即可。例如,如果想要将 color 属性改为只读,可以使用以下代码:

```
Object.defineProperty(redObject, "color", { writable: false });
```

还可以使用 defineProperty()方法创建新属性,这样,在首次创建属性时可以设置这些特性。如果传入了一个不存在的属性名,就会创建一个新属性。下面用粗体显示的代码在 Item()构造函数中添加了 size 属性:

```
function Item(color, count){
this.color = color;
this.count = count;
```

```
Object.defineProperty(this, "size",
    {value: 7, writable: true, enumerable: false, configurable: "true"});
}
```

通过调用 propertyIsEnumerable()方法可以确定一个属性是否是可枚举的。

3.3.3　特殊类型

除了三种简单的数据类型之外，还有两种特殊类型：null 和 undefined。一般来说，当属性是一个对象引用，同时该对象还没有被创建(或者还没有设置该引用)时，就会使用数据类型 null。通过使用关键字 null，可以将一个属性设置为空(test = null;)。

数据类型 undefined 表示还没有定义值，请参考以下代码：

```
var x = null;
var y;
console.log(typeof x);
console.log(typeof y);
```

此时，变量 x 被设置为 null，而运算符 typeof 返回"object"。与之相反的是，变量 y 没有被定义，所以运算符 typeof 将返回"undefined"。

可以使用数字作为属性名称；此时需要使用方括号来访问属性(就像使用数组索引一样)。例如：

```
var myEnum = {1: "Red", 2: "Green", 3: "Blue"};
console.log(myEnum[2]);
```

3.4　其他主题

还有一些 JavaScript 所特有的，或者没有被初学 JavaScript 的人所完全理解的行为。接下来简要介绍一下这些行为。

3.4.1　比较运算符

JavaScript 支持典型的比较运算符，比如小于、大于等。在此并不打算详细介绍它们，因为这些表达式的含义不言自明。如果要进一步进行研究，Mozilla 提供一篇关于该主题的非常好的文章(https://developer.mozilla.org/en-US/docs/Web/JavaScript/Reference/Operators/Comparison_Operators)。

然而，有一点还是需要重点提一下。JavaScript 区分等同(equality)和等价(equivalence)。例如，数字 12 和字符串"12"被认为是等价的，但不是等同的。从这个意义上讲，等价意味着如果可以将两个对象转换为相同的数据类型，那么它们就拥有相同的值。等同意味着两个对象具有相同的类型和值。有时也被称为绝对相等(strict equality)。

标准运算符都使用了等价的概念，比如等于(==)、小于(<)、大于等于(≥)。如果想要测试一下绝对相等，可以使用 JavaScript 提供的运算符===和!==。例如，a === b 将会使用

绝对相等的方式比较 a 和 b。当然，也可以以同样的方式使用!==来测试不相等。

提示

此时之所以使用术语"等同"和"等价"，是因为它们可以更加准确地表达这些概念。然而，有时也会看到使用术语"等同"来表示等价，而使用"绝对相等"来表示等同。相对而言，运算符===和!==是新添加到 JavaScript 中的。在此之前，所有的比较运算符都是基于等价的，使用等号运算符(==)，并称之为相等。现在，拥有了一个真正表示相等的运算符(===)。

3.4.2　变量作用域

一个变量的作用域(scope)决定了可以访问该变量的位置。如果在所有函数体之外声明了一个变量，那么该变量就拥有全局作用域(global scope)，这意味着所有的函数都可以访问它。更确切地说，单个实例被共享；如果一个函数修改了变量值，那么所有使用该变量的位置都会使用该新值。此外，在浏览器关闭之前，具有全局作用域的变量都是可用的。

在函数体内声明的变量被认为拥有局部作用域(local scope)。此类变量仅能被函数内的代码所使用。一旦函数返回，变量就不再可用了。每次调用函数时，都会创建变量的一个新实例，所以变量值不会在调用之间共享。函数参数通常都是局部作用域的。

最后一种作用域类型是块级作用域(block scope)，它将变量的访问限制在定义该变量的代码块中。一个代码块在一对花括号({})中定义，比如 if 或 for 语句。相对来说，块级作用域是 JavaScript 中的新功能(随着 ECMAScript 版本 6 引入)。由于起初 JavaScript 并不支持块级作用域，因此声明在 if 语句中的变量在整个函数内都是可用的。如果 JavaScript 突然开始强制执行块级作用域，那么现有的应用程序将无法使用。

通过使用关键字 let(而不是 var)来选择性地应用块级作用域。请考虑下面所示的函数定义：

```
function testScope(){
    var localScope = 5;
    if (localScope > 3){
        var localScope2 = 7;
        let blockScope = 4;
        console.log(localScope2 + blockScope); // logs 11
    }
    console.log(localScope2); // logs 7
    console.log(blockScope); // this will fail
}

testScope();
```

变量 localScope 是使用传统的关键字 var 声明的，所以在 if 代码块之外可用。而变量 blockScope 是使用关键字 let 声明的，所以在 if 代码块之外不可用。但不管怎样，局部作用域或者块级作用域变量都无法被 testScope()函数之外的代码使用。

关于变量作用域存在一个非常棘手的问题，即多个变量被声明为相同的名称。虽然这样做并不会产生错误，但可能会得到意想不到的结果。例如下面所示的代码：

```
var x = 1; // global scope

function testX(x1){
```

```
    var x = 2; // local scope
    console.log("original x value passed in: " + x1);
    console.log("local-scoped x: " + x);
}

testX(x);
console.log("global-scoped x: " + x);
```

在全局作用域和局部作用域内都定义了变量 x。实际上这是两个不同的对象，都拥有自己的值。当全局作用域的变量传入函数时，在函数中作为参数 x1 使用。

而在函数中也声明了一个名为 x 的变量；这是一个新的对象，除了名称相同之外，该变量与前面的变量 x 没有任何关联。任何引用 x 的代码都将使用局部对象；该函数不可能访问全局作用域变量。这被称为隐藏(hiding)对象。函数中更改 x 值的语句只会改变局部变量的值。当执行上述代码时，会向控制台中写入下面的内容。

```
original x value passed in: 1
local-scoped x: 2
global-scoped x: 1
```

警告

如果在函数中使用了一个没有使用关键字 var 或 let 声明的变量，那么将会创建一个全局作用域的变量。例如，如果添加语句 x=5;，那么在函数中变量 x 就是全局的。通常应该使用 var 或 let 来声明变量，从而更加清晰地表达自己的意图。

3.4.3　严格模式

当使用严格模式(strict mode)时，如果使用了未声明的变量，就会产生错误。而如果不在严格模式下，JavaScript 将会自动声明变量。虽然这似乎是一个好主意，但可能会导致意想不到的结果。例如，考虑下面的代码：

```
var myIntervalCounter = 0;

for (var i=0; i < 10; i++)
{
if (i % 2 == 0) { myInterbalCounter = i * 2; }
}

console.log(myIntervalCounter);
```

请注意，在 for 循环中，变量 myIntervalCounter 出现了拼写错误。此时，如果不处在严格模式下，将会创建第二个变量并设置值，而不是更新原始变量。而预期的变量永远不会被设置新值，仍然为 0。

如果想要启用严格模式，可以在脚本顶端添加下面的代码：

```
"use strict";
```

该代码针对整个文件启用了严格模式。如果想要对特定的函数应用严格模式，可以在函数定义的第一行添加上述代码。在严格模式下，前面代码将会产生一个错误，如图 3-4 所示。

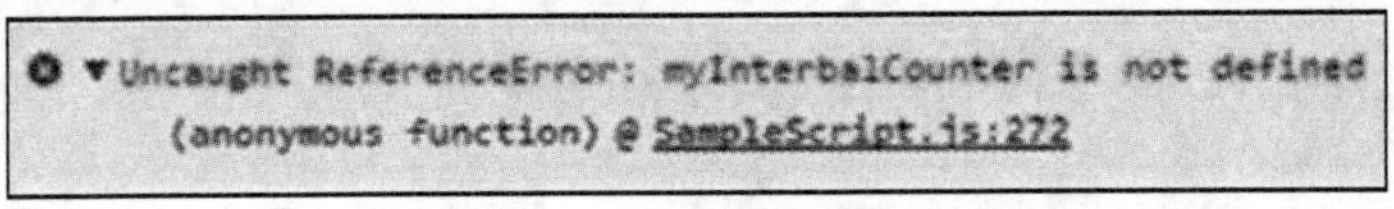

图 3-4　严格模式错误

提示

关于严格模式还有其他几个细节，例如不允许使用保留关键字命名变量。Mozilla 提供了一篇非常好的文章，解释了什么是严格模式：https://developer.mozilla.org/en-US/docs/Web/JavaScript/ Reference/Strict_mode。

3.4.4　函数

前面我们已经使用过函数来创建对象。函数也是一个对象，也可以像属性那样作为对象成员进行添加。这样就满足了面向对象的封装要求。

可以像任何其他类型的变量一样定义函数。所以，可以在全局作用域内(任何函数体之外)定义函数，也可以在一个函数内定义另一个函数。请考虑下面的代码：

```
var functionA = function(){
    var x = 1;
    var functionB = function(){
        var y = 2;
        var functionC = function(){
            var z = 3;
            console.log(x+y+z);
        }
    }
}
```

此时，functionA()在局部作用域内声明了 functionB()，而 functionB()又依次在局部作用域内创建了 functionC()。这被称为词法作用域(lexical scope)，即在一个函数中定义了另一个函数。

每个函数都定义了一个新的作用域。functionA()位于全局作用域内。在大括号之间定义了一个新的局部作用域；姑且将其称为作用域 A，其中包含了变量 x 和 functionB()。在 functionB()的大括号内定义了另一个作用域，称为作用域 B，其中包含了变量 y 和 functionC()。同样，在 functionC()内部定义了第三个局部作用域，其中包含了变量 z。

目前，还没有任何代码调用这些函数；仅仅只是定义了它们。只有 functionA()拥有全局作用域，所以我们只能调用该函数。接下来让我们重写一些函数调用，以便看一下具体的运行过程。内部函数 functionB()可以调用 functionC()，因为后者位于前者的作用域内。同理，functionA()可以调用 functionB()。因为 functionA()是全局作用域的，所以可以直接调用。

```
var functionA = function(){
    var x = 1;
    var functionB = function(){
        var y = 2;
        var functionC = function(){
            var z = 3;
            console.log(x+y+z);
```

```
        }
        functionC();
    }
    functionB();
}

functionA();
```

请注意，functionC()可以访问 functionA()和 functionB()中的局部作用域变量，这被称为闭包(closure)。当内部函数访问了外部(封闭)函数的变量时，就会发生闭包。除了变量之外，内部函数也可以访问局部作用域的函数。所以，functionC()可以调用 functionB()。当然也可以调用 functionA()，因为它是全局作用域的。但如果这么做了，最终会产生一个无限循环。

注意

请记住，functionA()不能调用 functionC()。一个函数还可以访问其局部作用域以及作用域链中后面的函数；但不能访问作用域链中前面的函数。

所以我们不能直接调用 functionC()，那么是否可以使用其他方法调用呢？实际上，如果返回一个指向该函数的引用，就可以调用 functionC()；这是一个常用的闭包。虽然只有 functionB()可以访问 functionC()，但函数就像任何其他变量一样也是一个对象，可以作为一个返回值提供给调用者。接下来，对代码进行重写，以便演示该过程。

```
var functionA = function(){
    var x = 1;
    var functionB = function(){
        var y = 2;
        var functionC = function(){
            var z = 3;
            console.log(x+y+z);
        }
        return functionC;
    }
    return functionB();
}

var closure = functionA();
closure();
```

在 functionB()中返回了 functionC()，而不是调用它。请注意，返回语句中没有使用括号，这表明仅返回名为 functionC(恰巧它是一个函数)的变量，而不是实际执行该函数。在 functionA()中，调用了 functionB()并返回了 functionB()所返回的值，即对 functionC()的引用。

最后，调用 functionA()将返回一个函数引用，并存储在变量 closure 中。现在变量 closure 就拥有了对 functionC()的引用。任何时候想要调用 functionC()，只需要调用 closure()即可。

3.4.5　上下文

虽然关键字 this 通常指当前的执行上下文，但有时可能并不清楚 *this* 到底是什么。这就好比说进入一家餐馆并告诉服务员"你想要更多的这个。"但愿你清楚地表明这个指的是什么，否则就吃不上所期望的菜肴了。JavaScript 可能与之有点相像。

关键字 this 指的是单个对象。例如，在一个函数中，this 指向调用该函数的对象。而在一个带有属性和方法的典型对象中，如果函数使用了 this，那么 this 就指向包含该函数的对象。例如：

```
var myObject = {
    color: "Red",
    count: 5,
    log: function () {
        console.log("Quantity: " + this.count + ", Color: " + this.color);
    }
};
```

此时，log()函数使用 this.count 来访问所在对象的一个属性。然而，真正的重点在于，this 值在函数被调用之前没有被定义，并且该值通常被设置为调用该函数的对象，尽管这也可以被重写。所以，在本示例中，我们期望通过类似 myObject.log();的方式调用 log()函数；此时，myObject 就是调用对象。

如果使用一个函数作为回调，比如事件处理程序，那么调用对象可能并不是包含函数的对象。例如，对于处理按钮的 onclick 事件的函数来说，调用对象是按钮。

call()函数允许调用一个函数并指定 this 值。下面所示的代码演示了该函数：

```
function Vehicle(weight, cost) {
    this.weight = weight;
    this.cost = cost;
}

function Truck(weight, cost, axles, length) {
    Vehicle.call(this, weight, cost)
    this.axles = axles;
    this.length = length;
}

var tonka = new Truck(5, 25, 3, 15);
console.log(tonka);
```

你可能会对 Vehicle()函数比较熟悉；它是创建对象的典型方法，通常使用下面所示的语句调用：

```
var v = new Vehicle(5, 25);
```

该语句将创建一个带有两个属性(weight 和 cost)的对象，并使用所提供的值进行初始化。Truck()函数与之类似，初始化 axles 和 length 属性。然而，请注意，该函数的第一行代码：

```
Vehicle.call(this, weight, cost);
```

该代码使用了 call()函数调用 Vehicle()，并传入当前的 this 值(即对 Truck 对象的引用)。当以这种方式调用 Vehicle()函数时，weight 和 cost 属性将被添加到 Truck 对象而不是 Vehicle 对象中。将新的 tonka 变量发送到控制台就可以验证这一点。可以看到以下内容：

```
Truck {weight: 5, cost: 25, axles: 3, length: 15}
```

请注意，共有三个参数传递给 call()函数。第一个参数被用作函数中的 this 值。其他两个参数将传递给被调用的函数。除了额外的参数(即除了第一个参数以外的其他参数)以数组的形式传入之外，apply()函数的工作方式与 call()函数完全相同。下面的代码行完成了相同的事情：

```
Vehicle.call(this, weight, cost);
// or
Vehicle.apply(this, [weight, cost]);
```

你可以使用任何一个函数；这取决于个人偏好。然而，apply()可以与变量参数列表一起使用，因此可以首先动态地构建数组，然后将该数组作为第二个参数传入 apply()。

call()和 apply()函数都会调用对应的函数。例如，当执行 Vehicle.call(…)语句时，将调用 Vehicle()函数。如果只是想要设置调用而非实际调用时又该怎么办呢？比如设置一个单击事件发生时所执行的回调函数。可能的代码如下所示：

```
myButton.click(myHandler);
```

如前所述，当调用 myHandler()时，this 指的是按钮对象。如果想要一个不同的 this 值，则不能使用 call()或者 apply()，因为我们并不打算调用该处理程序，而只是设置了一个事件发生时的调用。为此，需要使用 bind()函数，如下所示：

```
myButton.click(myHandler.bind(newThis));
```

现在，当事件发生时，就会调用 myHandler()函数，其 this 值就是传入的 newThis。此外，也可以在 this 引用之后列出需要传入函数的参数，就像 call()函数一样。

3.4.6　立即调用的函数

通常在 JavaScript 中定义一个函数时只是定义了函数，并没有调用该函数。只有在希望函数运行时才会去调用它。例如：

```
var myFunction = function() {
    doSomething();
}
```

如果想要调用该函数，可以使用类似 myFunction();之类的语句。或者，也可以将函数定义为立即调用函数表达式(immediately-invoked function expression，IIFE，读音为"iffy")。

如果想将一个函数转换为一个 IIFE，首先将其放入一组括号内，然后添加一个打开和关闭的括号，如下所示：

```
(function() {
  doSomething();
})();
```

如果在全局作用域内定义了该函数，那么一旦脚本被解析，就会执行 doSomething()函数。

3.4.7　命名空间

在 JavaScript 中，所有全局作用域的对象都需要一个唯一名称，以避免出现名称冲突。

请记住，运行在浏览器中的所有脚本都共享全局作用域。所以即使你的代码没有出现任何名称冲突，在全局作用域内的其他第三方脚本也可能存在同名的对象。如果你将所有的对象都放在全局作用域中，那么与其他对象产生同名冲突的概率就要大得多。为了编写出良好的防御性代码，应该使用命名空间来组织代码。

命名空间是一种以层次结构的方式组织代码的技术。一个对象的完全限定名称包括其在层次结构中定义的路径。这样，即使两个类的名称都为 Item，但只要在不同路径(命名空间)下，它们的完全限定名称就是唯一的。

虽然 JavaScript 并不支持命名空间关键字，但通过使用嵌套的对象，可以非常容易地实现命名空间的概念。基本原理是首先在全局作用域内创建单个对象，然后添加内容作为该全局对象的成员。例如，下面所示的代码在全局作用域内创建了单个对象，创建了一些嵌套对象，从而定义了一个层次结构。

```
var mySample = {}; // global object

// Define the namespace hierarchy
mySample.things = {};
mySample.things.helpers = {};
mySample.otherThings = {};

// Add stuff to the namespaces
mySample.things.count = 0;
mySample.things.helpers.logger = function (msg) {
    console.log(msg);
}
```

如果上述代码被分割成多个文件，或者需要在多个地方使用该代码，就需要确保对象不会被创建两次，此时可使用 OR 运算符：

```
this.mySample = this.mySample || {};
```

一个未定义的对象将返回一个 false 值，因此 OR 运算符将会继续执行语句的后续部分，从而创建对象。但如果所需的对象已经被创建，那么将会返回 true，此时后续代码将被跳过。

随后，所有的代码都可以使用 mySample 对象中的对象，但有一点需要注意的是，在执行任何代码之前需要首先创建 mySample 对象。最简单的方法是将上述代码包含在脚本顶部的 IIFE 中，接下来让我们重写 IIFE：

```
(function () {
    window.mySample = window.mySample || {};

    // Add some other nodes in the hierarchy
    window.mySample.things = window.mySample.things || {};
    window.mySample.things.helpers = window.mySample.things.helpers || {};
    window.mySample.otherThings = window.mySample.otherThings || {};

    // Setup a shortcut
    window.helpers = window.mySample.things.helpers;

     // Now add some members
    window.mySample.things.count = window.mySample.things.count || 0;
    window.mySample.things.helpers.logger = function (msg) {
        console.log(msg);
```

```
    }
})();
```

请注意，var 关键字被删除并用 window 对象替换；该对象表示全局作用域。通过在 window 对象上定义 mySample，使得后者可以在任何地方被使用。

最后，创建了一个简写方式，以便以更简短的方式引用命名空间。此时，可以按照命名空间层次结构(mySample，things，helpers)访问 logger()方法。也可以通过快捷方式 helpers 直接访问该方法：

```
mySample.things.helpers.logger("some text");
helpers.logger("some more text");
```

提示

还有许多其他方法来实现命名空间的概念。关于这些方法的示例，可以参阅 https://addyosmani.com/blog/essential-js-namespacing 中的相关文章。此外，也可以假设没有 mySample 或 helpers 之类的全局对象。你可以在这些名称之前加上公司名称或缩写之类的内容，从而确保唯一性。

3.4.8　异常

JavaScript 支持其他语言(比如 C#)中所常用的 try/catch/finally 模式。应该将那些可能运行失败的代码放置到一个 try 块中。如果在 try 块中出现异常，就会执行 catch 块。此外不管是否发生错误，都会执行 finally 块。

也可以在代码中使用 throw()函数生成一个异常，并在 catch 块中放置错误处理代码，从而保持主代码的简洁。下面所示的是该结构的一个示例：

```
try {
    var x = 5;
    var y = 0;
    if (y == 0) {
        throw("Can't divide by zero")
    }
    console.log(x/y);
}
catch(e) {
    console.log("Error: " + e);
}
finally {
    console.log("Finally block executed");
}
```

finally 块是一个非常好的地方，可以放置一些即使出现错误也需要运行的一些必要的清理代码。虽然 catch 和 finally 块都是可选的，但一般至少需要定义其中一个。

3.4.9　承诺

承诺(promise)是一种处理异步函数调用的标准方法。实际上，它只是一个带有两个参数的回调函数：一个表示成功时调用的函数，另一个表示失败时调用的函数。一个承诺可以有三种状态：

- Pending(待定)——操作尚未完成
- Fulfilled(完成)——操作完全成功
- Rejected(拒绝)——在处理过程中发生错误

有时 Fulfilled 和 Rejected 被统称为 Settled(已定)。接下来让我们看一个使用了承诺的示例。getNumber()函数首先等待 2 秒钟，然后生成一个从 0 到 100 的随机数。如果你需要一个偶数，而所生成的随机数恰巧是一个偶数，那么函数返回成功：

```
function getNumber(bEven) {
    return new Promise(function (fulfill, reject) {
        // perform some long running task
        window.setTimeout(
            function () {
                var i = Math.round((Math.random() * 100),0);
                if ((i % 2 != 0 && bEven) ||
                    (i % 2 == 0 && !bEven)) {
                    reject(i);
                }
                else {
                    fulfill(i);
                }
            }, 2000);
    });
}
```

getNumber()函数返回一个 Promise 对象，它是一个带有两个参数的函数。具体工作就是在这个内部函数中完成的。因为代码都位于 getNumber()函数中，所以可以访问诸如 bEven 参数之类的变量。fulfill()和 reject()函数引用被传递给该内部函数，当内部函数完成时会调用其中一个函数。

为了调用上面的代码，请添加下面所示的代码：

```
var p = getNumber(true);

p.then
    (
    function (i) { console.log("Promise fulfilled, i = " + i); },
    function (i) { console.log("Promise rejected, i = " + i); }
    );

console.log("Promise made...");
```

上面的代码调用 getNumber()函数来请求一个偶数，并立即返回一个 Promise 对象。然后调用 Promise 对象中的 then()成员，并传入两个匿名函数。第一个函数是成功时调用，第二个则是失败时调用。此时，getNumber()函数还没有完成，所以处于 Pending 状态。完成之后，Promise 对象就会执行其中一个回调函数。

此外，也可以捕获错误回调，而不是将其传递给 Promise 对象。例如，下面的代码可以完成相同的事情：

```
p.then
    (
```

```
    function (i) { console.log("Promise fulfilled, i = " + i);}
    )
.catch
    (
    function (i) { console.log("Promise rejected, i = " + i); }
);
```

3.5　数组方法

当使用数组时可以应用大量内置的功能。在此介绍一些常用的方法，完整的方法列表请参见附录 C 中的参考资料部分。

3.5.1　访问元素

如前所述，填充一个数组的最简单方法是使用字面量表示法。例如，下面的代码创建了一个带有六个字符串元素的数组：

```
var arr = ["red", "green", "blue", "yellow", "orange", "purple"];
```

第一个元素的索引为 0，后续元素的索引按顺序分配。可以通过索引访问元素。如果想要获取第二个元素的值，可以使用 arr[1];，从而返回字符串“green”。还可以直接设置对应元素的值，比如 arr[2]=“azure”;，此时将使用“azure”替换第三个元素的值。如果想要删除一个元素，可以使用 delete 关键字：delete arr[3];。这样就可以删除索引为 3 的元素值(“yellow”)，并在数组中留下一个空元素。

当出现越界(out-of-bound)错误时，JavaScript 是非常宽容的。例如，在上面的数组中共有六个元素，可以通过索引 0~5 引用每个元素。但是当调用 arr[8];时并不会出现错误，相反会返回 undefined。同样，当调用 arr[8]=“brown”时，数组会自动增加，从而保存九个元素，其中第九个元素的值为“brown”。这样，在数组中就会留下一些“空洞”；arr[6]和arr[7]为未定义(undefined)，而 arr[8];将返回“brown”。

可以使用两种方法添加新元素；unshift()方法在数组的开头添加一个元素，而 push()方法则在数组的末尾添加一个元素：

```
arr.unshift("white");
arr.push("black");
```

在执行完上述代码后，“white”将出现在数组的开头，而“black”则出现在末尾。原先的六个元素仍然按照原来的顺序排列。这两个方法都会返回添加元素后新数组的大小。此外，也可以通过 length 属性获取数组大小：

```
var numberOfElements = arr.length;
```

还可以使用相应的方法删除第一个和最后一个元素。pop()方法返回最后一个元素并将其从数组中删除。同样，shift()方法返回第一个元素并从数组中删除。

在使用了 shift()和 unshift()方法之后，需要调整元素索引的顺序，才可以访问所需的元素。数组第一个元素的索引为 0。当在数组的开头添加一个新元素时，该新元素的索引为 0，这也就意味着现有元素的索引需要增加或者上移。同样，删除第一个元素则需要索引下移。

提示

通过使用 push()和 pop()方法可以实现堆栈功能。堆栈采用了 LIFO(Last In，First Out，后进先出)的策略，这意味着最后添加的元素最先被删除。可以使用 push()向数组末尾添加一个元素，然后再使用 pop()删除最后添加的元素。如果想要实现队列功能(采用了 FIFO(First In First Out，先进先出)策略)，则可以使用 unshift()添加新元素，并使用 pop()删除队列中最早添加的元素。

3.5.2 输出数组

valueof()方法将以值集合的形式返回数组。这是数组对象的默认方法；如果访问一个数组，而又没有调用任何一个方法时，则会调用 valueof()方法。

此外，通过调用 toString()方法，还可以以一组逗号分隔值的形式返回数组内容。如果想要输出带有不同分隔符字符串的元素，那么可以使用 join()方法。该方法只接收一个参数，指定了放置在每个元素之间的字符串。如果没有向 join()方法传入任何参数，则使用逗号字符。例如，假设有一个名为 arr 的数组，下面所示的四条语句分别输出了该数组的内容：其中，头两条语句以字符串集的形式输出，而后两条语句输出用逗号分隔值的单个字符串。

```
console.log(arr);
console.log(arr.valueOf());
console.log(arr.toString());
console.log(arr.join());
```

3.5.3 操作元素

可以使用多种方法来操作数组，在此我只是做一个简要的介绍。其中一些方法修改了现有的数组，而另一些方法则不会修改，但可以返回一个新数组。请密切关注一下两者之间细微的差别。

concat()方法可以组合两个或者多个数组，并返回新数组中的元素。而现有的数组不会被修改。concat()方法在第一个数组上被调用，而附加数组作为参数传递。例如：

```
var arr1 = ["a", "b", "c"];
var arr2 = ["x", "y", "z"];
var combined = arr1.concat(arr2);
```

最终的数组 combined 将包含 a、b、c、x、y 和 z 元素。如果想要组合更多的数组，只需要以附加参数的形式传入其他数组即可。

可以使用 slice()方法创建一个包含现有数组子集的新数组，同时不会更改现有数组。通过传入起始和结束索引来指定需要返回哪些元素。请注意，起始索引对应的元素是包含在新数组内的，但结束索引对应的元素则被排除在外。比如，调用 arr.slice(2，4);将会返回第 2 个和第 3 个元素。最后一个参数是可选的，如果省略该参数，则返回从开始索引以后所有的元素。

在调用 slice()方法时还可以使用负值，也就是说从数组的右边开始计算。例如，arr.slice(-3，-1);将会返回倒数第二个元素以及该元素的前一个元素。虽然这个语法看起来可能不太直观，但如果想象成将数组长度添加到这些参数，就更容易理解了。例如，下面两条语句返回完全相同的结果：

```
arr.slice(-3, -1);
arr.slice(arr.length-3, arr.length-1);
```

提示

如果想要获取最后的 n 个元素，第一个参数可以使用-n，而第二个参数可以使用 length。例如，为了获取最后 5 个元素，可以使用 arr.slice(-5,length);。

splice()方法除了在指定的位置插入新元素之外，还会删除数组中的元素。该方法的第一个参数所指定的索引表示删除开始的位置以及插入新项的位置。而第二个参数指定了应该删除元素的数量。如果不想删除任何元素，则输入 0。如果想要插入新元素，则应该以附加参数的形式提供给 splice()方法。

可以使用 splice()方法仅删除元素，或者仅插入元素或者两者兼具。例如：

```
arr.splice(2, 1);                 // 删除索引为 2 的元素
arr.splice(2, 0, "teal", "pink"); // 在索引为 2 的位置插入两个元素
arr.splice(2, 1, "teal", "pink"); //删除一个元素并插入两个元素
```

警告

splice()方法返回一个包含被删除元素的数组。从这一点上讲，它与 slice()方法相类似。实际上，arr.splice(2,1);和 arr.slice(2,1);返回完全相同的结果。然而，与 slice()不同的是，splice()方法会修改所调用的数组。slice()可以保持原始数组不变，而 splice()则会从数组中删除项目。当然，如果使用 splice()插入元素，数组也会被更新。

sort()方法也会修改现有的数组。它接收一个可选参数，指定了排序过程中所调用的回调函数。如果没有提供该函数，sort()方法会首先将每个元素转换为一个字符串(如有必要)，然后再按照字母顺序对字符串进行排序。请考虑以下的代码：

```
var numbers = [1, 33, 7, 12, 5];
numbers.sort();
```

在执行完 sort()方法之后，元素将变为[1,12,33,5,7]，这可能并不是你所希望的结果。为了解决该问题，需要提供一个比较函数。该函数接收两个参数，即数组中的两个元素。如果两个元素相等，则函数应该返回 0；如果第一个元素应该排在第二个元素之前，则返回-1，反之则返回 1。以上就是所谓的排序方式。

下面的代码定义了一个 numericSort()函数，并将其传入 sort()方法。在执行完代码之后，元素将按照数字顺序进行排序[1,5,7,12,33]。

```
function numericSort(a, b){
    if(isNaN(a) || isNaN(b)) return 0; // Can't compare if not numeric
    if(a == b) return 0;
    if(a < b) return -1;
```

```
    if(a > b) return 1;
}

var numbers = [1, 33, 7, 12, 5];
numbers.sort(numericSort);
```

reverse()方法通过颠倒元素的顺序来修改现有数组。该方法不接收任何参数，并返回修改后的数组。下面的代码将输出元素[3,2,1]。

```
var numbers = [1, 2, 3];
numbers.reverse();
console.log(numbers);
```

3.5.4　搜索

数组对象提供了多种方法来查找数组中的元素。indexOf()方法返回所指定元素在数组中首次出现时的索引。例如，arr.indexOf("red");将返回第一个元素(其值为"red")。同样，arr.lastIndexOf("red");将返回最后一次出现时的索引。

这两个方法都使用了严格相等(strict equality)进行搜索，这意味着如果是搜索字符串"12"，而数组中包含数字 12，那么将找不到元素。indexOf()方法从数组的开头开始搜索，直到找到第一个匹配的元素。lastIndexOf()方法则是从数组的末尾开始搜索。

这两个方法都支持一个指定了搜索开始位置的 fromIndex 参数。如果没有指定该参数，则默认从数组的开头进行搜索(对于 lastIndexOf()方法来说默认从数组的末尾开始搜索)。同时，该参数还可以是负值(-n)，表示搜索应该从数组末尾第 n 个元素开始。如果使用负数来定义搜索的起始位置，那么对于 indexOf()方法来说，搜索仍然是向前进行，而对于 lastIndexof()则是向后进行。

```
var arr = ["red", "green", "blue", "yellow", "blue", "purple"];
arr.indexOf("blue");            // return 2
arr.lastIndexOf("blue");        // returns 4
arr.indexOf("blue", 3);         // returns 4
arr.lastIndexOf("blue", -3);    // returns 2
```

find()和 findIndex()方法使用所定义的回调函数搜索数组中的元素。这样，就可以完全控制搜索逻辑。find()方法返回元素，而 findIndex()返回元素的索引。这两个方法都会遍历数组中的元素，并执行指定的回调函数。当回调函数返回 true 时搜索结束，并返回当前的元素或者索引。

回调函数可以接收三个输入参数，但只有第一个参数是必需的：

- element——正在评估的当前数组元素
- index——当前元素的索引
- array——正在搜索的数组对象

例如，如果想从数组中查找第一种颜色，可以实现下面的回调函数：

```
function isPrimary(color, index, array) {
    if (color == "red" || color == "blue" || color == "yellow"){
        return true;
    }
```

```
    return false;
}
```

然后，调用 find()方法，并传入 isPrimary()函数：

```
console.log(arr.find(isPrimary));
```

find()和 findIndex()方法都支持第二个可选参数，从而允许调用者在调用回调函数时定义 this 的值。

3.5.5　创建子集

filter()函数并不会修改原始数组而是返回一个新数组，该数组是原始数组的子集。为了实现过滤逻辑，必须指定一个针对数组中每个元素都调用的回调函数。如果元素应该包含在返回的子集中，则函数返回 true，否则返回 false。

该回调函数的工作过程与 find()方法所使用的回调函数的工作过程相类似。事实上，两者可以使用相同的函数：

```
var subset = arr.filter(isPrimary);
console.log(subset);
```

上述代码不会影响现有的数组，而是返回一个新数组，其中包含了["red"，"blue"，"yellow"，"blue"]。

map()方法也会创建一个新数组，其中针对原始数组中的每个元素对应地包含一个元素。该方法遍历数组中的元素，并调用特定的回调函数。回调函数将返回一个原始元素经过某种形式的转换后得到的新元素。例如，将字符串数组转换为大写。

为了测试 map()方法，接下来继续使用前面的 numbers 数组，同时实现 isOdd()函数：

```
function isOdd(element, index, array){
    if (isNaN(element)) {return false;}
    if (element % 2 != 0) {return true;}
    return false;
}
```

该函数返回一个 Boolean 值；如果数字是奇数，则为 true，否则为 false。当将该函数传入 map()方法时，将会得到一个新的 Boolean 值数组：

```
var boolArray = numbers.map(isOdd);
console.log(boolArray);
```

every()和 some()方法与 find()和 filter()方法相类似，因为都需要为它们提供一个返回 Boolean 值的回调函数(该函数在数组中的每个元素上调用)。find()方法返回回调函数返回 true 时的第一个元素，而 filter()方法则返回回调函数返回 true 时的所有元素。

如果针对数组中的每个元素回调函数都返回 true，那么 every()方法就返回 true。如果针对数组中的部分元素回调函数返回 true，那么 some()方法就返回 true。为测试这两个方法，请尝试下面的代码：

```
console.log(numbers.some(isOdd)); // returns true
console.log(numbers.every(isOdd)); // returns false
```

3.5.6　处理

可调用多种方法对数组中的元素进行一些处理。接下来介绍最简单的方法 forEach()。

forEach()方法将遍历数组中的所有元素，并调用指定的函数。所以必须先定义需要执行的函数，并作为参数传入 forEach()方法。与其他的回调函数一样，该函数也有一个必需的参数，即正在处理的特定元素。此外，还有两个可选参数，即元素索引以及正在处理的数组，如下所示：

```
function process(item, index, array) {
    console.log("[" + index + "]: " + item + ", in array ", array.toString());
}
```

为了调用 forEach()方法，请添加以下代码：

```
arr.forEach(process);
```

此时，控制台条目应该如下所示：

```
[0]: white, in array white,red,green,blue,yellow,orange,purple,black
[1]: red, in array white,red,green,blue,yellow,orange,purple,black
[2]: green, in array white,red,green,blue,yellow,orange,purple,black
[3]: blue, in array white,red,green,blue,yellow,orange,purple,black
[4]: yellow, in array white,red,green,blue,yellow,orange,purple,black
[5]: orange, in array white,red,green,blue,yellow,orange,purple,black
[6]: purple, in array white,red,green,blue,yellow,orange,purple,black
[7]: black, in array white,red,green,blue,yellow,orange,purple,black
```

reduce()及其对应的 reduceRight()方法都可将数组转换为单个值。解释这两个方法如何工作的最好方式是描述一个具体的用例。例如，你拥有一个数值数组，并且想要获取这些值的总和。为此，需要遍历所有的元素并累积元素值。

与 forEach()方法一样，需要向 reduce()方法提供一个函数。该函数接收两个参数。第一个参数是一个累加器，用于保存处理一个元素后所得的中间结果，或者初始值(如果当前处理的是第一个元素)。第二个参数表示函数正在处理的元素。此外，该函数还有两个与 forEach()方法相同的可选参数，即索引和数组引用。该函数将当前元素合并到累加器中并返回结果。下面所示的代码实现了这个求和用例：

```
function sumArray(total, item, index, array) {
    return total + item;
}

var arr = [1, 3, 5, 2, 8, 1];
console.log(numbers);
var sum = arr.reduce(sumArray, 0);
console.log(sum);
```

请注意，该 reduce()方法包含了第二个参数，即累加的初始值。所以，首次调用 sumArray()函数时，total 参数的值为 0。

reduceRight()方法完成与 reduce()相同的事情，只不过是以相反的顺序遍历元素，即从数组的末尾开始。如果遍历顺序无关紧要，比如计算值的总和，那么 reduce()或者reduceRight()将会产生相同的结果。

3.6　小结

本章介绍了许多内容。虽然并没有完整地介绍每个功能，但介绍了需要了解的基本知识。如果你是初次接触 JavaScript，那么我建议仔细阅读一下下载代码中的 SampleScript.js 文件，并确保理解代码所完成的操作。

从第 16～20 章，将会广泛使用 JavaScript 来增强 HTML5 应用程序。第 21～26 章是高级章节，将会大量使用 JavaScript 的相关功能。

在下一章，将介绍用来为 HTML 文档提供结构的 HTML 元素。

第Ⅱ部分 HTML

在本部分，将会介绍可用的 HTML 元素以及它们的使用方式和时机。在第 1 章曾经介绍过部分 HTML 元素：用于提供文档结构和元数据的 HTML 元素。接下来，将要真正进入 HTML 元素的世界。

HTML5 都是关于语义的；在本部分你将会深刻体会到这一点。选择使用哪个元素是非常重要的。不同的元素都传达了内容的含义或者目的。在接下来的 5 章里，我将会尽力讲清楚使用每个元素的原因。当然，在讲授的过程中也会提供一些示例来演示如何使用。

本部分中的每一章都介绍了一组元素，具体的组织结构如下所示：

- 4) 结构元素，比如 header、footer、section、aside 和 div。这些元素创建了支持其他内容的骨架。
- 5) 文本元素——这是一大组包含主要文本内容的元素，并且每个元素提供了特定的语义含义。
- 6) 表元素——这些元素用于排列逻辑上属于行和列的表格数据。
- 7) 嵌入元素，比如 img、audio 和 video。
- 8) 表单元素，包括 input、button、label 以及其他用来创建数据输入表单的其他元素。

第 4 章

结构化 HTML 元素

在第 1 章，我已经简要地介绍过基本的 HTML 语法，并详细讨论了 head 元素的相关内容。在 head 元素中没有可显示的内容；即不包含可用于各种应用程序的数据，比如浏览器、屏幕阅读器或者搜索引擎。接下来将关注的重点转移到 body 元素；该元素包含了可显示的内容。

4.1 内容类别

HTML5 中共定义了 100 多种元素。其中在第 1 章已经介绍过一部分，而在接下来的 5 章里将会介绍剩下的元素。可以根据内容类型并按照一定的规则对元素进行分类，这些规则定义了元素可以使用的地方以及可以包含的内容。有些元素可以属于多个类别，而有些元素则不属于任何类别。

- 元数据元素——这些元素已经在第 1 章中进行了介绍；它们没有实际内容，只是为那些用来处理 HTML 文档的应用程序提供关于文档的元数据以及相关信息。
- 节元素——这些元素用来将一个页面组织成若干节，同时也用于构建文档大纲。
- 标题元素——这些元素用来在节中定义标题以及子标题。
- 嵌入元素——嵌入元素用来在文档中插入非 HTML 内容，比如图片。第 7 章将会详细介绍这些元素。
- 交互元素——这些元素提供了用户交互。常见的示例包括一个按钮或者输入字段。
- 表单元素——表单元素用来捕获用户输入，可以进一步划分为多个子类型。第 8 章将会详细介绍这些元素。
- 短语元素——这些元素用来标记可合并成段落的文本或者短语。第 5 章将会详细介绍这些元素。
- 流式元素——绝大多数元素都属于该类别。这些元素包含实际内容(比如文本)或者嵌入内容(比如图像或视频)。之所以使用术语“流式”，是因为这些元素占用空间并从一个元素流向另一个元素(跨页面或者沿着页面向下)。

附录 C 中的参考资料包含了一个按字母顺序排列的所有 HTML5 元素的列表，其中指明了每个元素所属的类别。

注意

大多数不属于任何内容类别的元素通常仅用作特定元素的子元素。例如，table 元素属于流式类别，但诸如 tr 和 td 之类的子元素并不属于任何类别，所以它们只能在 table 中使用。

本章将主要介绍用来组织 HTML 文档的节和标题元素的使用。

4.2 节内容

将 HTML 文档组织成不同的逻辑节是一个非常好的主意，尤其是对于那些大型的文档而言。在 HTML5 之前，div 元素用于对内容进行分组，并且可以嵌套使用，如下所示：

```
<div>
    <div>
        <div>
        </div>
    </div>
</div>
```

遗憾的是，虽然可以根据不同的原因使用 div 对内容进行分组，但读者对这些理由可能并不太清楚。HTML5 引入了多个可以提供更多特定语义分组的新元素。这些元素用来将内容分组成更大的单位。然而，每个人都会出于不同的原因对内容进行分组。你可以选择使用通用的 div 元素完成分组；也可以为了更清楚地表明分组的原因而使用更具体的元素。所以需要重点了解每个元素的具体目的，并根据所要完成的工作使用正确的元素。

4.2.1 section

section 元素用来将内容组织成逻辑节。回想一下你曾经为完成学校作业而写的一篇文章，其中包括一个引言、三个要点和一个结论。在 HTML 中，每一部分都可以使用一个节来表示。此外，该元素还可以像 div 元素那样嵌套使用。如果每个要点下面还有子要点，那么可以针对每个子要点使用一个 section 元素。

在选择使用 section 元素时要遵循两点指导原则。首先，节应该有主题。应该根据所呈现的材料来组织内容。其次，节应该线性流动。例如，引言流入第一个要点，以此类推。当后面讨论 aside 元素时，这种对照会更加明显。

4.2.2 article

article 元素用来对可以独立存在的内容进行分组。一般来说，当内容被重复使用时使用该元素。当你拿起当地的 Sunday 报纸并阅读最喜欢的漫画时可能不会意识到这一点，但事实上同样的漫画会包含在世界各地的报纸上。对于 Web 网站来说也存在相同的情况，联合内容可能包含在多个页面上。此时，这些内容应该放置在 article 元素中，因为它们与页面的其余部分无关。

然而，article 元素最常见的一种用途是用在博客上。博客上的每个帖子通常都是独立的内容，常被分组到一个 article 元素中。此外，发布到博客中的评论通常也放置在 article 元素中。

只要内容是独立且可重用的，那么任何可以使用 section 元素的地方都可以使用 article 元素。一个 article(尤其是一个大型的 article)通常使用 section 元素按照前面所介绍的方式组织文章。此外，一个 article 元素可以包含其他的 article 元素，比如包含评论的博客。

4.2.3 aside

aside 元素用来对那些不属于正常文档流的内容进行分组。这些内容可能是出于参考目的所提供的支持信息，或者是关于作者的信息，还可能是不相关的信息，比如广告空间或事件日历。

aside 元素通常作为侧边栏显示，所以它并不会中断其他的内容流。然而，这些显示效果都是由 CSS 所确定，而内容作者的工作是使用 aside 元素明确指出哪一组内容不是正常内容流的一部分。

4.2.4 nav

nav 元素用来组织一组链接。一个典型的示例是使用页面上的菜单跳转到内部书签或其他相关页面。另一个示例是提供更多信息或相关资料的链接。

不要将所有链接都放到 nav 元素中。但如果内容主要由链接所组成，那么可以将其放在 nav 元素中，从而表明该部分内容提供了导航信息。

4.2.5 address

address 元素并不包含在节内容中。在此之所以介绍该元素，是因为它常被用于为整个文档或特定文章提供联系信息。如果用于单个文章，那么应该将其放置在 article 元素中。而如果是用于整个文档，则必须位于 body 元素中；通常将其放在 footer 元素中。

提示

address 元素主要是用来提供与文档或文章相关的联系信息。可以包括电子邮件地址、URL、电话号码、邮寄地址或者与作者沟通的任何其他方法。该元素被称为 contact 可能更合适，因为这就是该元素主要的用途。一般来说，不要使用该元素来描述地址信息，除非该地址是作为联系信息而提供的。

下面所示的示例在 footer 元素中包含了一个 address 元素：

```
<footer>
    <p>Closing content</p>
    <address>
        <p>Provided by
            <a href="mailto:mcollins@theCreativePeople.com">Mark J. Collins</a>
        </p>
```

```
        <p>For more information
            <a href="www.theCreativePeople.com">visit his website</a>
        </p>
    </address>
</footer>
```

address 元素的默认样式是以斜体显示文本。而 footer 元素的默认样式如图 4-1 所示。

图 4-1　默认的地址样式

4.3　大纲

HTML5 规范中有一个关于文档大纲的概念，称为大纲算法。body 元素(内容的根元素)创建了文档大纲的最顶端节点。添加任何节元素(section、article、aside 或 nav)都会在大纲中创建一个新节。而嵌入其他节元素也会向大纲添加更多的节点。大纲算法的主要思想是通过简单地嵌套节元素，为文档创建一个清晰的轮廓。

4.3.1　显性节

接下来让我们创建一个带有多个嵌套节的 HTML 文档来验证一下上面的思想。创建一个不带有任何标签的大纲是没有任何意义的。所以在每个节中添加一个 h1 元素，从而为每个节赋予一个名字。示例文档如代码清单 4-1 所示。

代码清单 4-1　使用节创建文档大纲

```
<body>
    <h1>My Sample Page</h1>
    <nav>
        <h1>Navigation</h1>
    </nav>
    <section>
        <h1>Top-level</h1>
        <section>
            <h1>Main content</h1>
            <section>
                <h1>Featured content</h1>
            </section>
            <section>
                <h1>Articles</h1>
                <article>
                    <h1>Article 1</h1>
                </article>
            </section>
        </section>
```

```
<aside>
    <h1>Related content</h1>
 <section>
<h1>HTML Reference</h1>
    </section>
    <section>
        <h1>Book list</h1>
        <article>
            <h1>Book 1</h1>
        </article>
    </section>
</aside>
    </section>
</body>
```

如果使用默认样式在浏览器上呈现该文档，则会看到如图 4-2 所示的页面。

图 4-2　带有默认样式的示例文档

请注意，即使都使用了相同的 h1 元素，每个标签的字体也是不一样的。样式可以根据元素所处文档大纲中的位置自动进行更新。

注意

aside 元素位于主节之下，而不是侧边。节的对齐方式是通过 CSS 控制的。第 13 章将会介绍相关的内容。

为了进一步说明这一点，需要使用一个便捷的 Web 页面，它将读取 HTML 文档并显示它的大纲。首先通过 https://gsnedders.html5.org/outliner 访问该网站，然后粘贴你的 HTML 文档，最后单击"Outline this"按钮。此时将会显示如图 4-3 所示的大纲结构。

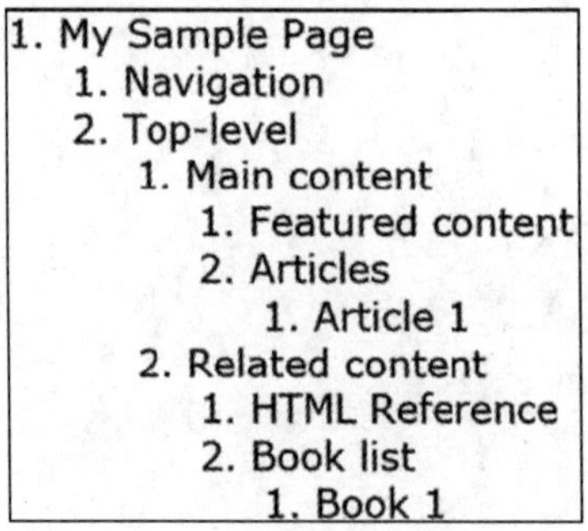

```
1. My Sample Page
    1. Navigation
    2. Top-level
        1. Main content
            1. Featured content
            2. Articles
                1. Article 1
        2. Related content
            1. HTML Reference
            2. Book list
                1. Book 1
```

图 4-3　查看文档大纲

4.3.2　文档标题

　　HTML5 支持文档标题元素。除了前面示例中使用的 h1 元素外，还有 h2、h3、h4、h5 以及 h6 元素。每个元素都被用来表明标题属于文档大纲中的指定级别。h1～h6 元素的默认样式与显性大纲文档所使用的样式是相同的。

　　在 HTML5 之前，节元素并不存在。然而，通过使用 h1-h6 元素，也可以提供显性节。如果前一个标题使用了 h2 元素，而当前标题使用 h3，那么就显式地创建一个新节。类似的，如果从 h3 到 h2，则关闭当前节。

　　如果想要创建具有相同大纲的文档，可以使用 h1～h6 元素创建隐性节。此时不能仅使用 h1 元素，而是应该使用不同的元素来表示层次结构中的级别。下面所示的 HTML 将生成与上面示例完全相同的大纲(以及浏览器中的输出)：

```
<body>
    <h1>My Sample Page</h1>
    <h2>Navigation</h2>
    <h2>Top-level</h2>
    <h3>Main content</h3>
    <h4>Featured content</h4>
    <h4>Articles</h4>
    <h5>Article 1</h5>
    <h3>Related content</h3>
    <h4>HTML Reference</h4>
    <h4>Book list</h4>
    <h5>Book 1</h5>
</body>
```

　　然而，官方的 W3C 建议不要过分依赖节元素所建立的大纲。图 4-4 显示了 W3C 文档中所示的警告信息(http://www.w3.org/TR/html5/sections.html)。

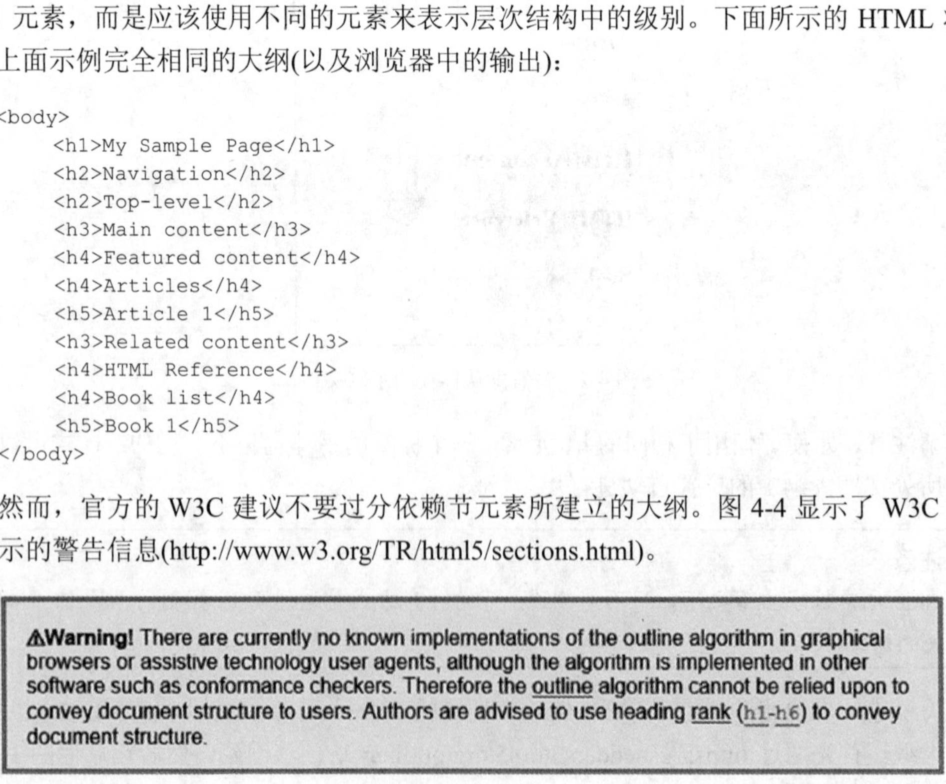

> ⚠**Warning!** There are currently no known implementations of the outline algorithm in graphical browsers or assistive technology user agents, although the algorithm is implemented in other software such as conformance checkers. Therefore the <u>outline</u> algorithm cannot be relied upon to convey document structure to users. Authors are advised to use heading <u>rank</u> (`h1-h6`) to convey document structure.

图 4-4　关于大纲算法的警告信息

通常应该使用节元素将 HTML 文档组织成不同部分。但上面的警告信息建议也可以根据文档层次结构的可行性来使用相应的 h1-h6 元素。

article 元素适用于重复使用的内容。此时这些内容通常与主 HTML 文档不在同一个文档中，可能是读取自数据库(由某种内容源所提供)，或者提取自一个单独文件，并且不知道将要插入的文档大纲是怎样的。article 应该从 h1 级别开始，并根据需要添加额外的节元素。当文档中包含 article 时，实际的大纲级别将根据所插入的当前级别进行调整。

注意

W3C 推荐意见中介绍了创建文档的具体算法，可以从 http://www.w3.org/TR/html5/sections.html#outlines 找到该推荐意见。

4.3.3 header 和 footer

当组织页面时，还应该考虑在顶部添加 header 元素以及在底部添加 footer 元素。这些元素可以对文档节的介绍性或结论性内容进行分组。

但与诸如 article 或 section 等节元素不同的是，header 和 footer 元素并不会在文档大纲中创建新的节，而只是对它们所处的节内容进行分组。通常在 body 元素中使用一个 header 和一个 footer 元素来定义页面的页眉和页脚。此外，也可以放在子节中，比如 section 元素。此时，它们将只针对该节中的介绍性内容进行分组。

4.3.4 规划页面布局

在创建一个新的 Web 页面之前，勾画出基本的页面结构是一个非常好的主意。这样可以帮助你可视化整体布局，并查看元素是如何嵌套在一起的。

本章所要演示的页面将在顶部使用 header 和 nav 元素以及在底部使用 footer 元素。中间的主区域则使用一个 section 元素，并且包括两个并排区域(每个区域都包含一系列的 article 标签)。其中左边较大的区域被包含在另一个 section 元素中并提供主要内容(这些内容被组织成 article 元素)。而右边较小的区域则使用了一个 aside 元素，并包含一个 section 元素。该区域包含了一系列显示相关信息的 article 元素。图 4-5 演示了该页面布局。

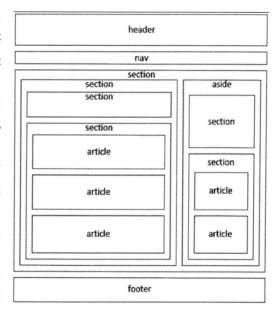

图 4-5 规划页面布局

注意

图 4-5 显示了每个元素之间的空格，从而使布局更容易理解。但在实际的 Web 页面中，大多数情况下都是通过将 margin 特性设置为 0 来删除这些空格。

4.4　节根

有一些被称为节根(sectioning roots)的 HTML 元素，它们拥有自己的大纲，并且与文档剩余部分的大纲没有任何关联。body 元素就是其中一个，但它却是一个特例；body 元素的大纲就是文档的大纲。其他的节根元素还包括 blockquote、details、fieldset、figure 以及 td。将分别在第 8 章和第 6 章介绍 fieldset 和 td 元素。

4.4.1　blockquote

当需要在文档中包括较长的引文时可以使用 blockquote 元素。引号中的内容被放置在 blockquote 元素中，并且可以由多种元素组成，比如标题文本、段落以及嵌套内容。一个简单的引文如下所示：

```
<blockquote cite="www.apress.com">
    <h1>Quotation</h1>
    <p>This is a quotation</p>
</blockquote>
```

标题文本(h1-h6)将在引文中定义节，但这些节并不是文档大纲的一部分。如果想要验证这一点，可以在自己的文档中添加 blockquote 元素并通过前面所介绍的大纲工具运行文档。

除了全局特性之外，blockquote 元素还支持 cite 特性。可以使用该特性确定引文来源的 URL 或包含引文信息的资源。

提示

虽然 cite 特性提供了关于引文的详细信息，但并不会显示出来，至少一般情况下不会显示。浏览器可以使用这些信息，但基本上都是作为元数据提供。如果想要显示来源或引文，应该使用 cite 元素，下一章将会介绍该特性。

4.4.2　details

details 元素允许创建可折叠的内容节。在 details 元素中，可以包含一个可选的 summary 元素，其中包含了 details 元素被折叠时所显示的内容，如果没有使用 summary 元素，折叠文本将为 "Details"。

当折叠时 details 元素的其他内容都会被隐藏。该元素的初始状态是被折叠。如果想要在页面加载时显示其内容，需要添加 Boolean 特性 open。

```
<details open>
    <summary>This is the collapsed text</summary>
    <h1>Details</h1>
    <p>These are collapsable details</p>
</details>
```

与其他的节根元素一样，也可以在 details 元素中包含 h1～h6 元素，它们将定义细节信息的大纲。然而，这些节也不包括在文档大纲中。

警告

在编写本书的时候，Internet Explorer 或 Edge 并不支持 details 元素，而 Firefox 也不是完全支持该元素。

4.4.3　figure

figure 元素用于对自包含的内容进行分组，从逻辑上讲，该元素可以移动到不同的位置而不会影响主文档流。figure 元素的一个独特功能是可以在内容中包含一个标题。

通常使用 figure 元素将图像或其他嵌入内容与标题组合在一起。此外，还可以用来组合文本，比如带有标题的代码清单。

要添加一个标题，可在 figure 元素中包含 figcaption 元素。figcaption 元素必须是 figure 元素的第一个或者最后一个子元素。如果是第一个子元素，则标题位于内容之上，反之则位于内容之下。

下面所示的是包含一个嵌入图像的 figure 简单示例。在 Chrome 中所显示的内容如图 4-6 所示。

```
<figure>
    <h1>Figure</h1>
    <img src="HTML5Badge.png" alt="HTML5" />
    <figcaption>Official HTML5 Logo</figcaption>
</figure>
```

图 4-6　使用 figure/figcaption 元素

4.5 分组元素

上一节的内容介绍了用来将 HTML 文档组织成较小章节的元素以及与文档大纲相关联的元素。接下来讨论其他分组元素。这些元素主要用于语义目的，不会对大纲产生任何影响。

4.5.1 段落

段落(p)元素用于定义一个段落，即包含单个思想或想法的一段文本。从视觉上看段落之间是存在差别的。例如，在本书中，大多数段落的第一行都是缩进的，以便突出段落。p元素的默认样式是设置边距，以便段落之间存在一定的空白。

p 元素可能是最被滥用的元素之一，所以我不想过度地强调该元素的作用，应该根据语义来选择使用该元素。段落是文档中包含单个思想或想法的不同部分。如果一个段落描述了要添加的内容，那么可以使用 p 元素，否则，请选择使用其他元素。下一章将介绍短语元素，在某些情况下使用某一个短语元素可能更合适。

只有使用了合适的元素，默认的样式通常才是有意义的。但不要根据给定的样式来选择元素。只要使用了合适的元素，就可以很容易地通过 CSS 改变样式。

4.5.2 水平规则

在 HTML4 中，hr 元素用来创建一个水平规则。但在 HTML5 中为该元素提供了更多的语义定义，它被重新定义为主题变化。当主题发生变化时，通常将其放置在段落之间。

为了向后兼容，hr 元素仍然被显示为一条水平线。当然，可以通过 CSS 进行修改。在 hr 元素中没有任何内容，所以也就不需要结束标记。hr 元素的使用如下所示：

```
<p>paragraph 1</p>
<hr />
<p>paragraph 2</p>
```

4.5.3 预格式化(pre)

放置在 pre 元素中的内容将会按照输入时的样式显示，包括空格。如第 1 章所述，空格(包括回车、制表符和额外空格)通常都会被浏览器所忽略。而使用 pre 元素可以告诉浏览器保留这些空格。默认的样式是使用固定间隔的字体，从而有助于保持格式。

注意

pre 元素是一个罕见的例外，因为它的使用不是出于语义原因。

---

pre 元素用来包含已格式化但又希望保持该格式的内容。包含一个代码片段就是非常好的示例。pre 元素的另一个常见用法是包含诗歌。例如：

```
<pre>I heard the bells on Christmas Day
```

```
Their old, familiar carols play,
    And wild and sweet
    The words repeat
Of peace on earth, good-will to men!</pre>
<cite>Henry Wadsworth Longfellow - 1863, public domain</cite>
```

图 4-7 显示了上述代码在浏览器上显示的内容。

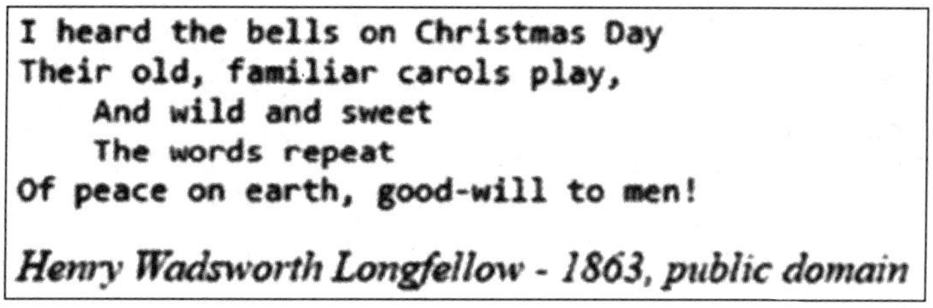

图 4-7　使用 pre 元素

如果使用标准的 p 元素替换 pre 元素，就会发现内容都显示在一行，并根据页面宽度进行了必要的调整。

注意

需要介绍一下，这首诗是 Henry Wadsworth Longfellow 在美国内战期间所写的。在妻子去世不久他又得知儿子 Charles 在战斗中受伤，所以在圣诞节期间，当听到教堂钟声并开始唱颂歌时，他开始怀疑是否真的有和平或善意。这首诗反映了作者与这种思想进行的斗争，最后得出结论，只要教堂钟声继续敲响，就会有希望。

4.5.4　main

main 元素用来表明其内容是文档的主要目的或主题。它确定了文档的核心主题。由此可见，main 元素不能包含在 article、aside、footer、header 或者 nav 元素中，因为这些元素都是用于辅助内容。此外，在每个文档中只能有一个 main 元素，这一点应该是显而易见的。main 元素中的内容应该是文档中唯一的，不能被其他的文档所共享。

当然，可以将 main 元素分成适当的节。虽然在 main 元素中是否可以包含 article、aside 或 nav 元素没有严格的限制，但通常被认为是一种不好的形式。article 元素可以包含可重用的或者独立的内容，所以它对文档来说通常是不唯一的。aside 元素所表示的内容不属于主文档流，同时也可能不属于 main 元素所表示的中心主题。当然，如果 article 或 aside 元素的内容满足 main 元素的标准，也是可以使用的。

main 元素没有默认的样式；它的用法只是纯语义上的。使用该元素可以帮助诸如屏幕阅读器或搜索引擎之类的应用程序更快地转到文档的核心内容。

4.5.5　div

我将 div 元素放在最后一个介绍。如前所述，在 HTML5 之前，div 元素可用于所有类型的分组。现在，针对具体目的可以使用一些新元素：局部(section)，独立或可重复使用的

69

内容(article)，正常文档流之外(aside)，导航(nav)。此外，还有一些元素用于语义分组，比如 main、figure 和 blockquote 元素。而 div 元素用于所有其他的分组原因。

    div 元素的一个常见用法是对其所有的子元素应用样式。大多数的样式特性都继承自其父元素。所以在 div 元素中设置一个特性将会向下传播到 div 中的所有元素。例如，根据用户输入或者 Web 页面的状态隐藏或显示一些内容。如果将所有这些内容都放在一个 div 中，那么只需要简单地更新 div 特性即可。

4.6　列表元素

    接下来，让我们看一些用来列出内容的元素，比如项目符号列表。然而，HTML5 中的列表并不仅限于一系列项目符号或编号项目。只要是想创建一个事物列表，即使"事物"是一大块内容，也应该考虑在某一个列表元素中创建。此外，列表元素都是有语义的；将内容放在列表中可以清楚地表明正在枚举一个列表。

4.6.1　列表

    HTML5 支持使用 ol 元素的有序列表(ordered list)以及使用 ul 元素的无序列表(unordered list)。除了有序列表可使用一些额外的特性之外，两种列表的工作原理是相同的。

    不管使用哪种列表，元素的顺序都是固定的，并且根据项目在列表中的顺序所定义。可以根据语义选择合适的列表类型。如果列表的顺序没有意义，则使用无序列表。例如，如果需要列举一些流行的运动，比如足球、棒球和篮球，那么可以使用无序列表。与之相反，如果需要列出三大最受欢迎的运动，那么就需要根据受欢迎的程度列出这些运动。此时顺序是有意义的，所以以应该使用有序列表。

    无序列表的默认样式是使用某种类型的项目符号作为每个项目的前缀，并且所有项目都使用相同的项目符号。而对于有序列表来说，默认样式是使用一个数字，并且按顺序分配数字。

    列表中的项目(不管是有序还是无序)都由一个 li 元素所表示。ul 或 ol 元素可以包含的唯一元素就是 li 元素。然而，在 li 元素中可以放置任何流式元素。代码清单 4-2 演示了简单的无序列表和有序列表，并使用了默认样式，最终的结果如图 4-8 所示。

代码清单 4-2　示例无序和有序列表

```
<h2>Book Topics</h2>
<ul>
    <li>HTML</li>
    <li>CSS</li>
    <li>JavaScript</li>
</ul>
<h2>HTML Chapters</h2>
<ol start="4">
    <li>Structural Elements</li>
    <li>Text Elements</li>
    <li>Table Elements</li>
```

```
    <li>Embedded Elements</li>
    <li>Form Elements</li>
</ol>
```

Book Topics

- HTML
- CSS
- JavaScript

HTML Chapters

4. Structural Elements
5. Text Elements
6. Table Elements
7. Embedded Elements
8. Form Elements

图 4-8　示例无序和有序列表

如前所述，有序列表还支持一些额外的特性，其中最常见的是 start 特性，在前面的示例中已经使用过该特性。在该示例中，我列出了本书中介绍 HTML 元素的各个章节。前三章主要包含了一些介绍性的内容，所以真正开始介绍 HTML 是从第 4 章开始的。start 特性指定了第一个 li 元素所使用的数字，此时为 4。如果忽略该特性，则编号从 1 开始。

reversed 特性是一个 Boolean 特性，用于按相反顺序分配数字。例如，如果想要列出三种最受欢迎的运动，并且其中最受欢迎的运动放在最后，就应该使用该特性。此时编号为反向的 3、2、1。如果没有指定 start 特性，则需要设置第一个项目的编号，以便最后一个项目的编号为 1。例如，如果在一个列表中放置了 10 个项目，同时指定了 reversed 特性但没有指定 start 特性，那么项目将从 10~1 进行编号。如果同时指定了这两个特性，那么第一个项目将使用 start 特性所指定的数字，而后面的项目将以此开始编号，所以可能会出现负数的编号。

提示

reversed 特性并不能更改 li 元素的顺序。这些元素始终按照列表中的顺序显示。reversed 特性只是影响了项目的编号。

type 特性指定了所使用的编号类型，所支持的值包括：

- 1——使用数字(如果没有指定 type 特性，此为默认值)
- A——使用大写字母(如 A、B、C、D)
- a——使用小写字母
- I——使用大写的罗马数字(如 I、II、III、IV)
- i——使用小写的罗马数字

不管 type 特性被指定了什么值，start 特性始终为数字，只不过将其转换为适当的类型表示。例如，如果 start 特性被指定为 4，而 type 特性被指定为 I，那么第一个元素的编号为 IV。

字母或罗马数字不支持零或负数。如果需要使用这些值，则必须以数字形式显示。例如，如果列表中包含了 5 个项，并且将 ol 元素指定为<ol start="3" type="a" reversed>，那么编号为 c、b、a、0、-1。

可以使用列表显示一系列链接，比如菜单。例如：

```
<nav>
    <h1>Navigation</h1>
    <ul>
        <li><a href="/">Home</a></li>
        <li><a href="http://www.apress.com">Apress</a></li>
        <li><a href="http://www.theCreativePeople.com">My Site</a></li>
    </ul>
</nav>
```

上述代码将显示一个链接列表。通过使用 CSS，可以以多种方式显示该列表，包括按钮或者水平排列的链接。第 13 章将演示这一过程。

4.6.2　描述列表

dl(description list)组名称/值对，通常用来创建一个词汇表。其中名称为所定义的术语，而值为术语的定义或描述信息。可以在 dl 元素中使用一系列 dt 元素和 dd 元素。

例如，简单的 dl 元素如下所示：

```
<dl>
    <dt>Term1</dt>
    <dd>Definition</dd>
    <dt>Term2</dt>
    <dd>Definition</dd>
</dl>
```

注意

在 HTML4 中，dl 元素被称为定义列表，用于定义术语列表。虽然在 HTML5 中语法没有什么变化，但名称却更改为描述列表，从而表达了该元素更广泛的用途。在 HTML5 中，使用 dl 元素提供一组术语/描述对。

代码清单 4-3 演示了如何使用该模式列出一系列书籍以及每个图书的描述信息。图 4-9 显示了如何在浏览器中使用默认格式显示相关内容。

代码清单 4-3　使用 dl、dt 和 dd 元素

```
<dl>
    <dt>Beginning WF</dt>
    <dd>
Indexed by feature so you can find answers easily and written in an accessible style,
Beginning WF shows how Microsoft's Workflow Foundation (WF) technology can be used
in a wide variety of applications.
    </dd>
```

```
    <dt>Office 2010 Workflow</dt>
    <dd>
    Workflow is the glue that binds information worker processes, users, and artifacts— without
it, information workers are just islands of data and potential. Office 2010 Workflow
    walks you through implementing workflow solutions.
    </dd>
    <dt>Pro Access 2010 Development</dt>
    <dd>
    Pro Access 2010 Development is a fundamental resource for developing business
    applications that take advantage of the features of Access 2010. You'll learn how to
build database applications, create Web-based databases, develop macros and VBA tools for
Access applications, integrate Access with SharePoint, and much more.
    </dd>
</dl>
```

Beginning WF
    Indexed by feature so you can find answers easily and written in an accessible style,
Beginning WF shows how Microsoft's Workflow Foundation (WF) technology can be
used in a wide variety of applications.
Office 2010 Workflow
    Workflow is the glue that binds information worker processes, users, and artifacts—
without it, information workers are just islands of data and potential. Office 2010
Workflow walks you through implementing workflow solutions.
Pro Access 2010 Development
    Pro Access 2010 Development is a fundamental resource for developing business
applications that take advantage of the features of Access 2010. You'll learn how to build
database applications, create Web-based databases, develop macros and VBA tools for
Access applications, integrate Access with SharePoint, and much more.

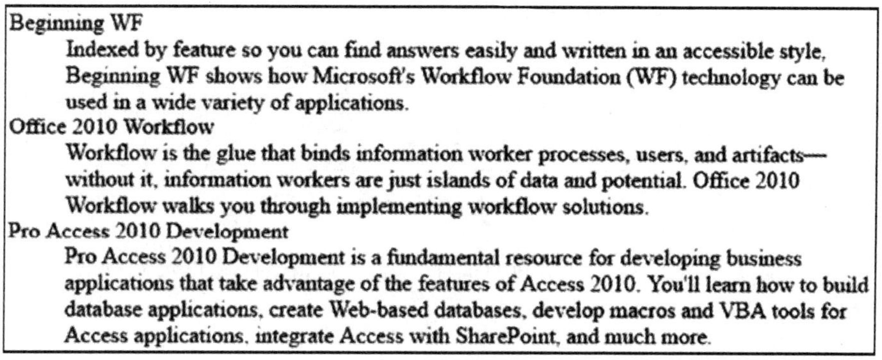

图 4-9　呈现一个描述列表

其实，你并不需要严格遵守这种一对一的映射。dl 元素的另一种用法是列出具有组标题的事物组，此时需要使用 dt 元素作为组标题，同时使用 dd 元素作为组成员。例如，代码清单 4-4 列出了按职位类别组织的 New York Yankees 初始阵容。图 4-10 显示了该内容的默认显示。

代码清单 4-4　针对每个术语使用多种描述元素

```
<h2>New York Yankees Starting Lineup</h2>
<dl>
    <dt>Infielders</dt>
    <dd>Teixeira, 1B</dd>
    <dd>Castro, 2B</dd>
    <dd>Gregorius, SS</dd>
    <dd>Torreyes, 3B</dd>
    <dd>McCann, C</dd>
    <dt>Outfielders</dt>
    <dd>Hicks, LF</dd>
    <dd>Ellsbury, CF</dd>
    <dd>Ackley, RF</dd>
    <dt>Designated Hitter</dt>
    <dd>Rodriguez, DH</dd>
    <dt>Pitchers</dt>
    <dd>Gausman, R</dd>
    <dd>Wilson, R</dd>
    <dd>Tillman, R</dd>
```

```
        <dd>Price, L</dd>
        <dd>Porcello, R</dd>
    </dl>
```

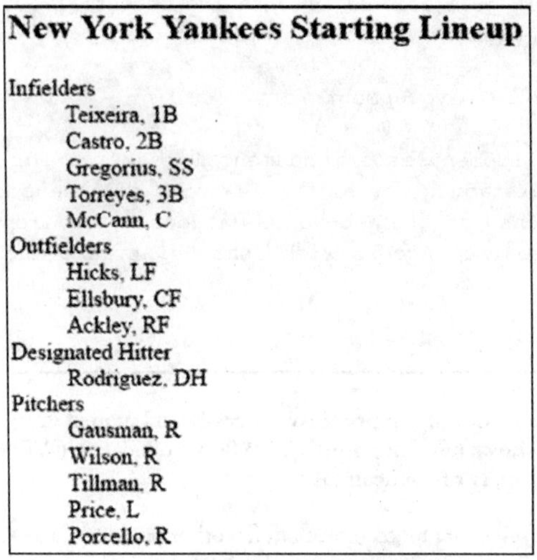

图 4-10　New York Yankees 初始阵容

　　还有一种可能是多个术语参照相同的描述信息。虽然这样做也是允许的，但需要将相似的术语放在一起，例如：

```
<dl>
    <dt>Hicks, LF</dt>
    <dt>Ellsbury, CF</dt>
    <dt>Ackley, RF</dt>
    <dd>Outfielders - the positions in baseball that are played in the grassy area behind
the diamond, known as the outfield. These positions include the Left Fielder, Center
Fielder, and Right Fielder.</dd>
</dl>
```

　　该术语元素的内容较短，比如单词或者短语。对于 dt 元素中可以包含哪些类型的元素也有特定的限制。不能在 dt 元素中使用 header、footer 或者其他任何节内容。但即使是这样，你也可能会在 dt 元素中包含内容段落。然而，从语义规则方面考虑，这样做是不合适的。dl 元素用来描述一个术语列表，而一个文本段落并不是一个术语。

　　对于定义元素则没有这些限制。可以在 dd 元素中放置任何流式内容，包括节和嵌入内容。

4.7　内联框架

　　iframe 元素用来在当前文档中嵌入另一个 Web 页面。在此只是简要地介绍一下，更多内容请参阅第 17 章。可以使用如下所示的标记来包含一个 iframe：

```
<iframe src="http://www.apress.com" width="100%" height="400">
    <p>Your browser does not support iframes</p>
</iframe>
```

　　只有当浏览器支持 iframe 元素时，该元素中的内容才会被显示。iframe 元素支持多个特性，可用来配置元素的显示方式以及所允许的选项。

- allowfullscreen——如果指定了该 Boolean 特性，那么嵌入页面中的脚本可以使用 requestFullScreen()方法调用切换到全屏模式。
- height——iframe 元素的高度(以像素为单位)或者占父页面的百分比。
- name——当需要在父文档中提供一个指向 iframe 的链接时可以使用 name 特性。
- sandbox——用来限制嵌入页面中可以完成的工作。第 17 章将详细介绍该特性。
- src——用来指定应该嵌入的页面的 URL。
- srcdoc——如果指定了该特性并且浏览器支持，那么 srcdoc 特性将会重写 src 特性的值。该特性通常与 sandbox 特性一起使用。
- width——iframe 元素的宽度(以像素为单位)或者占父页面的百分比。

4.8　已弃用的元素

一些分组元素已经从 HTML5 规范中删除了，所以在此只做一个简单的介绍。这些元素可能还会被支持一段时间，以确保向后兼容。然而，对于任何新的开发都不应该再使用这些元素。

4.8.1　hgroup

hgroup 元素用于对 h1-h6 元素进行分组，并从文档大纲中隐藏除第一个元素之外的所有元素。例如，如果想要为一个节点设置一个标题和一个子标题，那么可以使用 h1 元素作为标题，同时使用 h2 元素作为子标题。然而，h2 元素将会在文档大纲中开始一个新的节。此时，如果将它们放置到 hgroup 元素中就只会创建单个节，并使用 h1 作为标题。

推荐的做法是将标题和子标题都放到 header 元素中，而不是使用 hgroup 元素。标题应该位于定义了节的 h1-h6 元素中，并被添加到文档大纲中。而其他的标题内容(比如子标题或者标语)则应该放置在 p 或者 span 标签中，并使用 CSS 进行样式设计。更多的内容和示例，请参阅 W3C 规范：http://www.w3.org/TR/html5/common-idioms.html#sub-head。

4.8.2　dir

目录列表(dir)元素用来显示一个目录列表。列表中的项包含在 li 元素中。在 HTML5中，dir 元素已经被弃用。取而代之的是使用无序列表(ul)。

4.8.3　frame 和 frameset

frame 和 frameset 元素用来将页面组织成不同节，包括逻辑节和页面布局。其中逻辑节可以使用前面介绍的节元素来完成，比如 section、aside 和 article。而布局则可以通过 CSS进行配置(第 13 章将会详细介绍该内容)。

4.9 小结

在本章，主要介绍了所有用来组织内容的 HTML 元素。这些元素为内容的分组提供了语义含义。

文档的一般组织形式为使用节内容来定义文档的较大部分。这些节以及标题元素(h1-h6)构成了文档大纲。header 和 footer 元素用来在文档级别和节内标识介绍性和结论性内容。节根包括 blockquote、details 和 figure 元素，这些元素都有自己的节，但这些节并不对文档大纲产生影响。

此外，还有几个不会影响大纲但在较低级别提供语义分组的分组元素，其中包括 main、p(paragraph)、hr(horizontal rule)和 div(division)元素。使用 pre(preformatted)元素的主要目的是保存内容的格式，而不是出于语义目的。最后，有序列表(ol)、无序列表(ul)以及描述列表(dl)提供了显示事物列表的方法。

通过使用这些元素，可以提供关于内容的语义细节，从而可以更容易地应用一致的样式规则。即使没有任何的自定义 CSS，文档也会非常有条理，因为默认样式所显示的内容与每个元素的语义目的相一致。

代码清单 4-5 所示的 HTML 文档演示了本章所介绍的所有技术。可以通过下载的源代码找到该代码。在下一章，将会开始介绍代码中实际内容的相关知识，包括为文本内容提供语义意义的各种元素。

代码清单 4-5　第 4 章完整的 HTML 文档

```html
<!DOCTYPE html>

<html lang="en">
    <head>
        <meta charset="utf-8" />
        <meta name="author" content="Mark J Collins" />
        <meta name="description" content="Sample HTML document" />
        <title>HTML5 Sample</title>
        <link rel="stylesheet" href="Initial.css" />
        <link rel="stylesheet" href="Print.css" media="print" />
        <link rel="icon" type="image/x-icon" href="HTMLBadge.ico" />
        <link rel="alternate" type="application/pdf" href="MainPage.pdf" />
        <link rel="author" href="mailto:markc@thecreativepeople.com" />
        <link rel="author" type="text/html" href="http://www.thecreativepeople.com" />
    </head>
    <body>
        <h1>My Sample Page</h1>
        <header>
            <p>Heading</p>
        </header>
        <nav>
            <h1>Navigation</h1>
            <ul>
                <li><a href="/">Home</a></li>
                <li><a href="http://www.apress.com">Apress</a></li>
                <li><a href="http://www.theCreativePeople.com">My Site</a></li>
            </ul>
```

```
      </nav>
      <section>
          <h1>Top-level</h1>
          <section>
              <h2>New York Yankees Starting Lineup</h2>
              <details>
                  <summary>This content is collapsed</summary>
                  <dl>
                      <dt>Infielders</dt>
                      <dd>Teixeira, 1B</dd>
                      <dd>Castro, 2B</dd>
                      <dd>Gregorius, SS</dd>
                      <dd>Torreyes, 3B</dd>
                      <dd>McCann, C</dd>
                      <dt>Outfielders</dt>
                      <dd>Hicks, LF</dd>
                      <dd>Ellsbury, CF</dd>
                      <dd>Ackley, RF</dd>
                      <dt>Designated Hitter</dt>
                      <dd>Rodriguez, DH</dd>
                      <dt>Pitchers</dt>
                      <dd>Gausman, R</dd>
                      <dd>Wilson, R</dd>
                      <dd>Tillman, R</dd>
                      <dd>Price, L</dd>
                      <dd>Porcello, R</dd>
                  </dl>
                  <dl>
                      <dt>Hicks, LF</dt>
                      <dt>Ellsbury, CF</dt>
                      <dt>Ackley, RF</dt>
                      <dd>Outfielders - the positions in baseball that are played
in the grassy area behind the diamond, known as the outfield. These positions include the
Left Fielder, Center Fielder, and Right Fielder.</dd>
                  </dl>
              </details>
              <main>
                  <h1>Main content</h1>
                  <section>
                      <h1>Featured content</h1>
                      <blockquote cite="www.apress.com">
                          <h1>Quotation</h1>
                          <p>This is a quotation</p>
                      </blockquote>
                      <p>paragraph 1</p>
                      <hr />
                      <p>paragraph 2</p>
                  </section>
              </main>
              <section>
                  <h1>Articles</h1>
                  <article>
                      <h1>Article 1</h1>
                      <pre>I heard the bells on Christmas Day
Their old, familiar carols play,
    And wild and sweet
    The words repeat
Of peace on earth, good-will to men!</pre>
```

```html
            <cite>Henry Wadsworth Longfellow - 1863, public domain</cite>
            <figure>
                <h1>Figure</h1>
                <img src="HTML5Badge.png" alt="HTML5" />
                <figcaption>Official HTML5 Logo</figcaption>
            </figure>
        </article>
    </section>
</section>
<aside>
    <h1>Related content</h1>
    <section>
        <h1>HTML Reference</h1>
        <h2>Book Topics</h2>
        <ul>
            <li>HTML</li>
            <li>CSS</li>
            <li>JavaScript</li>
        </ul>
    <h2>HTML Chapters</h2>
    <ol start="3" type="I" reversed>
        <li>Structural Elements</li>
        <li>Text Elements</li>
        <li>Table Elements</li>
        <li>Embedded Elements</li>
        <li>Form Elements</li>
    </ol>
</section>
<section>
    <h1>Book list</h1>
    <dl>
        <dt>Beginning WF</dt>
        <dd>Indexed by feature so you can find answers easily and written
in an accessible style, Beginning WF shows how Microsoft's Workflow Foundation (WF)
technology can be used in a wide variety of applications.</dd>
        <dt>Office 2010 Workflow</dt>
        <dd>Workflow is the glue that binds information worker
processes,users, and artifacts—without it, information workers are just islands of data
and potential.Office 2010 Workflow walks you through implementing workflow solutions.</dd>
        <dt>Pro Access 2010 Development</dt>
        <dd>Pro Access 2010 Development is a fundamental resource for
developing business applications that take advantage of the features of Access 2010. You'll
learn how to build database applications, create Web-based databases, develop macros and
VBA tools for Access applications, integrate Access with SharePoint, and much more.</dd>
    </dl>
        <article>
            <h1>Book 1</h1>
            <iframe src="http://www.apress.com" width="100%" height="400">
                <p>Your browser does not support iframes</p>
            </iframe>
        </article>
    </section>
</aside>
</section>
<footer>
    <p>Closing content</p>
    <address>
        <p>Provided by
```

```
            <a href="mailto:mcollins@theCreativePeople.com">Mark J. Collins</a>
        </p>
        <p>For more information
            <a href="www.theCreativePeople.com">visit his website</a>
        </p>
    </address>
</footer>
</body>
</html>
```

第 5 章

■ ■ ■

短语 HTML 元素

在第 4 章，我们学习了用来将 HTML 文档组织成节以及完成低级别分组的相关元素。其中每个元素都用于特定的语义目的。在本章将介绍用来标记实际文本内容的 HTML 元素。当创建内容时，应该根据语义原因选择相应的元素。

注意

嵌入元素(比如 img、audio、video 或 canvas)也被称为短语内容。但这些元素将放在第 7 章中介绍。

5.1 突出显示文本

警告

在 HTML4 中，有几个纯粹的表现元素，也就是说它们仅用于定义呈现方式。这些元素包括粗体(b)、斜体(i)、下画线(u)以及删除线(s 或者 strike)。由于 HTML5 都是关于语义的，因此这些元素被更多基于语义的元素所取代，strike 元素则完全被删除。元素 b、i、u 以及 s 被赋予了新的名称以及语义定义。

可以使用 HTML5 提供的多个元素为一段文本提供样式上的强调。每一个元素的使用都是出于一定的语义目的；一些更具体，而另一些更通用。本节将会介绍这些元素及其用途。只要适合你的情况，就应该尽量使用更具体的元素，只有当更具体的元素不适用时才使用更通用的元素。

注意

在下面的内容中，将使用一个描述其预期用途的名称来称呼这些元素，而不是使用创建它的实际 HTML 标记。对于那些已经熟悉实际标记(如 b、i、em 和 strong)的读者来说，这样做可能会产生一点混乱。然而，下面将会尽量讲清楚每种元素的合适用法，而在大多数情况下，标记无法很好地传达所要表达的意思。

5.1.1　重要性(strong)

W3C 参考文献说"strong 元素表示具有重要性的文本段"。其中关键词是重要性 (importance)。strong 元素用来表明该文本比周围的文本具有更高的重要性。该文本可以是一个单词、短语、句子或者重要的段落。

此外，还可以嵌套使用 strong 元素，从而表明额外的重要性。例如：

```
<strong>
    <strong>Warning!</strong> Be sure to <strong>extinguish</strong> all fires!
</strong>
```

该代码表明了重要句子中的重要单词。

5.1.2　强调(em)

在日常演讲中，强调通常用来改变句子的意思，请考虑一下下面的句子"男孩喜欢巧克力甜甜圈"，当不同的单词被强调时意思会发生怎样的变化。例如，"男孩喜欢巧克力甜甜圈"的意思是女孩不喜欢巧克力甜甜圈。同样，"男孩喜欢巧克力甜甜圈"会让你认为男孩不喜欢哪些巧克力制品。

上面的示例完美地诠释了应该如何使用强调(em)元素。em 元素内的文本应该重点朗读。即使没有大声地念出该文本，在心中也应该对重点心知肚明并抓住该元素所暗示的细微差别。

另一个使用该元素的好示例是介绍新术语或概念。你可能已经注意到，在本书中，只要介绍了一个新的术语，都会给予突出显示。这就好比说我在和你说话，当第一次使用一个新词时，我会说大声一点，也许前后会有短暂的停顿，因为我希望你听到这个新词。在后面的内容中，我仍然会采用这种方法解释新术语的含义。强调有助于你把新术语与后面的定义联系起来。

5.1.3　关联(mark)

关联元素(mark)用来指明在当前上下文中特别相关的文本。其规范说明如下所示：

mark 元素表示文档中出于参考目的而被标记或突出显示的一串文本(因为在其他上下文中的相关性)。

这里的主要意思是包含来自其他来源的内容，并且因为其在当前上下文中的相关性而添加了原本没有的强调。关联元素与重要性以及强调元素之间的主要区别在于关联元素强调的并不是原文内容，而是因为其在当前上下文中的相关性而后添加的强调。

该元素有两种常见的用法。首先，可以使用关联元素突出显示与当前使用特别相关的一部分引文。例如：

```
<p>
    "Read my lips: <mark>no new taxes</mark>", declared presidential candidate George H.W.Bush
    in 1988. However, the 1990 budget agreement increased taxes in several areas.
</p>
```

默认样式将背景色设置为黄色，如图 5-1 所示。

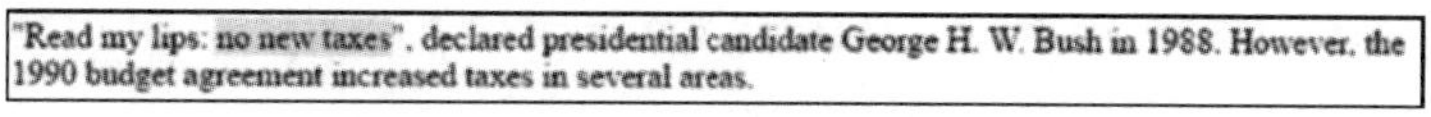

"Read my lips: no new taxes". declared presidential candidate George H. W. Bush in 1988. However, the 1990 budget agreement increased taxes in several areas.

图 5-1　使用关联元素突出显示文本

第二种常见的用法是显示搜索结果，通常用来突出显示包含在指定搜索条件中的单词或短语。例如，如果搜索文本 "HTML"，那么页面将显示包含该文本的文章。在这种情况下，你可能想要突出 HTML 文本出现的每一个地方，而关联(mark)元素可以完成该工作。

提示

请记住，关联(mark)元素用于突出显示从另一个源引用的文本，其重点不在于原文内容。不要使用该元素来强调原文文本；相反应该使用其他元素，比如重要性或强调元素。

5.1.4　交替声音(i)

在 HTML4 中，i 元素用来表明斜体显示，而在 HTML5 中，该元素被赋予了语义含义。W3C 参考文献是这样描述 i 元素的：

i 元素表示与周围内容存在一定差异但没有表达任何强调或重要性的一段文本，一般显示为斜体文本。例如分类名称、技术术语、来自另一种语言的常用短语、思想或船名等。

从本质上来说，当需要一段文本区别于周围的文本，但又不需要暗示重要性或者强调的意思时，应该使用 i 元素。但是，由于此要求很难具体化，因此往往与后面介绍的 b 元素产生重叠。

然而，HTML5 规范中仍然提供了一些适用 i 元素的示例。这些使用场景可以总结为使用一个交替声音(alternate voice)，我认为这有助于你理解何时应该使用该元素。

如果文本是引用别人的话，并且你想在中间插入一种想法，那么可以使用 i 元素，例如：

```
<p>
    "Class, pay attention!" <i>I wonder if they're even listening to me.</i> "Who's ready
    for tomorrow's exam?"
</p>
```

这种被插入的想法就是一种不同的声音，因为它只存在于说话人的头脑中，而不是出自他们的嘴。另一个示例是当某人用英语说话时引用一个外国单词或短语。相比于其他文本，这些外国单词或短语就是一种不同的声音，因为它们来自不同的语言。

```
<p>
    "This needs some... <i>je ne sais quoi</i>."
</p>
```

这个概念的另一个应用是使用技术术语。此时的声音发生了变化，从日常熟悉的英语单词变为熟悉程度有限的术语。

```
<p>
 "He's not really bald, he just has a severe shortage of <i>folliculus pili</i>on his
 head."
</p>
```

在上面所有的示例中，文本都由交替声音(i)元素所标识，以指示语音或情绪的改变：这种变化可以是从一种语言变为另一种语言，从口语到非口语，或者从日常用语到技术术语。默认的样式是以斜体显示，如图 5-2 所示。

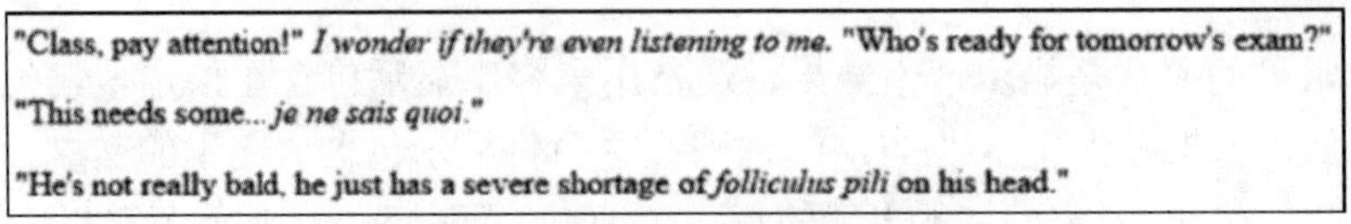

"Class, pay attention!" *I wonder if they're even listening to me.* "Who's ready for tomorrow's exam?"

"This needs some... *je ne sais quoi.*"

"He's not really bald, he just has a severe shortage of *folliculus pili* on his head."

图 5-2　交替语音元素的显示

5.1.5　细则(small)

你是否听过这样的表述"阅读细则"？这通常指非常重要的法律术语(虽然有时这些术语被忽略)。可以使用 HTML5 定义的 small 元素来放置这种类型的内容。small 元素的目的是提供主要内容之外的细节信息。

通常可以使用 small 元素显示版权信息、免责声明或其他法律信息。此外，还可以使用该元素来包含披露信息、许可细节信息或资料的来源等。如果想要在主文档流之外包含大块内容，则应该使用 aside 元素，而不是 small 元素。

注意

在 HTML4 中，small 元素被用来使字体变小。而该元素在 HTML5 中被重新定义，被赋予了新的语义含义，专门用于提供法律相关的细节信息。所以不要再使用 small 元素使字体变小。该操作应该在 CSS 中完成。

---

small 元素并非不重要。事实上，small 元素中的详细信息往往是非常重要的。如果内容是主文档流之外的法律细节信息，则应该将其放到 small 元素中。如果是重要信息，也可以放在 strong 元素中。

5.1.6　删除线(s)

删除线元素(s)用来表明内容不再相关或准确。术语相关和准确来自于 HTML5 规范，当需要从语义上确定删除线元素是否使用正确时，这两个术语是应该考虑的关键概念。

警告

在 HTML4 中，支持 s 和 strike 元素使用删除线字体呈现文本。而在 HTML5 中，strike 元素被废弃了。

在大多数情况下，如果更正了一些不准确的信息，那么不相关的数据将会被删除或者替换。然而，如果想要突出显示所完成的更改，则可以留下旧文本，但将其包裹在删除线元素中，如下所示：

```
<p>
    For a limited time only <s>$9.95</s> $7.99 will get you a...
</p>
```

此时，价格$9.95 不再是准确的；因为它被更新为$7.99。然而，先前的价格也会显示出来，从而表明降价了。

提示

不要使用删除线元素来指示已删除的文本，而是应该使用删除(del)和插入(ins)元素，本章的后面将会介绍这两个元素。

假设有一个页面列出了特定运动队的所有主场比赛的日期和时间。而每一场比赛都有一个链接指向可预订比赛座位的页面。此时，可以将所有过去的或者球票已售罄的比赛放在一个删除线元素中。虽然显示这些比赛可能会提供一些有用的信息，但它们与当前预订座位的目的毫不相关。

在该示例中，删除线元素中的内容是文本，默认样式为使用删除线字体显示。然而，根据删除线元素的语义含义，它同样适用于其他类型的内容，如图像、音频/视频和输入控件。一般来说，应该在 CSS 中定义如何显示不准确或不相关的图像，但如果在删除线元素中包含该图像，从语义上讲也是有效的。

5.1.7 文体突出(b)

HTML4 中的粗体元素(b)在 HTML5 中被重新定义为文体突出但不包含任何重要性的内容。在此将其简称为文体突出(stylistically offset)。下面是 HTML5 规范对 b 元素的定义：

b 元素表示应该引起注意但不包含任何额外的重要性以及没有暗示交替声音或情绪的一段文本，比如文档概要的关键字、评论中的产品名、交互式文本驱动软件中的操作说明、文章的导语等。

换句话说，当需要以某种方式突出一段文本而前面所介绍的元素都不适用时，可以使用 b 元素。此时是否需要任何强调或反映另一种声音或情绪并不重要。可以基于其他的原因来提请注意该文本。

HTML5 规则列举了一些应该使用文体突出元素的示例：

- 关键字
- 产品名称
- 操作说明
- 导语(开篇)

因为该元素是通用的，所以包含一个 class 特性来指明该元素突出显示的原因是一个好主意。这样一来，这不仅阐明了语义含义，也可以让 CSS 根据使用的原因进行不同的样式设计。例如：

```
<p>
    The text highlighting elements include <b class="keyword">importance</b>,
    <b class="keyword">emphasis</b>, and <b class="keyword">alternate voice</b>.
</p>
```

提示

文体突出元素(b)是最通用的元素，只有在其他更具体的元素不适用时才应该使用该元素。

5.1.8　无法明确表达(u)

HTML4 中的下画线元素(u)用来指定应该加下画线的文本。虽然从显示上看 u 元素与 b 和 i 元素相类似，但应该避免使用 u 元素，因为下画线文本通常被误认为一个超链接。然而，HTML5 中所包含的 u 元素带有语义含义：无法明确表达的(unarticulated)内容。

HTML5 规范并没有明确地说明何时应该使用该元素，只给出了两个示例：拼错的单词和中文专有名词。规范关于 u 元素的实际定义为"一个无法明确表达，虽然显式呈现却是非文本的注释"。从本质上讲，该定义的意思是当需要注释文本(格式不同)，却没有另一个元素可以清楚地定义这么做的理由时，可以使用 u 元素。

规范还指出其他的元素可能更合适：

在大多数情况下，使用其他的元素可能更合适：为了表示强调，应该使用 em 元素；为了标记关键词或短语，应该根据上下文使用 b 元素或 mark 元素；为了标记书名，应该使用 cite 元素；为了使用显式文本注释来标记文本，应该使用 ruby 元素；对于技术术语、分类命名、音译、思想或使用西方文本来标注船名，则应该使用 i 元素。

换句话说，使用 u 元素作为最后的手段。那么应该何时使用 u 元素呢？让我们看两个示例。当指出一个拼写错误的单词时，标准的做法是使用下画线来强调它。同样，对中文专有名字使用下画线也是一种标准的做法。在西方的语言里，专有名词是通过大写第一个字符来表示的。而在中文中，指示专有名词的方法是使用下画线。所以，如果包含了中文内容，那么专有名词应该包含在 u 元素中。

这两个示例中的文本都应该以某种方式注释；但没有其他元素具有合适的语义含义，所以可接受的做法是使用下画线来强调它们。一般来说，只要没有一个更具体的元素适用，就可以使用 u 元素。

与文体突出(b)元素一样，应该包含一个 class 特性来表明文本被注释的理由，因为元素自身并不清楚。例如，下面所示的内容突出显示了文本中拼写、语法和单词使用的错误：

```
<p>
    Please be sure to <u class="spelling">chek</u> <u class="usage">four</u> spelling
    <u class="grammar">mistake</u>.
</p>
```

可以使用 CSS 中的 class 特性来更改下画线的颜色。例如，对于拼写错误使用红色下画线，而对于语法错误则使用绿色下画线。

提示

如果只是想对某些文本加下画线而不想表示无法明确表达的语义含义，那么可以将文本放到 span 标签中，并使用 CSS 应用下画线样式。

5.1.9　元素复习

本书是用英文编写的，大多数读者应该可以熟练地阅读英语。然而，HTML 通常用来显示世界上的任何语言。虽然诸如重要性和强调之类的语法概念是通用的，但它们在网页上实际表现的方式可能因语言或文化的不同而不同。这也就是为什么内容作者应该关注元素的语义含义而不应该是它们的默认表现方式的原因。

- 重要性-<strong>——不应该忽略的关键点或者重要概念
- 强调-<em>——重点阅读，在发音上应该有所不同
- 关联-<mark>——出于参考目的而突出显示的文本
- 交替声音-<i>——外文单词、技术术语等
- 细则-<small>——主文档流之外的简短法律细节信息
- 删除线-<s>——不再准确或相关
- 文体突出-<b>——需要突出的关键字或其他短语
- 无法明确表达-<u>——表明拼写或语法错误、专有名词或姓氏

提示

W3C 提供了一篇简短但有用的文章，其中解释了何时以及如何使用通用元素 b 和 i。可以从 http://www.w3.org/International/questions/qa-b-and-i-tags 找到该文章。我建议好好阅读一下这篇文章和示例，你将会受益匪浅。

5.2　其他语义短语

HTML5 提供了多个拥有明确目的的元素。如果这些元素适合你的内容，那么使用它们将会提供更加合适的语义信息。

5.2.1　代码、样本、键盘和变量

如果你正在编写一个计算机程序，那么使用 code、键盘(kbd)、变量(var)和样本(samp)元素有助于区分这些类型的内容。除此之外，变量(var)元素在其他的场景下也有非常大的作用，比如包含公式等。这些通常都是不跨越段落的内联短语元素。

code 元素表示某些类型的计算机代码的一部分，尤其是源代码或某些类型的计算机脚本。此外，该元素还可以用作文件名、数据库表或者服务器名。一般来说,code 元素用于任何可被计算机程序识别的文本。

提示

目前还没有明确的机制来表明源代码的计算机语言。然而，推荐的做法是使用 class 特性，并以值 **language-** 作为前缀。例如，<code **class="language-javascript"**>Item.prototype.isAvailable = true;</code>。

在我看来，接下来介绍的两个元素(键盘和样本)的名字并不好。键盘元素表示输入到计算机的内容，比如键盘输入。与之相反，样本元素用来表示某种计算机输出的内容，比如屏幕上的提示信息或者写入控制台窗口或日志文件的文本。HTML5 规范有时将其称为样本输出，而这也是名称 samp 的由来。

这里的关键点是 kbd 用于输入而 samp 用于输出。此外，它们还可以用在 code 元素中，因为它们可以被计算机程序识别。然而，kbd 和 samp 元素更加具体，所以应该在条件允许时优先于 code 元素使用。

如果代码片段有多行，那么应该在预格式化(pre)元素中包含 code 元素。如前一章所述，预格式化元素保留了白色空格字符，并按照输入的方式呈现内容。

在一个代码片段中，变量元素可用来识别变量，从而让代码更具有可读性。变量元素的默认样式是使用斜体字体。

下面所示的 HTML 包含了一个 JavaScript 代码片段。默认的显示如图 5-3 所示。

```html
<pre>
    <code class="language-javascript">
this.log = function () {
    console.log("Quantity: " + <var>this.count</var> + ", Color: " + <var>this.color</var>);
};
    </code>
</pre>
```

```
this.log = function () {
    console.log("Quantity: " + this.count + ", Color: " + this.color);
};
```

图 5-3　使用 code、pre 和 var 元素

提示

键盘和样本元素用于语义目的；其目的是表明内容是输入到计算机程序还是从计算机程序输出。还可以嵌套使用这些元素。例如，输出的一部分作为输入回显到屏幕。此时，输入应该在一个键盘元素中，而整个输出则位于样本元素中。

变量元素还可以用在其他上下文中。例如：

```html
<p>
    The area of a rectangle with length <var>l</var> and width <var>w</var> is
    <var>l</var> * <var>w</var>.
</p>
```

5.2.2　缩写和定义

缩写(abbr)元素用来包含缩写或者首字母缩略词的扩展版本。缩写形式通常作为元素的内容提供(位于开始和结束标签之间)。title 特性包含了缩写的完整版本，只有在鼠标移动到缩写上时才会显示完整信息。

例如，下面的代码在一个缩写元素中使用了术语 HTML，呈现结果如图 5-4 所示。

```html
<p>
    The use of <abbr title="Hypertext Markup Language">HTML</abbr> has contributed greatly to
    the popularity of web-based applications. <br />
</p>
```

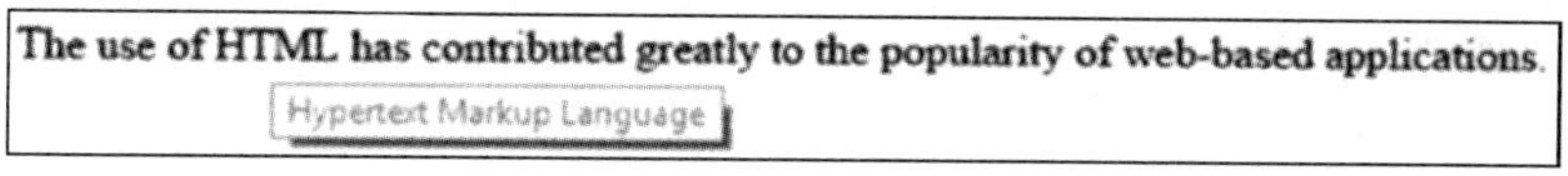

The use of HTML has contributed greatly to the popularity of web-based applications.

Hypertext Markup Language

图 5-4　显示一个缩写

title 特性是可选的。如果没有指定该特性，那么缩写元素就简单地表示包含的文本是缩写或首字母缩略词。这是非常有用的，尤其是在想要应用不同样式时。如果指定了 title 特性，则应该仅包含该扩展版本。如果缩写被扩展版本所替换，那么句子就可以正确阅读。

定义实例(dfn)元素用来确定所定义的术语。可以将术语放置在定义实例元素中，而实际定义则位于该元素之外(通常位于该元素之后)。例如，下面的代码表明术语 HTML 被定义。

```
<p>
    <dfn>HTML</dfn> is a standardized way of adding semantic information to support rich
    formatting of content.
</p>
```

W3C 规范表述，如果使用了 dfn 元素，那么最近的父元素必须包含 dfn 元素中所包含术语的定义。在本示例中，包含了 dfn 元素的段落元素提供了术语的定义。

定义实例元素的默认样式是以斜体显示文本。在本书中，首次使用一个术语时，也是以斜体显示并给出其定义。定义实例元素为该技术提供了语义框架。

与缩写元素一样，dfn 元素中也可以包含一个 title 特性，当鼠标放在元素上时显示该特性值。如果想要在文档中使用该术语时能够引用此定义，则需要包含 id 特性。例如，下面所示的代码演示了如何使用 title 和 id 特性。在第二段中包含了一个链接，如果点击术语 HTML，将会跳转到初始定义。

```
<p>
    <dfn id="htmlDef" title="HyperText Markup Language">HTML</dfn> is a standardized way of
    adding semantic information to support rich formatting of content. <br />
</p>
<p>
    Learning <a href="#htmlDef">HTML</a> is certainly worthwhile and rewarding.
</p>
```

当所定义的术语也是一个缩写或者首字母缩略词时，可以组合使用缩写和定义实例元素，如下所示：

```
<p>
    <dfn><abbr title="Hypertext Markup Language">HTML</abbr></dfn> is a standardized way of
    adding semantic information to support rich formatting of content.
</p>
```

还可以通过在定义实例元素中简单地包含 title 特性来完成缩写的悬停文本扩展。然而，使用缩写元素可以提供语义含义，从而清楚地表明该标题是缩写的扩展版本。

5.2.3　下标和上标

如果想要将文本显示为下标，则可以使用下标(sub)元素。此时，该字符的显示将略低于其他字符。同样，通过使用上标(sup)元素，可以让文本显示得略高一点。例如，下面代码的呈现结果如图 5-5 所示。

```
<p>
    H<sub>2</sub>O is the chemical formula for water.<br />
    e=mc<sup>2</sup> is the formula for mass-energy equivalence.
</p>
```

H$_2$O is the chemical formula for water.

e=mc^2 is the formula for mass-energy equivalence.

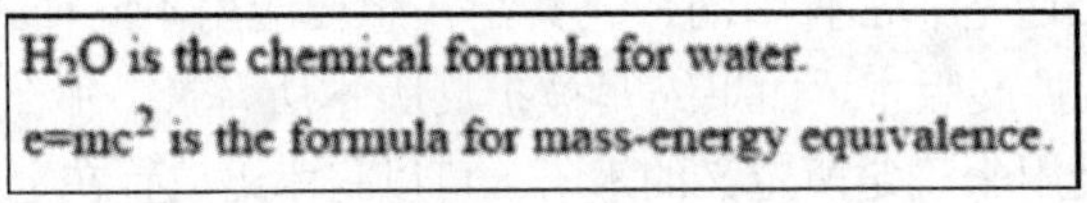

图 5-5　使用下标和上标元素

警告

不应该仅仅是为了表示目的而使用下标和上标元素。只有当缺少它们会改变内容的含义时，才应该使用它们。例如，不带有上标的 e=mc2 具有不同的含义；上标中的字符 2 意味着变量应该平方。同样，在某些语言中，上标或下标字符可以更改一个单词的含义。

下标元素还可以作为变量(var)元素的一部分使用(请参考前面的示例)。

5.2.4　time

time 元素允许提供指向某个时间点的文本的语义含义，还可以使用 datetime 特性包含机器可读版本。例如：

```
<p>
    Your follow-up appointment will be a week from <time datetime="2016-06-28">Tuesday</time>.
</p>
```

datetime 特性并没有显示；它仅用于可能需要访问此信息的脚本和其他应用程序。如果想要显示实际的日期，可以将其放置到 time 元素的内容中。

如上面示例所示，datetime 特性可以包含一个具体日期以及时间，或者仅包含时间。可以使用多种方法对 datetime 特性进行格式化。W3C 规范提供了带有示例的相关说明，可以从 http://www.w3.org/TR/html5/text-level-semantics.html#the-time-element 找到。

5.3　编辑

如果想要显示对某一文档所做的更改，可以在插入(ins)和删除(del)元素中包含所做的更改。请将从原始版本中删除的内容放置到删除(del)元素中，同时将添加的内容放置到插入(ins)元素中。如果整个文本被更改了，那么请将原始版本放置到删除元素中，将新版本放置到插入元素中。

例如，下面所示的HTML表明在最终版本发布之前，"独立宣言"原始草案是如何被修改的。

```
<p>
    We hold these truths to be
    <del cite="https://www.loc.gov/exhibits/declara/ruffdrft.html" datetime
     ="1776-06-28">sacred
    & undeniable;</del><ins>self-evident,</ins> that all men are created equal<del> &
    independant</del>, that <del>from that equal creation they derive rights
     inherent &
    inalienable</del><ins>they are endowed by their Creator with certain
     unalienable
    Rights</ins>, <del>among which are the preservation of life, & liberty, &
     the pursuit
    of happiness;</del><ins>that among these are Life, Liberty and the
     pursuit of
    Happiness.</ins>
</p>
```

这些元素的默认样式是对新文本加下画线，对被删除文本使用删除线，如图 5-6 所示。

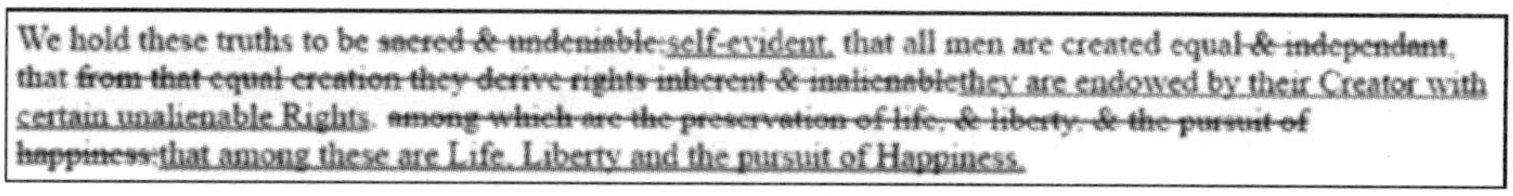

We hold these truths to be ~~sacred & undeniable;~~self-evident, that all men are created equal~~& independant~~, that ~~from that equal creation they derive rights inherent & inalienable~~they are endowed by their Creator with certain unalienable Rights, ~~among which are the preservation of life, & liberty, & the pursuit of happiness;~~that among these are Life, Liberty and the pursuit of Happiness.

图 5-6　默认编辑呈现示例

除了全局特性外，插入和删除元素还支持两个特定特性：

- cite——使用该特性表示更改源。如果使用，预期值是对在线资源的引用。虽然该信息并不会显示，但可以被搜索引擎以及脚本所使用。

- datetime——该特性表示更改所发生的日期/时间。标准格式为 YYYY-MM-DDThh:mm:ss(时区)。

提示

当然，可以通过 CSS 和 JavaScript 来更改默认样式。例如，可以在页面上提供一个仅显示最终版本的选项。为此，需要将删除元素和插入元素的样式分别设置为 display:none 和标准样式。如果想要显示原始版本，可以隐藏插入元素并为删除元素使用标准样式。

5.4　引用

在前一章，我曾经将 blockquote 元素作为一个结构元素进行了介绍，该元素包含了一个大引号以及与之相关的其他元素。接下来将介绍一些使用引文的推荐技术：内联引用(q)和引用(cite)元素(当然也可以使用 blockquote 元素)。

当需要在当前句子或段落中包含一个简短的引用时，可以使用内联引用(q)元素。例如：

```
<p>
    As Abraham Lincoln once said, <q>Whatever you are, be a good one</q>.
</p>
```

内联引用并不会开始一个新的段落，而是像其他短语元素(比如强调或重要性)一样来自上一个元素的内容。此外，内联引用不应该跨段落。

与之相反,blockquote 元素定义了一个新的节,就像 div 或者其他的语义元素(比如 aside 和 section)。它可以包含多个段落以及其他元素,包括标题文本和页脚。例如,下面的 HTML 的呈现如图 5-7 所示。

```html
<blockquote>
    <h1>Gettysburg Address</h1>
    <p>
        Four score and seven years ago our fathers brought forth, upon this continent,
        a new nation, conceived in Liberty, and dedicated to the proposition that all
        men are created equal.
    </p>
    <p>
        Now we are engaged in a great civil war, testing whether that nation, or any nation so
        conceived, and so dedicated, can long endure. We are met here on a great battlefield
        of that war. We have come to dedicate a portion of it, as a final resting place for
        those who here gave their lives that that nation might live. It is altogether fitting
        and proper that we should do this.
    </p>
    <footer>
        <small>Abraham Lincoln, 1864</small>
    </footer>
    <cite>
        <a href="http://www.abrahamlincolnonline.org/lincoln/speeches/
          gettysburg.htm">
            Gettysburg Address
        </a>
    </cite>
</blockquote>
```

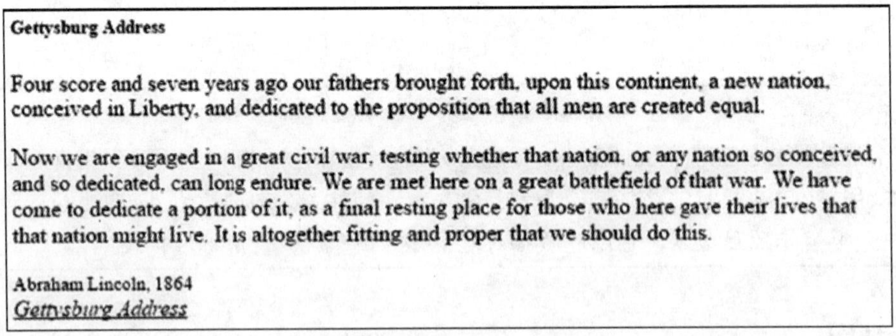

Gettysburg Address

Four score and seven years ago our fathers brought forth, upon this continent, a new nation, conceived in Liberty, and dedicated to the proposition that all men are created equal.

Now we are engaged in a great civil war, testing whether that nation, or any nation so conceived, and so dedicated, can long endure. We are met here on a great battlefield of that war. We have come to dedicate a portion of it, as a final resting place for those who here gave their lives that that nation might live. It is altogether fitting and proper that we should do this.

Abraham Lincoln, 1864
Gettysburg Address

图 5-7　块引用的默认呈现

所有的引文都应该来自可信任的源。由于内联引用不能包含其他元素(除了短语元素之外),因此需要使用前面介绍的 cite 特性来输入引文。cite 特性值应该是一个位置的 URL,提供关于引文的更多信息。浏览器通常并不会显示这些信息。如果想要提供可视化的引用,需要在内联引用元素之外包含额外的文本,比如示例中的 “As Abraham Lincoln once said”。

对于块引用,则是通过 cite 元素来完成。例如,将引用源的名称(Gettysburg)放在 cite 元素中。如果还想包括一个链接,那么可以使用锚(a)标签。通过将(a)标签放置到 cite 元素中,可以更加清楚地表明链接的语义含义。

提示

由于 blockquote 是一个流式元素，因此可以在该元素中包含任何内容。例如，可以包含图片、音频或者视频剪辑。如果想要包含一种蒙娜丽莎的图片，可以将其放在一个 blockquote 元素中，从而清楚地表明引用了别人的作品。此外，还可以在 blockquote 元素中包含一个 cite 元素，以便将该作品命名为 "Mona Lisa"，同时添加其他内容，表明该作品是由 Leonardo da Vinci 于 1506 年创作的。

5.5　span

span 元素是一个没有提供任何语义含义的通用容器。然而，可以使用 span 元素中的特性来表明语义信息，其中最常用的是 class 特性。此外，还可以使用其他有用的特性，比如 lang 和 dir。

请考虑下面的 HTML：

```
<p>
    The primary colors are <span class="red">red</span>, <span class="blue">blue</span>,
    and <span class="yellow">yellow</span>.
</p>
```

span 元素没有语义含义；也没有默认样式。如果不使用任何 CSS 规则，span 元素将没有任何影响。然而，可以使用 CSS 来更改字体颜色或者文本部分的背景颜色。

5.6　添加回车

可以使用多种技术在文档中添加空白。这些技术可在文本中强制或建议换行。

5.6.1　换行

换行(br)元素在文本中插入一个回车。前面曾经讲过，浏览器会忽略 HTML 中的空白字符。如果需要文本重启一行，可以在新文本之前或者前一文本之后插入一个换行元素。例如：

```
<p>
    Fourscore and seven years ago, <br />
    our fathers brought forth to this continent <br />
    a new nation, conceived in liberty <br />
    and dedicated to the proposition <br />
    that all men are created equal. <br />
</p>
```

换行元素是一个空白元素，这意味着开始和结束标签之间不包含任何内容。事实上，HTML5 并不区分开始标签(<br>)和结束标签(</br>)。可以输入：

```
One <br> Two </br> Three
```

此时，每个单词都显示在单独一行上，因为开始和结束标签都会生成换行符。HTML5 相当宽松，
、</br>、
和
都是有效语法。在本书中，对于所有自结束标签，将一直使用
格式化惯例。

警告

不要使用换行元素来添加元素之间的垂直间距，而是应该使用 CSS 样式来控制。只有当需要强制文本换行时，才能使用换行元素，比如格式化地址块。

5.6.2　单词换行时机

浏览器会自动换行文本以适应为元素所定义的水平空间。可以使用多种方法来控制文本换行所使用的规则，第 10 章将会详细介绍相关内容。换行通常发生在单词之间有空白或标点符号的地方。然而，如果使用一个非常长的单词，那么换行过程就不是所想象的那样。

如果不希望较长的单词被打断，那么可以在一行末尾处输入多个空格，以便单词在下一行开始处显示。更糟的是，如果单词本身不适合(比如太长)，那么它会溢出所分配的区域。而如果允许较长的单词被打断，那么单词可能会在不合适的地方断开。

单词换行时机(word break opportunity，wbr)元素用来指明在换行逻辑需要的情况下在什么地方断开单词。例如，考虑一下下面的 HTML：

```
<p style="width: 70px; word-wrap: break-word">
    Supercalifragilisticexpialidocious<br />
    --<br />
    Super<wbr />cali<wbr />fragilistic<wbr />expiali<wbr />docious
</p>
```

内联样式将段落的宽度设置为 70 像素，并且允许单词换行从而打断单词(如有必要)。在该代码中，英语中最长的单词 supercalifragilisticexpialidocious 被包含了两次。其中第二次在合适的逻辑位置(换行后仍然使单词具有可读性)使用了 wbr 元素。显示结果如图 5-8 所示。可以看到，第二个实例在更多合乎逻辑的地方进行了换行。

Supercalif
ragilistice
xpialidoci
ous
--
Supercali
fragilistic
expiali
docious

图 5-8　演示单词换行时机元素

注意

也许 supercalifragilisticexpialidocious 并不是一个真正的单词。但在 Webster 和 Oxford 字典中都列出了该单词。无意义词的变体已经存在了一段时间。这个单词是迪士尼在 1964 年的电影《玛丽·波普辛》中创造的。

你可能永远不会去打断一个完整的单词。但是当需要显示一个 URL(该 URL 可能相当长，并且不包括任何空白字符)时，可能就需要使用该元素。如果 URL 需要换行，那么可以在适当的地方放置单词换行时机元素，从而以合理的方式显示 URL。

5.6.3　连字符

单词换行时机元素确定了一个单词可以被中断并换行到下一行的逻辑位置(如果有这个必要)。此外，也可以使用连字符或者软连字符(soft hyphen)完成该工作。

即使单词不需要换行，也会显示连字符(-)。然而，软连字符是一个插入单词中但不可见的字符，通常被输入为­。连字符和软连字符都会告诉浏览器可能发生中断的位置。只有当单词在该位置实际换行时，才会显示软连字符。

提示

也可使用 Unicode 符号­指定一个软连字符。

为了测试相关概念，请修改上面所示的示例 HTML，使其包含第三个 supercalifragilisticexpialidocious 示例，并使用软连字符。

```
<p style="width: 70px; word-wrap: break-word">
    Supercalifragilisticexpialidocious<br />
    --<br />
    Super<wbr />cali<wbr />fragilistic<wbr />expiali<wbr />docious<br />
    --<br />
    Super&shy;cali&shy;fragilistic&shy;expiali&shy;docious
</p>
```

显示时可以看到如图 5-9 所示的内容。

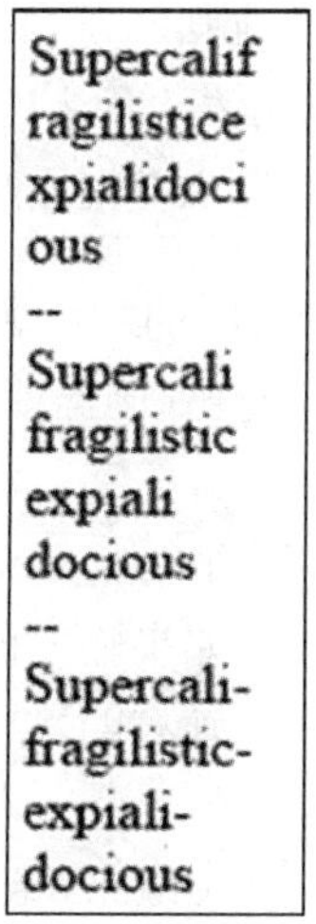

图 5-9　使用软连字符

当换行一个 URL 时，可能并不希望包含连字符，因为当将多行文本组合成一个完整的 URL 时会出现额外的字符，从而导致 URL 不正确。此时，应该使用单词换行时机元素。

然而，对于诸如 supercalifragilisticexpialidocious 之类的单词来说，则应该使用软连字符(­)，因为我们希望显示一个连字符来表示单词在下一行继续。

5.7　双向文本

在一些语言中，比如希伯来语和阿拉伯语，文本是从右向左阅读。而浏览器通常可以很好地处理从右到左的语言。在大多数情况下，只需要将 html 元素的 dir 特性设置为 rtl 就可以正确地显示内容。当然，也有一些情况需要额外处理，为此，必须首先了解 Unicode 双向(bidi)算法，而这恰恰也是后面将要介绍的内容。

5.7.1　文本方向

字符串只不过是一个字符数组。而逻辑顺序指的是它们在内存中的顺序。例如，希伯来语中的 happy 包含四个字符：

1. א
2. ש
3. ר
4. י

上面所示的就是逻辑顺序。然而，由于希伯来语是从右到左的语言，因此所表示的单词应该为：

אשרי

注意

事实上，如果将这 4 个字符一次一个地粘贴到 Microsoft Word 或者 Notepad 中，会发现顺序将自动反转。在粘贴完之后，如果尝试用左右箭头进行导航，会发现一些有趣的事情。Home键将光标移动到单词的右边，而右箭头实际上是向左移动。

每一个 Unicode 字符都有一个指示排序的方向属性(从右到左，或者从左到右)。在输入字符的过程中，光标会自动移过当前字符(到达当前字符的右边)，从而表示下一个字符的输入位置。如果使用的是针对从右到左语言的字符集，那么在输入过程中，光标会移动到字符的左边。这一切都是根据正在输入的字符自动完成的。

然而，当使用从右到左的字符集时，如果输入的是一个数字，那么光标仍然是移动到该数字的右边。这是因为数字始终是从左到右的，即使是包含在从右到左的语言中。这也就是使用术语双向(bidirectional)的原因。在一个文本块中，可以混合使用从左到右和从右到左的语言。每个部分都被称为方向串(directional run)，即一个单向流动的文本字符串。

5.7.2　流动方向

一般来说，内联内容的每个部分都是从左向右流动，因为这是默认的方向。可以使用

dir 特性设置该方向，该特性是一个任何元素都拥有的全局特性。如果想要整个页面都使用从右到左的语言，可以在 html 元素中设置方向：

```
<html dir="rtl">
```

如果只希望文本中的某一部分为从右到左，那么可以在合适的包含元素上设置 dir 特性，比如 div、p 或 span 标签。dir 特性可以继承自父元素，如果没有指定该值，则使用 html 元素的默认值 ltr。在 bidi 算法中，这被称为基本方向。

空格和标点符号被认为是中性的，因为它们可以用于从左到右和从右到左的语言中。如果相同方向的两个字符之间包含一个或者多个中性字符，那么它们就具有相同的方向，并且被包括在相同的方向串中。在不同运行方向之间的中性字符将使用基本方向。这意味着它们将包含在某一个与基本方向同向的方向串中。同样，文本块开始或结束时的中性字符也使用基本方向。如果该方向与相邻运行的方向相匹配，则包含在该方向串中；否则就处于自己的方向串中。

例如，请考虑一下下面的标记。图 5-10 演示了每种方向运行。

```
<p>
    In Hebrew, this אַשְׁרֵי means happy.
</p>
```

图 5-10　方向串的演示

图 5-10 中短而厚的下画线指示了方向由基本方向所确定的内容。如果基本方向为 ltr，那么这些字符也为 ltr。此时，共有三个方向串，其中四个希伯来字符在一个单独的方向串中。

然而，如果基本方向为 rtl，那么就有四个方向串，因为句子末尾的方向为 rtl，所以必须在自己的方向串中。此外，每一个方向串也是从右流向左。由于我们已经习惯了从左向右进行阅读，因此适应从右向左阅读需要一段时间，此时的读取顺序首先是"means happy."，其次是一个希伯来文字，最后是"In Hebrew,this"。

数字字符是弱类型的，处理起来略有不同。一串数字字符始终从左到右显示；然而，它们被认为是前一个文本的方向串的一部分，即使该方向串是从右到左。例如，考虑以下代码：

```
<p>
    <span>!123</span> <span> אַשְׁרֵי </span> <span>456!</span><br />
</p>
```

虽然文本 456 从左到右呈现，但被认为是希伯来语文本方向串(从右到左)的一部分。文本 456 出现在希伯来语文本的后面，这意味着它将显示在希伯来语文本的左边。文本 123 将处于自己的方向串中，也就是说，如果基本方向为 ltr，那么 123 将位于 456 的左边。该段落最终显示为!123 456 יֵרְׁשַא !。

然而，如果基本方向为 rtl，那么所有的方向串都是从右到左。每个段将以相反的顺序(以从左到右的角度看)显示，此时希伯来语文本在中间，123 文本在右边，而 456 文本在左边。

5.7.3　紧紧包裹

前面已经介绍了什么是 bidi 算法，接下来让我们学习一些应用该算法的方法，以确保得到所需的结果。第一种方法是紧紧包裹(tightly wrap)每个短语。这意味着文本的每一个部分都可以在自己的元素中使用不同的方向，并通过 dir 特性显式地设置方向。

例如，当基本方向为 ltr 时，前面带有 123 和 456 短语的 HTML 就出现了一个意想不到的问题。出于说明目的，已经将每个短语都放置到自己的 span 元素中。为了解决上述问题，需要设置 dir 特性，如下所示：

```
<p>
    <span dir="ltr">!123</span> <span dir="rtl">אַשְׁרֵי</span> <span dir="ltr">456!</span>
</p>
```

现在，不管是从左到右，还是从右到左的模式，文本都可以按照期望的方式呈现。

提示

当需要紧紧包裹方向短语时，并不一定要使用 span 元素。只要文本是出于语义原因而位于一个单独的元素中，就可以向该元素添加 dir 特性。

5.7.4　使用隔离

有时可能需要插入一些来自数据库或者用户输入的动态文本，并且不知道文本的方向。在这种情况下，可以在双向隔离(bdi)元素中放入动态文本，如下所示：

```
<p>
    The user entered <mark><bdi>user input</bdi></mark> on this form.
</p>
```

如果动态文本已经在自己的元素中，那么可以像上面示例那样在该元素中嵌入 bdi 元素。bdi 元素将 dir 特性默认设置为 auto，从而根据其内容确定动态文本的方向。此外也可以告诉浏览器当显示相邻文本时忽略该文本的方向，可以通过在此元素上设置 CSS 特性 unicode-bidi：isolate 来实现。

注意

即使不使用 bdi 元素(通过设置 dir="auto")以及 CSS Unicode-bidi:isolate 规则，也可以完成上述功能。但使用 bid 元素可以提供语义含义，因此是完成上述功能的最好方法。

无论何时在一个元素上使用了 dir 特性，就会自动应用 unicode-bidi:isolate 规则。前面介绍的紧紧包裹方法也会建立隔离。此外，前面所出现的 123 和 456 文本的问题也可以很容易地解决，只需要将从右到左的文本放置到一个 bdi 元素中即可：

```
!123 <bdi> אַשְׁרֵי </bdi> 456!
```

5.7.5　覆盖方向

通过使用双向覆盖(bdo)元素，可以覆盖文本方向。例如：

```
<p>
    <bdo>אַשְׁרֵי</bdo><br />
    <bdo dir="rtl">Supercalifragilisticexpialidocious</bdo>
</p>
```

在第一行中，dir 特性并没有被设置，而是继承自父元素。在第二行中，显式地将 dir 特性设置为 rtl，以便反向拼写单词，而不管基本方向是什么。

如果基本方向是默认值 ltr，那么上述代码的呈现结果如图 5-11 所示。

ירְשׁאַ
suoicodilaipxecitsiligarfilacrepuS

图 5-11　覆盖文本方向

警告

很少有正当的理由需要使用 bdo 元素，除非是为了好玩。比如，你可能会好奇地想知道 supercalifragilisticexpialidocious 反向拼写是什么样子。对于那些使用希伯来文的人来说，上面的示例看起来会非常奇怪。

在所有其他的元素中，dir 特性定义了其子元素的流动方向，而 bdo 元素是一个特例；当在 bdo 元素上使用 dir 特性时，将会影响文本方向。

提示

更多关于双向文本的内容，W3C 提供了很多有用的文章，可以从 http://www.w3.org/International/tutorials/bidi-xhtml 找到。

5.8　ruby

ruby 元素用于以小文本来注释内容，也被称为 ruby 注释。ruby 注释用在东亚语言印刷制品中，以帮助发音，主要是针对日文、中文以及韩文。注释的内容都包含在 ruby 元素中。

ruby 元素可以包含一个或者多个 rt 元素，它们都是实际的注释内容。ruby 注释来源于针对非常小字体(通常为 5.5 点)的排版术语。该文本通常显示在主内容之上。如果有多个文本，那么额外的注释将显示在侧面。

以下内容显示了一些常用货币符号，并用其名称和货币代码对其进行了注释：

```
<p>
    <ruby>$<rp>(</rp><rt>Dollar</rt><rt>USD</rt><rp>)</rp></ruby><br />
    <ruby>€<rt>Euro</rt><rt>EUR</rt></ruby><br />
    <ruby>£<rt>Pound Sterling<rt>GBP</ruby><br />
    <ruby>¥<rt>Japanese Yen</rt><rt>YEN</rt></ruby><br />
</p>
```

如果 rt 元素后面跟着另一个 rt 元素、rp 元素或者关闭的 ruby 标签，那么 rt 元素就不需要一个关闭标签。为验证这一点，上面针对 Pound 符号的代码就没有使用结束标签。

如果浏览器不支持 ruby 元素，那么注释将在主要内容之后以内嵌的方式显示。如果想要实现回退功能，则应该将其包含在圆括号中，从而清楚地表明该注释不是主内容流的一部分。为此，可以使用 rp 元素。当 ruby 元素被支持时，rp 会被隐藏。在前面的示例中，USD 货币条目演示了 rp 元素的使用。

示例 HTML 的最终结果如图 5-12 所示(由于注释使用了非常小的字体，因此对该截图进行了放大)。

图 5-12　呈现 ruby 注释

提示

这些 ruby 注释与本章前面所介绍的 abbr 和 small 元素相类似。虽然可以在其他情况下使用 ruby 注释，但主要用于东亚语言，除此之外应该考虑使用 abbr 或 small 元素。关于 ruby 元素的更多背景知识，请参阅 http://html5doctor.com/ruby-rt-rp-element 中的相关文章。

5.9　小结

当在 HTML 文档中包含内容时，应该仔细选择要使用的元素。当然，将所有内容都放在一个段落中或者 span 标签中也是可以的，但本章介绍的每种元素都为内容提供了语义含义，从而使文档更易于维护，特别是当编写 CSS 时，你会非常高兴使用了这些元素。

在第 6 章，将介绍如何在 HTML 文档中组织表格数据。将内容放入行和列是显示某些类型数据的好方法。

第 6 章

表格 HTML 元素

本章主要介绍如何将内容组织成包含行和列的表格。很多情况下都需要显示一个事物列表，而表格就是最好的解决方案。在第 4 章，我演示了如何使用有序和无序列表元素(ol、ul)。这些元素虽然支持多行，但却只有一列。如果需要一行由多个列组成，那么使用表格是最好的方法。

警告

只有当需要显示表格数据(比如电话列表或者团队排名)时才应该使用表格。不要使用列表来定义文档多个部分的布局。例如，如果希望一个 aside 元素与主体区域的右侧对齐，那么应该使用 CSS，而不是表格。第 13 章将会介绍相关内容。

6.1 简单表格

我们将从一个只带有三行和三列的简单表格开始学习。首先，使用 table 元素定义一个表格。然后在 table 元素中，使用表行(tr)元素定义每行。而在每一行中，使用表单元格(td)元素定义每一行中每个单元格的内容。例如，代码清单 6-1 所示的 HTML 最终显示为图 6-1。

代码清单 6-1　创建一个简单表格

```
<table>
    <tr>
        <td>One</td>
        <td>Two</td>
        <td>Three</td>
    </tr>
    <tr>
        <td>Four</td>
        <td>Five</td>
        <td>Six</td>
    </tr>
    <tr>
        <td>Seven</td>
        <td>Eight</td>
        <td>Nine</td>
    </tr>
</table>
```

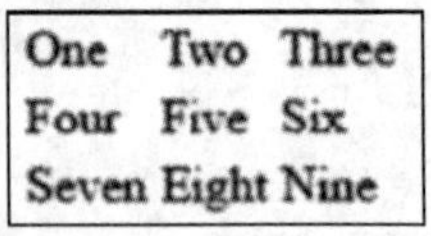

图 6-1　一个简单的表格

注意

HTML4 支持 table、tr 和 td 元素的许多特性，比如用于定义表格格式的 border、bgcolor、width 和 align。而在 HTML5 中，这些特性都被弃用，取而代之的是使用 CSS。在第 13 章，将会介绍如何使用 CSS 功能对表格进行样式设计。

如果想要包含表格标题，可以添加 caption 元素作为 table 元素的第一个子元素(即位于第一行之前)。例如：

```
<table>
    <caption>Simple Table</caption>
    <tr>
```

虽然标题通常位于行详细信息之前，但是通过使用 CSS，可以在相对于实际表格的任何地方放置标题。

6.2　列和行标题

如果想要在某一个单元格内放置列或者行标题，那么应该使用表头单元格(th)元素，而不是 td 元素。表头单元格元素的默认样式是粗体显示文本。更重要的是，通过使用该元素，可以提供描述了一组单元格的语义信息。

当使用表头单元格元素时，应该指定 scope 特性。该特性定义了标题内容所描述的单元格集合。对于列标题，使用 scope="col"，而对于行标题，则使用 scope="row"。其他的可能值还有 colgroup 和 rowgroup(本章稍后将介绍这两个值)。在大多数浏览器中，scope 特性并不会影响内容的显示方式。然而，对于某些应用程序来说，比如屏幕阅读器，该信息却是非常有用的。

代码清单 6-2 演示了一个使用列标题和行标题的表格。该表格列出了三个数字(2,3 和4)以及这些数字的平方和立方值。其中第一行包含了列标题，而每一行的第一个单元格包含了行标题。最终显示如图 6-2 所示。

代码清单 6-2　使用列和行标题

```
<table>
    <caption>Squares and Cubes</caption>
    <tr>
        <td></td> <!-- empty cell -->
        <th scope="col">Number</th>
        <th scope="col">Squared</th>
        <th scope="col">Cubed</th>
    </tr>
    <tr>
```

```
            <th scope="row">Two</th>
            <td>2</td>
            <td>4</td>
            <td>8</td>
        </tr>
        <tr>
            <th scope="row">Three</th>
            <td>3</td>
            <td>9</td>
            <td>27</td>
        </tr>
        <tr>
            <th scope="row">Four</th>
            <td>4</td>
            <td>16</td>
            <td>64</td>
        </tr>
</table>
```

	Number	Squared	Cubed
Two	2	4	8
Three	3	9	27
Four	4	16	64

图 6-2　使用列和行标题

提示

请注意第一行中的空白单元格。即使该单元格没有任何内容，也必须定义，从而保证其他单元格正确对齐。每一行应该有相同数量的单元格，如果某行中省略了某个单元格，那么该行中的最后一个单元格将为空。

6.3　列组

通过使用表头单元格元素(th)来提供标题以及使用表单元格元素(td)来提供普通内容，可以非常容易地对它们进行不同的样式设计。但有时候可能希望一些单元格的列的样式不同于其他的列。例如，在前面的示例中，希望 Squared 和 Cubed 列的格式与 Number 列不同。此时，可以在一个列组(colgroup)元素中包含这些列，并对列组元素应用不同的样式。

可以通过两种方法使用列组元素。首先，使用 span 特性指定列组所包含的列数。列将按照顺序分配给组。如果第一组跨两列，那么它将包含前两列。如果下一组只跨一个列，那么会包含表中的第三列。如果想要将上面示例中的最后两列放到一个列组中，需要在第一行之前添加下面粗体所示的代码：

```
<table>
    <caption>Squares and Cubes</caption>
    <colgroup span="1"></colgroup>
    <colgroup span="1"></colgroup>
    <colgroup span="2" style="background-color: #b6ff00"></colgroup>
    <tr>
```

前两组每组只跨了一列：分别是行标题列和 Number 列。因为 span 特性的默认值为 1，所以对于此类列组元素可以忽略 span 特性。最后一组跨了剩下的两列，即 Squared 和 Cubed 列。为了更加清楚地演示列组是如何使用的，我在该组中添加了一个 style 属性，但通常应该在 CSS 中处理。添加完这些代码后的表格如图 6-3 所示。

	Number	Squared	Cubed
Two	2	4	8
Three	3	9	27
Four	4	16	64

图 6-3　添加带有样式的列组

另一种方法是在列组元素中使用列(col)元素，而不是使用 span 特性。针对应该包含在列组中的每一个列使用列元素。与前一种方法一样，列将按照顺序进行分配。此外，在列元素中也可以使用 span 特性。

警告

在列组(colgroup)元素中，不能既包含 span 特性又包含一个或多个列(col)元素。对于同一个列组，只能使用其中一种方法。

为了演示第二种方法，请使用下面粗体显示的代码替换前面的列组元素。在本示例中，将前两列放到一个列组，而不是单独一组中。在第一组中使用了两个列元素来表明该组中有两列。在第二组中，使用了一个带有 span 特性的单个列元素，表明包含了两列。

```
<table>
    <caption>Squares and Cubes</caption>
    <colgroup>
        <col style="background-color: #f00"/>
        <col />
    </colgroup>
    <colgroup style="background-color: #b6ff00" >
        <col span="2" />
    </colgroup>
<tr>
```

第二种方法的一个优点是可以定义列元素和列组元素的样式。可以通过列组元素将样式应用于一组列，或者像前面示例那样使用列元素将样式应用于特定列。最终该表格的第一列显示为红色背景，如图 6-4 所示。

	Number	Squared	Cubed
Two	2	4	8
Three	3	9	27
Four	4	16	64

图 6-4　使用 col 和 colgroup 元素

在使用了前面介绍的任一方法定义列组之后，就可以在定义表头单元格(th)元素的作用域时使用它们。如果将 scope 特性设置为 colgroup，则表明标题文本适用于当前列组中的列。

6.4　表标题和页脚

通常，在表格的顶部有一个或多个带有列标题的行，然后紧跟着是数据行，最后在底部是一个或多个汇总数据行。可以使用已经讨论过的元素实现这种表格。但由于 HTML5 都是关于语义的，因此可以使用一些其他元素将属于页眉或页脚的行与构成表格主体的行区分开来。一般来说，在 HTML 中尽可能多地提供信息是一个好主意，这样一来可以在应用样式时拥有更多的选项。

列标题(如果有的话)应该位于表头(thead)元素中。如果有汇总信息，则应该位于表页脚(tfoot)元素中。而构成表主要部分的其余行应位于表体(tbody)元素中。简单的示例如代码清单 6-3 所示。

代码清单 6-3　带有标题和页脚的表格

```
<table>
    <caption>Scoreboard</caption>
    <thead>
        <tr>
            <th>Inning</th>
            <th>Runs</th>
            <th>Hits</th>
            <th>Errors</th>
        </tr>
    </thead>
    <tbody>
        <tr><td>1</td><td>0</td><td>1</td><td>0</td></tr>
        <tr><td>2</td><td>2</td><td>5</td><td>0</td></tr>
        <tr><td>3</td><td>0</td><td>1</td><td>1</td></tr>
        <tr><td>4</td><td>0</td><td>0</td><td>0</td></tr>
        <tr><td>5</td><td>1</td><td>2</td><td>0</td></tr>
        <tr><td>6</td><td>0</td><td>1</td><td>0</td></tr>
        <tr><td>7</td><td>0</td><td>0</td><td>0</td></tr>
        <tr><td>8</td><td>1</td><td>3</td><td>1</td></tr>
        <tr><td>9</td><td>1</td><td>2</td><td>0</td></tr>
    </tbody>
    <tfoot>
        <tr><td>Final</td><td>5</td><td>15</td><td>2</td></tr>
    </tfoot>
</table>
```

警告

在 HTML4 中，必须在任何表体元素之前指定表页脚元素。而在 HTML5 中这个限制已被删除，所以可以根据所需逻辑将页脚放在表体之后。然而，不管页脚元素位于什么地方，都会在表的末尾显示。因此，包含多个表页脚元素是没有任何意义的。虽然这样做并不会产生错误，但所有的页脚元素都会在表格的底部组合在一起。

表头、表体和表页脚元素本身并不会影响表格的显示方式。如果使用默认的格式，那么示例表格的格式将如图 6-5 所示。这三种元素都是可选的，可以进行任意组合。

图 6-5　使用表头和表页脚元素

　　表头、表体或者表页脚元素中的行都被视为一个行组(row　group)。当定义表头单元格元素的 scope 特性时，可以使用 rowgroup 值来表明标题文本适用于当前行组。

　　在一个表中可以定义多个表体部分。如果你有一个大型的表格，并且想要将其分为多个部分，那么该技术是非常有用的。此外，还可以定义多个表头，以便在每个表体元素之前显示不同的标题文本。如前所述，一个表格只能有一个表页面元素，并且位于表格的底部。

6.5　跨越单元格

　　当在 HTML5 中使用表格时，可以将几个相邻的单元格创建成单个单元格。这有点类似于电子表格中的合并单元格。如前所述，HTML 表格的单元格由表单元格(td)和表头单元格(th)元素所组成。每一个元素都占用了表网格中的一个单元格。然而，这些元素都支持colspan 和 rowspan 特性，它们的默认值都为 1，所以每个元素默认只占用一个空间。

　　假设有一个带有 5 列的表格。每个表行元素将包含五个表单元格元素或五个表头单元格元素(td 和 th 元素可以互换使用)。如果将某一个元素中的 colspan 特性设置为 2，那么该元素将占用两个单元格的空间，这就是说所在行只需要四个元素即可。如图 6-6 所示。

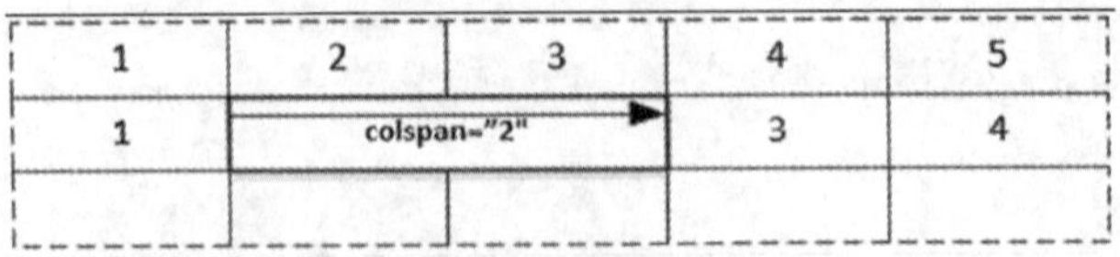

图 6-6　使用 colspan 特性

　　在图 6-6 中，第一行包含了五个元素。而在第二行中仅包含了四个元素，因为其中一个元素占用了两个单元格。这有点类似于前面所介绍的列组或列元素中的 span 特性的工作方式。

　　rowspan 特性以相同的方式工作，只不过单元格扩展为包含下面的单元格，而不是右边的单元格。当然，也可以同时使用 colspan 和 rowspan 特性。此时，合并后的单元格更宽更高。如图 6-7 所示。

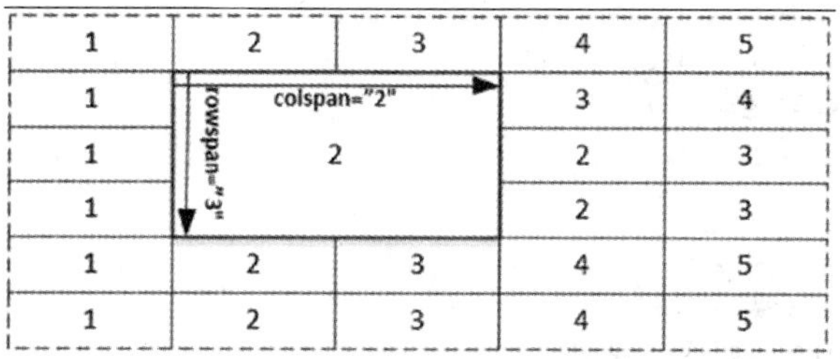

图 6-7　使用 colspan 和 rowspan 特性

这样做将对后续的行元素引入一些有趣的副作用。在图 6-7 所示的表格中，第二行只有四个元素，因为其中一个元素占用了两个单元格。而在第三行，单元格 2 和 3 已经被分配给上一行的合并单元格，只有三个单元格可用，所以第三行仅添加了三个元素。第四行也是这种情况。

现在让我们应用这个概念来构造元素周期表。如果你上过基本的化学课程，那么应该见过元素周期表。该表在一个表格中列出了所有的化学元素。表格中的列和行都具有与其原子结构有关的特殊含义。例如，最后一列中的所有元素都被称为惰性气体；其左侧的列包含了所有的卤素元素。由于该表的特殊布局，网格中将存在间隙，尤其是在前几行中。虽然可以创建大量的空单元格，但此时我们将这些空单元格合并成一个单元格。

代码清单 6-4 显示了该表格的部分 HTML 代码。为了简单起见，删除了表格的最后四行。下载的代码中包含了完整的源代码。完整的表格有 18 列、7 行数据，并且还有两个标题行。

代码清单 6-4　元素周期表的源代码

```
<table id="Periodic">
    <caption>Periodic Table of the Elements</caption>
    <tr>
        <th>I</th>
        <th>II</th>
        <th colspan="10" rowspan="4"></th>
        <th>III</th>
        <th>IV</th>
        <th>V</th>
        <th>VI</th>
        <th>VII</th>
        <th>VIII</th>
    </tr>
    <tr>
        <th>1</th>
        <th>2</th>
        <!-- Skipping 10 cells-->
        <th>13</th>
        <th>14</th>
        <th>15</th>
        <th>16</th>
        <th>17</th>
        <th>18</th>
    </tr>
    <tr>
        <td>H</td>
```

```
            <th></th> <!-- empty cell -->
            <!-- Skipping 10 cells-->
            <th colspan="5"></th>
            <td>He</td>
        </tr>
        <tr>
            <td>Li</td>
            <td>Be</td>
            <!-- Skipping 10 cells-->
            <td>B</td>
            <td>C</td>
            <td>N</td>
            <td>O</td>
            <td>F</td>
            <td>Ne</td>
        </tr>
        <tr>
            <td>Na</td>
            <td>Mg</td>
            <th>3</th>
            <th>4</th>
            <th>5</th>
            <th>6</th>
            <th>7</th>
            <th>8</th>
            <th>9</th>
            <th>10</th>
            <th>11</th>
            <th>12</th>
            <td>Al</td>
            <td>Si</td>
            <td>P</td>
            <td>S</td>
            <td>Cl</td>
            <td>Ar</td>
        </tr>
        <!-- Last four rows omitted for brevity -->
    </table>
```

在第一行中有一个元素跨了 10 列和 4 行。而在后续的三行中，添加了一个注释，表明跳过单元格的位置。这些空间都被一个大的合并单元格所占用。此时，使用了表头单元格(th)元素作为所有标题数据以及前四行中的空单元格。

在第 13 章，将会介绍如何使用 CSS 格式化表格。但目前为了该表格看起来更加熟悉，添加了一些简单的 CSS。因为表中的元素非常多，所以添加内联样式是不可行的。在 head 元素中，添加了下面所示的 style 元素：

```
<style>
    #Periodic td {
        width: 35px;
        border: 1px solid black;
        padding: 1px;
        margin: 1px;
        text-align: center;
    }
</style>
```

此时，选择器将找到 id 为“Periodic”(就是分配给 table 元素的 id)的元素中的所有表单元格元素。而声明设置了每个元素的宽度以及对齐文本并添加边框。该周期表最终的结果如图 6-8 所示。

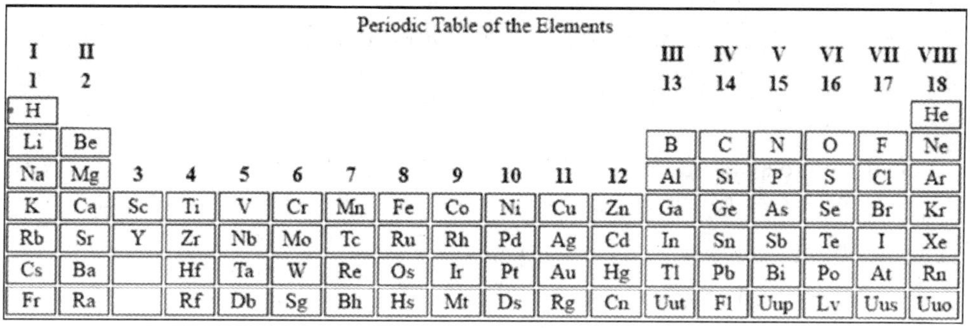

Periodic Table of the Elements

I	II											III	IV	V	VI	VII	VIII
1	2											13	14	15	16	17	18
H																	He
Li	Be											B	C	N	O	F	Ne
Na	Mg	3	4	5	6	7	8	9	10	11	12	Al	Si	P	S	Cl	Ar
K	Ca	Sc	Ti	V	Cr	Mn	Fe	Co	Ni	Cu	Zn	Ga	Ge	As	Se	Br	Kr
Rb	Sr	Y	Zr	Nb	Mo	Tc	Ru	Rh	Pd	Ag	Cd	In	Sn	Sb	Te	I	Xe
Cs	Ba		Hf	Ta	W	Re	Os	Ir	Pt	Au	Hg	Tl	Pb	Bi	Po	At	Rn
Fr	Ra		Rf	Db	Sg	Bh	Hs	Mt	Ds	Rg	Cn	Uut	Fl	Uup	Lv	Uus	Uuo

图 6-8　元素周期表

如果想要查看合并的单元格，可以向 style 元素中添加下面粗体显示的 CSS 规则。该规则将在表头单元格元素周围放置一个边框，并设置背景颜色。

```
<style>
    #Periodic td {
        width: 35px;
        border: 1px solid black;
        padding: 1px;
        margin: 1px;
        text-align: center;
    }
    #Periodic th {
        border: 1px solid black;
        background-color: #0ff;
        padding: 1px;
        margin: 1px;
        text-align: center;
    }
</style>
```

现在，该表格将如图 6-9 所示。

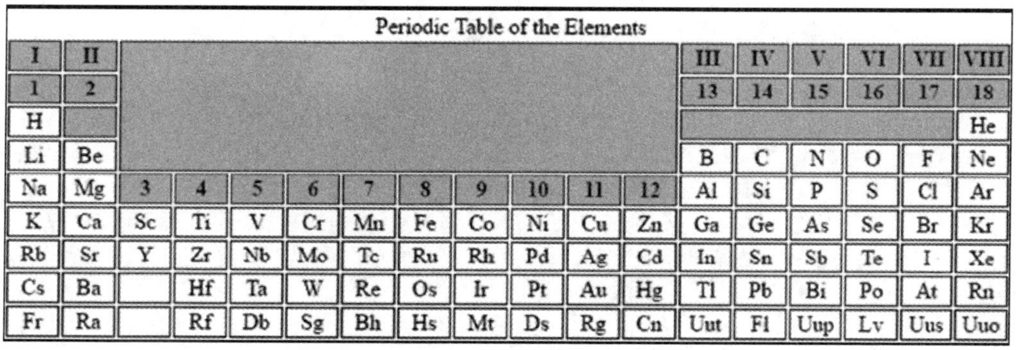

Periodic Table of the Elements

I	II											III	IV	V	VI	VII	VIII
1	2											13	14	15	16	17	18
H																	He
Li	Be											B	C	N	O	F	Ne
Na	Mg	3	4	5	6	7	8	9	10	11	12	Al	Si	P	S	Cl	Ar
K	Ca	Sc	Ti	V	Cr	Mn	Fe	Co	Ni	Cu	Zn	Ga	Ge	As	Se	Br	Kr
Rb	Sr	Y	Zr	Nb	Mo	Tc	Ru	Rh	Pd	Ag	Cd	In	Sn	Sb	Te	I	Xe
Cs	Ba		Hf	Ta	W	Re	Os	Ir	Pt	Au	Hg	Tl	Pb	Bi	Po	At	Rn
Fr	Ra		Rf	Db	Sg	Bh	Hs	Mt	Ds	Rg	Cn	Uut	Fl	Uup	Lv	Uus	Uuo

图 6-9　对表头元素进行样式设计

6.6　小结

在本章，我们学习了如何使用 table 元素表示表格数据。一个表格由行组成，而这些行通过表行(tr)元素来表示。每一行包含了一个表单元格(td)集合和/或表头单元格(th)元素。虽然列没有被显式定义，但是根据 td 或 th 元素的存在可以推断出列。例如，每一行的第一个元素被认为是第一列。

可以使用 colgroup 和/或 col 元素来定义列。虽然这样做并不是实际创建或定义任何表格单元格，但允许将样式应用于特定列或列组。此外，还可以出于语义的目的，将表行分组到表头(thead)、表体(tbody)和页脚(tfoot)元素中。

最后，通过使用 colspan 和 rowspan 特性，可以将多个单元格合并为一个单元格。由于合并的单元格占用了更多的空间，因此在包含该合并单元格的行中需要更少的元素。使用 rowspan 特性是特别有趣的，要求跳过后续行中的单元格。我建议在表格中添加注释，以指示所跳过的单元格。

在下一章，我们将学习如何在文档中包含嵌入式内容，例如图像。此外，还会演示如何使用本地音频和视频元素。

第 7 章

■■■

嵌入式 HTML 元素

本章将介绍 HTML5 文档中可用的嵌入元素。到目前为止，所演示的内容(主要是文本)都是由 HTML 文档所提供的。然而，通过使用嵌入元素，可以由外部文件来提供内容，比如图像或视频剪辑。HTML 文档通过嵌入元素来引用外部文件。首先介绍的是用来提供其他资源链接的锚元素。然后是三个常用的嵌入元素：图像(img)、audio 和 video；本章的大部分内容将主要介绍这三个元素的功能。

audio 和 video 也被视为交互元素，因为用户通常通过用户界面来操作它们。例如，用户可以播放、暂停、回放或者调整音量。本章主要介绍这些交互的本机控件。在第 21 章，将会演示如何通过使用 JavaScript 实现自定义控件。

此外，HTML5 还支持 embed 和 object 元素，通过这两个元素，可以引用自定义插件来显示相应的内容。而另两种嵌入元素(标量矢量图形(svg)和 canvas)则需要单独的章节来进行介绍，将分别在第 22 章和第 23 章中介绍它们。

7.1 锚

从技术上讲，锚(a)元素并不应该归类于嵌入内容。之所以在本章介绍该元素，是因为该元素不适合在其他章节介绍。然而，想要真正理解锚元素(通常导航到其他资源)，需要掌握本章以及后续章节的相关知识。

锚元素用来将内容转换为一个超链接。锚元素中的内容可以是任何类型的流式内容或者段落内容(但交互内容除外)。该元素支持 href 特性，它定义了链接将要导航到的 URL。例如：

```
<a href="http://www.apress.com">
    Apress
</a>
```

此时，将显示该元素中的内容"Apress"，当单击该内容时，浏览器就会呈现 href 特性所指定的 URL。锚元素中的文本内容通常以下画线的形式显示。此外，锚元素中的内容还可以是一个图像(稍后介绍相关内容)。

href 特性还可以提供到当前页面特定元素的链接。例如，如果设置为 href="#Chapter5"，则会滚动当前文档，以便看到 id 特性被设置为 Chapter5 的元素。此外，链接的资源并不一定是 Web 资源。URL 的第一个部分指定了协议(比如，http:)，可以链接到其他类型的资源。常用的资源类型如下所示：

- http：web 资源
- ftp：文本传输
- mailto：发送电子邮件
- tel：拨打电话号码(特别适用于移动设备)
- file：打开文件

target 特性用来指定链接资源应该显示的位置。该特性值表明了应该使用的浏览上下文(browsing context)。已经在第 4 章介绍过什么是浏览上下文。虽然该特性有多个值可以用，但最常用的是_self(此为默认值)和_blank。如果使用_self(或者没有指定 target 特性)，那么将会在当前上下文中显示链接资源，这意味着浏览器将离开当前页面并加载新的页面。如果使用了_blank，则在一个新的选项卡或窗口中显示链接资源。

如果链接资源是一个应该下载而不是呈现的文件，那么可以使用 download 特性来包含文件保存的默认名称：例如，download="MyPicture.png"。当用户点击该链接时，将会出现"文件保存"对话框，而文件名被设置为默认名称。由于不允许使用/或\字符，因此无法指定默认的文件路径。

锚元素还可以包含其他的特性，这些特性都提供了关于链接资源的语义信息：

- hreflang——表明链接资源的语言
- rel——定义了与链接资源的关系(详细内容请参见第 1 章)
- type——表明了资源的 MIME 类型

7.2　图像

最常用的嵌入元素就是图像。在我们的视觉世界里，很难找到一个没有图像的 Web 页面；很多的 Web 页面主要就是图像(或视频)。图像元素没有内容，也就是说在开始和结束标签之间没有内容。事实上，它属于第 1 章所列出的自结束标签中的一种。这些元素有时也被称为空元素(empty elements)，因为仅通过它们的特性就可以设置其"内容"。

图像元素的格式如下所示：

```
<img src="Media/HTML5.jpg" alt="The HTML5 Badge logo" />
```

图像元素有两个必需的特性，src 和 alt。src 特性指定了所引用图像文件的 URL。而在 alt 特性中则提供了文本描述信息。如果图像无法下载或者文件格式不支持时，就会显示该描述信息。诸如屏幕阅读器之类的非可视浏览器也会使用该信息。

通常，图像可以以多种文件格式存储。这些格式之间的区别仅在于数据压缩的方式以及所支持颜色数量的不同。每种格式都适用于一些场景。而目前的现实情况是文件格式的类型越来越多，而 HTML5 规范并没有指定必须支持哪种文件格式。

如果始终使用最常用的三种格式(JPEG、GIF 和 PNG)，那么在可预见的将来你应该是安全的。所有的浏览器都支持这些格式，并且还会使用很长一段时间。虽然 TIFF 和 BMP 也被支持，但并不认为网络友好，因为它们的文件大小会减缓下载速度。下面所示的文章讨论了所有五种文件类型以及所适用的场合：http://1stwebdesigner.com/image-file-types。而从摄影师的角度来看，下面的文章提供了类似的信息：http://users.wfu.edu/matthews/misc/graphics/formats/ formats.html。

图像元素还支持 height 和 width 特性。如果使用这两个特性，那么必须以像素为单位进行设置；不能使用相对单元来设置它们。如果没有提供这两个特性，那么将使用图像文件的固有维度。指定这两个特性的一个优点是可以在下载完成之前分配显示空间。而如果没有指定，一旦图像可用，页面布局将发生变化。

7.2.1　多个来源

图像元素包含了 srcset 和 sizes 特性，通过它们，可以指定一组带有相关信息的图像文件，这样一来，浏览器就可以选择最合适的图像下载并显示。接下来，将通过展示他们所要解决的用例来解释这些特性。

像素比选择

在典型的移动或平板设备上，相同的空间通常拥有更多的像素。例如，我的 24″ 平板显示器的分辨率为 1920×1200 像素。而 5″ 的 Lumia 手机却几乎拥有 1280×720 像素的分辨率。显示器的像素密度为 93 像素/英寸(PPI)；而手机的像素密度为 294 PPI，大约等于显示器的 3 倍。

考虑到这一点，可能需要根据像素密度提供同一图像的一个或多个缩小版本。为此，可以使用 srcset 特性并提供一个以逗号分隔的带有 x 描述符的图像源列表。其中描述符 1x 对应于典型的桌面分辨率；描述符 2x 则是针对两倍像素密度的设备。例如，下面的代码定义了图像文件的两个额外版本：

```
<img src="Media/HTML5.jpg" alt="The HTML5 Badge logo"
        srcset="Media/HTML5_2.jpg 2x, Media/HTML5_3.jpg 3x"/>
```

在图像元素中仍然应该包含 src 特性，以防止浏览器不支持 srcset 特性。由于 src 特性中的图像默认使用描述符 1x，因此没有必要在 srcset 特性中包含 1x 选项。

当在图像元素中指定多个文件时，需要在网站上提供多个文件版本。然而，浏览器只会选择其中一个文件下载。这些解决方案不仅可以改善用户体验，还可以提高性能。

视口选择

假设有一个图像需要跨越屏幕(或窗口)的整个宽度，那么在 CSS 中将宽度设置为 100% 即可。如果屏幕非常宽(比如 24″ 显示器)，那么图像将会根据需要进行拉伸。此时，图像可以垂直拉伸，以保持正确的纵横比，也可以高度固定，但图像会变形。以上做法可能都不是你所期望的。

为了应对这种情况，可以组合使用 srcset 和 sizes 特性根据视口(viewport)的宽度选择不同的图像文件。视口是 Web 页面的可视区域。在移动设备上，该区域就是设备的大小；而在桌面计算机上，该区域由浏览器运行的窗口的大小所控制。

为了解决上述问题，从一名作者的角度来看，解决方案其实很简单。只需要告诉浏览器每个图像有多宽以及需要多少空间即可。通过这些信息，浏览器就知道下载哪个文件，也就是说，在决策时只需要知道图像的宽度和视口的宽度即可。

首先是定义每个图像的宽度。为此，需要使用 srcset 特性，但此时使用描述符 w 而不是 x。如果图像的宽度为 300 像素，那么可以将该描述符设置为 300w。

```
srcset="Media/HTML5.jpg 300w, Media/HTML5_2.jpg 150w"
```

当使用描述符 w 时，src 特性将被支持 srcset 特性的浏览器所忽略。如果使用描述符 x，src 特性拥有默认值 1x，但对于描述符 w 来说却没有这样的默认值。虽然仍然应该提供 src 特性，但该特性只能用于不支持 srcset 特性的旧版浏览器。

在介绍 size 特性之前，先介绍一些背景知识。一般来说，在解析完文档，然后下载 CSS 文件并应用了所有的 CSS 规则之后，浏览器就会知道图像有多宽。然而，为了加快显示过程，图像通常被预加载(即在应用 CSS 之前)。所以，浏览器需要一些关于下载哪些文件的提示，而这恰恰是使用 sizes 特性的原因。

sizes 特性是一个指定了所显示图像预期宽度的提示。在第 2 章曾经讲过如何使用固定单位来指定距离，比如像素单位或者相对单位。sizes 特性可以使用任何一种单位来指定，但相对于视口宽度来指定该特性是最有用的。例如，如果图像占据了整个宽度，那么可以设置 sizes="100vw";，如果只占据一半的宽度，那么将其设置为 50vw。

如果 Web 页面被组织成若干列，那么列数由视口所确定。在一个较大的屏幕上，可能有 4 列，此时 sizes 特性为 25vw。随着视口的缩小，列数可能减为 3 个，然后是 2 个，并最终减为 1 个。为了支持这种效果，sizes 特性值需要根据视口不断变化。

现在你可能已经知道为什么 sizes 特性是复数了。实际上，它支持一个以逗号分隔的列表，从而可以指定多个值。可以使用一个媒体查询来限定每个值，以指示何时使用该值。第 9 章将会详细介绍媒体查询。下面的代码根据视口的宽度将 sizes 特性设置为 25%、33%、50%或 100%：

```
sizes="(max-width: 600px) 25vw, (max-width: 400px) 33vw, (max-width: 200px) 50vw, 100vw"/>
```

如果视口至少有 600 像素宽，那么将会有 4 列，所以 sizes 被设置为 25vw。随着视口越来越小，列数也在减少，而单个图像的相对大小在增加。

srcset 特性的另一个应用是根据设备大小选择合适的图像。例如，假设想要显示 Arnold Friberg 的著名画作 The Prayer at Valley Forge。在一个宽屏设备上，你可能想要显示整幅画，如图 7-1 所示。

图 7-1　Arnold Friberg 的画作 The Prayer at Valley Forge

然而，如果在移动设备上以纵向模式显示该 Web 页面，那么你可能希望显示该画的裁剪版本，如图 7-2 所示。

图 7-2　裁剪版本

可以通过使用 srcset 特性完成上述功能，如下所示：

```
<figure>
    <img src="Media/G_Wash_Wide.jpg" alt="The Prayer at Valley Forge"
            srcset="Media/G_Wash_Narrow.jpg 422w, Media/G_Wash_Wide.jpg 885w"
            width="100%"/>
    <footer><small>Copyright ©Friberg Fine Art</small></footer>
    <figcaption>Arnold Friberg's The Prayer at Valley Forge</figcaption>
</figure>
```

注意

目前，提倡使用一种新的 picture 元素来进一步帮助图像文件选择。在编写本书的时候，只有 Chrome 浏览器支持该元素，所以本书没有对此进行介绍。如果你感兴趣，可以学习一下该元素。以下是当前规则的链接：https://html.spec.whatwg.org/multipage/embedded-content.html#the-picture-element。

7.2.2　图像映射

如果将一个图像放置到一个锚标签中，就可以将其转换为一个超链接，如下所示：

```
<a href="https://html.spec.whatwg.org/multipage/embedded-content.html">
    <img src="Media/HTML5.jpg" alt="The HTML5 Badge logo" />
</a>
```

此时插入的内容是一个图像而不是文本。单击图像的任何位置都会导航到 href 特性所指定的地址。如果图像没有被加载，则会显示 alt 特性中的文本作为超链接。

然而，如果只希望图像的特定部分被单击时才会发生导航，就需要设置图像映射。也可以在单个图像上定义多个区域，每个区域导航到不同的链接。为了演示该过程，创建了一个包含红色正方形、绿色圆形以及蓝色三角形的图像。该图像 50 像素高、150 像素宽，如图 7-3 所示。

图 7-3　带有三种形状的示例图像

图像映射(map)元素可以放置在 HTML 文档的任何位置，在使用该元素的图像之前或之后。可以设置 name 特性，当需要在图像中使用图像映射元素时可以通过该名称进行引用。此外，还可以创建多个映射，但每个映射都需要一个唯一的名称。

map 元素可以包含一个或者多个 area 元素。每个 area 元素定义了图像的一个区域。当该区域被单击时执行 href 特性值。下面定义的 map 元素针对图 7-3 中的每一个形状都定义了一个链接。

```
<map name="shapeMap">
    <area shape="rect" coords="0,0,50,50" alt="square" title="Square"
        href="https://en.wikipedia.org/wiki/Square" />
    <area shape="circle" coords="75,25,25" alt="circle" title="Circle"
        href="https://en.wikipedia.org/wiki/Circle" />
    <area shape="poly" coords="101,50,126,0,150,50" alt="triangle" title="Triangle"
        href="https://en.wikipedia.org/wiki/Triangle" />
</map>
```

由上可见，area 元素由 shape 特性以及一组由 coords 特性中逗号分隔列表所表示的坐标所定义。共有三种支持的形状：矩形(rect)、圆形(circle)和多边形(poly)。对于矩形来说，coords 特性中应该包含 4 个值；左上角的 x、y 坐标以及右下角的 x、y 坐标。对于圆形来说，应该有 3 个值；圆心的 x、y 坐标以及半径。对于多边形，coords 特性将拥有可变数目的值对。每一个值对指定了一个点的 x、y 坐标；点集定义了多边形。在本示例中，有三个点；左下角、三角形的顶部以及右下角。

提示

可以定义一个不带有 href 特性的 area。通常这被称为死区：即无法单击的区域。如果想要定义一个覆盖整个图像的区域，可以设置 shape="default"，同时不要指定 coords 特性。

此外，area 元素还支持与其他超链接一样使用的 target、rel 和 download 特性。如果图像无法显示，则使用 alt 特性作为超链接文本。还可以指定 title 特性。当鼠标移动到可单击区域时，以悬停文本的形式显示该特性值，如图 7-4 所示。

图 7-4 显示悬停文本

如果希望将映射链接到图像，就需要设置图像元素上的 usemap 特性。该特性的值是以 #号为前缀的映射元素的名称。例如：

```
<img src="Media/Shapes.png" alt="Shapes" width="150" height="50" usemap="#shapeMap" />
```

提示

这个例子在某种程度上是为了演示图像映射功能而设计的。如果想要实际地根据所单击的形状链接到一个页面，最好是针对每种形状创建一个单独的图像，并将它们包含在自己的锚标签中。

7.3 音频

通过使用 HTML5 中的音频元素，可以非常容易地在 HTML 文档中嵌入音频。现在，主要浏览器都已经按照标准文件格式进行了设置，从而使得音频的使用变得更加简单。我个人比较喜欢将一些嵌入文件(比如音频和视频剪辑)放到 Web 应用程序的一个单独文件夹中。这样一来，就可以将所开发和维护的 HTML 文件与那些不是通过 HTML 创建的内容区分开来。我一般会在 Web 项目中创建一个 Media 文件夹并将所有的嵌入内容放到该文件夹中。

注意

如果你正在使用所下载的源代码，那么实际的音频文件已经被删除了，以避免出现任何侵犯著作权的行为。如果想要尝试本章后面的示例，那么至少需要一个音频剪辑。可以通过翻录音频 CD 获取一个音频剪辑。而下载源代码中的视频文件都是通过知识共享署名许可证获得许可的，可以免费重复使用和分发。

添加音频非常简单，首先添加一个 audio 元素，然后将 src 特性设置为音频剪辑的位置。例如：

```
<audio src="Media/Linus and Lucy.mp3" >
    <p>HTML5 audio is not supported on your browser</p>
</audio>
```

只有当 audio 元素不被支持或者文件无法加载或播放时，才会使用开始和结束标签之间的内容。audio 元素可以使用多个 Boolean 特性：

- preload——如果设置，那么当显示页面时预加载音频内容
- autoplay——如果设置，一旦内容被加载，音频剪辑就会播放
- muted——如果设置，则音频静音；即不产生任何声音
- loop——如果设置，当音频剪辑结束时自动从开始处重新播放
- controls——如果设置，用户就可以使用本机控件与音频剪辑进行交互

如果添加了 autoplay 特性，那么一旦页面被加载，音乐就会播放，并且没有任何控件来停止播放。在编写本书的时候，Chrome、Firefox 和 Opera 都在浏览器选项卡中包含了一个用来表明一个音频剪辑正在播放的图标。Firefox 和 Opera 允许单击该图标静音或取消静音。例如，Firefox 的选项卡图标如图 7-5 所示。

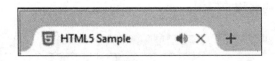

图 7-5　选项卡上显示的音频图标

audio 元素支持 volume 特性，从而可以在播放音频剪辑时预设音量。该特性的值被指定为 0 和 1 之间的一个数字，默认值为 1。也就是说设备的音量被设置为 100%。

7.3.1　使用本机控件

在用户界面方面，主要有三个选项：

- 没有控件：音频播放，但用户没有控件可用。如果使用了 autoplay 特性，那么当页面被加载时自动开始播放音频剪辑。但可以通过 JavaScript 开始、暂停和停止播放。
- 本机控件：浏览器为用户提供了播放、暂停和停止音频剪辑以及控制音量所需的本机控件。
- 自定义控件：页面提供了通过 JavaScript 与 audio 元素进行交互的自定义控件。

为了启用本机控件，需要添加 controls 特性，如下所示：

```
<audio src="Media/Linus and Lucy.mp3" autoplay controls>
```

此时，本机控件应该出现在 Internet Explorer 上，如图 7-6 所示的图像。而在 Edge 浏览器上，图像与之相类似，但略小一点。

图 7-6　在 Internet Explorer 上显示本地音频控件

在 Opera 和 Chrome 上，音频控件如图 7-7 所示。

图 7-7 Opera 上的音频控件

在 Firefox 上，音频控件如图 7-8 所示。

图 7-8 Firefox 上的音频控件

在 Safari 上，音频控件如图 7-9 所示。

图 7-9 Safari 上的音频控件

提示

Windows 7 上的 Safari 为了支持 audio 元素，需要安装 QuickTime。可以从以下站点下载 QuickTime: https://support.apple.com/kb/DL837?locale=en_US。在安装完 QuickTime 之后需要重启计算机，从而让 Safari 正常工作。

正如你所看到的，每种浏览器上的控件样式都是不一样的。本机控件自身无法控制其界面显示方式。但可以通过设置 style 特性来更改控件的宽度，此时将会拉伸进度条。如果扩展的高度超过了正常的高度，那么控件顶部将显示空白区域。然而，在 IE 中，如果缩小高度，则会同时缩小控件。而在 Chrome 中则会进行裁剪。

7.3.2 文件格式

在 HTML5 中，可以为音频剪辑指定多个来源。也就是说，可以提供不同文件格式的音频剪辑，从而让浏览器选择所支持的格式。虽然所有的主要浏览器都支持 audio 元素，但并不都支持相同的音频格式。目前，大多数的浏览器都支持 MP3 以及针对视频的 MP4。

提示

之所以介绍上面一段内容是为了解释 HTML5 所提供的功能。但实际上很少使用该功能。在 HTML5 的早期，这是一个非常重要的功能，因为浏览器并不都支持相同的文件类型。但幸运的是，目前所有的主要浏览器都支持 MP3 音频和 MP4 视频。

audio 元素允许指定多个源，而浏览器将遍历这些源，直到找到一个所支持的文件格式。此时可以在 audio 元素中提供一个或者多个 source 元素，而不是使用 src 特性，如下所示：

```
<audio autoplay controls>
    <source src="Media/Linus and Lucy.ogg" />
    <source src="Media/Linus and Lucy.mp3" />
```

```
    <p>HTML5 audio is not supported on your browser</p>
</audio>
```

浏览器将会使用它所支持的第一个源，所以如果一个文件对你来说很重要，那么应该将其列为首选文件。例如，Chrome 支持 MP3 和 Vorbis 格式。如果你喜欢使用 MP3 文件，那么应该将其列在.ogg 文件之前。

虽然列出了来源，但浏览器必须下载并打开文件，才能确定是否可以播放该文件。对于那些较大但却无法使用的文件来说，这并不是一种有效的方法。此时，应该包含指定了源类型的 type 特性。通常检查该标记，浏览器就可以确定是否支持该文件。type 特性指定了 MIME 格式，如下所示：

```
<source src="Media/Linus and Lucy.ogg" type="audio/ogg" />
<source src="Media/Linus and Lucy.mp3" type="audio/mp3" />
```

此外，还可以在 type 特性中指定 codecs。如下所示：

```
<source src="Media/Linus and Lucy.ogg" type='audio/ogg; codecs="vorbis"'/>
```

codecs 可以帮助浏览器更有效地选择一个兼容的媒体文件。请注意，codecs 值包含在一个双引号中，所以 type 特性值需要使用单引号。

提示

下面显示了一个方便的页面，可以测试浏览器对音频和视频元素的支持：http://hpr.dogphilosophy.net/test/。此外，还提供了对各种浏览器支持文件格式的概述。

7.4　视频

在本节将使用下载源代码中提供的一个演示视频。该视频是电影 *Big Buck Bunny* 的预告片，由 Creative Commons 提供，可免费再分发(copyright 2008, Blender Foundation / www.bigbuckbunny.org)。当然，如果你愿意，也可以使用自己的视频。但为了与所有的主要浏览器相兼容，应该使用 MP4 格式的视频。

video 元素与 audio 元素相类似。可以在该元素中提供后备内容，仅当 video 元素或者文件类型不被支持时显示该内容。只需将 src 特性设置为视频文件的 URL 即可，如下所示：

```
<video src="Media/BigBuckBunny.mp4" autoplay>
<p> HTML5 video is not supported on your browser</p>
</video>
```

autoplay 特性会在页面加载时启动视频，但没有本机控件，也就是说不能暂停或重新开始视频剪辑。然而，如果在视频上右击，会显示一个与视频进行交互的选项菜单，包括显示本机控件。其中的选项可能会因浏览器的不同而不同。Chrome 中的菜单如图 7-10 所示。而 Firefox 还允许调整播放速度以及暂停、静音、切换到全屏模式。

图 7-10　Chrome 中的视频菜单

如果添加 controls 特性，则可以提供与音频剪辑相类似的控件，如图 7-11 所示。除非鼠标悬停在视频上，否则控件始终是隐藏的。

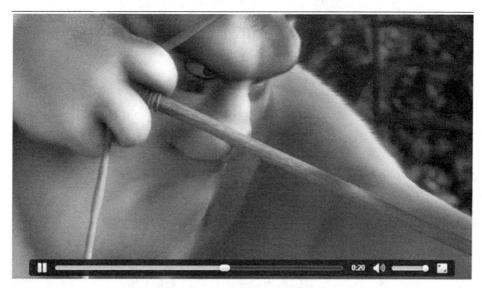

图 7-11　显示带有本机控件的视频

与 audio 元素一样，video 元素也允许通过 source 元素指定多个源。如果你提供的视频是 MP4 格式的，就不需要使用该功能。

video 元素还支持 poster 特性(但 audio 元素不支持)。在视频播放之前，可以使用 poster 特性指定所显示的图像。如果没有指定，那么浏览器将会打开视频并显示第一帧画面。如果想要添加海报，只需要将图像包含在项目中，并在 poster 特性中引用。但如果使用了 autoplay 特性，就看不到所设置的海报。

还有一件事情需要格外注意。如果定义了一张海报，那么 video 元素的初始大小将是海报图像的大小。如果该大小与视频的大小不一致，在视频播放时大小会发生变化。此时，应该确保海报图像的大小与视频的大小相同，或者显式设置 video 元素的大小，从而拉伸(或缩小)海报图像，以适应元素大小。

下面显示了一个使用海报图像的示例。在 Firefox 中显示的结果如图 7-12 所示。请注意，此时海报变暗且播放按钮显示在视频的中央。

```
<video src="Media/BigBuckBunny.mp4" controls
       poster="Media/BBB_Poster.png" width="852" height="480">
```

121

```
<p> HTML5 video is not supported on your browser</p>
</video>
```

图 7-12　在 Firefox 中显示视频海报

7.5　轨道

audio 和 video 元素都支持 track 元素，该元素用于提供与媒体剪辑时间同步的基于文本的内容。例如，可以在音频播放时显示歌词。而对于视频，可以包括字幕。

track 元素是一个空元素；它使用自结束标签，并且仅通过其特性进行配置。track 元素只能在 audio 或 video 元素中使用。如果使用了 source 元素提供多个文件类型，那么 track 元素应该位于 source 元素之后。

kind 特性指定了轨道细节信息的作用。主要包含以下几个值：

- captions——用于隐藏字幕，该轨道提供了对白的转录以及相关的声音效果，比如"笑声"或"电话铃声"等，主要用于听力受损的用户或者音频静音时。
- chapters——用于较长的视频剪辑，当用户通过媒体文件导航时，该轨道提供了章节标题。
- descriptions——提供了音频或视频文件内容的文本描述。主要用于视力受损的用户或者当视频不可用时。
- metadata——提供了脚本所使用的相关数据；这些数据通常并不向用户显示。
- subtitles——如果没有指定 kind 特性，这就是默认值。Subtitles 提供了不同语言之间的对白文本转换。此外，还提供了额外的信息，比如所描述事件的日期和地点。

src 特性是必需的，它指定了包含轨道详细信息的文件的 URL。一般来说是一个 WebVTT 文件，但其他的格式也支持。该文件包含了一系列的提示，而每个提示又包含了起始时间和结束时间(都是相对于文件的开头)以及在这段时间内应该显示的文本。其中时间元素可以以小时、分钟、秒和毫秒为单位指定，例如"00:02:15:420,"表示进入剪辑后 2 分 15 秒 420 毫秒。代码清单 7-1 显示了一个示例文件 WebVTT。

代码清单 7-1　一个示例轨道文件 `bbb.vtt`

```
WEBVTT - For Big Buck Bunny trailer.

NOTE This is for demonstrational purposes

00:00:09.231 --> 00:00:11.121
- [Bunny looks around]

00:00:15.712 --> 00:00:16.892
- [Rodents snickering]

00:00:25.528 --> 00:00:27.631
- [ Sq用户界面 rrel takes aim ]
```

Mozilla 提供了一些 WebVTT 文件的有用示例，可以从 https://developer.mozilla. org/en-US/docs/Web/API/Web_Video_Text_Tracks_Format 找到。还可以以其他的格式创建轨道文件。下面所示的文章提供了关于可选格式的更详细信息：http://www. miracletutorials. com/how-to-create-captionssubtitles-for-video-and-audio-in-webtvv-srt-dfxp-format/。

警告

轨道文件必须通过一个 Web 服务器提供，比如 Apache 或 IIS。不能够像访问使用 HTML 文档那样通过本地文件夹访问 WebVTT 文件。此外，可能还需要定义 text/ttt 的 MIME 类型。

---

srclang 特性指定了文本内容的语言。如果 kind 特性被设置为 subtitles，那么该特性就是必需的。label 特性定义了用户选择适当的轨道时所显示的文本。如果想要向 Big Buck Bunny 视频中添加一个轨道，可以添加如下所示的 track 元素：

```
<video src="Media/BigBuckBunny.mp4" controls
        poster="Media/BBB_Poster.png" width="852" height="480">
    <track kind="captions" src="bbb.vtt" srclang="en" label="English" />
    <p> HTML5 video is not supported on your browser</p>
</video>
```

由于 video 元素所包含的 track 元素包含了字幕，因此本机控件包含了可以允许用户控制字幕的额外按钮。如图 7-13 所示，label 特性在隐藏式字幕菜单中显示。如果包含了多个轨道，那么该菜单还可以允许用户从可用的轨道中进行选择。

图 7-13　Edge 浏览器中的隐藏式字幕菜单

提示

下面所示的简单演示使用了轨道来实现 Google 开发的字幕。可以从以下地址试用一下该演示：http://html5-demos.appspot.com/static/video/track/index.html。该演示使用了 webm 视频格式，但该格式并不被所有浏览器所支持，尤其是 IE 或 Edge。可以在 Chrome 中打开并查看演示。

7.6　HTML5 插件

到目前为止，已经介绍了如何使用合适的元素在 HTML 文档中嵌入图像、音频和视频。由于这些内容类型非常流行，因此 HTML5 提供了具体的元素来访问浏览器的相关内置功能。在最后一节中，将介绍如何使用 object 元素嵌入任何内容。

object 元素是任何外部内容的通用容器。对象的实际类型由 type 特性(以 MINE 类型提供)所定义。例如，如果想要嵌入一个 flash 视频，那么可以使用 application/x-shockwave-flash；如果要嵌入一个 PDF 文档，则使用 application/pdf。虽然浏览器可能需要一个合适的插件才能显示相关内容，但通过使用 object 元素提供了一种使用自定义嵌入内容的标准方法。

object 元素有两个必需的特性：前面已经介绍过的 type 特性以及指定了嵌入内容 URL 的 data 特性。data 特性定义了外部资源，而 type 特性则指定了应该使用什么程序(或者插件)来显示内容。此外，还可以指定 height 和 width 特性，从而为该内容分配所需的空间。

例如，为了将一个 PDF 文档嵌入 HTML 文档中，可以添加下面的代码，最终显示结果如图 7-14 所示。

```
<object data="MainPage.pdf" type="application/pdf" width="850" height="200">
  <a href="MainPage.pdf">MainPage</a>
</object>
```

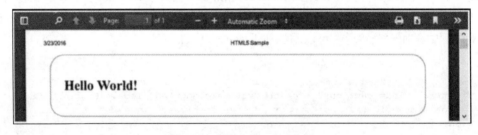

图 7-14　嵌入一个 PDF 文档

请注意 object 元素内的替换内容。它是一个指向相同 PDF 文件的超链接。如果 object 元素或者特定 type 值不被支持，那么用户所看到的将是文件的链接，而不是嵌入的文件。如果使用的是自定义插件，那么可能还需要提供如何安装插件的说明。如果插件没有安装，用户看到的将是这些说明而不是嵌入的内容。

object 元素还允许通过 param 元素向插件传递参数。param 元素有两个特性：name 和 value。可以使用 param 元素提供一组名称/值对。该元素使用了自结束标签，并且只能在 object 元素中使用，同时应该出现在任何后备内容之前。例如：

```
<object data="some file" type="application/some plug in">
    <param name="paramName" value="paramValue" />
    <p>fallback content</p>
</object>
```

HTML5 还支持与 object 元素相类似的嵌入(embed)元素。embed 元素在 HTML4 中就已经被支持，而 object 元素却是相对新的元素。虽然很多文章都建议弃用 embed 元素，但在编写本书的时候，它仍然包含在 HTML5 规范中。然而，普遍的共识是 object 元素优于 embed 元素。

embed 元素是一个空元素，这意味着它使用自结束标签。同时也意味着不支持后备内容或 param 元素。除此之外，它与 object 元素的使用是类似的，但资源的 URL 在 src 特性中提供。可以使用 embed 元素嵌入一个 PDF 文档，如下所示：

```
<embed src="MainPage.pdf" type="application/pdf" width="850" height="150"/>
```

7.7　小结

在本章，我们学习了如何将外部内容嵌入 HTML5 文档。嵌入内容的主要类型包括图像、音频和视频。HTML5 支持针对每种类型的特定元素。可以提供多个图像文件，并让浏览器根据设备特性选择最合适的文件下载并显示。此外，还可以在图像上定义可用作链接的可单击区域。

主要的浏览器都已经对 MP3 音频和 MP4 视频进行了标准化，从而可以更加容易地在 HTML 文档中包含这些内容。对于音频和视频来说，还可以包含时间同步文本，比如字幕或者其他详细信息。

对于其他类型的嵌入内容，object 元素提供了包含它们的标准方法。虽然可能需要自定义浏览器插件，但 object 元素提供了引用这些内容的一致方法。当插件不被支持时，还可以提供后备内容。

在下一章，将介绍支持用户输入的 HTML 元素。无论是创建完整的输入表单还是简单的搜索字段，这些元素都可以让用户与网页进行交互。

第 8 章

■ ■ ■

HTML 表单元素

在传统的 Web 应用程序中，一个表单就是一个 Web 页面，或者 Web 页面中为用户输入信息提供位置的部分。一旦数据输入完毕，表单连同输入数据一起提交给服务器。然后服务器进行相应的处理并返回新页面，最后由客户端显示。

在本章，将要介绍如何在 HTML5 中创建表单。此外，还会演示与表单相关联的 HTML 元素，比如 label、input 和 button 元素，其中许多元素还可用在 HTML5 文档中的其他地方，而不仅仅是用在表单中。

8.1　概述

当在浏览器中导航到一个 Web 页面时，该页面的 URL 将作为一个 HTTP(如果要使用安全传输，也可以使用 HTTPS)请求发送到合适的 Web 服务器。Web 服务器使用一个 HTTP 文档进行响应，并在浏览器上显示。具体过程如图 8-1 所示。

图 8-1　客户端/服务器架构

如果 Web 页面包含了一个表单，当提交该表单时，会向服务器发送另一种 HTTP 请求。该请求不仅包含了一个 URL(与上面所示的 URL 类似)，还包含了来自输入字段的数据。这些数据可以包含在请求体中，也可以作为查询字符串参数包含在 URL 中。本章将主要介绍后一种方法。响应可以是一个新的 Web 页面，或者是对现有页面的更新。

8.2　表单元素

通过服务器请求提交输入数据是 Web 站点和 HTML 的基本功能。form 元素用于组织一个或者多个 input 元素，以便于向 Web 服务器发送信息。此外，在 form 元素中还可以配置数据提交的位置以及方式。

　　form 元素可以包含一个或者多个 input 元素，即用户可以输入数据的字段。此外，form 元素通常还包含 label 元素，其中包含了描述 input 元素的简单文本。一个简单的表单如下所示。

```
<form action="" method="get">
    <label for="iFirstName">First Name:</label>
    <input id="iFirstName" type="text" />
    <label for="iLastName">Last Name:</label>
    <input id="iLastName" type="text" />
    <input type="submit" value="Submit" />
</form>
```

　　该表单包含了两个 input 字段(姓和名)以及针对每个 input 字段的 label 元素。而最后一个 input 元素的 type 特性为"submit"，即默认情况下显示为一个按钮。更重要的是，当单击该按钮时，就会向服务器提交该表单。该表单最终的呈现如图 8-2 所示。

图 8-2　简单的表单呈现

提示

　　如上述示例所示，通过将 input 元素放置到 form 元素中，可以使该元素与表单相关联。除此之外，也可以通过使用 form 特性引用一个表单，从而将 input 元素包含在一个表单中。这样一来，就可以在文档的任何位置定义 input 元素，并将其 form 特性设置为 form 元素的 id 即可。当提交表单时，input 元素值也会被提交。

8.2.1　表单动作

　　如果在上述字段中输入数据并单击提交按钮，就会发送与下面所示相类似的 HTML 请求：

```
http://localhost:5266/?FirstName=Mark&LastName=Collins
```

　　当页面刷新时，也可能会注意到闪烁。Web 服务器将会使用一个新的 HTML 文档来响应该请求。action 特性指定了请求的 URL。由于在上述示例中该特性值为空白，因此使用当前页面的地址，此时为 http://localhost:5266。所以返回相同的页面并由浏览器重新刷新。

　　在许多情况下，action 特性指定了一个不同的页面。例如，假设初始页面提供了一个输入搜索条件的表单。在提交数据之后，你可能希望返回一个根据用户输入得到的结果页面。此时，action 特性应该是结果页面的地址。当提交初始表单时，实际上是请求该结果页面并提供搜索细节作为请求的一部分。

　　而在另外一些情况下，可能希望显示现有页面。更准确地讲，希望根据所输入的信息重新显示现有页面。该过程被称为回发(postback)，也就是说 Web 页面提交一个请求，并根据服务器返回的信息刷新自己(通常向服务器传递数据)。例如，如果在页面上提出了一系列的问题，但每个问题的答案只适用于当前问题，那么一旦一个问题得到了回答，一个简单的回发可以使用适用问题重新显示页面。

注意

在当前的 Web 设计中，通常不赞成使用回发，因为往返服务器并重新显示整个页面可能会非常慢。对于本示例来说，在客户端使用 JavaScript 进行处理可能更好。

8.2.2　表单方法

到目前为止，你可能已经弄清楚了 form 元素定义了表单提交时的 HTTP 请求。此外，还介绍了 action 特性(指定了请求所发送到的 URL)。method 方法表明应该使用的 HTTP 动词。目前仅支持两个动词：GET 和 POST。

GET 动词不支持消息体，所以所有的表单数据都必须通过 URL 传递(前面示例已经进行了演示)。如果将 method 特性设置为 post，那么表单数据将位于请求体中。为了演示该过程，使用了 Fiddler 拦截了请求，原始请求如下所示：

```
POST http://localhost:5266/ HTTP/1.1
Host: localhost:5266
Connection: keep-alive
Content-Length: 31
Cache-Control: max-age=0
Origin: http://localhost:5266
Upgrade-Insecure-Requests: 1
User-Agent: Mozilla/5.0 (Windows NT 10.0; WOW64) AppleWebKit/537.36 (KHTML, like Gecko)
Chrome/51.0.2704.103 Safari/537.36
Content-Type: application/x-www-form-urlencoded
Accept: text/html,application/xhtml+xml,application/xml;q=0.9,image/webp,*/*;q=0.8
Referer: http://localhost:5266/
Accept-Encoding: gzip, deflate
Accept-Language: en-US,en;q=0.8
```

FirstName=Mark&LastName=Collins

第一行表示了请求的 URL，而后续行列举了 HTTP 请求中包含的所有表头。其中一些表头可以使用额外的特性进行调整，稍后将介绍相关内容。最后一行是消息体，包括了表单数据。

提示

表述性状态转移(Representational State Transfer, REST)是一种用于与 Web 网站和 Web 服务进行通信的架构样式。在 RESTful 应用程序中，HTTP 动词是请求中非常重要的一部分。可以使用完全相同的 URL 与不同的动词，并得到完全不同的结果。在我看来，HTML5 不支持其他的动词(比如 PUT 和 DELETE)是非常可惜的。虽然有人建议添加这些动词，但目前看来缺乏牵引力。如果你感兴趣，可以查看以下文章：http://programmers.stackexchange.com/ questions/114156 /why-are-there-are-no-put-and-delete-methods-on-html-forms。

8.2.3　附加特性

enctype 特性可用来控制如何对数据进行格式化；然而，可用的选项并不多。默认值为 application/x-www-form-urlencoded，该值非常长，意思是说输入数据是 URL 编码。从本质上讲，空格和特殊字符都被编码以满足 URL 格式规则。如果 method 特性为 get，那么这就是唯一可以使用的选项。事实上，只有当 method 特性被设置为 post 时才允许使用 enctype 特性。

即使使用的是 post 方法，URL 编码仍然可用，并且是默认选项。请注意，上一个示例中格式化后的消息体与 URL 中传递的消息完全相同。此外，还有其他两种选项。当使用 text/plain 时，空格将被转换为"＋"，但其他特殊字符不被编码。另一个选项是 multipart/form-data。虽然该选项名称并不是太直观，但是当在请求中上传一个或者多个文件时必须使用该值。

可以使用 accept-charset 指定服务器所支持的字符集。如果没有指定，则使用文档的字符集(详细内容请参见第 1 章)。由于数据是用户输入的，因此需要根据预期用户支持额外的字符集。可以在 accept-charset 特性中使用空格进行分割，从而包含多个字符集。例如，accept-charset="UTF-8 ISO-8859-1"包含了两个最常用的字符集。浏览器会根据所支持的字符集选择使用。

当提交表单时，浏览器会执行输入字段的客户端验证。稍后将会介绍什么是客户端验证。如果想要禁用验证，可以在 form 元素中使用 novalidate 特性，它是一个 Boolean 特性。

8.3　输入元素

表单中最有趣的部分是 input 元素，用户与该元素进行交互，并向表单输入信息。HTML5 定义了一组相当可观的输入类型。虽然它们都使用了相同的 input 元素，但可以根据所分配的 type 特性加以区别。附录 C 的参考资料中列出了可用的类型。

8.3.1　文本表单数据

大多数输入的表单数据都是文本；然而，也有一些专门用来处理特殊类型文本的元素和元素类型。这些元素都有一些常用的功能，所以接下来将它们作为一组来进行介绍。

文本值

有几种输入类型基本上是基于所指定的 type 特性提供数据验证的文本框，这些类型包括：

- text——如果没有指定 type 特性，那么该值为默认值。如果将换行符输入到文本字段中，那么在提交表单之前这些换行符将被删除。如果想要输入多行文本，可以使用 textarea 元素。单行约束也适用于后面的文本值类型。
- email——除了使用内置验证以验证文本的格式是否符合标准电子邮件地址之外，它的工作方式与普通文本字段类似。请记住，只是验证格式是否正确，并不能确保所输入的地址是实际、有效的电子邮件地址，或者验证域是否存在。如果想要输入多个电子邮件地址，可以使用 multiple 特性。

- password——以星号或者其他掩盖输入的方法来显示所输入的字符。这只是一种用户界面功能；数据仍以明文形式存在，并且在表单提交时以明文形式发送。
- search——虽然此类型与正常文本类型在功能上没有什么不同，但是搜索字段可能会应用不同的样式。可以添加 autosave 属性，以便输入的数据可以在其他页面的自动完成列表中使用。
- tel——用于输入电话号码；然而，它仅用于语义目的，没有提供内置的验证，因为国际上使用的电话号码格式太多。可以通过使用 pattern 特性提供自己的验证规则。
- url——与 email 类型相类似，该类型验证了输入的文本是否是格式良好的 URL，但并不会验证资源是否实际存在。格式良好的 URL 应该包含协议，所以 apress.com 或者 www.apress.com 都不是有效的 URL，而 http://www.apress.com 是有效的。

textarea

textarea 元素是一个单独的元素，而不是一种 input 元素类型。然而，textarea 元素与类型为 text 的 input 元素在功能上非常相似，只不过前者支持 CR/LF 字符。该元素支持多个特殊特性，主要包括：

- cols——指定单行应该显示的字符数量。与后面所介绍的 size 特性相类似。
- rows——指定了可见的行数。实际数据行数可以比该特性所设置的值大，但用户需要滚动来查看数据。
- wrap——指定了文本换行的方式；允许值为 hard 和 soft。默认值为 soft，这意味着只有当数据包含一个 CR/LF 字符时文本才会换行。此时，用户可能需要水平滚动来查看所有数据。而值 hard 表示文本会自动换行，以适应元素的宽度。

每一个基于文本的 input 元素和 textarea 元素都支持多个常用的特性。这些特性包括：

- inputmode——主要针对 email、password、text 或 url 类型的 input 元素，可以作为一个提示来表明显示哪种键盘。对于启用了触摸功能的设备来说，该特性是非常重要的，在这些设备中需要显示一个键盘以进行用户输入。支持的值包括 verbatim、latin、latin-name、latin-prose、full-width-latin、kana 和 katakana。而对于其他支持的类型(email、numeric、tel 或 url)，则应该使用合适的 type 特性而不是使用 inputmode 来设置，虽然这些类型也都是被支持的。
- maxlength——指定字段可以输入的最大字符数。
- minlength——指定字段可以输入的最小字符数。
- pattern——该特性指定了验证输入数据所使用的正则表达式。一些文本值类型拥有内置的验证逻辑。通过使用 pattern 特性可以提供额外的验证。textarea 元素并不支持该特性。
- placeholder——占位符文本放置在实际输入内容的元素内，表示了字段中的期望数据。它是一个关于数据格式的提示，通常是期望输入的示例。例如，如果字段期望输入一个电话号码，那么 placeholder 可能包含使用表单所期望的方法格式化的电话号码。只有在字段为空时占位符文本才会显示，当字段被选择或者输入了第一个字符时，占位符文本就会消失。

- size——以输入的字符数指定输入元素的物理大小。如果没有指定该特性，那么默认值为 20，这意味着元素应该足够大，以显示至少 20 个字符。当然这只是一般的准则，而不是绝对的要求，因为不同的字符可以具有不同的宽度。如果输入了 20 个 W's，那么元素可能不会完全适合。我曾经在 Chrome 中进行了测试，在默认大小的 input 元素中，可以输入 64 个小写字母 i's，但只能输入 13 个大写字母 W's。请注意，该特性与 maxlength 特性是不同的，后者限制了数据的字符数量。如果将 size 特性设置为 10，那么大约可以看到 10 个字符。此时即使将 maxlength 特性值设置得更高，也不能看到所有的字符。textarea 并不支持 size 特性；而是使用 cols 和 rows 特性。
- spellcheck——它是一个 Boolean 特性，指示输入数据是否应进行拼写和语法检查。

自动填充

自动填充是一个非常方便的功能，通过该功能，浏览器可以根据以前输入的条目填充 input 字段。在输入的过程中，会对显示列表进行过滤，从而仅显示与目前输入的字符相匹配的条目。一般来说，只需要输入一两个字符，就可以进行选择，而不需要继续输入。autocomplete 特性确定了是否使用该功能并控制可用的选项。

可以在表单或者字段级别开启或关闭自动填充功能。如果在 form 元素上将 autocomplete 特性设置为 off，那么所有的字段都无法使用自动填充功能，除非在个别 input 元素上显式开启该功能。同样，也可以在 form 元素中将 autocomplete 元素设置为 on，从而针对表单中所有字段启用自动填充功能，除非个别 input 元素将 autocomplete 特性设置为 off。

然而，仅仅启用自动填充功能是不够的。例如，如果正在输入一个电子邮件地址，那么你可能并不想在自动填充列表中看到姓名、地址或者电话号码。应该将 autocomplete 特性设置为一个特定的自动填充详细信息标记(此时为 email)，而不是值 on。这样一来，自动填充列表将仅包含在具有相同自动填充详细信息标记的其他字段中输入的值。

目前已经有一个相当长的自动填充细节标记列表，其中包括电话号码、地址或付款信息的各个部分，以及许多其他类型的信息。在此并不打算重复列出这些信息，你可以参考相关的规范(可以从 https://html.spec.whatwg.org/multipage/forms.html#autofill 找到)，此外还可以了解一些最新的信息。

通过使用 datalist 元素可以提供自定义的自动填充列表。datalist 元素包含了一组 option 元素。可以通过 list 特性将 datalist 分配给一个 input 元素。无论 datalist 中包括什么值都将包含在自动填充建议中。简单示例如下所示。

```
<datalist id="sports">
    <option value="Baseball" />
    <option value="Basketball" />
    <option value="Hockey" />
    <option value="Football" />
</datalist>
<label for="iSport">Favorite Sport:</label>
<input type="text" id="iSport" name="Sport" list="sports" />
```

此时 datalist 元素所包含的四个值分别是四项流行运动的名称。datalist 通过其 id 特性(此时的 id 值为 sports)被引用。然后在 input 元素中添加了 list 特性：list="sports"。

带有预填充 datalist 的文本框与使用 select 元素所创建的下拉列表(稍后将介绍相关内容)并不是一回事。此时用户并不局限于 datalist 中所列出的选项：他们可以输入任何内容。自动填充的目的只不过是为了更容易地选择一些常用的值。在输入过程中会自动过滤相关的建议。例如，在输入了字母“b”之后，将只有 Baseball 和 Basketball 可供选择。如果启用了自动填充功能，则会根据先前的条目将其他条目添加到建议的列表中。例如，前面我已经输入了 tennis，那么文本框将如图 8-3 所示。

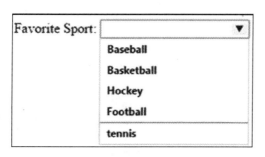

图 8-3　使用预填充 datalist

特性

在继续介绍剩下的 input 类型之前，我想要先介绍一下 input 元素所支持的其他特性，这些特性所有的类型都可用。(但有几个特性的使用有一些限制)。下面给出了文本元素的完整视图。

- **name**——当提交一个表单时，输入字段将以一组名称/值对的形式发送给服务器，如前所述，这组名称/值对要么位于消息体中，要么位于 URL 中。其中名称部分来自 name 特性，而值部分则来自 value 特性(接下来将会介绍该特性)。如果没有提供 name 特性，那么数据将不会发送给服务器。

- **value**——就像前面所说的，value 特性提供了传递给服务器的数据。当向 input 元素(比如文本框)输入数据时，所输入的数据将存储在该元素的 value 特性中。当提交表单时，value 特性将显示在 input 字段并提交。此外，还可以在 HTML 中设置 value 特性，将填充具有指定值的字段。对于 checkbox 和 radio 类型来说，value 值是必需的，而对于其他类型则是可选的。而对于 button 类型来说，value 值提供了按钮上所显示的文本。

- **disabled**——这是一个 Boolean 特性，当为 true 时，禁止任何用户与 input 元素进行交互。此外，禁用的字段不会随表单数据一起提交。

- **readonly**——这也是一个 Boolean 特性，可以阻止用户更改 input 元素的值。它与 disabled 特性之间存在细微的差别，此时用户可以与元素进行交互，但不能更改值。当提交表单时，标记了 readonly 的元素也会被提交。然而，许多输入类型忽略了 readonly 特性，比如 checkbox、color、file、hidden、radio、range 或者任何一种按钮类型(button、image、reset、submit)。

- **required**——这是一个 Boolean 值，表示用户必须为元素输入(或选择)一个值。当提交表单时，页面验证将强制执行此设置。可以使用伪类(:optional 和:required)为所需元素或可选元素应用样式。第 9 章将会介绍这些内容。在 hidden 类型或者任何一种按钮类型上不允许使用 required 特性。

- **autofocus**——这是一个 Boolean 值，表示当加载页面时 input 元素应该拥有焦点。页面中只有一个元素可以设置该特性，并且在 hidden 类型上不允许使用该特性，接下来将会详细介绍相关内容。

除了上面所示的特性之外，还有很多特定于某些输入类型的特性。稍后在演示相关类型时会介绍这些特性。

回顾

为了快速复习一下文本 input 类型，下面的 HTML 代码片段演示了大部分的类型：

```
<input type="email" name="Email" size="100"
       placeholder="enter 1 or more email addresses" multiple required />
<input type="password" name="Password" maxlength="12" minlength="6" size="12" />
<input type="search" name="Search" placeholder="search criteria..." autofocus />
<input type="tel" name="Phone" placeholder="(800) 555-1212"
       pattern="^(\+\d{1,2}\s)?\(?\d{3}\)?[\s.-]\d{3}[\s.-]\d{4}$" />
<input type="url" name="Website" placeholder="http://www.apress.com" size="50" />
<input type="text" value="Read-only text" readonly name="ReadOnly" />
<input type="text" value="Disabled text" disabled />
<label for="iComments">Comments:</label>
<textarea id="iComments" rows="3" cols="50" wrap="hard" maxlength="250" name="Comments">
</textarea>
```

在电子邮件字段，将其 size 特性设置为 100，从而可以足够大以容纳一个或者两个电子邮件地址。此外，还设置了 multiple 特性，从而可以输入多个地址。密码字段使用了 minlength 和 maxlength 特性，以便提供客户端长度验证。电话号码字段包括了支持美国电话号码的正则表达式模式。此外，placeholder 特性还提供了号码应该如何被格式化的提示。

为了了解禁用和只读特性的使用，上述代码中还包含了一个禁用和只读文本框。由于这两个文本框都不能输入值，因此使用了 value 特性设置值。此时，可以突出显示只读字段的文本并进行复制，但在禁用字段上却不能进行这些操作。最后，评论字段使用了 textarea 元素显示三行文本。其最大长度是 250 个字符。

如果将这些 input 元素添加到本章开头所显示的初始表单，将会看到如图 8-4 所示的内容。

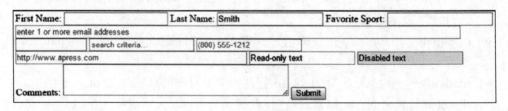

图 8-4 添加示例文本字段

可以看到，光标应该位于搜索框中，因为该元素使用了 autofocus 特性。当提交表单时，如果出现任何验证失败，表单将显示如图 8-5 所示的错误。

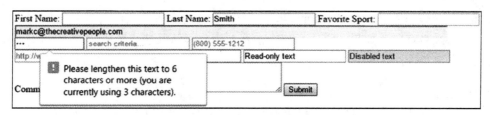

图 8-5　显示一个验证错误

8.3.2　选择元素

可以使用多种结构在表单上显示一组固定的选项。可以通过使用 input 元素的 type 特性创建复选框和单选按钮。下拉列表则通过 select 和 option 元素创建。

复选框

当需要表示一个 Boolean 值时，比如"Available?"或"Can call?"，可以使用复选框。选中表示 true 值，而未选中则表示 false 值。可以使用 input 元素创建复选框，只需要将其 type 特性设置为 checkbox 即可。

当允许从一组选项中进行多个选择时，也可以使用复选框。例如，如果你正在订购比萨并选择馅料，那么可能希望列出所有可用的馅料，比如 Mushrooms、Sausage、Olives 等，并在旁边显示一个复选框。从技术上讲，这些复选框都是带有一个 Boolean 值的单独字段；你想要蘑菇吗？你想要香肠吗？

为了表示一个复选框被选中了，可以使用 Boolean checked 特性。如果使用了该特性，则复选框被选中；否则就没有选中。当提交表单时，只有被选中的元素才会包含在表单数据中，而 value 特性则确定了实际提交的内容。如果想要提交的数据为 CanCall=true，就应该将 name 特性设置为 CanCall，同时将 value 特性设置为 true。在上面的比萨示例中，可以将所有复选框上的 name 特性设置为 **Topping**，而将 value 特性分别设置为 **Mushrooms**、**Sausage** 或 **Olives**。当表单提交时，将会提交所有被选中复选框的 Topping 字段以及对应的值。

提示

复选框要么被选中，要么不被选中；没有不确定的值。HTML5 不支持三态复选框(选中、未选中、未指定)，虽然有些 JavaScript 解决方案提供了这种复选框。例如，请查看 http://jquer.in/jquery-plugins-for-html5-forms/tristate/。

该 input 元素并不显示任何文本。name 和 value 特性只有在提交数据时才使用。可以针对每个 input 元素使用一个 label 元素，或者将内容嵌入复选框周围。例如，可供选择的馅料可以如下所示：

```
<p>Toppings:
    <input type="checkbox" name="Topping" value="Mushrooms" />Mushrooms?
    <input type="checkbox" name="Topping" value="Sausage" />Sausage?
    <input type="checkbox" name="Topping" value="Olives" />Olives?
</p>
```

当在带有 type="checkbox"的 input 元素上使用了 required 特性时，表明在提交表单之前该复选框必须被选中。如果在继续操作之前需要用户确认某些内容(例如条款和条件)，那么可以使用该特性。

单选按钮

如果想要创建一个单选按钮，可以使用 input 元素，并将其 type 特性设置为 radio。单选按钮的工作过程与复选框非常相似：checked 特性表示该按钮是否被选中；只有被选中的值才会提交；而 value 特性指定了应该提交的文本。

与复选框的主要区别在于单选按钮通常以一个按钮组的形式提供，并且只能选择组中的一个单选按钮。当一个单选按钮被选中时，组中其他所有元素的 checked 特性都被删除。单选按钮组通常由 name 特性所确定。所有带有相同 name 特性的元素都被认为是在同一组。

返回到前面的比萨示例。假设提供了三种外壳类型：厚型、脆薄型和深盘型。可以添加三个单选按钮，并将它们的 name 特性都设置为 Crust。每一个按钮拥有不同的值，Thin、Thick 或 DeepDish。当提交表单时，如果 Thick 选项被选中，那么字段将提交为 Crust="Thick."。也可以像复选框那样在单选按钮周围定义额外的文本。

```
<p>Crust:
    <input type="radio" name="Crust" value="Thin" />Thin
    <input type="radio" name="Crust" value="Thick" />Thick
    <input type="radio" name="Crust" value="DeepDish" />Deep Dish
</p>
```

通过在某一个按钮上添加 checked 特性，可以默认一个选项。如果必须从一组单选按钮中选中一个选项，那么可以在其中一个单选按钮上添加 required 特性(具体添加在哪个单选按钮上无所谓)。在多个单选按钮上添加 required 特性没有任何效果。如果使用了 required 特性，那么在某一个单选按钮被选中之前浏览器是不会提交表单的，如图 8-6 所示。

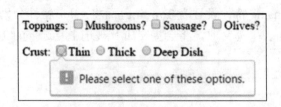

图 8-6　验证所需的单选按钮

下拉列表

在使用上面两种输入类型时，所有的选项始终都是显示的。如果使用的是复选框，那么可以进行多个选择。而如果使用的是单选按钮，那么每组中只能有一个按钮被选中。然而，当使用下拉列表时，只会显示选中的选项，直到用户单击下拉按钮才会显示可用的选项。

可以使用 select 元素创建一个下拉列表。在 select 元素中，针对每个可用选项添加一个 option 元素。通过设置 select 元素上的 name 特性指定提交表单时将提交的字段名。而使用 option 元素上的 value 特性来表示该选项被选中时所提交的字段值。

通过在 optgroup 元素中嵌套 option 元素，可以将 option 元素编成组。这样做纯粹是为了视觉效果，对所提交的数据或者选项的选中或未选中状态没有任何影响。当选项列表非常长时，optgroup 元素是非常有用的。optgroup 元素有一个必需的 label 特性。通过该特性，可以指定在所有选项之前显示的组文本。optgroup 元素中的选项也是缩进显示的。

在默认情况下，当提交表单时，将会选中并提交第一个 option。如果想要选择不同的 option 作为默认选项，可以在所期望的 option 元素上添加 selected 特性。只有一个 option 可以使用 selected 特性；如果多个 option 使用 selected 特性，那么除了最后一个 option 之外，其他的都要忽略。

如果想要取消选中当前选项，只需要选择另一个不同的正选项即可。但无法通过取消选中选项而不选择任何选项。要解决此问题，可以包含一个未选择选项，其 value 特性被设置为一个空字符串。一般来说会为该选项提供一个显示字符串，比如 **Please select**。如果选择了该选项，则向服务器提交一个空白字符串。可以在 select 元素上添加 required 特性，从而要求选择一些其他选项(具有非空的 value 特性)。

可以使用下面的代码创建带分组的下拉列表。最终显示的结果如图 8-7 所示。

```
<p>Addons:
    <select name="Addons" required>
        <option value="">Please select...</option>
        <option value="None">Pizza only</option>
        <optgroup label="Addons">
            <option value="Wings">Side of Buffalo Wings</option>
            <option value="GarlicBread">Add Garlic Bread</option>
        </optgroup>
    </select>
</p>
```

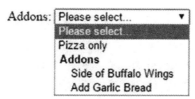

图 8-7　带分组的选项

在该示例中，初始的 option 具有一个空白的 value 特性，而 select 元素使用了 required 特性。用户在提交表单之前需要从下拉列表中选择一个选项(即 value 值非空的选项)。

多选列表

如果添加了 multiple 特性，select 元素还允许选择多个选项。一旦使用了该特性，用户界面将会发生重大变化，此时不再是仅显示选中选项的下拉列表，而更像是一个简单的列表，其中显示所有选项。通过设置 size 特性可以控制可见的选项数量。如果选项过多，则可以通过滚动列表的方式查看它们。

如果想要选择多个选项，需要在单击所需的选项时按住 Ctrl 键。也可以先选择一个选项，然后按住 Shift 键，并选择其他选项，此时两个所选选项之间的所有选项都会被选中。如果在不按住 Ctrl 或 Shift 键的情况下单击一个选项将会首先取消选择所有已选项。

为了演示该过程，接下来让我们使用多选列表框重新实现 Toppings 字段。在选择几个选项后，将如图 8-8 所示。

```
<select name="Toppings" multiple size="4">
<option label="Mushrooms?" value="Mushrooms" />
<option label="Sausage?" value="Sausage" />
<option label="Olives?" value="Olives" />
</select>
```

图 8-8　使用多选列表框

注意

下拉列表也支持 size 特性(但不支持 multiple 特性)。这样一来将可以始终显示指定数量的选项。然而，从用户界面的角度来看，这样做没有什么意义。

当提交表单时，所提交的数据与使用复选框所提交的数据是一样的。name 特性定义了字段名称，而 value 特性指定了所提交的字符串。为所选的每个选项提交一个单独的字段。

8.3.3　其他类型

针对特定的目的还可以使用其他的输入类型。每种类型都有特定的特性来控制自己独特的方面。

number

number 输入类型非常简单，其行为与文本框相类似，不过只接收数字。它允许输入十进制数，但没有强制执行任何特定格式或数字类型(比如仅允许输入整数)。如果需要指定格式或者数字类型，可以使用前面所介绍的 pattern 特性。

可以使用 min 和 max 特性来指定该字段的允许范围。浏览器将会确保所输入的数字在该范围之内。此外，大多数浏览器还提供了可用于递增或递减当前值的向上和向下箭头。但这些箭头仅适用于整数，如果是其他十进制数，则没有任何作用。

下面所示的是数字输入字段的典型实现：

```
<p>Number of utensils:
    <input type="number" min="1" max="4" value="1" name="Utensils" />
</p>
```

color

color 输入类型将显示所选颜色的示例。当单击时，浏览器会显示一个如图 8-9 所示的颜色选择器。

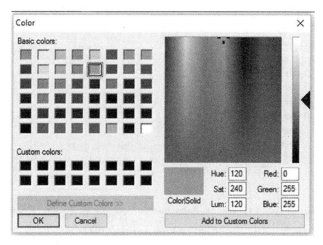

图 8-9　示例颜色选择器

当提交表单时，所选择的颜色以 RGB 表示法提供。例如，绿色被指定为#00ff00。然而，如果使用的是 URL 编码，则使用%23 替换该标签。

警告

在编写本书时，只有 Chrome、Firefox 和 Opera 支持 color 输入类型。

---

file

使用 file 输入类型可以非常容易地选择一个或者多个文件。如果要选择多个文件，则需要添加 multiple 特性。此外，还可以通过使用 accepts 特性提供对所需文件类型的提示。该特性接收逗号分隔的 MIME 类型列表，比如 text/css。也可以使用通配符，比如下列常用值：

- text/*——文本文件
- image/*——图像文件
- audio/*——音频文件
- video/*——视频文件

还可以列出一个或者多个文件扩展名，例如，accepts=".jpg, .gif"。下面的示例带有两个输入字段。第一个字段可以选择单个音频文件；而第二个字段可以选择一个或者多个文件扩展名为.jpg 或.png 的图像：

```
<p>Select file(s) to upload:
    <input type="file" name="music" accept="audio/*" />
    <input type="file" name="pictures" multiple accept=".jpg, .png" />
</p>
```

警告

accepts 特性对于引导用户选择适当的文件类型是非常有用的。但它们可以非常容易地重写文件并选择不同类型的文件，所以服务器端代码应该始终验证文件类型是否正确。

图 8-10 和图 8-11 分别演示了 Chrome 和 Firefox 中所使用的输入按钮和文件对话框。

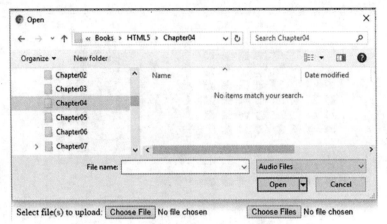

图 8-10　Chrome 中的文件输入和对话框

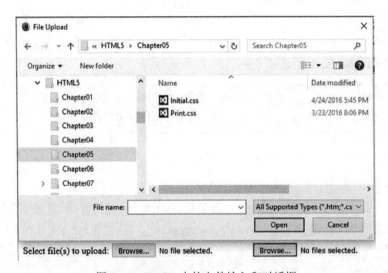

图 8-11　Firefox 中的文件输入和对话框

如你所见，虽然格式和具体功能可能有所不同，但基本功能是一致的。

range

在 W3C 规范中，range 输入类型也被称为"不精确的数字输入控制"。当特定值在某种程度上不像其相对值那样重要时，可以使用该输入类型。不过此输入类型是具有数值的。其界面显示为用户可以拖动的滑块，并且根据滑块位置来确定值。

range 输入类型具有定义滑块末端值的 min 和 max 特性。当滑块位于刻度的左端(或者底部)时，其值由 min 特性所确定。显然 max 特性值必须比 min 特性值大，但两者都不能为负数。

此外，还可以指定 step 特性，它定义了滑块的停止点。例如，如果将 step 特性设置为10，就允许每 10 格停止一次。该特性的默认值为 1，从而确保了用户只能选择整数。如果将其值设置为 any，就没有预设的停止点，用户可以在任何位置停止。

警告

当设置 step="any"时请格外小心，因为所得值可能是浮点数，比如 44.9814126394052(在进行测试时我碰巧获得了这个值)。因为 range 输入类型被称为"不精确的数字输入控制"，所以所得的值可能比你想象的还要详细。如果需要比 1 更细的粒度，则可以使用十进制值，比如将 step 特性设置为.1。

可以在滑块上显示刻度线，以表示停止点的位置。为此，必须使用 datalist 元素来定义这些刻度线。可以针对每个有刻度线的地方都添加一个带有 value 特性的 option 元素。然后在 input 元素中使用 list 特性引用该 datalist。例如：

```
<datalist id="SurveyStops">
    <option value="0" />
    <option value="10" />
    <option value="20" />
    <option value="30" />
    <option value="40" />
    <option value="50" />
</datalist>
<p>How satisfied were you with the ordering process?
    <input type="range" name="Survey" min="0" max="50" step="10" list="SurveyStops" />
</p>
```

此时所显示的界面可能会因浏览器的不同而有所不同。例如，上面的标记在 Chrome、Firefox、IE 和 Opera 上所显示的结果分别如图 8-12、图 8-13、图 8-14 和图 8-15 所示。

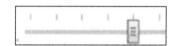

图 8-12　Chrome 上的 range 输入类型

图 8-13　Firefox 上的 range 输入类型

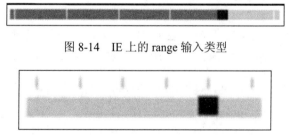

图 8-14　IE 上的 range 输入类型

图 8-15　Opera 上的 range 输入类型

因为停止点和刻度线是独立定义的，所以不必完全相同。可以每 5 格设置一个停止点，同时每 10 格显示一个刻度线。当然，它们也可以完全不同步，例如每 7 格一个刻度线，而 step 被设置为 10。然而，这样做可能会使用户感到疑惑，所以应该避免。

在编写本书时，Firefox 还不支持刻度线(如图 8-13 所示)。此外，在 IE11，如果没有通过 datalist 元素指定刻度线，那么 IE 会自动使用 step 特性来显示刻度线。在 IE 和 Edge 中，当用户单击该输入字段时，所选定的数值将显示在滑块上方。

隐藏输入字段

input 元素还支持 hidden 类型。你也许已经猜到，该类型没有用户界面；用户无法看到或修改其值。然而，当提交表单时，它会与其他元素一并提交。通过该类型，可以在提交的数据中包含一些硬编码的内容。例如，假设你有多个表单提交给相同的服务器地址。此时，可以在 hidden input 字段中包含所使用的页面。为此，只需要在标记中设置 value 特性即可。

该输入类型的另一种可能的应用是在 JavaScript 中捕获数据。例如，可以使用 JavaScript 获取用户的位置并在表单数据中包含该数据。此时，value 特性是通过 JavaScript 设置的。

8.3.4　日期和时间数据

HTML5 规范定义了许多与日期/时间值相关的输入类型。大多数主要的浏览器都支持其中五种类型，但 Firefox 却是个例外。虽然这五种类型不被 IE 支持，但在 Edge 浏览器中却可以很好地工作。如果不支持，那么这些 input 元素将显示为一个简单的文本框。此外，还应该包含 placeholder 特性，以指示预期的格式。而在支持这些输入类型的浏览器中，placeholder 特性被忽略。

这五种类型包括：

- date——不带有时间部分的日期
- datetime-local——日期和时间；时间为浏览器的本地时间。不支持世界标准时间或时区
- time——本地时间；同样不支持时区
- month——一个特定的年份和月份
- week——一个特定的星期，表示为年和周数(1～53)

注意

当然，一年只有 52 个星期。然而，52×7 只有 364 天，因此每年都有额外的一天，粗略地算一下，每过四年将有两个额外的日子。所以，每过 5 年或 6 年，就会出现第 53 个星期。

这些类型都允许使用 min 和 max 特性来定义允许输入值的边界。然而，浏览器对这些特性的支持是混合的。对于 month 和 week 类型，任何浏览器都不支持这两个特性。而对于其他三种类型，则支持这两个特性，但大多数情况下两个特性值都是不一样的。所以，应该提供额外的客户端或服务器端验证对输入值进行验证，而不要过于依赖浏览器。你应该适当地使用这些特性，因为如果浏览器支持它们，就能提供更好的用户体验。

还可以设置 step 特性。但目前只有 time 和 datetime-local 类型支持。界面一般会提供上/下箭头以允许用户滚动允许的值。W3C 规范并没有清楚地说明如何使用 step 特性。支持该特性的浏览器主要用于秒数。例如，如果设置 step="15"，那么单击上箭头时将选定时间增加 15 秒。

与其他输入类型一样，可以通过添加 value 特性来设置初始值。如果没有指定，那么字段一般使用当前日期(或时间)，但该值可能会受到 min 和 max 特性的影响。例如，如果

min 特性是未来的某个时间，那么 min 特性值就是初始值。初始值仅影响日期选择器和滚动功能。在用户输入一个值之前，字段的实际 value 值为空。

下面的标记创建了每一种支持的类型：

```
<p>
    Date:
    <input type="date" name="Date" min="2016-08-06" max="2016-08-11"
        placeholder="mm/dd/yy" />
    Date/Time:
    <input type="datetime-local" name="DateTime" step="30"
        placeholder="mm/dd/yy hh:mm:ss AM" />
    Time:
    <input type="time" name="Time" min="10:00:00" max="17:00:00" step="15"
        placeholder="hh:mm:ss AM" />
    Month:
    <input type="month" name="Month" min="2016-01-01" max="2017-12-31"
        placeholder="yyyy-mm" />
    Week:
    <input type="week" name="Week" min="2016-01-01" max="2017-12-31"
        placeholder="yyyy-W##" />
</p>
```

每种浏览器所显示的界面会有很大变化。Chrome 和 Opera 中的日期选择器可能是最自然的。它显示了可以滚动浏览的每月日历。由于使用了 min 和 max 特性将日期范围设置为 6～11，因此所有的其他日期都是灰色的，如图 8-16 所示。月滚动功能也被禁用，因为它们在允许范围之外。

图 8-16　Chrome 中的日期选择器

大多数浏览器支持使用滚动功能来选择单独的日期/时间元素。例如，在 datetime-local 类型中共有七个部分：月、日、年、小时、分钟、秒以及 AM/PM，如图 8-17 所示。可以单击其中一部分，然后使用上/下箭头选择所选部分的值。此时我将 step 特性设置为 30，所以在滚动秒数时只有两个值：0 和 30。如果设置了 min 和 max 特性，那么滚动功能也会遵守相关限制。例如，如果在最高日期时向上滚动，值会变为最小值。

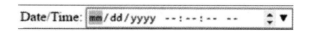

图 8-17　Chrome 中的 datetime-local 输入类型

在编写本书时，只有 Edge 浏览器支持时间选择器。如果想要查看时间选择器，可以单击 time 字段的任何位置或者 datetime-local 字段的时间部分。对于桌面浏览器来说，所显示的界面略有不同，但与移动设备上的相类似。小时、分钟、秒和 AM/PM 值都以列的形式显示。可以将鼠标放置在任何列上并通过鼠标滑轮滚动该列，如图 8-18 所示。

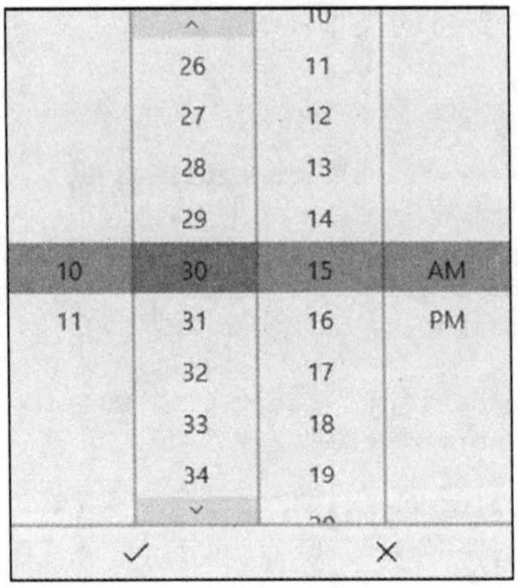

图 8-18　Edge 中的时间选择器

如你所见，可用的小时数被限制为 10 和 11，因为 min 特性被设置为 10:00 am。如果想要选择过了中午之后的一个值，可以将 AM/PM 列更改为 PM，此时会看到小时数为 12-5，因为 max 特性被设置为 5:00 p.m.。如果选择了 5 小时，那么可用的分钟值为 00。

Edge 中的日期选择器的工作方式与之相同。可以通过滚动月、日和年列来选择所期望的日期。同样，该过程也遵守 min 和 max 特性的限制。如图 8-19 所示。

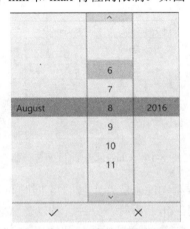

图 8-19　Edge 中的日期选择器

Edge 中的日期选取器的最大缺点是不能显示星期几。例如，如果想要选择下个星期二，则必须知道具体的日期。如果使用的是 Chrome 中的日期选择器，则可以轻松地进行选择，因为它显示了月历。

Safari 不支持任何日期或时间选择器。此外，也不能选择个别部分并通过滚动来选择值。虽然它也支持滚动功能，但却是针对整个字段的。对于 date 类型来说，每次滚动一天。对于 datetime-local 或者 time 类型来说，每次滚动一秒(除非设置了 step 特性)。

当使用 week 输入类型时，所选择的是一年以及周数(1-53)。Chrome 和 Opera 中的用户界面显示了一个可以选择特定周的月历。同时，还会显示实际的周数，如图 8-20 所示。

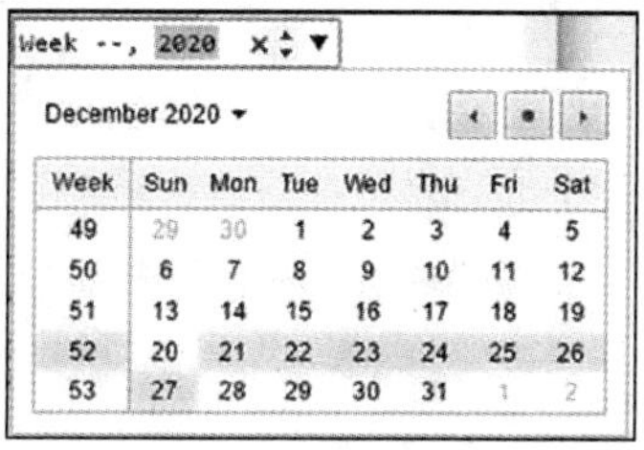

图 8-20　Chrome 中的周选择器

在 Edge 中，只会显示年和周数，如图 8-21 所示。

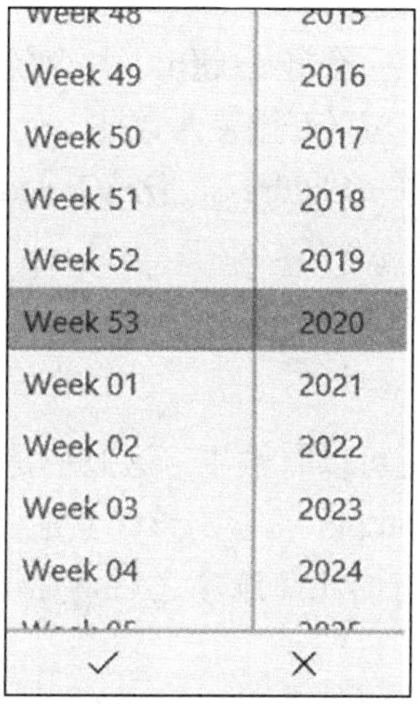

图 8-21　Edge 中的周选择器

8.4　其他可视元素

还有一些元素仅向表单提供了可视信息，而无法接收来自用户的输入。毫无疑问，你肯定见过 label 元素，因为它几乎用在所有的表单中。而其他的元素(output、meter 和 progress)则有更具体的用法，但都是很有帮助的。

8.4.1　label

在本章的开头，我曾经介绍过 label 元素，但是没有讲太多内容。有时，需要向字段添加标题，以便用户知道需要向每个字段输入什么内容。然而，在本章前面所演示的示例中，都只在表单中包含了内容，而没有使用 label 元素。由于 HTML5 是关于语义的，因此应该通过将标题内容放置在 label 元素中，使其成为一个标签。

label 元素应该与其描述的 input 元素相关联，可以通过两种方法建立这种关联。我个人比较喜欢将 input 元素嵌套在 label 元素中。另一种方法是使用 label 元素的 for 特性。for

特性指定了 input 元素的 id。当然，这需要为 input 元素分配一个唯一的 id。两种方法的示例如下所示。

```
<p>Deliver to: <br />
    <label>
        Address:
        <input type="text" size="30" name="Address" />
    </label>
    <label>
        ZipCode:
        <input type="text" maxlength="5" size="5" name="Zip" />
    </label>
    <label for="telephone">Phone #:</label>
    <input type="tel" id="telephone" name="Phone" />
</p>
```

使用链接的 label 元素可以带来一个好处(超出了语义的范畴)。如果单击 label 元素，相关联的 input 元素就会获取焦点，用户可以开始输入数据。在上面的示例中，如果单击 Deliver to: 文本，什么也不会发生。但如果单击 Address:、ZipCode:或者 Phone#:，则会选中相关联的 input 元素。

8.4.2　output 元素

如果表单有输入，那么它们也可以有输出，这似乎是合理的，对吗？当然，在 HTML5 之前答案是否定的，但现在有了 output 元素。该元素通常用于基于用户输入但不直接输入的计算数据。例如，在选择了所有的比萨选项之后，你可能希望显示支付总额。而这恰恰是 output 元素的用武之地。

当页面首次加载时，可能并不知道 output 元素的值。此时可以使用一个默认值(比如 0)或者添加 hidden 特性，以便不显示该元素。一旦输入了必要的数据，就可以在客户端进行相应的计算并更新 output 元素。在前面的比萨订单示例中，需要向服务器提交表单，而回发响应将设置 output 元素的内容。

此时，应该为计算值添加一个标题，可以将其嵌套在 label 元素中，如下所示：

```
<p>
    <label>Total due:
        <output id="total" name="Total">$0.00</output>
    </label>
</p>
```

output 元素支持 for 特性，通过该特性，可以指定用来计算结果值的 input 元素。每个 input 元素的 id 应包含在 for 特性中，并由空格分隔。

8.4.3　meter 元素

meter 元素与前面所介绍的 range 元素相类似，显示的都是一个值，但不同的是 meter 元素显示的不是一个特定的数字，而是沿着刻度的位置值。meter 元素的值不能被用户更改。

meter 元素类似于汽车中的温度计。你可能并不会在意温度是 205 度或 210 度，只是想知道温度状态是否 OK。假设一天，我开车去上班，驾驶一段时间后，注意到温度计位于低温区域。虽然这会引起我的注意，但并不太慌张。驾驶了一段时间之后，我发现温度计显示引擎比正常运行的更热，此时引起了我的更多注意。又过了一段时间，温度计指针已经超过刻度了，此时我意识到遇到麻烦了。你可能已经猜到，我车上有一个固定恒温器。起初，该恒温器持续打开，然后又持续关闭。温度计将相关值显示为简单的冷、正常、热以及靠边停车！

meter 元素以相同的方式工作。首先指定用来定义刻度的 min 和 max 特性，然后将 value 特性显示在该连续区域的某个位置。与温度仪一样，可以定义刻度范围，以表示最佳值。meter 元素支持用来定义相关范围的 low、high 和 optimum 特性。

但是这可能有点棘手，因为最佳范围可能在刻度的低端或高端，或中间的某个地方。需要根据具体情况来确定如何设置这些特性。图 8-22 演示了可能遇到的情况，并指示如何针对每种情况设置这些特性。

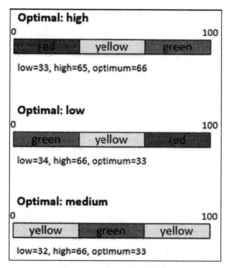

图 8-22　定义最佳范围

为了测试上述情况，下面的标记针对每种情况共创建了三个 meter 元素，并设置了 value 特性，以便测试三种范围。最终的结果在 Chrome 中如图 8-23 所示。

```
<p>Meter examples:<br />
    <meter min="0" max="100" low="33" high="65" optimum="66" value="25"></meter>
    <meter min="0" max="100" low="33" high="65" optimum="66" value="50"></meter>
    <meter min="0" max="100" low="33" high="65" optimum="66" value="75"></meter>
    Optimal: high<br />
    <meter min="0" max="100" low="34" high="66" optimum="33" value="25"></meter>
    <meter min="0" max="100" low="34" high="66" optimum="33" value="50"></meter>
    <meter min="0" max="100" low="34" high="66" optimum="33" value="75"></meter>
    Optimal: low<br />
    <meter min="0" max="100" low="32" high="66" optimum="33" value="25"></meter>
    <meter min="0" max="100" low="32" high="66" optimum="33" value="50"></meter>
    <meter min="0" max="100" low="32" high="66" optimum="33" value="75"></meter>
    Optimal: medium<br />
</p>
```

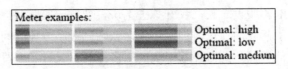

图 8-23　Chrome 中的 meter 元素

可以在 meter 元素中提供后备内容，当浏览器不支持 meter 元素时将显示该内容。

8.4.4　progress 元素

progress 元素与 meter 元素相类似，只不过它没有 low、high 和 optimum 特性。此外，该元素具有非常明确的语义目的——显示进度。例如，可以在单个表单中显示进度。假设表单中有 7 个 input 字段，可以添加一个 progress 元素，并将其 min 和 max 特性分别设置为 0 和 7。当在每一个 input 字段中输入数据时，客户端代码可以将 progress 元素的值加 1。这样一来，用户就可以清楚地知道还有多少工作没有完成。

另一个示例可能更加有用，那就是需要提交多个表单时。例如，如果你申请一份工作，可能有不同的表单需要填写，比如教育、经历、联系方式等。在每个表单上提供一个 progress 元素可以在填写这些表单时提供一个视觉反馈。

简单的 progress 元素创建如下所示。在 Firefox 上的显示结果如图 8-24 所示。

```
<p>Progress example:
    <progress min="0" max="7" value="3">
        Your browser does not support the progress element! Value is 3 of 7.
    </progress>
</p>
```

图 8-24　Firefox 中的进度条

万一浏览器不支持 progress 元素，并且该元素中的信息非常重要，就应该包含后备文本。例如，由于 Safari 不支持 progress 元素，因此上述代码的显示结果如图 8-25 所示。

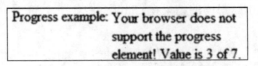

图 8-25　Safari 中的进度条

8.5　按钮类型

在典型的表单中，会包含向用户提供信息的内容，其中就有允许用户输入信息的 input 元素以及启动动作的按钮。前面已经演示了提交按钮(使用了一个 input 元素，并将其 type 特性设置为 submit)。实际上，还有两种创建表单按钮的方法；第一种方法已经演示过，即使用带有合适 type 的 input 元素(可以创建四种类型的按钮)。第二种方法是使用 button 元素，它也支持 type 特性，并且也有三种不同的类型，从本质上讲，这三种类型与 input 元素中的四种类型是等同的。

input 元素支持以下四种按钮类型：

- submit——单击时提交表单。
- reset——单击时清除 input 元素，并将表单返回到原始值。
- image——功能与 submit 类型相类似，但支持使用 src 特性来指定一个按钮所使用的图像。
- button——创建一个没有默认动作的按钮。可以使用它实现自定义动作(使用 JavaScript)。

button 元素支持以下的 type 值。

- submit——与 submit 输入类型一样，提交表单。
- reset——与 reset 输入类型一样，重设表单。
- button——与 button 输入类型一样，不带有默认动作的按钮。

使用 input 类型一直是 Web 表单的长期标准，而 button 元素稍微有点新。虽然在较老的浏览器上存在不能正确处理 button 元素等一些问题，但目前这已经不是需要重点考虑的事情了。

如前所述，input 元素没有内容。按钮的文本是通过 value 特性设置的，而 src 特性则用来指定一个图像(仅针对 image 类型)。然而，button 元素却包含内容，所以有更大的灵活性；可以使用任何类型的短语内容。为此，button 元素没有单独的 image 类型；所有的 button 元素都包括图像。此外，由于 button 元素使用了正则内容(不是通过特性)，因此拥有更多的样式选项，包括::before 和::after 伪元素。

在页面上，将 input 元素更改为 button 元素不会产生任何影响：

```
<!--<input type="submit" value="Submit" />-->
<button type="submit">Submit</button>
```

8.6　组织表单

一个布局良好的表单会将相关联的信息组组织成不同的逻辑部分。例如，在前面的比萨订单示例中，用户可以选择比萨外壳、选择馅料、选择附加配菜、输入交货细节等。按照这些流程对不同的 input 元素进行分组将会使订单过程更容易完成。

对于复选框尤其是单选按钮更是如此。在选择比萨外壳的示例中共有三个单选按钮，每个按钮选择一种不同类型的外壳。通过将所有单选按钮的 name 特性设置为相同值，当一个单选按钮被选中，浏览器就可以自动取消选中其他按钮。但 name 特性对用户是不可见的，所以对用户来说无法从视觉上知道这三个 input 元素是一组的。

fieldset 元素用于提供这些 input 元素的可视分组。它会在这些 input 元素周围绘制一个框。还可以在 fieldset 元素中包含一个 legend 元素，用来定义框所显示的文本。例如，前面示例中的馅料和外壳选择表单可以使用 fieldset 和 legend 元素，如下所示：

```
<fieldset>
    <legend>Toppings:</legend>
    <input type="checkbox" name="Topping" value="Mushrooms" />Mushrooms?
    <input type="checkbox" name="Topping" value="Sausage" />Sausage?
    <input type="checkbox" name="Topping" value="Olives" />Olives?
</fieldset>
<fieldset>
    <legend>Crust:</legend>
    <input type="radio" name="Crust" value="Thin" required />Thin
    <input type="radio" name="Crust" value="Thick" />Thick
    <input type="radio" name="Crust" value="DeepDish" />Deep Dish
</fieldset>
```

该页面的显示结果如图 8-26 所示。

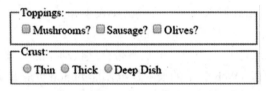

图 8-26　使用 fieldset 和 legend 元素

fieldset 元素支持 disabled 特性。如果使用了该特性，那么 fieldset 中的所有 input 元素都会被禁用。

警告

fieldset 元素支持一个 name 特性；但该特性并不会替换单个 input 元素中的 name 特性。在提交表单以及对单选按钮进行分组时都会使用 input 元素的 name 特性。

8.7　验证

当提交表单时应该提供服务器端验证，而不能仅依赖客户端验证。然而，服务器端验证的相关内容已经超出了本书的讨论范围。如果可以，还是应该提供尽可能多的客户端验证。在客户端找到验证错误可以为用户带来更好的体验。

第一步是使用最合适的 input 类型。虽然可以针对每个输入字段都使用标准的文本框，但使用更具体的元素通常可以使用一些内置的验证。例如，使用日期选择器可以更好地验证是否输入有效的日期字符串。

下一步是定义所有适用的约束验证。例如，可以设置所有文本 input 类型的 maxlength 特性。如果数据库列只能保存 30 个字符，那么应该将输入元素的 maxlength 特性设置为 30，以防止出现截断错误。在适用的情况下，可以使用 pattern 特性来确保数据有效。如果一个字段不能包含任何空格，那么通过设置 pattern 特性可以在提交表单前进行相关检查。

可以在 placeholder 特性中提供暗示，以便用户知道期望的内容。虽然这样做并不能确保用户以所希望的方式输入，但它将有助于向用户说明字段格式，并可能将验证错误降到最低。可以使用 required 特性指定哪些字段必须被填充。除了在提交时提供验证之外，还可以对字段进行样式化，以使用户清楚地知道哪些字段是必需的。

提示

Mozilla 提供了一篇关于客户端表单验证的好文章：https://developer.mozilla.org/en-US/docs/Web/Guide/HTML/Forms/Data_form_validation。我建议好好阅读该文章，并应用其中适用的技术。其中一些技术需要学习 JavaScript，很多内容已经在第 4 章介绍过。

8.8　小结

在本章，主要介绍了表单的提交方式以及用来收集相关信息的 input 元素。几乎所有类型的信息都可以使用相同的 input 元素。type 特性用于指明具体的数据输入以及应该使用的验证。附录 C 的参考信息中列出了所有的类型。

本章还介绍了大多数主要的浏览器所提供的功能。在编写本书时，有些浏览器对部分功能支持受限(具体哪些功能本章已有论述)。你应该能够使用我所演示的一切内容，并自信地相信大多数用户都会有一个好的体验。可以访问诸如 html5test.com 之类的网站，了解最新的浏览器支持，因为新功能会定期发布。

本部分主要介绍了 HTML 标记元素。下一部分(包括第 9 章到第 15 章)将学习如何使用 CSS 功能对内容进行样式设计。而下一章将首先介绍定义样式规则的 CSS 选择器。

第 III 部分 CSS

一旦创建了 HTML 文档，就可以使用 CSS 来定义用于格式化内容的样式规则。你将会看到，使用 CSS 可以完成很多事情。实际上，该部分是目前所学的三部分中最长的，因为 CSS 的功能非常多，而这些功能可以显著地改变 HTML 文档的外观。

该部分包含以下章节：

- 9) 选择器——每个 CSS 规则都包含了一个选择器，它决定了规则应用于哪些元素；本章将主要介绍如何构建选择器。
- 10) 布局和定位——本章将讨论如何相对于其他元素来进行元素定位以及用来控制元素布局的各种方法。
- 11) 文本——本章介绍了如何选择字体和字体特征、文本对齐、间距以及其他的字体效果，包括阴影和装饰。
- 12) 边框和背景——本章介绍了如何使用颜色、图像、渐变以及各种样式来配置元素背景和边框。
- 13) 表格——本章介绍了给表格数据设置样式以及如何使用表格结构排列非表格元素。
- 14) Flex——本章介绍了如何使用 flexbox 模型来定义动态页面布局。
- 15) 动画——本章介绍了如何使用 CSS 以及变形和过渡来创建动画。

第 9 章

CSS 选择器

在第 2 章，曾经介绍了如何使用级联样式表对 HTML 进行样式设计。级联样式表是一组样式规则，每个规则由一个选择器以及一个或多个声明所组成。选择器确定了规则应该应用于哪些元素；而声明则指定了正在设置的样式特性。本章将主要讨论构建选择器时可用的一些功能。而本部分的剩余章节将介绍选择了合适的元素后可以使用 CSS 完成的一些奇妙事情。

快速回顾一下前面的内容，如果想要所有的段落元素都使用绿色的 12px 字体，样式规则如下所示：

```
p {
    color:green;
    font-size:12px;
}
```

第一部分 p 就是选择器。它选择了所有的段落(p)元素。在大括号内有两个声明：一个设置了 color 特性，另一个设置了 font-size。

9.1 选择器概述

选择器将根据元素的某些方面从 HTML 文档中选择零个或者多个元素。共有六种类型的选择器，每种类型都使用了元素的不同信息来做出选择。这些选择器类型包括：

- 元素选择器(有时也被称为类型选择器)
- 类选择器
- ID 选择器
- 特性选择器
- 伪类选择器
- 伪元素

9.1.1 元素选择器

前面所演示的就是一个元素选择器，也被称为类型选择器。如果要使用该选择器，只需要指定元素类型即可，比如 p、h1、input、ol、div 等。在本书的前一部分，已经介绍了所有可用的 HTML 元素。

　　我已经强调了很多次，选择合适的元素可以提供更多的语义信息。如果你一直谨慎地选择正确和一致的元素，那么在应用样式时会带来很多的好处。那些上下文特定的元素能够更清楚地表达其意图，因此也就可以更加容易地对所有的内容应用一致的格式。

9.1.2　类选择器

　　当然，认为所有的样式都可以通过元素选择器来完成无疑是非常天真的想法。有些内容可能需要应用特定的样式。而这恰恰是类选择器的用武之地。

　　所有的 HTML 元素都支持 class 特性。它是一个全局特性。class 特性可以包含一个以空格分割的类列表。例如：

```
<p class="featured new">some text...</p>
```

　　该元素有两个类：featured 和 new。类选择器允许选择带有特定 class 特性的元素。为此，class 特性通常被称为 CSS 类。用点(.)作为类名称的前缀就可以创建一个类选择器，如下所示：

```
.featured {
    background-color:yellow;
}
```

　　该选择器对所有拥有 featured 类的元素应用了 background-color 特性。类选择器将查找与选择器值匹配的全部单词。

9.1.3　ID 选择器

　　ID 选择器的工作方式与类选择器相类似，只不过它使用的是 id 特性而不是 class 特性。可以使用哈希符号(#)作为前缀，如下所示：

```
#Submit {
    color:blue;
}
```

　　ID 选择器根据唯一的 ID 指定单个元素，所以按照定义，样式不能被重复使用。最佳的做法是根据元素或类来定义样式，以便类似的元素可以以相同的方式进行样式设计。而 ID 选择器应谨慎使用，并且仅适用于不需要重复使用的特殊情况。

9.1.4　特性选择器

　　特性选择器提供了极大的灵活性，可以根据元素的任何特性来选择元素。通常以[attribute=value]格式指定，如下所示：

```
[class="book"] {
    background-color:yellow;
}
```

　　从功能上讲，该选择器等同于使用.book 类选择器；然而，特性选择器允许使用特性值的部分内容来进行匹配。为此，需要使用以下的符号作为等号的前缀：

- ~(例如，[class~="book"])：特性值必须包含选择器值所指定的单词(例如，class="somebooktitles")。这正是类选择器的工作方式。
- |(例如，[class|="book"])：特性值必须以与选择器值匹配的单词开头(例如：class="booktitles")。
- ^=(例如，[class^="book"])：该特性值必须以选择器值开头(例如：class="books")。
- $(例如，[class$="book"])：该特性值必须以选择器值结尾(例如：class="checkbook")。
- *(例如，[class*="book"])：该特性值必须包含选择器值(例如：class="overbooked")。

可以指定没有值的特性，从而返回所有具有该特性的元素。比如选择器[href]将选择所有具有 href 特性的元素，而不管该特性的值是多少。此外，还可以在特性选择器之前包含一个元素选择器，从而更进一步地限制所选择的元素。例如，下面所示的代码将返回所有 src 特性以 https 开头的 img 元素。

```
img[src^="https"] {
    color:blue;
}
```

该示例组合了一个元素选择器和一个特性选择器。当以这种方式进行组合时，就形成了一个逻辑 AND 操作，此时将选择 src 特性以 https 开头的图像元素。同样地，也可以组合多个特性选择器，比如：

```
[src^="https"][target="_self"] {
}
```

上述代码进一步地将所选元素限制为 target 为_self。

9.1.5　伪类选择器

伪类选择器与常规的类型特性相类似，只不过它们是由浏览器自动添加，而不是在 HTML 标记中设置。伪类以一个冒号(:)为前缀。大多数的伪类选择器都是根据元素的状态自动应用的。比如，以超链接为例。如果链接已经被导航，那么通常会以不同的颜色显示该链接。该过程是通过使用如下所示的 CSS 规则实现的，它将改变所有具有伪类:visited 的元素的颜色。

```
:visited {
    color: blue;
}
```

以下是伪类的完整列表：

- :active——选择刚刚被单击的链接。
- :checked——选择被选中的元素(应用于复选框)。
- :default——选择表单上的默认元素，通常为提交按钮。
- :disabled——选择目前被禁用的元素(主要用于输入元素)。
- :empty——选择没有子元素的元素(包含文本的元素不会被选择)。

- :enabled——选择被启用的元素(主要用于输入元素)。
- :first-child——选择直接父元素的第一个子元素。
- <tag>:first-of-type——选择父元素中指定类型的第一个子元素。
- :focus——选择当前拥有焦点的元素。
- :hover——选择鼠标当前悬停的元素。
- :in-range——选择拥有指定范围内值的元素。
- :indeterminate——如果一组单选框中没有任何一个单选框被设定为选取状态,那么该伪类将选择组中所有的单选按钮。此外,也可以选择具有不确定状态的复选框(必须通过 JavaScript 进行设置)。
- :invalid——选择没有有效值的输入元素。
- :lang(value)——选择 lang 特性以指定值开头的元素。
- :last-child——选择父元素中最后一个子元素。
- <tag>:last-of-type——选择父元素中指定类型的最后一个子元素。
- :link——选择所有未访问的链接。
- :nth-child(n)——选择父元素中第 n 个子元素。
- :nth-last-child(n)——选择父元素中第 n 个子元素(反向数)。
- <tag>:nth-last-of-type(n)——选择父元素中指定类型的第 n 个子元素(反向数)。
- <tag>:nth-of-type(n)——选择父元素中指定类型的第 n 个子元素。
- :onl-child——选择父元素中唯一的子元素。
- <tag>:only-of-type——选择父元素中指定类型的唯一同级的元素。
- :optional——选择不必输入数据的输入元素(也就是说没有使用 required 特性的输入元素)。
- :out-of-range——选择值超出允许范围的输入元素。
- :read-only——选择使用 readonly 特性的输入元素。
- :read-write——选择未使用 readonly 特性的输入元素。
- :required——选择使用 required 特性的输入元素。
- :root——选择文档的根元素。
- :target——选择 target 特性为活动元素的元素。
- :valid——选择具有有效值的输入元素。
- :visited——选择所有访问的链接。

警告

有四种伪类可以与锚元素(a)一起使用: :link、:visited、:hover 和:active。如果使用了多个伪类,那么它们应该在样式规则中以上述顺序出现。例如,:hover 必须跟在:link 和:visited 的后面。同样,:active 必须跟在:hover 的后面。你可以用一个简单的助记符帮助记住正确的顺序: LoVe HAte。

---

nth-child(n)选择器将计算父元素的所有子元素,而 nth-of-type(n)则只计算特定类型的子元素。两者之间的区别很小但却很重要。对于 only-child 和 only-of-type 选择器同样如此。

提示

可以从 https://www.smashingmagazine.com/2016/05/an-ultimate-guide-to-css-pseudo-classes-and-pseudoelements/找到一篇非常好的文章，其中用示例解释了伪类。如果想要了解关于伪类的更多信息以及它们的工作方式，可以仔细阅读该文章。

9.1.6 伪元素

伪类提供了一种选择元素的机制，而伪元素实际上返回了新的虚拟元素，而这些元素并不属于 DOM 的一部分。它们可以是空元素或者现有元素的一部分。

伪元素以双冒号(::)开头，以区别于伪类。以下所示的是可用伪元素：

- ::after——在所选元素后面创建一个空元素。
- ::before——在所选元素前面创建一个空元素。
- ::first-letter——选择每个选定元素的第一个字符。
- ::first-line——选择每个选定元素的第一行。第一行是文本的一部分，直到文本换行到下一行。
- ::selection——返回用户所选择元素的一部分。

注意

CSS3 引入了双冒号语法；在此之前，伪类和伪元素都是用单冒号。为了向后兼容，大多数浏览器也都支持单冒号。

可以将::before 或::after 限定符添加到选择器，以便在文档的选定元素之前或之后插入内容。可以使用关键字 content:指定内容并包括任何需要的样式命令(该样式仅应用于插入的内容)。例如，如果想要在每个紧跟在 header 标签后面的 p 标签前面添加"Important! "，那么可以使用下面的规则。此外，该规则还用粗体、红色字体对"Important! "文本进行了样式设计。

```
header+p:before {
    content:"Important! ";
    font-weight:bold;
    color:red;
}
```

警告

使用伪元素::before 和::after 所插入的内容由 CSS 所生成，并且不是 DOM 的一部分。但应该注意到的是，这样做存在一些副作用。首先，所插入的文本不能被选择——如果尝试从 Web 页面复制/粘贴内容，那么额外生成的内容将被省略。其次，一些屏幕阅读器不支持这些生成的内容，所以无法读取。不要针对重要信息使用这些伪元素，因为在某些情况下所生成的内容是不可用的。

使用::first-letter 和::first-line 伪元素可以设置哪些样式特性是存在一些限制的。从本质上讲，可以使用任何的字体或背景特性。如果使用的是::first-letter 伪元素，那么还可以使

用外边距、内边距和边框特性。

此外，只有当使用块布局时才支持这些伪元素。第 10 章将会详细介绍相关的布局选项。

9.2　使用组合选择符

前面所介绍的不同类型的选择器可以组合起来完成更加复杂的选择。

9.2.1　组合元素和类选择器

可以通过简单地添加类选择器来组合元素和类选择器。例如，下面的代码将选择所有具有 featured 类的段落元素。

```
p.featured {
}
```

使用相同的语法，还可以组合多个类选择器。这些选择器都将使用逻辑 AND 运算符进行处理。例如，下面的代码选择了所有同时具有 featured 和 new 类的段落元素。

```
p.featured.new {
}
```

9.2.2　伪类选择器

伪类选择器通常与元素选择器组合使用，例如：

```
a:visited {
}
```

该代码选择了所有已经访问过的锚标签。此时，伪类选择器进一步细化了元素选择器。此外，它们还可以与类选择器组合使用，例如：

```
.featured:focus {
}
```

然而，伪类也可以独立使用。常见的示例是伪类:default，它选择了默认元素(通常是表单上的提交按钮)。

```
:default {
}
```

伪元素通常修改元素或者类选择器。它们并不实际选择一个元素；而只是返回所选择元素的一部分或者在所选元素之前或之后创建一个新的空元素。因此，必须将它们放在某种实际的选择器之前。

9.2.3　组合运算符

可以组合选择器来指定某种元素层次结构。通过将元素与以下组合运算符(combinator)之一进行组合，从而创建更加复杂的选择器：

- Group，(例如 p,h1)：一个逻辑 OR 运算符，选择所有的 p 元素以及所有的 h1 元素。
- Descendant 空格(例如 header p)：当第二个元素位于第一元素之内时，选择第二个元素。例如，如果想要选择所有位于 header 元素之内的 p 元素，可以使用 header p。header 元素不一定是直接父节点，只需位于节点祖先的某个位置即可。
- Child>(例如 header>p)：当第一个节点是直接父节点时，选择第二个元素。header>p 选择器返回所有直接父节点为 header 元素的 p 元素。
- Adjacent Sibling+(例如 header+p)：当第一个元素是第二个元素的前一个兄弟节点时，选择第二个元素。
- Follows~(例如 p~header)：当第二个元素跟在第一个元素之后(并不一定是直接相邻)时，选择第二个元素。

接下来演示一下最后两种运算符的使用，假设你的文档如下面代码所示，其中 h1+p 选择器不返回任何元素，而 h2+p 和 h1~p 则都返回元素 p：

```
<h1>Some header</h1>
<h2>Some sub-header</h2>
<p>Some text</p>
```

星号(*)通常用作通用选择器；它基本上是一个匹配所有元素的通配符。将其与其他选择器组合起来不会产生任何效果。然而，如果与运算符组合使用，则是非常有用的。请考虑一下下面的选择器：

```
h2 * p {
}
```

请注意，在星号前面和后面都存在一个空格；它们是后代运算符。如果仅使用 h2*，则会选择所有属于 h2 元素的后代元素。而如果添加另一个后代运算符，则选择后代的后代元素。也就是说返回所有属于 h2 元素的孙子(或者更后代)的段落元素。

提示

选择器和运算符之间的空格可以忽略。所以 header>p 和 hearder > p 是等同的。然而，要重点记住的是，选择器(包括通用选择器*)之间的空格表明了后代运算符。所以，h2 * p 包含了三个选择器，每一个选择器都与后代运算符相组合。

类似的，使用 h2>*>p 将返回所有属于 h2 元素的孙子的段落元素。此时只会选择孙子元素，因为子元素运算符(>)仅指定了子关系，而不像后代运算符(空格)那么指定了一般的后代。

9.2.4　not 选择器

如果在任何选择器之前使用前缀:not，那么将返回所有没有被选择的元素。然而，该选择器不能以:not 开头；而必须以其他的选择器开头。例如，下面的代码选择了 body 元素中除 header 元素之外的所有元素：

```
body:not(header) {
color:purple;
}
```

9.2.5 组运算符

如果想要将相同的声明应用于多个元素类型，则可以将这些类型划为一组，如下所示：

```
p, h1, h2
{
    color:green;
    font-size:12px;
}
```

字符逗号(,)充当了逻辑 OR 运算符，例如，"all elements of type p OR h1 OR h2"。此外，还可以在逻辑 OR 关系中组合复杂的选择器(使用逗号来分割这些选择器)。而每个选择器可以是任何更复杂的类型。例如，下面所示的是一个有效的选择器：

```
header+p, .book, a:visited {
}
```

该选择器将返回所有紧跟在 header 元素后面的段落元素，或者具有 book 类的元素，又或者一个 visited 锚元素。

9.2.6 解决冲突

虽然使用上述方法可以编写复杂的选择器，但不可避免的是两个或者更多的规则指定了相冲突的样式。一个组织良好且使用了合适元素的 HTML 文档有助于解决这种冲突。此外，沿着相同的路线，应用一致的和命名良好的类特性也可以使冲突最小化。

但要想彻底解决所出现的问题，则需要了解 CSS 规则的应用方式。样式的应用顺序是根据它们的定义位置所确定的。此外，规则的特殊性也是一个重要因素，这些内容在第 2 章已经介绍过。

9.3 媒体查询

CSS2.1 引入了关键字 media，从而允许定义一个打印机友好的样式表。例如，可以使用下面的代码：

```
<link rel="stylesheet" href="Initial.css" />
<link rel="stylesheet" href="Print.css" media="print" />
```

然后定义一个针对浏览器(屏幕)的样式表以及另一个针对 Web 页面打印版本的样式表。或者，也可以在单个样式表中嵌入媒体特定的样式规则。例如，下面的代码在打印时会更改字体大小。

```
@media print
{
    h1, h2, h3
    {
        font-size: 14px;
    }
}
```

其他被支持的媒体类型还包括 aural、braille、handheld、projection、tty 和 tv。可以看到，媒体类型起初是用来表示呈现页面的设备类型。此外，all 类型也是被支持的，如果没有指定媒体类型，那么隐式指定媒体类型为 all。带有 all 类型的样式可应用于所有设备。

9.3.1　媒体特性

如果使用 CSS3，则可以大大增强媒体查询的能力，可以通过查询各种特性来确定合适的样式。例如，当窗口的宽度为 600px 或者更小时，可以应用一种样式，如下所示：

```
@media (max-width:600px)
{
    h1
    {
        font-size: 12px;
    }
}
```

可以在媒体查询中选择的特性如下所示：

- width
- height
- device-width
- device-height
- orientation
- aspect-ratio
- device-aspect-ratio
- color (如果是单色，则为 0，或者是用来指定颜色的位数)
- color-index (可用颜色的数量)
- monochrome (如果有颜色，则为 0，或者是灰度位数)
- resolution (以 dpi 或 dpcm 指定)
- scan (针对 TV，指定扫描模式)
- grid (如果是诸如 TTY 显示器之类的网格设备，则为 1，如果是位图，则为 0)

大多数特性都支持前缀 min- 和 max-，这意味着不必使用大于或小于运算符。例如，如果想要一个窗口在 500px 和 700px(包括 500 和 700)之间的样式，那么可以使用如下代码指定：

```
@media screen and (min-width: 500px) and (max-width: 700px)
```

请注意，在该示例中，使用了媒体类型 screen，所以对于其他的类型(比如 print)，该样式都会被忽略。

如果想要了解每个特性的完整定义，可以查看 W3C 规范：www.w3.org/TR/css3-mediaqueries/#media1。

9.3.2 使用媒体查询

使用媒体查询可以动态地对 Web 页面进行样式设计，从而完成很多的工作。例如，当在一个单色设备上显示页面时，可以使用 color 和 monochrome 特性来应用更合适的样式。color 特性返回所支持的颜色数量，所以(min- color:2)将选择所有的颜色设备。此外，也可以使用(orientation:portrait)和(orientation:landscape)来根据设备方向排列元素。

媒体查询的一个最主要的用途是确定窗口的宽度。随着窗口宽度的逐渐缩小，样式也将逐渐调整以适应窗口大小，同时尽可能多地保留原始布局。这就是所谓的响应式(responsive)网页设计。

典型的方法是设计三种不同的样式：大型、中型和小型。大型样式是针对桌面用户设计的。它可能有侧边栏和多列内容。中型样式保留基本的布局，但根据需要缩小了区域。此时可以使用一项有用的技术，即使用相对尺寸，当窗口缩小时，每个元素也逐渐缩小。小型样式则主要是用于手持设备，通常将布局保留在单个列中。由于页面往往比较长，所以页面上书签的链接就变得非常重要。

9.4 小结

本章介绍了从 HTML 文档选择元素的各种方法。元素选择器将是非常有用的，尤其是当 HTML 使用了合适的元素。类选择器甚至可以对样式的应用方式进行更好的控制。伪类和伪元素选择器提供了丰富的功能集，允许对文档样式进行动态设计。

可以使用多种组合运算符将这些选择器进行组合，从而允许根据相对于文档中其他元素的位置来选择元素。而组运算符则可以将一组声明应用于多个选择器。

最后，可以使用媒体查询根据正在使用的设备进行样式调整。这样一来，就可以创建在任何设备上呈现的响应式 Web 页面。

在下一章，将介绍可用来控制布局和定位内容的 CSS 技术。

第 10 章

■■■

定位内容

在第 2 章，我们学习了基本的盒子模型。在本章，将学习如何相对页面的其他内容对每个"盒子"进行定位。每个 HTML 元素都占用了一定数量的空间(被定义为一个矩形)；它有一个高度和一个宽度。此外，内边距、边框和外边距将有助于空间的分配。

所以，一个 HTML 文档可以被认为是一系列的盒子。在第 4 章，介绍了定义较大盒子所使用的结构元素，比如 header、section 和 article 元素。这些元素定义了文档的结构。而在这些元素中，可以放置更小的元素，比如段落和图像元素。在段落元素中可以包括许多小的盒子，而这些盒子使用了第 5 章介绍的短语元素，比如 strong、emphasis 和 span 元素。

在前几章，我曾经说过不要担心如何安排这些内容。HTML 文档的重点是以合乎逻辑的方式组织内容，即以一条"这个属于那个"的线路进行推理。但是到了本章，就需要关注一下如何安排内容。为了有效地安排 HTML 文档的内容，需要理解一些重要概念，而这恰恰是本章要介绍的内容。

10.1 display

CSS 中关于布局的最基本特性是 display 特性。它有两个基本选项：block 和 inline。此外，还支持其他的值(稍后介绍)。但目前主要介绍这两个选项(以及 none 选项)。

- block——元素使用其父元素的整个宽度。然后附加的块元素以垂直方式堆叠，只不过在前一个元素的下面。
- inline——元素以水平方式排列。每个内联元素都被放置在前一个元素的右边(假设使用从左到右的方向)。如果元素没有足够的空间，那么部分或全部元素内容将换行到下一行。
- none——元素根本不显示。内容不但会被隐藏，而且也不占用屏幕上的任何空间。

浏览器完成了大量的工作对 CSS 属性进行了相关的默认设置，以便元素以合理的方式呈现，并且不需要添加任何 CSS 规则。每个元素针对 display 特性都有一个默认值。例如，结构元素(比如 section、article 和 div)默认都是块元素。而短语元素(比如 strong 和 emphasis)则是内联元素。而段落元素却是一个例外，它是块元素，因为一个段落通常占用了页面或节的整个宽度。

下面所示的 HTML 提供了一个简单的示例。其中分别包含了 5 个带有简单文本内容的 div 元素和 span 元素。

```
<div>div 1</div>
<div>div 2</div>
<div>div 3</div>
<div>div 4</div>
<div>div 5</div>
<span>span 1 - blah blah</span>
<span>span 2 - blah blah</span>
<span>span 3 - blah blah</span>
<span>span 4 - blah blah</span>
<span>span 5 - blah blah</span>
```

为了使布局更容易可视化,添加了下面所示的 CSS 规则。该规则在每个 div 或 span 元素周围放置了一个细边框,并在边框之间留有一个小的空间。

```
div, span {
    border: 1px solid black;
    margin: 1px;
}
```

最终的呈现结果如图 10-1 所示。

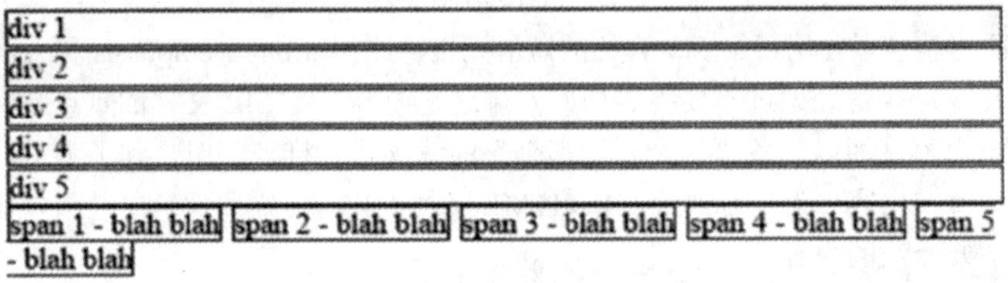

图 10-1　默认的显示对齐

还可以看到,div 元素以垂直方式堆叠,而 span 元素则以水平方式排列。当然,可以重写默认设置。如果向该 CSS 规则中添加 display:inline,那么将会导致两个元素都以水平方式排列,如图 10-2 所示。

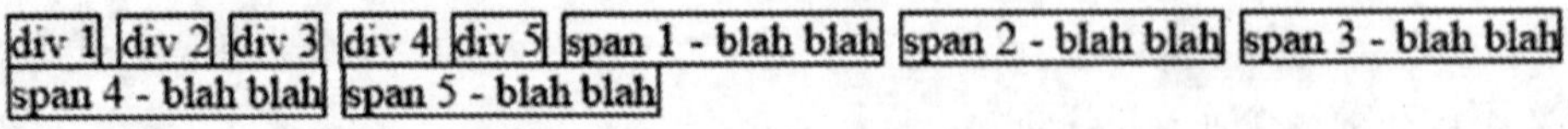

图 10-2　使用内联格式

提示

如前所述,display:none;设置会使页面不显示相关元素,就好像该元素不在页面中一样。或者将 visibility 特性设置为 hidden(visibility:hidden;),也可以隐藏内容,但此时会在页面中留下一个空白的空间,一旦内容不再隐藏就会立即显示出来。这两种方法都有重要的应用,知道每种方法的工作方式是非常重要的。

块元素占用了其容器的整个宽度。在前面的示例中,该宽度就是浏览器窗口的宽度。如果在一个元素中嵌套了另一个元素,那么嵌套元素将使用其父元素的可用空间。为了演示这一点,下面的标记在一个父元素中创建了三个 div 元素:

```
<div class="container">container
    <div>div a</div>
    <div>div b</div>
    <div>div c</div>
</div>
```

请注意，父元素使用了 class 特性。这样一来，就可以使用类选择器来设置其 width 特性，如下所示：

```
.container {
    width: 150px;
}
```

这些 div 元素的呈现如图 10-3 所示。

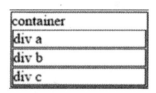

图 10-3　在父 div 中包含 div 元素

10.2　定义大小

可以使用多种方法定义元素的大小，每种方法都会产生不同的结果。

10.2.1　绝对大小

在前面的示例中，设置了 width 特性，使其绝对宽度为 150 像素。同样，也可以设置 height 特性。这样一来，无论是否需要，无论是否可用(这种情况会产生更多的问题)，都会分配所设置的空间。

如果空间不可用，那么元素将会溢出容器。如果外层容器是浏览器窗口，那么元素的大小就超过了窗口的大小，从而出现一个滚动条，此时只有通过滚动才能看到缺少的内容。虽然水平滚动应该避免，但也不是非常糟糕，因为内容仍然是可以看到的。

然而，考虑一下，如果容器只是文档的一个部分，而在容器之外还有其他的内容，会怎么样呢。为了演示所发生的事情，可在前面的示例中设置 height 特性，如下所示。

```
.container {
    width: 150px;
    height: 100px;
}
```

上述代码将 height 固定为 100px。此时容器中仍然有一点额外的空间。然而，如果在该容器中添加一些 div 元素，以及一些额外的内容，就会看到溢出问题，如图 10-4 所示。为了看得清楚一点，我特意放大了该屏幕截图。

```
<div class="container">container
    <div>div a</div>
```

```
    <div>div b</div>
    <div>div c</div>
    <div>div d</div>
    <div>div e</div>
</div>
<div>More content</div>
```

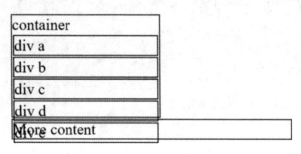

图 10-4　演示溢出问题

div d 的部分内容以及 div e 的全部内容都在容器元素之外，并且叠在 More content div 之上。现在，你应该已经了解了设置绝对大小所带来的问题，尤其是在设置高度时。其实这种做法是在误导你，使页面易受许多可能破坏布局的场景的影响。比如，对页面进行翻译，而翻译后的页面比原始文本使用更多的字符。或者用户指定的 CSS 增加字体大小，都会破坏布局。

10.2.2　相对大小

在第 2 章，曾经简要讲过距离单位可以表示为一个百分比。也就是说可以以百分比的形式指定宽度，而不是指定一个固定大小，比如 300px。该百分比指的是其直接父元素的百分比：

```
.container {
    width: 70%;
}
```

当创建响应式 Web 页面时，使用相对大小是很有帮助的，因此大小是会根据可用空间进行自动调整的。

10.2.3　设置最大值

如果主要是处理文本，那么定义容器的宽度对于约束包含文本的区域是很有用的。文本会在需要时换行，以适应指定区域。然而，如果可以用的区域小于显示文本所需的区域，那么文本就会像前面所介绍的那样溢出可用区域。

处理这个问题的一个简单改进方法是使用 max-width 特性而不是 width。请使用 max-width 替换 CSS 规则中的两个声明：

```
.container {
    max-width: 300px;
}
```

通过删除 height 特性，垂直溢出问题就得到了解决。一旦使用 max-width 替换了 width，如果窗口大小减小，容器也会根据需要进行缩减，以适应当前窗口。为了更好地演示该过程，接下来让我们在上面所示的 div 元素中添加一些额外文本。请使用下面的内容替换容器 div 以及所有的子元素。此时每一个元素都会根据需要换行，以适应 300px 的 div，如图 10-5 所示。

```
<div class="container">container
    <div>Fourscore and 20 years ago,</div>
    <div>our fathers brought forth to this continent</div>
    <div>a new nation, conceived in liberty</div>
    <div>and dedicated to the proposition</div>
    <div>that all men are created equal</div>
    <div>Now we are engaged in a great civil war, testing where that nation, or any</div>
    <div>nation, so conceived, so dedicated, can long endure.</div>
</div>
```

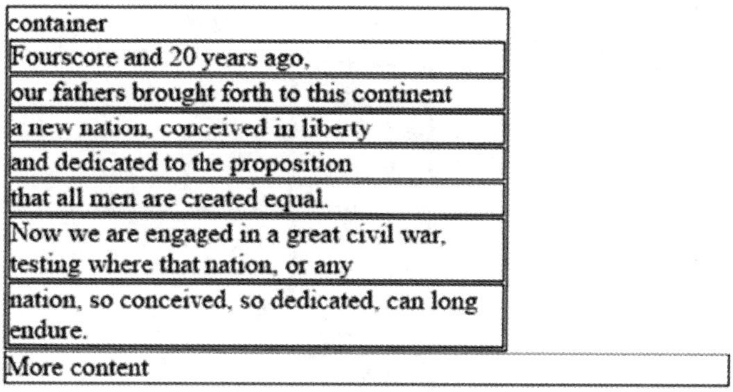

图 10-5　使用 max-width 特性换行

10.2.4　基于内容

如果想要根据内容来定义元素的宽度，可以使用两种设置：

- min-content——在了解了所有的换行机会之后，使用可适应内容的最小可能区域。
- max-content——使用不需要对任何内容进行换行的最小空间。

为了演示上述设置，可以使用 max-content 来设置 height 和 width。在大多数浏览器上都会显示如图 10-6 所示的内容。其中容器的宽度是根据容器内部最宽元素的宽度来确定。而高度则是由所有子元素的总大小来确定。

```
.container {
    width: -moz-max-content;
    height: -moz-max-content;
    width: max-content;
    height: max-content;
}
```

注意

在编写本书时，Firefox 需要前缀版本。

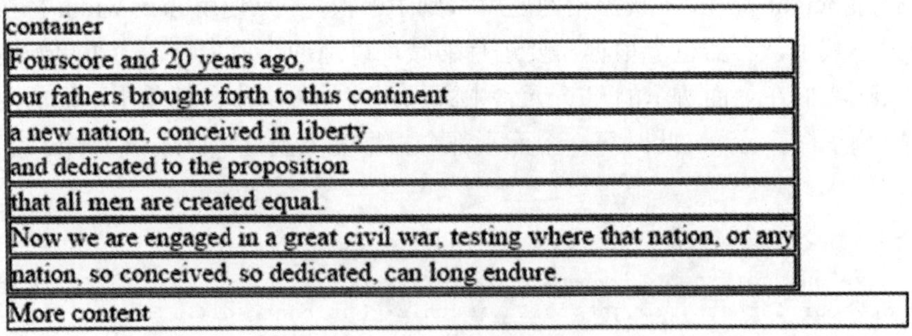

container
Fourscore and 20 years ago,
our fathers brought forth to this continent
a new nation, conceived in liberty
and dedicated to the proposition
that all men are created equal.
Now we are engaged in a great civil war, testing where that nation, or any
nation, so conceived, so dedicated, can long endure.
More content

图 10-6　使用 max-content

如果使用的是 min-content，而不是 max-content，内容将如图 10-7 所示。此时的宽度是根据最大的非换行内容而确定的，此时恰巧为单词“proposition”。如果有其他类型的内容，比如图像，那么最宽的内容将决定容器的宽度。

container
Fourscore and 20 years ago,
our fathers brought forth to this continent
a new nation, conceived in liberty
and dedicated to the proposition
that all

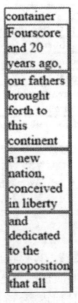

图 10-7　使用 min-content

10.2.5　IE 的变通方法

在编写本书时，IE 和 Edge 都不支持 min-content 和 max-content 特性。但它们有一种变通的方法，即使用自定义的-ms-grid 特性。首先必须将容器放在另一个父元素(实际上是祖父母元素)中，然后对祖父母元素应用该特性。此时，HTML 如下所示：

```
<div class="grandParent">
    <div class="container">container
        <div>Fourscore and 20 years ago,</div>
        <div>our fathers brought forth to this continent</div>
        ...
    </div>
```

```
</div>
```

此时设置了 class 特性，以便可以使用其他的规则进行样式设计。

```
.grandParent {
    border: none;
    margin: 0px;
    display: -ms-grid;
    -ms-grid-columns: max-content;
}
```

新的祖父母 div 仅用于分配样式特性；我们并不打算添加一个额外的盒子。所以 border 和 margin 特性都被清除了。然后将 display 特性设置为-ms-grid，同时设置了自定义 -ms-grid-columns 特性。因为这些都是带前缀的特性或值，所以除了 IE 和 Edge 之外，其他浏览器会忽略它们。

完成上述更改之后，所有其他的浏览器(除了 IE 和 Edge 之外)所显示的页面和以前是一样的。而对于 IE9 以上版本以及 Edge 浏览器来说，也可以以相同的方式显示内容。同时也可以使用 min-content 替换 max-content，从而根据单词 "proposition" 来确定容器的大小。

10.2.6　min-content 示例

前面的示例经过了有意的设计，目的是为了演示 min-content 和 max-content 的工作原理。当混合使用不同的内容(比如图像和文本)时，min-content 特性更有用。文本可以通过换行的方式适应任何大小的容器，但图像不可以。为了演示一个更有用的示例，我将使用一个带有很长标题的 figure 元素。如以下标记所示。

```
<figure>
    <img src="HTML5Badge.png" alt="HTML5 Badge" />
    <figcaption>
        The HTML5 badge is a well-recognized symbol in the web design community.
    </figcaption>
</figure>
```

该 figure 元素有两个子元素，一个图像和一个标题。在第 4 章曾经讲过，我个人比较喜欢使用带有图像的标题。

在默认情况下，该标记使用了块布局，以便标题位于图像下方，并占用了容器(figure 元素)的整个宽度。figure 元素也是一个块元素，所以它也占用了窗口的整个宽度。如果窗口足够宽，就会在单行显示相当长的标题。

在理想情况下，你可能希望根据需要换行标题，以便其停留在图像下方。而此时 min-content 特性可以提供帮助。添加下面所示的 CSS 规则，完成上述功能。

```
figure {
    border: 1px solid black;
    margin: 1px;
    width: -moz-max-content;
    width: min-content;
}
```

该规则还设置了 border 和 margin 特性，所以可以更容易地看到布局。在大多数浏览器上显示的结果如图 10-8 所示。

图 10-8　在 figure 元素中使用 min-content

10.2.7　盒子大小调整

如第 2 章所述，分配给一个元素的空间除了实际元素内容之外，还包括内边距、边框和外边距。需要重点记住的是，到目前为止所介绍的大小设置仅应用于实际内容。而实际所使用的空间要更大一点，有时可能要大很多，这取决于其他的设置。

当尝试对齐具有不同特性的元素时，可能会导致问题。为了证明这一点，请考虑一下下面的标记：

```
<section>
    <article class="bigBorder">I am really padded!</article>
    <article class="smallBorder">Me, not so much.</article>
</section>
```

section 元素包含了两个 article 元素，而每个 article 都带有一些简单的文本内容，此外，它们还有不同的 class 特性。现在，应用下面的 CSS 规则。

```
article {
    width: 300px;
    height: 60px;
    margin: 1px;
}
.bigBorder {
    padding: 30px;
    border: 10px solid olive;
}
.smallBorder {
    padding: 5px;
    border: 2px solid olive;
}
```

首先，该规则将 article 元素设置为一个固定大小，300px×60px。然后使用类选择器应用不同的 padding 和 border 设置。内容最终如图 10-9 所示。

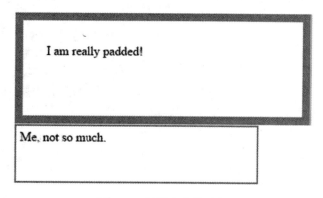

图 10-9　不同大小的元素

考虑到这两个元素被设置为相同的大小，所以上述结果可能有些令人吃惊。虽然这两个元素实际上具有相同的大小，但周围的 padding 和 border 却不同。如果想要解决该问题，可以为第二个元素增加额外的内边距和边框，同时将第一个元素设置为较小的宽度(小于66px 是比较合适的)。

然而，一种更简单的方法是使用新的 box-sizing 特性。该特性指定了如何应用 height和 width 特性。其默认值 content-box 表明大小仅应用于实际的元素内容。此外，也可以设置为 border-box，此时在添加 padding 和 border 之后，才会应用 size 特性。通过添加下面的CSS 规则解决上述问题：

```
* {
    box-sizing: border-box;
}
```

回忆一下第 9 章的内容，星号是通用选择器，意味着它可应用于所有的元素。有了这个规则，所有的大小调整特性包括 padding 和 border。通过以上的调整，现在，内容的呈现如图 10-10 所示。

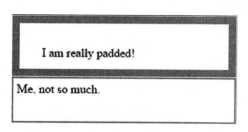

图 10-10　大小相同的元素

注意
虽然还有一些已经定义的其他 width 设置，但浏览器对这些设置的支持是有限的。如果想要尝试这些设置，Mozilla 网站提供了更多的信息: https://developer.mozilla.org/en- US/docs/Web/CSS/width。

10.3 float

float 特性用于使块内容与所包含元素的左或右边缘对齐。例如，向一个元素添加 float:left;，可以使其左对齐。容器的后续内容会围绕在浮动内容周围。例如，下面所示的标记在一个 div 元素后面紧跟一个文本内容段落。

```
<header>
    <div>div</div>
    <p>Lorem ipsum dolor sit amet, consectetur adipiscing elit, sed do eiusmod ...</p>
</header>
```

添加下面的 CSS 规则，在 div 元素周围增加了一些空间，并使其浮动到左边，从而使文本围绕在其周围。最终的呈现如图 10-11 所示。

```
header>div {
    padding: 25px;
    float: left;
}
```

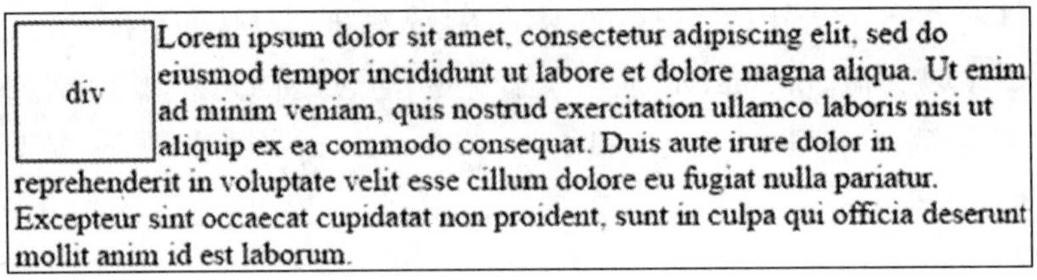

div
Lorem ipsum dolor sit amet, consectetur adipiscing elit, sed do
eiusmod tempor incididunt ut labore et dolore magna aliqua. Ut enim
ad minim veniam, quis nostrud exercitation ullamco laboris nisi ut
aliquip ex ea commodo consequat. Duis aute irure dolor in
reprehenderit in voluptate velit esse cillum dolore eu fugiat nulla pariatur.
Excepteur sint occaecat cupidatat non proident, sunt in culpa qui officia deserunt
mollit anim id est laborum.

图 10-11　使用 float:left

请记住，块内容通常占据了其容器的整个宽度。如果在一个元素上设置了 float 特性，则允许将后续内容以内联内容的方式定位。附加元素将定位在浮动内容的右侧。如果这些元素也被设置为 float:left，那么后续内容将继续被定位到右边。为了演示该过程，添加了更多的 div 元素，此时前面所示的 CSS 规则将这些元素都设置为 float:left，最终的显示结果如图 10-12 所示。

div 1
div 2
div 3
div 4
Lorem
ipsum
dolor sit
amet,
div 5
div 6
consectetur adipiscing elit, sed do
eiusmod tempor incididunt ut labore
et dolore magna aliqua. Ut enim ad
minim veniam, quis nostrud
exercitation ullamco laboris nisi ut aliquip ex ea commodo
consequat. Duis aute irure dolor in reprehenderit in voluptate

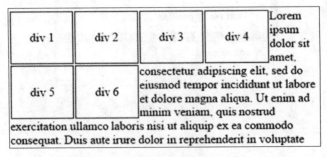

图 10-12　多个浮动的 div 元素

```
<header>
    <div>div 1</div>
    <div>div 2</div>
    <div>div 3</div>
    <div>div 4</div>
```

```
    <div>div 5</div>
    <div>div 6</div>
    <p>Lorem ipsum dolor sit amet, consectetur adipiscing elit, sed do eiusmod ...</p>
</header>
```

提示

使用 float:right;会将内容与容器的右侧对齐。而后续的浮动块将定位到第一个浮动块的左边。这样一来，将以相反的顺序进行显示。

10.3.1　清除浮动

float 特性可以影响后续内容的定位方式。虽然浮动元素向左或向右对齐，但是后续内容可以继续内联，而不是像正常块内容一样开始一个新行。为了说明这一点，下面的标记创建了四个 div 元素，并使用内联样式显式地设置了 float 特性。

```
<section>
    <div style="float: left; padding: 25px">div 1</div>
    <div style="padding: 25px">div 2</div>
    <div style="float: right; padding: 25px">div 3</div>
    <div style="padding: 25px">div 4</div>
</section>
```

第一个元素被浮动到左边。第二个元素不是浮动的，而是继续在同一行上，因为上一个元素是浮动的。由于第二个元素不是浮动的，因此它占据了当前行的剩余空间。第三个元素被浮动到右边，而最后一个元素被定位到左边，并占据了该行的剩余空间。如图 10-13所示。

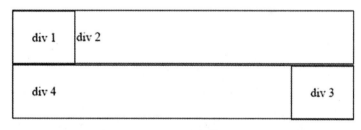

图 10-13　演示浮动和非浮动内容

如果想要取消前面的浮动对后续元素的影响，可以使用 clear 特性。该特性并不会影响前一个元素的定位方式，但却可以抵消浮动对后续元素的影响。可以将 clear 特性设置为 left、right 或者 both，也就是说，可以消除之前所有的浮动效果或只消除左或右浮动的效果。为了演示这一点，我在前面的标记中添加了 clear 特性，呈现的结果如图 10-14 所示。

```
<section>
<div style="float: left; padding: 25px">div 1</div>
<div style="clear: left; padding: 25px">div 2</div>
<div style="float: right; padding: 25px">div 3</div>
<div style="clear: right; padding: 25px">div 4</div>
</section>
```

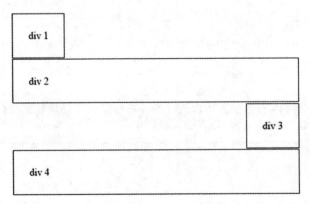

图 10-14　使用 clear 特性

第一个 div 与期望的一样，与左边对齐。第二个 div 被定位到一个新行，就像普通的块内容一样占据了整个行。

下面所示的示例更加复杂一点，使用了:nth-of-type 选择器，从而使奇数元素向左浮动，偶数元素向右浮动。此外，还会使用 clear 特性清除前面浮动的影响。这样一来，左对齐和右对齐的 div 元素将垂直堆叠，而不是流动内联(flowing inline)。此外，还会在容器元素上设置背景颜色以演示另一个下一步要解决的问题。

```css
header {
    background-color: #f3f3f3;
}
header>div {
    padding: 25px;
}
header>div:nth-of-type(odd) {
    float: left;
    clear: left;
}
header>div:nth-of-type(even) {
    float: right;
    clear: right;
}
```

该规则从 header>div 选择器中删除了 float:left;声明，并使用第 9 章介绍的:nth-of-type 伪类创建了新的选择器。这些选择器使用了 even 和 odd 关键字，最终的呈现结果如图 10-15 所示。

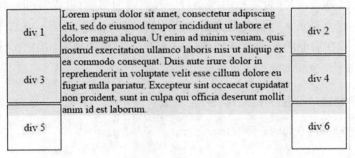

图 10-15　使用左右浮动

10.3.2　包含浮动

图 10-15 演示了浮动的一个常见问题。在计算容器高度时基本上不考虑浮动内容。为了看得更清楚，将使用下面的 CSS 规则删除文本(将 display 特性设置为 none)。

```
header>p {
    display: none;
}
```

当显示时，可以看到左边的奇数 div 元素和右边的偶数 div 元素，但两者之间没有文本。如果使用浏览器工具检查一下 header 元素，会发现该元素的 height 特性被设置为 0，如图 10-16 所示。

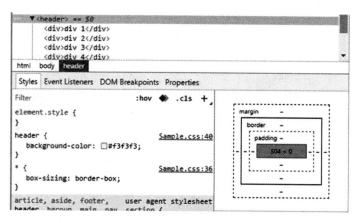

图 10-16　在 Chrome 中检查 header 元素

此时，将 header 元素的背景设置为灰色，由于 div 元素位于 header 元素之内，因此希望这些 div 元素也是灰色背景。然而，由于 header 元素的计算高度为 0，因此不存在灰色区域。同样，在图 10-15 中，可以看到只有部分 div 元素具有灰色背景，因为文本没有浮动内容那么大。

看上去，这似乎是浏览器的一个 bug；父元素的大小没有考虑其子元素。然而，这么做是有一个重要原因的。浮动元素的目的是能够跨多个块。例如，图 10-17 所示的布局拥有三个带有文本内容的 div 元素。而浮动内容跨了其中的两个 div 元素。

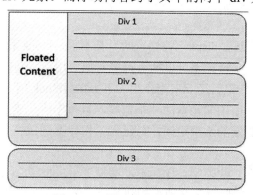

图 10-17　浮动内容跨多个块

如果第一个 div 的大小包含了浮动内容，那么第二个 div 可能不会开始，除非在浮动内容之后留有足够的空白空间。如果想要在大小计算时包含浮动内容，至少有两种解决方案可以实现。

设置溢出

最简单的解决方案是使用 overflow 特性(虽然该方案也许不那么直观)。该特性指定了当遇到元素内容超过容器区域的情况时浏览器应该如何处理。Overflow 特性支持以下的值。

- visible——这是默认值，表明应该显示溢出内容，而不影响容器。如前所示，虽然容器的高度为 0，但其所有内容都显示出来了。
- hidden——内容被裁剪，容器之外的任何内容都不可见。
- scroll——始终创建水平和垂直滚动条，即使内容适合容器。
- auto——只有当内容溢出容器时才创建滚动条。否则不创建。

然而，在本示例中，如果使用了 visible 之外的任何值，浏览器都会在计算容器大小时考虑浮动内容。这样一来就解决了背景颜色没有覆盖所有 div 元素的问题。此外，通过使用 scroll，还可以创建滚动条，虽然这可能并不是你想要的。我的建议是使用 overflow:auto;，这样一来，针对任何包含浮动内容的容器，都可以解决上面所出现的问题。

使用伪元素

另一种解决方案是使用伪元素::after 在容器后面创建附加内容，并在该内容上使用 clear 特性。例如，添加下面的 CSS 规则，从而在浮动内容之后添加内容。

```
header::after {
    content: "";
    display: block;
    clear: both;
}
```

该规则将所需的内容声明设置为空字符串，所以不会添加任何实际内容。然而，该伪元素使用了 clear:both;声明，从而导致该内容在浮动内容之后"出现"，但仍然是容器的一部分。这样一来，也就强制将浮动内容包含在容器大小中。

10.4　内联块

在本章的开头曾经讲过，display 特性有两个基本值：block 和 inline，并演示了它们的工作方式。但实际上 display 特性还可以拥有许多其他可用值。其中大部分值都与表格相关，这部分内容将在第 13 章介绍。接下来先介绍一下 inline-block 值。

如前所述，块元素使用了父元素的整个宽度，且每个块元素都创建了一个新行。与之相反，内联元素仅使用所需的水平空间，后续元素可以继续放在现有行，只有在必要时才会换行到下一行。

当使用内联元素时有一些限制，比如不能够设置 height 和 width 特性。在前面的一些示例中，都有一行盒子。这些盒子必须被创建为块内容，并使用 float 特性使它们可以水平浮动。

下面的标记在一个导航元素中创建了六个 div 元素。

```
<nav>
    <div>div a</div>
    <div>div b</div>
    <div>div c</div>
    <div>div d</div>
    <div>div e</div>
    <div>div f</div>
</nav>
```

在默认情况下，每个 div 元素都被显示为块内容，并在独立的一行上。然而，通过使用 inline-block，可以让这些元素在单行上流动(或者在必要时换行)。可以通过一个 CSS 规则应用该值，如下所示：

```
nav>div {
    display: inline-block;
    width: 75px;
    height: 25px;
    vertical-align: bottom;
    clear: both;
}
```

该规则还设置了 div 元素的 height 和 width。此外，需要使用 clear 特性来清除上一个示例中的浮动。(如果你经常使用浮动，那么会发现使用 clear 特性的次数也比较多)。

最后，CSS 规则设置了 vertical-align 属性，以便所有元素的底部边缘都对齐。由于这些元素的大小相同，因此对齐并不是一个问题。为了让示例更有趣，我使用了下面所示的 CSS 规则调整了某些元素的 height，从而使某些元素看起来更大一点。最终结果如图 10-18 所示。

```
nav>div:nth-of-type(even) {
    height: 35px;
}
```

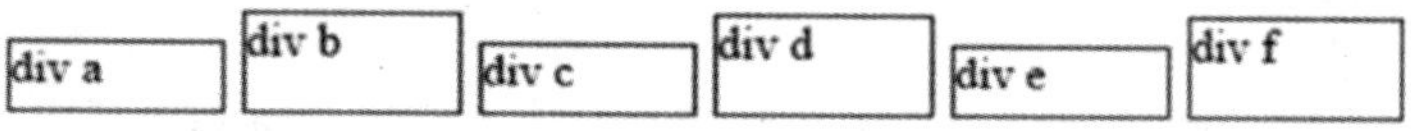

图 10-18　使用对齐的内联块

10.5　定位

到目前为止，本章所使用的所有元素都是静态定位的。不管使用的是块布局或内联布局，这都是默认行为，即元素从一个流向下一个。该行为是通过设置 position：static;定义的。由于这是默认行为，所以没有必要添加到自己的 CSS 中。

position 特性还有一些其他的值，接下来逐一介绍。

- static——这是默认值；内容根据其在文档中的位置以及所分配的流属性进行定位。
- relative——根据与正常流动位置的偏移量来确定元素位置。

- absolute——元素定位在特定位置，并且没有分配空间。
- fixed——相对于视口进行元素定位；当滚动文档时元素在屏幕上的位置不会改变。

提示

非静态定位内容有时也被称为定位(positioned)内容。这并不是一个有见地的术语，因为所有的内容都是被定位的；只是定位方式的不同而已。然而，如果以后看到这个术语，应该知道它通常指使用那些relative、absolute或fixed位置值的内容。

10.5.1　相对定位

如果使用相对定位，那么内容的定位方式与静态定位相类似，只不过它是根据与原始计算位置的偏移量来确定位置。元素的移动并不影响其他元素的位置。根据其原始位置分配给元素的空间仍然有效。这通常会导致一些重叠的内容以及空格。

在将position特性设置为relative之后，就可以使用top、bottom、left或right特性来指定偏移量。如果想要元素向下移动，可以将top特性设置为想要调整的距离。同样，向上移动使用bottom特性，向右移动使用left特性。这种方法看似非常落后，但它类似于增加左边距，从而向右移动元素。

提示

将top特性设置为一个正数向下移动元素；而设置为一个负数则向上移动元素。所以，top: -20px;和bottom: 20px;是相等的。同样，将left特性设置为一个负数等同于将right特性设置为一个正数。

为了演示相对定位，使用了下面所示的标记，其中创建了四个div元素。

```
<header>
    <div class="square red">div 1</div>
    <div class="square yellow">div 2</div>
    <div class="square blue">div 3</div>
    <div class="square green">div 4</div>
</header>
```

使用下面的CSS规则设置每个正方形的背景颜色。(此时你可能想知道为什么我选择这些颜色，之所以使用较浅的颜色，因为它们在打印时显示效果更好，特别是在使用灰度进行黑白打印时)。

```
.red {
    background-color: pink;
}
.yellow {
    background-color: yellow;
}
.blue {
    background-color: cyan;
}
.green {
    background-color: chartreuse;
}
```

每个 div 元素都分配了 square 类，而每个类都有一个不同的颜色类。然后使用一对类选择器完成定位。

```
header>div.square {
    padding: 0px;
    float: left;
    clear: none;
    width: 100px;
    height: 100px;
}
.blue {
    position: relative;
    top: 20px;
    left: 20px;
}
```

我将此示例的标记和 CSS 规则添加到前面示例所使用的相同文件中，而在该文件中已经有一个 header>div 选择器。新选择器 header>div.square 更加具体，因此将覆盖任何冲突声明。第 2 章已经介绍过特殊性规则。前面的声明已经设置了 padding、float 和 clear 特性；然而我希望这些新的正方形 div 元素以不同的样式进行设计，所以，这些声明会被覆盖。

提示

请注意，上面的设置为 clear: none;，此为 clear 特性的默认值。有时，当需要覆盖一个不太具体的规则时，必须使用该默认值。

类选择器 blue 设置了相对位置并指定了偏移量。只有一个 div 元素包含了该类，所以只有带有 blue 类的 div 元素产生偏移。最终的呈现结果如图 10-19 所示。

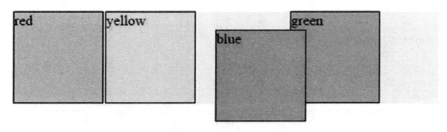

图 10-19　演示相对定位

请注意，在蓝色 div 元素的顶部和左边缘出现了额外的空间，并且蓝色 div 元素与绿色 div 元素产生了重叠。此外，header 元素的背景并没有完全覆盖蓝色 div 元素。如前所述，在蓝色 div 元素上完成的偏移会对其他元素进行一些调整。在偏移之前，所有其他内容都是根据该元素的位置而定位的。

提示

如果想要移动一个元素，并且在正常(静态)内容流中保持新的位置以及原始位置，则需要使用 margin 特性。该特性可以为元素增加额外空间，从而给人一种被移动的样子。然而，剩下的内容将会根据新增加的元素大小而进行调整。

10.5.2　绝对定位

绝对定位与相对定位相类似，只不过元素完全从内容流中移除。原始位置也被忽略，就好像从未有过该元素一样。它使用了相同的 top、bottom、left 和 right 特性来指定位置。然而，使用绝对定位的最棘手问题是确定定位上下文。

必须清楚的是，position 特性的 relative 或 absolute 值都是相对于某个目标对元素进行定位。同样，都可以使用 top、bottom、left 或 right 特性来指定偏移量。使用 position: relative;将相对于原始位置对元素进行定位。而使用 position: absolute;则是相对定位上下文进行元素定位。

当使用相对或绝对定位时，都会创建一个定位上下文。当使用绝对定位时，浏览器会查看该元素的祖先，并找到 position 特性被设置为 absolute 或 relative 的最近的祖先。如果没有找到，则使用文档作为默认的定位上下文。

为了演示该过程，添加了下面的 CSS 规则：

```
header {
    position: relative;
}
```

该规则使每个 header 元素成为一个定位上下文。然而，请注意，此时并没有指定偏移。该规则并不会影响 header 元素；它仍然按照所使用的静态定位进行定位。然而，如果它的任何子元素使用了绝对定位，那么这些元素就会根据 header 元素的位置进行定位。

在更改完 header 元素之后，我又创建了 blue 类选择器。现在，蓝色 div 应该根据 header 元素进行定位，顶部位于 header 元素上方 10 像素，右边距位于 header 元素右边距 50 像素，如图 10-20 所示。

```
.blue {
    position: absolute;
    top: -10px;
    right: 50px;
}
```

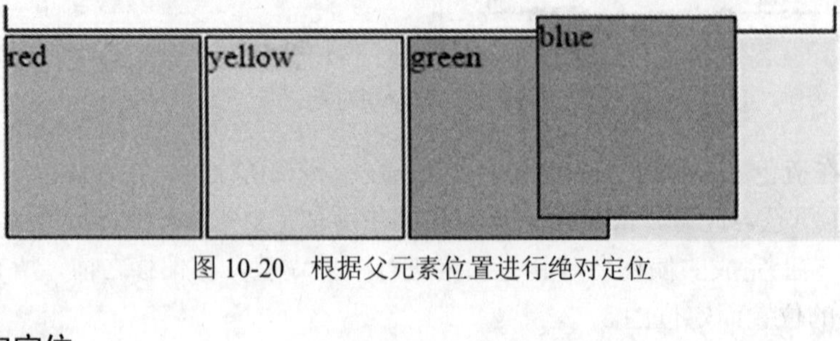

图 10-20　根据父元素位置进行绝对定位

10.5.3　固定定位

固定定位类似于绝对定位，不同点在于定位上下文始终为视口。不管文档如何滚动(水平或垂直)，内容在屏幕上的位置都是相同的。为了演示这一点，通过替换前面的 CSS 规则，更改了蓝色 div 元素的位置。

```
.blue {
    position: fixed;
    top: 50px;
    left: 0px;
}
```

top 和 bottom 特性是必需的；否则内容将不会显示。在本示例中，将内容的顶部边缘设置为离窗口的顶部 50px。而 left 或 right 特性是可选的；如果忽略，则使用 left: 0px。最终的结果如图 10-21 所示。

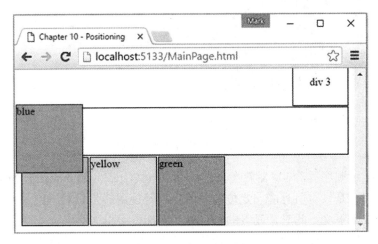

图 10-21　使用固定定位

10.6　z-index

x 轴指页面上的水平方向，而 y 轴则指垂直方向。由于 Web 页面是二维的，因此没有真正意义上的 z 轴，但是可以使用 z 轴来描述重叠内容是如何叠加在其他内容之上的。从某种意义上说，z-index 属性定义了堆叠顺序。带有最高 z-index 的内容将位于最顶端。

如果使用的是静态定位内容，就不需要关心 z-index。事实上，z-index 仅适用于非静态定位内容。然而，如果使用其他 position 值(relative、absolute 和 fixed)，则需要考虑"堆叠顺序"。

z-index 的默认值为 0。所以如果所有内容都拥有相同的 z-index，那么浏览器是如何知道将哪个内容放置到最顶端呢？此时浏览器需要遵循以下几点规则。

首先，所有的非静态定位内容在其他内容之上。请回看一下图 10-19、图 10-20 和图 10-21，会发现蓝色的 div 始终位于其他 div 之上。如果不想这样，可以将其 z-index 设置为 -1，这样一来，该内容就显示在静态定位内容之下。

其次，文档中后面的内容位于前面内容之上。为了测试这一点，添加了下面所示的规则，从而使绿色 div 使用固定定位。

```
.green {
    position: fixed;
    top: 70px;
```

```
    left: 20px;
}
```

现在，绿色 div 被固定在蓝色 div 附近，但却显示在蓝色 div 的上面，因为在文档中绿色 div 在蓝色 div 的后面，如图 10-22 所示。你可以对黄色 div 完成相同的操作，可以看到它位于蓝色 div 的下面，因为在文档中黄色 div 在蓝色 div 的前面。

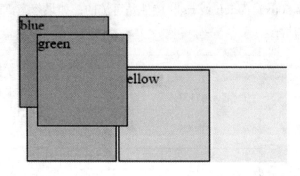

图 10-22　显示两个固定元素

当确定了显示顺序后，浏览器就会使用堆叠上下文(stacking contexts)。堆叠上下文是在文档级别创建的，是针对所有静态定位内容的。不管使用的是相对、绝对或固定定位，都会创建新的堆叠上下文。此时，元素的所有子元素都使用相同的堆叠上下文。

此外，子元素也可以使用某一个定位值，从而创建一个新的堆叠上下文。这可能会导致一些混乱，因为这些上下文是分层的。例如，假设有两个堆叠上下文，第一个上下文的 z-index 为 1，而第二个上下文的 z-index 为 2。然后在第一个堆叠上下文中添加一个相对定位的子元素，并将其 z-index 设置为 3。然而，由于第二个上下文(z-index 等于 2)中的所有内容都位于第一个上下文(z-index 等于 1)中的所有内容之上，因此子上下文(z-index 等于 3)仅影响第一个上下文中的元素顺序。

警告

将 opacity 特性设置为小于 1 的值也会创建一个新的堆叠上下文。然而，子元素所创建的新堆叠上下文实际上是子上下文(subcontexts)，并且排序可能不会如期望的那样发生。如果你对此感兴趣，可以阅读一篇文章(https://philipwalton.com/articles/what-no-one-told-you-about-z-index)，该文详细解释了相关内容。

10.7　内容居中

在结束本章内容之前，还需要介绍一个使内容居中的简单技巧。margin 特性定义了元素和元素之间的空间。如果将其设置为 auto，则会计算左右边距，从而使内容位于子元素中心。

为了便于测试，创建了一个带有 class 特性的 div 元素，并将该特性设置为 center：

```
<div class="center"></div>
```

然后，使用下面的 CSS 规则使其居中。该规则设置了 width 和 height 特性以及背景颜色。

```
.center {
    width: 100px;
    height: 30px;
    background-color: teal;
    margin: 0 auto;
}
```

此时 margin 被设置为 0 auto，从而导致 div 水平居中显示。

10.8　小结

在本章，介绍了一些控制 HTML 文档中内容如何定位的相关主题。当对内容进行布局时有许多选项可以使用，这也是 CSS 中最棘手的概念之一。当确定了如何安排内容后，就需要考虑一些技术并选择使用最适用的技术。

- 块布局——占据了父元素的整个宽度，并始终开始一个新行。
- 内联布局——设计为从一个元素水平流向另一个元素。
- 指定大小——使用绝对、相对或最大大小值，并根据内容设置该值。
- 盒子大小——在大小调整时自动考虑边距和边框。
- 浮动——向左或向右浮动内容，并使其他内容环绕。
- 内联块——允许普通的块内容水平流动。
- 相对定位——根据计算的位置偏移内容。
- 绝对或者固定定位——独立于 DOM 进行定位。
- 居中——使用 margin 特性。

在下一章，将介绍可以用来格式化主要文本内容的 CSS 功能。

第 11 章

■■■

文本样式

本章将介绍可用来对 HTML 文档的文本部分进行样式设计的 CSS 特性。首先从选择字体和各种字体特征开始，然后学习文本格式化功能。其中包含了间距和对齐方式以及控制换行和分页的方法。此外，还会介绍一些其他主题，比如颜色、不透明度和光标，这些内容都不是特定于文本格式的。

11.1 字体

当格式化文本时最基本的因素是选择字体。似乎存在一个无穷无尽的可用字体集合，字体的简单更改都可能对 Web 页面产生巨大的影响。字体就是一组符号，在排版术语中被称为字形(glyphs)，与一个字符集相映射。例如，根据当前字体映射到的字形，浏览器可以显示字母"A"。

11.1.1 获取字体

为了显示相应的内容，浏览器可以通过三种方法获取字体定义。

Web 安全字体

第一种字体被称为 Web 安全字体(web-safe fonts)，但这里似乎有点用词不当。所有的操作系统都内置了字体；为了在屏幕上显示文本，需要一种字体将每个字符代码映射到一个字形。浏览器可以使用任何的内置字体。可问题是，操作系统并不是都支持相同的字体集。Web 安全字体是大多数设备都普遍支持的一种字体。但该字体更多地看作是艺术而非科学，因为没有哪一种字体所有操作系统都百分之百支持。诸如 Arial、Verdana、Times New Roman 和 Courier New 之类的字体都是比较安全的。可以参考一篇文章(http://www.cssfontstack.com/)，其中列出了 Windows 和 Mac 上可用的字体(遗憾的是，该文章并没有涉及 Android 或 iOS)。

Web 字体

你可能会说，如果仅使用 Web 安全字体，那么可选择的字体就很有限了。第二种方法(该方法可显著增加可选用的字体)是使用 Web 字体(Web fonts)。浏览器可以像下载其他的资源(比如 CSS 和图像文件)那样下载 Web 字体。但这种方法存在以下两个缺点。

- 较早的浏览器不支持 Web 字体；然而该缺点所影响的用户数量正在逐步减少。
- 额外的下载可能会减慢页面的加载时间，尤其是使用了多个 Web 字体时。但这些字体通常会被浏览器缓存，所以只会影响到页面的初始加载。

如果对使用 Web 字体感兴趣，可以访问 https://fonts.google.com/。在编写本书时，该网站提供了 808 个字体系列，并提供了一个令人影响深刻的用户界面来预览和选择字体。在选择了一个字体之后，该网站会提供有关如何将其包含在 HTML 文档中的说明。为了包含一个 Web 字体，可以使用如下所示的 link 元素。

```
<link href="https://fonts.googleapis.com/css?family=Cabin" rel="stylesheet">
```

或者，也可以在 CSS 文件中使用@import 规则包含字体，如下所示。

```
@import url(//fonts.googleapis.com/css?family=Cabin);
```

两种方法都完成了相同的事情。使用 link 元素将其放在标记中，而@import 规则在 CSS 中完成了相同的事情。我推荐使用@import，以便所有的样式更改都包含在 CSS 文件中。如果你决定日后再更改字体，那么可以在不需要修改 HTML 标记的情况下进行更改。

前面引用的 CSS 字体堆栈站点也提供了一个非常漂亮的用户界面来选择字体、配置 CSS 以及预览字体定义。该网站引用了相同的 fonts.googleapis.com 网站来提供实际字体资源。

自定义字体

第三种方法是在 CSS 文件中嵌入自己的字体定义。就像使用图像一样，可以使用多种格式来定义字体。True Type Fonts(TTF)已经存在大约有 30 年了，它和 Open Type Fonts(OTF)一起已经成为桌面计算机安全字体的标准。这些格式也被大多数 Web 浏览器所支持。然而，W3C 推荐的字体是 Web Open Font Format(WOFF)，同样也被大多数浏览器所支持。此外，WOFF2.0 也越来越受到人们的欢迎和支持。

创建字体定义已经超出了本书的讨论范围。然而，一旦创建了或者购买了一个字体定义文件，就可以将其复制到 Web 服务器上。然后在 CSS 文件中使用@font-face 规则引用该字体。就像使用音频和视频文件一样，可以提供多种文件格式，以便浏览器根据所支持的类型选择其中一种格式。例如，为了支持 TTF、WOFF 和 WOFF2.0，可以使用下面的规则。当然，需要首先在服务器上提供这些文件格式。

```
@font-face {
  font-family: 'CustomFont';
  src: url('custom.ttf') format('truetype'),
       url('custom.woff') format('woff'),
       url('custom.woff2') format('woff2');
}
```

其他一些网站也提供了字体，比如 https://www.fontsquirrel.com/ 和 http://www.fontex.org/。这些网站都提供了可下载的字体文件，你可以将需要的字体复制到 Web 服务器上并作为自定义字体引用。

11.1.2　字体系列

字体通过术语系列(family)进行识别。术语 Arial、Courier New 和 Times New Roman 都是字体系列。当在前面的示例中定义一个自定义字体时，就为 font-family 特性分配了值，而这也是 CSS 选择字体的方式。此外，还有一组通用的字体系列，图 11-1 显示了每个系列的示例。

- cursive——该系列中的字体类似于草书，而非印刷文本。有时字符之间相互连接，从而给出了手写的建议。
- fantasy——这些字体更具观赏性，并具有装饰或非标准字符表示形式。
- monospace——等宽字符具有相同的宽度。
- sans-serif——sans 意思是"没有"，而 serif 指额外的笔画，通常是一个锥形端。所以无衬线字体没有额外的笔画，通常更朴素。
- serif——这些是更加传统的字体，尤其是在印刷文本中。我们现在看到的都是这种字体。

图 11-1　示例通用字体系列

所以浏览器有一组可用的字体，无论是本地的操作系统字体、链接的 Web 字体或嵌入式自定义字体。可以使用 font-family 特性选择使用哪种字体，如下所示。

```
p {
    font-family: Cabin;
}
```

然而，由于无法保证所有浏览器都支持上面示例所使用的字体，因此应该提供一些额外的选项作为备用。这通常被称为字体堆栈(font stack)。可以通过用逗号分隔的方式来指定多个字体系列。例如：

```
p {
    font-family: Cabin, Verdana, sans-serif;
}
```

浏览器会按顺序处理这些字体，并列出首选项。通常应该以一个通用字体结尾，以便至少可以得到与自己希望相类似的效果。前面的示例使用了一种典型的方法，首先是自定义或者 Web 字体，然后紧跟着是相类似的 Web 安全字体，最后是一个通用字体系列。如果想要测试这个示例，可以先将 Cabin 更改为 Cabin1，然后将 Verdana 更改为 Verdana1。每次更改时可以看到，虽然字体不同，但与首选项是相类似的。

11.1.3　字体设置

选择字体系列只是一个开始。还可以使用其他的特性更准确地配置字体，比如大小、粗细和样式。此外，还可以使用许多高级的功能来处理特殊情况。

样式

font-style 特性用来选择斜体字体。共有三个可能值：normal(默认值)、italic 和 oblique。oblique 意味着倾斜。虽然关键字 oblique 并不太被支持，但通常可以提供与 italic 相同的效果。

大小

历史上，字体大小是以字母"M"的宽度来衡量的；然而现在，字体大小表示该大写字母的高度。当然，在非西方字符集中，该定义可能并不是太准确。当需要设置字体大小时，通常有大量的选项可用。字体大小值是一个距离单位，在第 2 章曾经介绍过所有可用来定义距离的单位。而在附录 C 的参考资料中也归纳总结了这些单位。

然而，程序设计者通常会避免使用绝对大小，比如 12px。如果用户因为合理原因需要增加字体大小时，他们将无法调整这些绝对大小。如果在设计页面时使用了相对大小，则会提供很大的帮助，尤其是在设计响应式页面时。由于这些原因，除了标准的距离单元外，还有几种方法来设置字体大小。

首先，可以使用一组已定义的关键字，浏览器会根据用户的字体设置将这些关键字映射到物理单位。

- xx-small
- x-small
- small
- medium
- large
- x-large
- xx-large

这些关键字可以设置字体大小，同时也允许用户根据需要增加或减小字体大小。此外，还可以使用另外两个关键字来设置相对于父元素字体大小的字体大小。

- smaller
- larger

这些关键字将根据父元素关键字对应的字体大小来调整字体大小。例如，如果父元素使用 small，那么使用 larger 就等同于选择了 medium。此外，也可以使用父元素字体大小的百分比来表示字体大小。比如，设置 font-size:120%;，将会使字体大小比父元素的字体大小大 20%。

第 2 章也介绍了一些是相对单位的距离单位。例如，单位 em 是基于当前字体大小，而 rem 则是基于根元素的字体大小。还有一些是相对于视口的单位，比如 vh(视口高度的 1%)。

提示

有一篇比较好的文章提供了各种字体大小调整方法的示例：https://css-tricks.com/ almanac/properties/f/font-size/。

粗细

font-weight 特性用来设置粗体字体，它支持两个值：normal(默认值)和 bold。此外，也可以将其设置为一个特定值：100,200,300,400,500,600,700,800 或 900。大多数字体都支持 normal 和 bold 字体，但它们可能并不都支持所有的 9 种粗细版本。对于那些仅支持 normal 和 bold 的字体而言，值 100~500 与 normal 相映射，而 600~900 则与 bold 相映射。而对于那些支持更精确值的字体来说，关键字 normal 映射到值 400，bold 映射到 700。

同样，也可以使用相关的关键字来相对于父元素的字体设置字体粗细。如果使用 lighter，则会让字体比父元素字体更细，而 bolder 则刚好相反。为了演示大小和粗细的相对值，请考虑一下下面的标记。

```
<p class="relative">
    This is going to be big, <strong>big, <strong>big</strong></strong>.
</p>
```

该标记在一个 strong 元素中嵌套了另一个 strong 元素。第 5 章曾经讲过，这样做的语义含义是嵌套 strong 元素的文本确实很重要。为此，下面的 CSS 规则充分考虑了这个含义：

```
.relative {
    font-family: Arial;
    font-size: medium;
}
strong {
    font-size: larger;
    font-weight: bolder;
}
```

第一条规则仅选择了字体，并将字体大小设置为 medium。第二条规则使用了大小和粗细的相对值 larger 和 bolder。通过应用这两条规则，嵌套的 strong 元素将应用两次 larger 和 bolder 值。最终结果如图 11-2 所示。

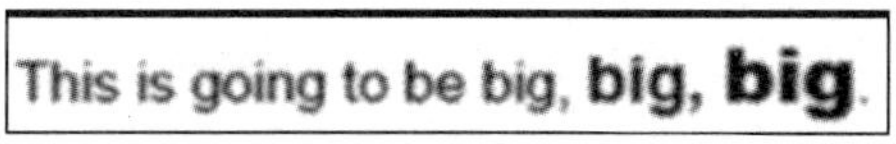

This is going to be big, **big**, **big**.

图 11-2　演示相对大小和粗细

颜色

字体颜色是通过 color 特性设置的。第 2 章已经介绍了各种颜色单位，在附录 C 的参考资料中总结了这些值。还可以设置 opacity 特性，为其分配从 0 到 1 的一个数字，其中 1 表示完全不透明，而 0 表示透明。此外，可以通过 rgba()或 hsla()函数设置 color 和 opacity 特性。

字距调整

通常，每个字符都占用了一个由矩形所定义的空间。如果使用按比例间隔的字体，那么每个字符的宽度都不一样。然而，一些字符实际上更像三角形；字母 A 和 V 就是最典型的代表。如果将这些字符结合在一起，例如 VA，并且仍然使用矩形模型来分配空间，那么在字符之间就会出现额外的空间。另一个示例是在诸如 T 或 Y 之类头重脚轻字符旁边添加句点或逗号。

字距调整(kerning)是为了保证字符之间的间距更一致而用来删除额外空间的一项功能。它由 font-kerning 特性所控制，所支持的值如下所示。

- auto——这是默认值，允许浏览器确定何时使用字距调整功能。在大多数情况下，该功能是启用的；然而，对于较小的字体大小，浏览器通常将其关闭。
- normal——迫使字距调整功能始终处于启用状态。
- none——关闭字距调整功能。

解释字距调整效果的最好方法是使用一个示例。下面所示的标记包含了两个带有相同字符的段落；第一个段落包含了 kerning 类，而第二个段落包含了 noKerning 类。

```
<p class="kerning">T,VAY. - with kerning</p>
<p class="noKerning">T,VAY. - w/o kerning</p>
```

下面所示的 CSS 规则将较大的 serif 字体分配给这两个段落，同时根据 class 特性设置 font-kerning 特性。最终的显示结果如图 11-3 所示。

```
.kerning, .noKerning {
    font-family: serif;
    font-size: 48px;
}
.kerning {
    font-kerning: normal;
}
.noKerning {
    font-kerning: none;
}
```

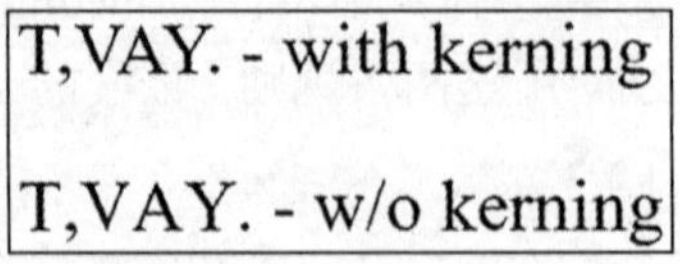

图 11-3　演示字距调整

请注意，当启用了字距调整功能时，V、A 和 Y 字符的矩形产生了重叠。此外，句号和逗号也更靠近字符 T 和 Y。

拉伸

字体大小描述了字体的高度，而不是宽度。一些字体提供了多个带有不同字符宽度的版本。较宽的字体被称为拉伸(stretched)，而变窄字体被称为压缩(condensed)。可以使用 font-stretch 特性来控制宽度。可定义的值如下所示。

- ultra-condensed

- extra-condensed
- condensed
- semi-condensed
- normal
- semi-expanded
- expanded
- extra-expanded
- ultra-expanded

某些特定的字体可能并不支持所有的选项，此时，浏览器将选择一个最接近请求值的可用宽度。而对于那些仅支持一种宽度的字体，该特性没有任何作用。例如，下面的标记包含了两个段落：一个带有 stretched 类，另一个带有 condensed 类。而 CSS 规则选择了 Arial 字体，并对这两个类应用了 font-stretch 特性，结果如图 11-4 所示。

```
<p class="stretched">stretched</p>
<p class="condensed">condensed</p>

.stretched, .condensed {
    font-family: arial;
    font-size: 48px;
}
.stretched {
    font-stretch: extra-expanded;
}
.condensed {
    font-stretch: extra-condensed;
}
```

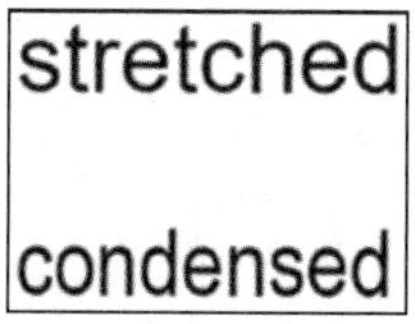

图 11-4　演示 font-stretch

各种大写字母

font-variant-caps 特性允许使用大写字母来标记小写字符。IE 或 Edge 并不支持该功能。同时也会受到字体功能的限制。该特性支持以下值。

- all-petite-caps——小写和大写字符都使用细小大写字母。如果不支持，则使用小型大写字母。
- all-small-caps——小写和大写字符都使用小型大写字母。
- normal——这是默认值，表示禁用大写字母。
- petite-caps——只有小写字符使用细小大写字母；如果不支持，则使用小型大写字母。
- small-caps——针对小写字符使用小型大写字母，而大写字符则使用正常字母。

- titling-caps——针对小写和大写字符使用特殊字形，当文本长时间地使用大写字母时，该特性是非常有用的。如果不被支持，则忽略该特性。
- unicase——混合使用小型大写字母和小写字母。该特性会导致大写字符与小写字符一样的大小。

为了快速演示一下相关特性，下面的标记包含了一个带有 smallCaps 类的段落，而 CSS 将 font-variant-caps 特性设置为 small-caps。在大多数浏览器上所显示的结果如图 11-5 所示。

```
<p class="smallCaps">Using Small Capitals</p>

.smallCaps {
    font-size: x-large;
    font-variant-caps: small-caps;
}
```

USING SMALL CAPITALS

图 11-5　演示小型大写字母

数字

font-variant-numeric 特性提供了控制特定数值内容呈现方式的能力。例如，可以使用上标来显示序号(比如 1st、2nd 和 3rd)。同样，可以以对角线($^1/_2$)或堆叠的方式显示分数。目前，IE、Edge 或 Safari 都不支持该特性。此外，该特性还要求字体支持这些特殊字形。

我发现对角线分数似乎可以正常使用，但其他功能大部分时间都无法使用。如果想要进一步研究这些内容，Mozilla 对 W3C 推荐的选项做了很好的解释：https://developer.mozilla.org/en-US/docs/Web/CSS/font-variant-numeric。

可以使用下面所示的标记和 CSS 来演示对角线分数，呈现结果如图 11-6 所示。

```
<p class="diagonal">1/2 2/3 3/4 4/5</p>

.diagonal {
    font-family: Verdana;
    font-size: xx-large;
    font-variant-numeric: diagonal-fractions;
}
```

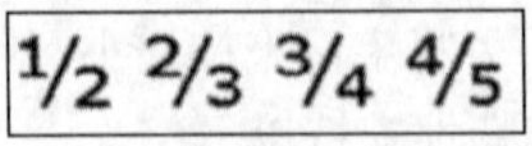

$^1/_2$ $^2/_3$ $^3/_4$ $^4/_5$

图 11-6　演示对角线分数

功能设置

font-feature-settings 特性提供了低级别访问，以控制特定字体的高级功能。可以通过设置特定字体的配置值来修改 OpenType 字体功能。但是请注意，只有当通过其他特性无法实现所需效果时，才应使用 font-feature-settings 特性。有一篇关于该特性的好文章：https://css-tricks.com/almanac/properties/f/font-feature-settings/。请在使用之前检查一下你所使用的字体支持哪些功能。

11.1.4 简写符号

在第 2 章曾经讲过，通过使用简写符号可以在单个声明中设置多个特性。font 特性就是最好的示例。可以使用单个声明设置下面的特性。

- font-family
- font-size
- font-weight
- font-style
- font-stretch
- font-variant
- line-height（本章稍后解释）

然而，也存在一些限制。比如，font-family 和 font-size 是必需的；而其他特性是可选的。font-family 特性必须在最后列出。如果指定了 font-weight、font-style 或 font-variant，那么它们必须出现在 font-size 之前。如果违反任何一条规则，整个声明就会被忽略。如果指定了 line-height 特性，那么它必须出现在 font-size 特性后面，并以斜线(/)字符分开。

警告

font-stretch 特性相对来说是比较新的，可能许多浏览器都不支持。如果不被支持，并且简写符号中包含了该特性，那么整个声明都会被忽略。为此，不应该在简写符号中包括font-stretch，而是应该单独指定。

当使用简写符号时，可以使用一些已定义的关键字来设置所有字体特性，以便匹配操作系统使用的字体。这些支持的字体值包括：

- caption
- icon
- menu
- message-box
- small-caption
- status-bar

例如，设置 font:icon;将使用与桌面图标相匹配的字体。

提示

Google 在下面的文章中很好地概述了字体的相关内容：https://developers.google.com/fonts/docs/getting_started。此外，还演示了一些高级技术，比如字体效果。但是请注意，许多技术只被 Chrome 所支持；但该文章仍然提供了许多有用的信息。

11.2 文本格式化

可以通过使用 CSS 特性来控制如何格式化文本，比如对齐和缩进。还可以使用阴影和其他效果来装饰文本。

11.2.1　水平对齐

text-align 特性定义了文本在所在块中水平对齐的方式。主要的值包括 left、right、center 和 justify，它们的工作方式就像你所期望的那样。此外，还有两个新值 start 和 end，目前 Edge 还不支持这两个值。对于从左向右读的语言来说，start 值等同于 left，但对于从右向 左读的语言来说，则是右对齐。如果使用了 justify 值，那么可以使用 text-justify 特性指定 调整方法。默认方法是在单词之间添加空格。目前很多浏览器都不支持 text-justify 特性。

11.2.2　缩进

text-indent 特性指定了块的第一行应该如何缩进(或凹陷)。该值是以绝对或相对单位输 入的距离。负数值表示第一行左缩进。此外，还可以使用百分数，即包含块的宽度百分比。

11.2.3　溢出

如果文本不能换行到下一行，就会溢出水平空间。本章的后面将会介绍换行特性。当 出现了溢出现象，并且 overflow 特性未被设置为 visible 时，溢出的文本部分就会被隐藏。 text-overflow 特性指定了浏览器应该如何处理这些情况。可以使用两个关键字 clip 和 ellipsis。clip 值只是简单地裁剪文本，而 ellipsis 值会在块中包含一个省略号(…)，表明有更 多的文本无法显示。这样就可以减少显示的文本数量。

注意

针对该特性的 W3C 规范提供了一个或两个参数。如果指定了单个参数，则表明在块的右 边要做什么。如果指定了两个参数，则分别指定了左边和右边要做什么。目前只有 Firefox 支 持两个参数的版本。

为了演示该特性，下面的标记包含了一个相当长的单词。首先 CSS 规则设置了一个固 定 width，并将 overflow 设置为 hidden。最后使用 text-overflow: ellipsis;指定应该显示一个 省略号。最终的结果如图 11-7 所示。

```
<p class="overflow">Supercalifragilisticexpialidocious</p>

.overflow {
font-size: large;
border: 1px solid black;
width: 150px;
overflow: hidden;
text-overflow: ellipsis;
}
```

Supercalifragilisti…

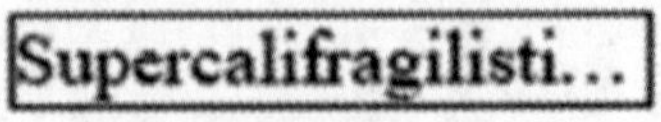

图 11-7　设置 text-overflow 特性

11.2.4 引号

在几种情况下，引号是由浏览器自动创建的。最常见的情况是在使用引用(q)元素时。此外，浏览器还会检测何时有嵌套的引用元素。例如：

```
<q>What do you mean <q>I can't believe he said <q>No</q></q>?</q>
```

此时，在外部引用中使用了双引号，而在内部引用中使用了单引号。最终的显示为""What do you mean 'I can't believe he said' No"?"。然而，可以通过使用 quotes 特性控制作为引号使用的字符。例如，下面的 CSS 规则告诉浏览器针对外部引用使用大括号，而对于内部引用则使用方括号。该 quotes 特性提供了四个字符串值；前两个用于外部引号，后两个用于内部引号。

```
* {
    quotes: "{" "}" "[" "]"
}
```

其他需要输入引号的情况还包括使用了::before 和::after 伪元素。为了进行演示，下面的标记包含了一个带有嵌入引用的段落。

```
<p class="quote">He said, <q>Eureka!</q></p>
```

然后，下面的 CSS 规则使用了伪元素在文本之前和之后添加了引号。如第 9 章所述，content 特性指定了应将什么内容附加或添加到所选元素。此时，被设置为 open-quote 和 close-quote 关键字。

```
.quote::before {
    content: open-quote;
}
.quote::after {
    content: close-quote;
}
```

通过使用上述 CSS 规则，两个示例的最终显示如图 11-8 所示。

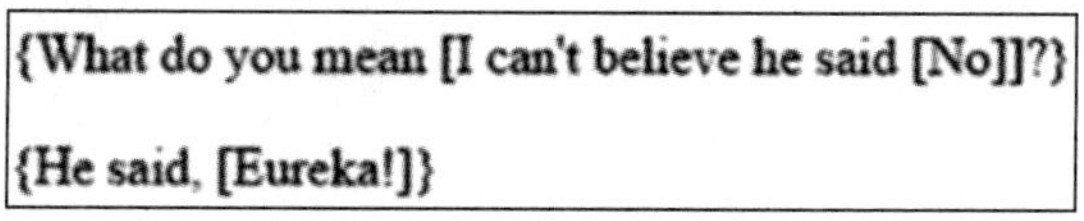

{What do you mean [I can't believe he said [No]]?}

{He said, [Eureka!]}

图 11-8　演示引号特性

请注意，围绕 Eureka!周围的引号使用了内部标记。因为引号是通过伪元素添加的，所以浏览器将 quote 元素视为嵌套在外部引号内。在伪元素中，如果使用的是 no-open-quote 和 no-close-quote 关键字，则不会显示外部引号，但 quote 元素仍然被视为嵌套在内部引号中的。

11.2.5 阴影

如果想要实现有趣的效果，可以使用 text-shadow 特性为文本添加阴影。该特性接收一个颜色值以及三个距离值。颜色值可以是第一个或者最后一个值。从技术上讲，该值是可选的；然而，为了获得最大的支持，还是应该包含该值。如果没有指定颜色，一些浏览器就不会显示阴影，比如 Safari。而大多数浏览器将颜色默认为文本颜色。

三个距离值分别是 x 偏移量、y 偏移量以及模糊半径(blur radius)，它们必须按照上述顺序提供。模糊半径定义了原始文本图像散布的距离。模糊半径越大，阴影就越宽越亮。该值是可选的，默认为 0。x 和 y 偏移量值是必需的，表明了阴影相对于文本的位置。正值将右移；负值将左移和上移。

为了演示文本阴影的各种效果，下面的标记包含了三个带有相同文本和不同类值的段落。针对每个类都定义了一个不同的 CSS 规则(针对 text-shadow 特性使用了不同的值)。最终的结果如图 11-9 所示。

```
<p class="shadow">This text has shadows</p>
<p class="background">This text has shadows</p>
<p class="blurred">This text has shadows</p>

.shadow {
    font-size: xx-large;
    text-shadow: 10px 5px 1px gray;
}
.background {
    font-size: xx-large;
    text-shadow: 0px 0px 5px gray;
}
.blurred {
    font-size: xx-large;
    text-shadow: 10px 5px 10px gray;
}
```

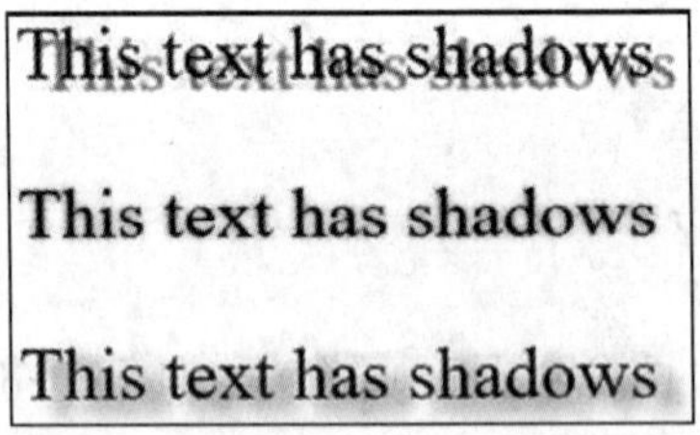

图 11-9　演示文本阴影

11.2.6　大小写

text-transform 特性用来强制文本大小写。它仅影响浏览器上字符的呈现方式；而在 DOM 中文本仍然保持原始值。text-transform 特性支持以下值：

- capitalize——将每个单词的首字母转换为大写。然而，请注意，该值并不支持标题栏，标题中间诸如 "a" 或 "the" 之类的单词不会大写。
- uppercase——将所有字符转换为大写。
- lowercase——将所有字符转换为小写。
- none——不进行任何更改(使用该值覆盖前面的规则)。

警告

一些语言有自己独特的大小写规则，浏览器在这方面的支持也有所不同。有些情况下可以正确处理，但有些情况下则无法处理。

11.3　间距和对齐

可以使用 CSS 特性控制 HTML 文档中的文本间距。此外，还可以定义浏览器处理内容中空白字符的方法。通过 vertical-align 特性，可以完成内联元素的垂直对齐。

11.3.1　基本间距

可以使用三个简单的 CSS 特性来控制字母、单词以及行之间的空间。这些特性不需要过多的解释，所以在此只做简要描述。

- letter-spacing——如果是正值，则创建字符之间的额外空间，若为负值，则删除空间，并可能产生重叠。所有的距离单位都是允许的(除了百分数之外)，包括绝对值(比如像素)以及相对单位(比如 em、rem 和 vw)。其默认值为 normal，也就是说允许字体执行标准间距，包括调整方法。
- word-spacing——影响单词和内联元素之间的空间。可以使用任何距离单位；但只有 Firefox 支持百分数。可以是绝对或相对值，但不支持负值。默认值为 normal。
- line-height——指定每行文本的垂直空间。默认值为 normal，比字体大小大约大 20%。可以将 line-height 指定为一个数字(比如 1.2)或者一个百分数(比如 120%)，然后将该数乘以字体大小或距离单位，如 20px 或 3em。应该避免使用距离单位，因为可能产生意料之外的结果。此外，还可以使用前面介绍的 font 简写符号来设置该特性。

11.3.2　处理空白

在第 1 章曾经讲过，空白字符通常被忽略，并且这是浏览器的默认行为，除非空白字符包含在 pre 元素中。然而，通过使用 white-space 特性，可以更改空白字符的处理方式。该特性支持以下值：

- normal——这是默认值。此时，空白字符序列被折叠成单个空格，而换行符则被视为一个空格。文本仅在需要时换行，以填充块。
- nowrap——空白被折叠，但文本不会换行。
- pre——与 pre 元素的功能相类似；保留空白字符，文本仅在换行符处换行。
- pre-wrap——功能与 pre 值相类似，只不过文本只在需要时换行，以填充块。
- pre-line——与 normal 值一样，空白字符被折叠，但文本可以在碰到换行符时换行，也可以在需要时换行，以填充块。

为了演示该特性，使用了第 4 章介绍的由 Henry Wadsworth Longfellow 所作的诗。此时，该诗被放置在一个普通的段落元素中，而不是预格式化元素，但通过使用 CSS 可以实现相同的效果。

```
<p class="whitespace">I heard the bells on Christmas Day
Their old, familiar carols play,
    And wild and sweet
    The words repeat
Of peace on earth, good-will to men!</p>
```

如果仅使用默认样式，那么文本会显示在单行，或者根据窗口的宽度在必要时换行。然而，下面所示的 CSS 规则将其处理为一个预格式化文本，如图 11-10 所示。

```
.whitespace {
    font-family: monospace;
    white-space: pre;
}
```

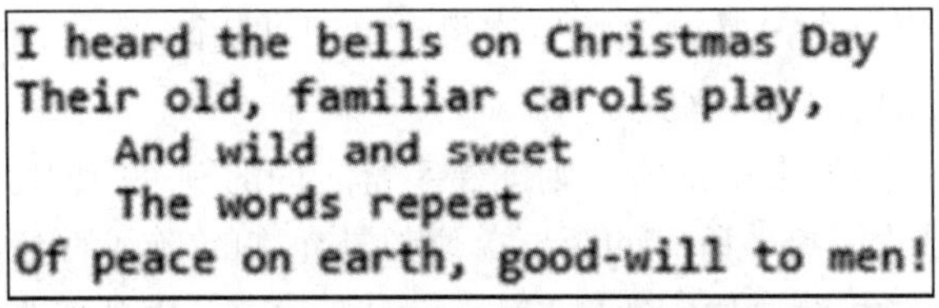

图 11-10　在 CSS 中处理预格式化文本

11.3.3　垂直对齐

垂直对齐可能有些棘手。虽然可以使用 vertical-align 特性实现垂直对齐，但其行为通常并不是很直观。它主要适用于表格单元格(第 13 章介绍)。而对于其他内容，则仅适用于 inline 和 inline-block 元素。对于 inline 内容(包括 inline-block)，可以定义下面的值：

- baseline——元素的基线与父元素的基线对齐。
- bottom——元素的底部与当前行的底部对齐。
- middle——该值可能与你想象的略有不同；元素的中间与父元素的基线加上父元素中字母 x 的高度的一半对齐。
- sub——基线与父元素的下标基线对齐。
- super——基线与父元素的上标基线对齐。
- text-bottom——元素的底部与父元素的底部对齐。
- text-top——元素的顶部与父元素的顶部对齐。
- top——元素的顶部与当前行的顶部对齐。
- 可以使用绝对或相对单位输入一个距离单位，该值可根据父元素基线调整元素基线。此外，还可以使用百分数，该数将与行高相乘。同时负数也是允许的。

除了 top 和 bottom 值之外，其他值的对齐方式都是基于父元素的。为了演示这一点，使用了下面的标记将两个 span 元素放置到一个段落元素中。

```
<p id="Align">
    X
    <span class="large">Large </span>
```

```
    <span class="small">Small</span>
    X
</p>
```

该段落元素是父元素，为了可以以可视化的方式看到 span 元素参照的父元素的位置，特意在 span 元素的前后添加了一个"X"。然后，创建了三条 CSS 规则。第一条规则定义了父元素的字体。

```
#Align {
    font-family: Verdana;
    font-size: 36px;
}
.large {
    font-size: 48px;
    vertical-align: text-bottom;
}
.small {
    font-size: 24px;
    vertical-align: text-top;
}
```

接下来的两条规则设置了 span 元素的字体大小以及 vertical-align 特性。其中较大的字体与底部对齐，而较小的字体与顶部对齐。结果如图 11-11 所示。

图 11-11　演示垂直对齐

你可能注意到了，文本显示并不完全符合你的期望。这是因为浏览器计算基线的方法以及其他用来执行对齐的因素的不同所导致的。如果想要进一步了解这些内容，可以参考一篇好文章：http://christopheraue.net/2014/03/05/vertical-align/。

在第二个示例中，将在文本元素旁边对齐一个固定大小的 div 元素。在下面所示的标记中，有两个带有 align 类的 div 元素，同时在每个 div 元素中包含一个带有 box 类的空 div 元素以及一个带有一些文本的 span 元素。

```
<div class="align">
    <div class="solid box"></div>
    <span>Solid Box</span>
</div>
<br />
<div class="align">
    <div class="outline box"></div>
    <span>Outline Box</span>
</div>
```

下面所示的 CSS 规则使第一个内部 div 具有实心的正方形，而第二个具有空心的正方形。所有的盒子 div 和 span 元素的 vertical-align 特性都被设置为 middle。最终结果如图 11-12 所示。

```
.align {
    display: inline-block;
```

```
        font-size: 48px;
    }
    .box {
        display: inline-block;
        height: 10px;
        width: 10px;
        border: 1px solid black;
        vertical-align: middle;
    }
    .solid {
        background-color: black;
    }
    .align>span {
        vertical-align: middle;
    }
```

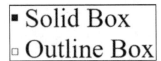

图 11-12　对齐文本框

11.4　break

可以使用一些 CSS 特性来控制何时进行换行和分页。页面分页符常用在打印文档时。

11.4.1　单词换行

overflow-wrap 特性确定插入换行符的位置，以便为了使用容器的宽度而换行文本。其中，normal 值表明换行只能在单词之间、wbr(word-break opportunity，单词换行时机)元素中或者硬或软连字符上发生。这些内容在第 5 章已经介绍过。break-word 值表明一个单词可以为了适应给定的空间而在任何位置换行。

警告

虽然 word-wrap 特性被大多数浏览器所支持，但目前已经被 overflow-wrap 所取代。虽然 word-wrap 特性可能还会被支持很长一段时间，但还是应该尽量使用 overflow-wrap。

此外，还有一个与 overflow-wrap 相类似的额外 word-break 特性。它支持 normal 和 break-all 值，这两个值分别等同于 overflow-wrap 的 normal 和 break-word 值。word-break 特性还支持一个仅应用于中文、日文和韩文的 keep-all 值。在不同的浏览器和上下文中，overflow-wrap:break-word;和 word-break:break-all;的行为略有不同。除非你使用了这些特殊的语言，否则我建议使用 overflow-wrap 特性。

当在一个单词中间插入一个换行符时，你可能希望在行尾添加一个连字符，以表明该单词是连续的。hyphens 特性控制何时出现连字符，它支持以下值：

- none——当换行一个单词时，不使用连字符。

- manual——只有当硬或软连字符存在于单词换行的位置时，才使用连字符。
- auto——默认值。它与 manual 相类似，只不过当一个特定语言的资源认为使用连字符合适时，也可以添加一个连字符。当然，这依赖于特定语言的支持，目前这种支持是有限的。因此在大多数情况下，auto 的功能与 manual 是一样的。

11.4.2 分页符

当呈现要打印的 HTML 时，可以控制分页符生成的方式。可以使用三个特性：

- page-break-after——标识要在元素末尾应用的规则。
- page-break-before——指定应该在元素前面应用的任何分页规则。
- page-break-inside——标识是否允许分页符出现在元素内部。

对于每一个特性，默认值都是 auto，即没有定义任何规则；此时，浏览器通常在页面的末尾分页到一个新的页面。page-break-inside 特性还支持另外一个值 avoid。该值可以防止在特定元素中间出现分页符。例如，如果不想在 header 元素中间分页，可以创建下面的规则：

```
header {
    page-break-inside: avoid;
}
```

除了 auto 和 avoid 之外，另外两个特性 page-break-before 和 page-break-after 还支持下面的值：

- always——在元素之前(或之后)始终应该创建一个分页符。
- left——工作原理与 work 值相类似，但不同的是它可能会产生一个或两个分页符并强制下一页为左侧页。
- right——与 left 值相类似，只不过强制下一页是右侧页。

可以使用 page-break-before 特性强制每个 h1 元素开始一个新页面。此外，根据文档的结构，还可以对 section 或 article 元素完成相同的操作。

警告

这些分页符特性可以被通用的中断特性所取代。例如，page-break-after 被 break-after 所取代。但在编写本书时，很多浏览器都不支持这些新特性。

11.5 光标

当鼠标在 Web 页面上移动时，光标的形状提供了重要的反馈。例如，当悬停在一个链接上时，光标通常变为一个手指指向的手。设置光标形状非常简单，可以使用 cursor 特性并选择一个预定义关键字。例如：

```
a {
    cursor: pointer;
}
```

在此并不打算列出所有的选项，你可以阅读下面的文章，其中列出了所有的选项并给出了示例图像：https://developer.mozilla.org/en-US/docs/Web/CSS/cursor。此外，你也可以将鼠标放到这些示例上，实际看一下在自己的操作系统上鼠标形状会变成什么样子。光标是由操作系统控制的，所以实际形状控制将取决于你使用的操作系统。

还可以通过指定一个图像文件的 URL 来定义自己的光标。当使用自定义光标时，应该包含一个预定义关键字作为图像文件不支持时的后备。多个光标的定义如下所示：

```
a {
    cursor: url(custom.png), url(fallback.cur), crosshair;
}
```

11.6　小结

在本章学习了如何使用 Web 安全字体和 Web 字体以及如何配置可以通过 CSS 进行控制的各个方面。通过使用一些 CSS 特性，可以很好地控制文本的排列方式。在下一章，将介绍如何使用边框和背景来增强 HTML 文档内容。

第 12 章

■ ■ ■

边框和背景

12.1　边框

在前面章节的某些示例中，在一些元素的周围添加了边框，其目的是更容易地看到分配给元素的空间，比如使用了下面的 CSS 规则：

```
border: 1px solid black;
```

该规则使用了简写符号设置边框的三个主要方面：宽度、样式和颜色，其效果等同于独立设置每个特性：

```
border-width: 1px;
border-style: solid;
border-color: black;
```

12.1.1　基本样式

共有八种边框样式，如图 12-1 所示。所有主要的浏览器都支持这些样式，虽然每种浏览器实现的过程有所不同。

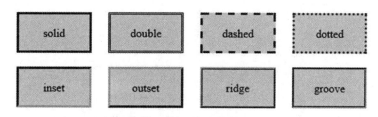

图 12-1　基本边框样式

为了创建上面的演示效果，使用了下面的标记创建了八个 div 元素，而每个 div 元素带有一个 box 类特性以及针对每种样式的特定类。

```
<section>
    <div class="box solid">solid</div>
    <div class="box double">double</div>
    <div class="box dashed">dashed</div>
    <div class="box dotted">dotted</div>
    <div class="box inset">inset</div>
```

```
    <div class="box outset">outset</div>
    <div class="box ridge">ridge</div>
    <div class="box groove">groove</div>
</section>
```

为了更容易地看到效果，可以使用下面的样式规则为这些元素设置固定大小、背景颜色以及文本居中显示。

```
section {
    background-color: lightyellow;
}

.box {
    display: inline-block;
    width: 100px;
    height: 50px;
    margin: 10px;
    background-color: lightblue;
    text-align: center;
    line-height: 50px;
}
```

然后，下面所示的规则使用类选择器设置边框样式；而宽度和颜色都没有指定，允许浏览器使用默认值。

```
.solid { border-style: solid; }
.double { border-style: double; }
.dashed { border-style: dashed; }
.dotted { border-style: dotted; }
.inset { border-style: inset; }
.outset { border-style: outset; }
.ridge { border-style: ridge; }
.groove { border-style: groove; }
```

默认宽度为 3px，默认颜色为黑色(针对简单样式)。然而，最后四种样式使用多种颜色实现了 3D 效果。为了显示得更清晰一点，将这种 3D 效果添加到盒子选择器，从而使边框更宽了。结果如图 12-2 所示。

```
border-width: 12px;
```

图 12-2　使用更宽的边框

此外，还可以调整颜色，如下所示：

```
border-color: green;
```

对于前四种样式，由于使用的是纯色，因此 border-color 特性的工作方式与你所期望的一样。然而，3D 样式使用了明暗组合创建了阴影效果。当指定颜色时，大多数浏览器针对明亮的部分使用所指定的颜色，而对于阴影区域则使用黑色。例如，Chrome 的显示结果如图 12-3 所示。

图 12-3　在 Chrome 中使用 3D 和颜色

在我看来，这种做法会降低 3D 效果，并且看起来不太真实。相反，Firefox 使用了指定颜色的浅色和深色，从而实现了更好的效果，如图 12-4 所示。

图 12-4　Firefox 中使用 3D 和颜色

12.1.2　单个边

每一个特性(border-style、border-width 和 border-color)实际上都有一个简写属性。可以独立指定每个边的特性，例如：

```
.solid {
    border-top-width: 3px;
    border-right-width: 6px;
    border-bottom-width: 9px;
    border-left-width: 12px;
}
```

此外，针对每个边也可以使用简写符号，从而在单个声明中指定宽度、样式和颜色，如下所示：

```
.double {
    border-top: 3px solid red;
    border-right: 6px dashed blue;
    border-bottom: 9px dotted green;
    border-left: 12px double orange;
}
```

警告

只是因为你可以，但并不意味着你应该。CSS 语法提供了很大的灵活性来控制边框特性。然而，作为一般的设计原则，一个边框的所有边应该保持一致。当混合使用边框特性时，就会看到如图 12-5 所示的不佳效果。如果没有一致应用，3D 效果将会完全失效。

图 12-5　混合使用边框特性

为了更好地演示如何使用单个边框特性，创建了一个新段落，并应用了下面所示的 CSS 规则：

```
<p class="standOut">Make this stand out!</p>

.standOut {
    border-top: 2px solid black;
    border-bottom: 2px solid black;
    display: inline-block;
    text-align: center;
    font-size: xx-large;
}
```

此时，仅使用实边框设置了顶部和底部，也就是说在文本的上面和下面添加了一条线，如图 12-6 所示。

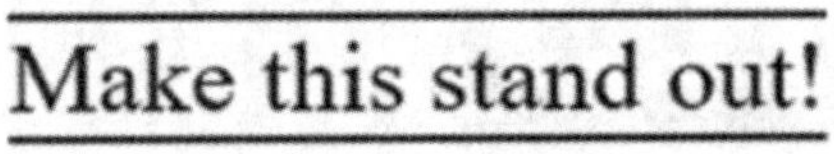

Make this stand out!

图 12-6　仅使用顶部和底部边框

12.1.3　半径

通过设置 border-radius 特性，可以非常容易地创建圆角。例如，为了将所有四个角都设置为 5px 半径的曲线，可以使用下面的代码：

```
border-radius: 5px;
```

实际上，这也是一个简写特性；也可以设置单个值。然而，半径仅应用于角，而不是边，所以单个特性如下所示：

- border-top-left-radius
- border-top-right-radius
- border-bottom-right-radius
- border-bottom-left-radius

还可以在单个 border-radius 声明中指定多个值。如前所示，传入单个值将调整所有四个角。当传入两个值时，第一个值应用于左上角和右下角，第二个值应用于右上角和左下角。如果传入了三个值，第一个应用于左上角，第二个应用于右上角和左下角，最后一个应用于右下角。如果传入四个值，则每个值应用于不同的角，从左上角开始按顺时针依次设置。

为了演示该过程，将下面的声明添加到盒子类选择器中。该声明将左上角和右下角的半径设置得比另外两个角要大。最终结果如图 12-7 所示。

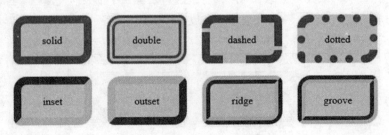

图 12-7　应用不同的角度半径

```
border-radius: 20px 10px;
```

实际上，每个角有两个半径：一个位于水平方向，另一个位于垂直方向。如图 12-8 所示。

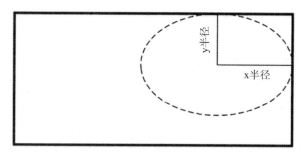

图 12-8　解释椭圆角

如前面示例所示，如果仅提供了单个值，那么该值将用作半径 x 和 y，此时，边框形状就是一个圆形，而输入两个值的语法是使用字符"/"分割两个值。例如：

```
border-radius:5px/10px;
```

如果想要针对每个角指定不同的半径，那么首先指定 x 值，然后添加"/"，随后输入 y 值。可以针对 x 半径和 y 半径输入值 1~4。不必对 x 和 y 使用相同的数值。例如，可以为 x 提供单个值，而为 y 提供四个值；或者相反。演示一下，下面一组声明：

```
border-radius: 20px 10px 5px / 5px 10px;
```

等同于：

```
border-top-left-radius: 20px / 5px;
border-top-right-radius: 10px / 10px;
border-bottom-right-radius: 5px / 5px;
border-bottom-left-radius: 10px / 10px;
```

在上面的示例中，半径被指定为一个绝对长度；然而，也可以指定为元素的百分数，其中一个有趣的应用是以百分数的形式设置半径，如下声明所示，显示结果如图 12-9 所示。

```
border-radius: 50% / 50%;
```

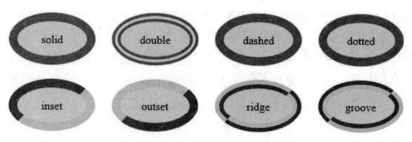

图 12-9　使用椭圆边框

12.1.4　使用图像

除了八种标准的边框样式之外，还可以使用图像提供更加灵活的视觉效果。通过使用

border-image-source 特性来指定图像文件：

```
border-image-source: url(pattern.png);
```

切割

虽然图像文件的大小是固定的，但正在进行边框处理的元素却可能根据内容缩小或增长。此外，还可能为拥有不同形状和大小的元素应用图像边框。为了有效地处理这些情况，避免扭曲图像，可以将图像文件切割(sliced)成数块，然后再重新组装。可以使用指定的偏移量值将边框图像切割成 9 个区域，如图 12-10 所示。

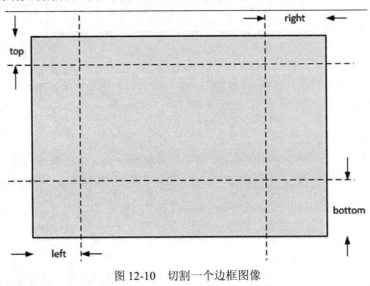

图 12-10　切割一个边框图像

这些偏移都是通过 border-image-slice 特性指定的，分别提供了顶部、右边、底部和左边的值：

```
border-image-slice: 20 25 30 35;
```

所指定的值是不带单位的数字；这些数字将被解释为位图图像中的像素以及光栅图像(比如 SVG)的坐标。也可以以百分数的形式指定这些值，表示整个图像宽度(或高度)的一部分。在典型的 CSS 样式中，所提供的值可以少于四个。单个值将应用于所有四个偏移。如果提供了两个值，那么第一个值用于顶部和底部，第二个值用于左边和右边。如果提供了三个值，那么第一个值为顶部偏移，第二个值为左边和右边偏移，第三个值为底部偏移。还可以在值列表中的任何位置包含关键字 fill。如果省略，图像的中心部分将被丢弃。如果指定了填充，则该中心将用作背景。

分配

现在，已经拥有了图像的 8(或 9)个切片，接下来可以定义如何使用它们创建一个边框。第一步是为边框分配空间。最简单的方法是定义一个透明颜色的普通实心边框，如下所示：

```
border: 35px solid transparent;
```

虽然上述声明并不会添加一个可见边框，但在现有元素的周围定义了一个 35 像素宽的空间。随后的边界特性将应用于此空间。或者也可以使用 border-image-width 特性来进行调整：

```
border-image-width: 35px;
```

该声明同样分配了一个 35 像素宽的空间，但两者之间存在一个非常重要的区别。border 特性是在元素之外分配空间。例如，如果元素是一个 100 像素宽的正方形，那么添加边框会将所使用的空间增加到 170 像素。而 border-image-width 特性则是在元素之内分配空间。相同的 100 像素宽的正方形现在只有 30 像素可用来显示实际内容，但可以通过使用 border-image-outset 特性进行调整。

```
border-image-outset: 35px;
```

该代码使每个边的位置向外移动；左边缘向左移动指定距离，右边缘向右移动，以此类推。现在，元素的实际内容恢复到起初的 100 像素正方形。然而，此时又产生了另一个问题：border-image-outset 特性并没有在 DOM 中分配额外空间；相邻元素的位置不会改变，从而导致潜在的溢出状态。如果想要解决该问题，可以增加外边距。因此，需要添加下面的声明：

```
border-image-width: 35px;
border-image-outset: 35px;
margin: 35px;
```

提示

为了简单起见，为每个特性传递一个值来定义宽度、边框和外边距，也就是说，对四个边使用了相同的距离。可以按照前面所描述的那样指定两个、三个或者四个值。

就像我说的，使用 border 特性是最简单的方法。但是，不管使用哪种方法，都会在元素周围创建一个宽 35 像素的用来显示图像块的条状区域。

重新组装

返回到前面 8 或 9 个图像切片；现在可以将这些切片组装到分配的空间中。图 12-10 演示了如何将图像文件切割成多个区域。类似的过程也可以发生在正在进行边框处理的元素上。沿着元素边缘的窄条宽度由边框宽度定义，在本示例中为 35px。顶部和底部的条状区域由元素的宽度确定。同样，左右边缘的长度由元素高度确定。拐角部分由边框宽度定义：此时为一个 35 像素的正方形。

然后将对应的图像切片进行缩放以适应边框的空间。拐角处是比较好处理的。事实上，只要将切片的偏移设置为与边框宽度相同，就不需要进行缩放；拐角处也不会产生扭曲。然而，边缘通常需要进行相应的缩放，尤其是为不同大小的元素添加边框时。可以使用 border-image-repeat 特性解决该问题，该特性可以有以下值：

- stretch——图像文件的切片可以根据需要进行拉伸或收缩，以适应边框。如果切片偏移和边框宽度相同，那么只需要在一个方向上进行拉伸或收缩就可以了。
- repeat——切片根据需要重复多次，以填补空间，通常需要对最后的切片副本进行裁剪。

- round——切片可以像 repeat 选项那样被重复，如果无法完整平铺所有图像，则对图像进行缩放以适应空间。这样就可以防止显示部分切片副本。

为了演示该特性，使用了一个动画打印模式的图像文件(我认为这是一只美洲虎)，该图像将用作边框。下面所示的标记创建了一个简单的 div 元素：

```
<div class="pattern"></div>
```

CSS 规则首先设置一个固定宽度和高度，然后定义一个 35 像素的边框。此外，对于切片偏移也使用了 35 像素，所以拐角处不需要缩放。不管实际元素的大小，边缘切片仅在一个方向上进行缩放。如果图像被拉伸，那么可以很明显地知道所需使用的模式，所以此时使用了 repeat 选项。最终的 CSS 规则如下所示，呈现结果如图 12-11 所示。

图 12-11　使用 repeat 选项的图像边框

```
.pattern {
    width: 350px;
    height: 250px;
    margin: 10px;
    border: 35px solid transparent;
    border-image-source: url(pattern.png);
    border-image-slice: 35;
    border-image-repeat: repeat;
}
```

请仔细看一下边框，因为使用了 repeat 选项，边框是拼接在一起的。然而，因为该模式的一般随机性，所以拼接的效果看得不是很明显，除非放大图像。该示例演示了如何在 stretch、repeat 和 round 选项之间进行权衡。某些图像可能拉伸好，而某些图像可以重复好。

警告

图像边框并不支持圆角。如果对边框应用了 border-radius 特性，那么该元素虽然具有圆角，但其周围的实际可见边框却是方角。

为了进一步演示，将在图像周围设置一个边框。该图像是 George Washington 的著名画作，曾经在第 7 章中使用过。而边框使用了一个相框图像。下面显示了相关的标记和 CSS 规则。

```
<img src="G_Wash.jpg" alt="G. Washington" />

img {
    margin: 10px;
    width: 350px;
    border: 34px solid transparent;
    border-image-source: url("frame.jpg");
    border-image-slice: 34;
    border-image-repeat: stretch;
}
```

该 CSS 与第一个示例中的 CSS 相类似；仅指定了图像元素的宽度，所以该画保持原来的纵横比。边框的配置基本上也是相同的，只不过此时使用了 stretch 选项。四个角没有缩放，因为针对切片偏移和边框宽度都使用了 34px。边缘大部分是直线，因此沿着该维度拉伸不会出现扭曲。此外，还可以避免拼接，从而使图像更加真实。最终结果如图 12-12 所示。

图 12-12　使用 stretch 选项

12.1.5　渐变

对于最后一个边框选项，还可以使用颜色渐变。渐变允许颜色在一个区域上逐渐变化，通常用于背景，本章的后面将介绍相关内容。渐变也可应用于边框。主要有两种类型的渐变：

- linear——颜色从一个边(或角)向反方向变化。
- radial——颜色从中心向外扩散式变化。

从本质上讲，渐变的结果就是一张图片。它并不是一种可以下载的资源；然而，CSS 中任何可以使用图像的地方都可以使用渐变所生成的图像。如果想要使用渐变边框，需要将渐变定义为 border-image-source 特性的值。

线性渐变

你可能已经想象到，线性渐变是由一条被称为渐变线的线所定义，该线穿过元素的中心。如图 12-13 所示。渐变线被定义为从垂直轴顺时针方向测量的角度；图 12-13 所示的渐变线大约为 130°。线的方向也很重要；如果想要从右边的点开始，角度应该为 180°。

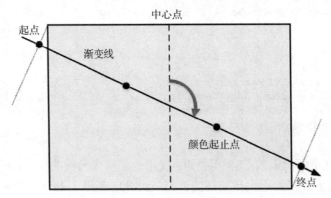

图 12-13　定义线性渐变

此外，还可以通过关键字 to 指定渐变线。在关键字 to 后面指定一个边(top、right、bottom 或 left)。to right 创建从左到右的水平渐变。如果想要创建对角线渐变，可以将结束角指定为一对边。例如，如果使用 to bottom left，那么渐变将从对面的角开始，即右上角到左下角。边的顺序无关紧要。

颜色是沿着渐变线指定的。至少应该指定起点和终点的颜色。此外，还可以指定一个或者多个颜色起止点(color stops)，这些颜色起止点被定义为起点和终点之间总距离的百分比。在这些起止点之间，颜色会逐渐变化。列举一个简单的示例，下面的标记创建了一个空的 div 元素以及将边框定义为线性渐变的 CSS 规则。

```
<div class="linear"></div>

.linear {
    width: 350px;
    height: 150px;
    margin: 10px;
    border: 35px solid yellow;
    border-image: linear-gradient(130deg, red, yellow 20%, green 80%, blue);
    border-image-slice: 1;
}
```

该规则创建了一个从红、黄、绿和蓝逐渐变化的线性渐变。然而，由于两个颜色起止点太靠近起点和终点了，因此大部分的颜色是位于黄色和绿色之间，在起点有一点红色，而在终点有一点蓝色。最终呈现结果如图 12-14 所示。

图 12-14　针对边框使用线性渐变

警告

一些浏览器可能并不支持渐变，所以应该提供一个可以设置纯色的后备功能。(目前, Safari 不支持边框渐变)。此时，应该将实心边框设置为一种颜色，而不是像前面的示例那样设置为 transparent，这样，当浏览器不支持渐变时就可以使用所设置的颜色。此外, border-image-slice 特性也是必需的，但可以将其设置为 1。由于渐变是根据元素的大小自动增长和收缩的，因此没有必要实际切割图像并重新组合。

径向渐变

径向渐变从中心点开始，颜色向外均匀变化。如图 12-15 所示。渐变结束时的最终形状可能是一个圆或者一个椭圆。与线性渐变类似，必须指定起点和终点颜色，此外，还可以在两点之间定义一个或多个颜色起止点。

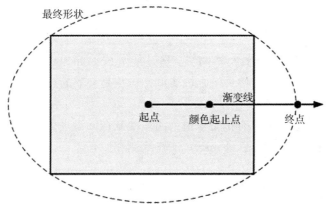

图 12-15　径向渐变

为了定义径向渐变，可以指定以下的详细信息：

- 最终形状——可以是 circle 或 ellipse；默认为 ellipse。
- 程度——渐变的最终大小由以下关键字确定：farthest-corner、farthest-side、closest-corner、closest-side。
- 起点位置——如果忽略，默认为元素的中心。可以指定为左上角的偏移量。
- 颜色起止点——0%表示起点，100%表示终点。

列举一个示例，下面的标记创建了一个空 div 元素，CSS 规则定义了径向渐变。最终结果如图 12-16 所示。

```
<div class="radial"></div>

.radial {
    width: 350px;
    height: 150px;
    margin: 20px;
    border: 35px solid yellow;
    border-image: radial-gradient(ellipse farthest-corner at 175px 0px, yellow 0%, orange
75%, green 100%);
    border-image-slice: 1;
}
```

图 12-16　带有径向渐变的边框

12.2　阴影

在上一章，介绍了如何配置文本阴影。通过使用 box-shadow 特性，可以在几乎所有的元素上实现类似的效果。该特性可接收许多值；一些是必需的，而更多是可选的。必须按照下面的顺序提供所需的值：

- inset——(可选)如果没有指定该值，阴影绘制在元素之外，就好像元素位于周围区域之上一样。如果指定了 inset，阴影绘制在元素之内，就好像元素凹陷于周围环境之中。
- x 偏移——(必需)表示引用的水平偏移量；如果为负值，则会导致阴影出现在元素的左边。
- y 偏移——(必需)表示引用的垂直偏移量；如果为负值，则会导致阴影出现在元素的上方。
- 模糊半径——(可选) 指定阴影在其原始大小之外的扩散程度。扩散程度越大，会产生更大但更淡的阴影。如果没有指定该值，则默认值为 0；该值不能为负值。
- 扩散半径——(可选)定义了阴影的相对大小。默认值为 0，意味着阴影与元素的大小相同。负值导致阴影变小，而正值则变大。
- 颜色——(从技术上讲，该值是可选的，但为了获得最大程度的支持，还是应该提供该值)使用了任何颜色单位定义了阴影的颜色。

阴影实质上是一个新元素，它位于 z 顺序的原始元素的正下方。其大小和位置都是相对原始元素确定的。为了计算阴影的大小和位置，首先应该根据 x 和 y 偏移值移动原始元素的形状。然后按照扩散半径所指定的值进行拉伸或收缩。如图 12-17 所示。阴影是一个使用了指定颜色的实心填充背景。如果定义了模糊半径，那么边缘会以模糊效果拉伸超出指定大小。

阴影有两个常见的用途。一个是使元素在页面上突显出来。只需要稍微移动一下阴影即可实现(通常向下和向右移动)，如图 12-18 所示。可以通过下面的声明实现移动。

```
box-shadow: 10px 10px 5px black;
```

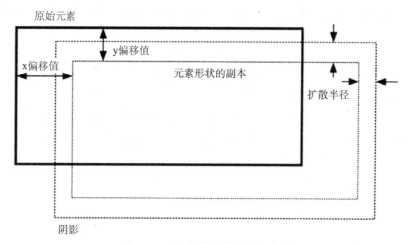

图 12-17　计算阴影的位置和大小

图 12-18　使元素在页面上突显出来

另一种应用是通过添加一个模糊效果来柔化元素的线条，如图 12-19 所示。可以通过下面的声明完成操作，该声明保持了与原始元素相同的大小和位置，只不过添加了一些模糊效果：

```
box-shadow: 0px 0px 15px black;
```

图 12-19　在元素周围添加模糊效果

注意

如果使用了边框半径，阴影也会有圆角。其形状与原始元素相同。

12.3　轮廓

轮廓是绘制在元素周围的一个框，就像边框一样。但两者之间的重要区别在于轮廓不占用任何空间；它是在分配给现有元素的空间之上绘制的。因此，轮廓通常与伪类一起使用，比如:hover，添加或删除轮廓并不会对页面布局产生影响。当定义一个轮廓时，可以指定下面的特性：

- outline-color
- outline-style
- outline-width

与定义边框一样，这些特性可以单独设置，也可以使用 outline 简写符号设置。所支持的样式值与边框样式所支持的八个值相同(solid、double、dashed、dotted、inset、outset、ridge 和 groove)。还可以使用值 none 来隐藏轮廓。

此外，outline-offset 特性可以添加元素和轮廓之间的内边距。例如，下面的声明在所有方向上移动轮廓 5 个像素。而使用 outline 简写符号则无法完成该操作。

```
outline-offset: 5px;
```

警告

目前，IE 或 Edge 支持 outline-offset 特性。

下面所示的标记创建了一个 div 元素，CSS 规则为该元素添加了一个轮廓，最终结果如图 12-20 所示。

```
<div class="outline">This is an outline</div>

.outline {
    outline: 1px solid black;
    outline-offset: 5px;
}
```

This is an outline

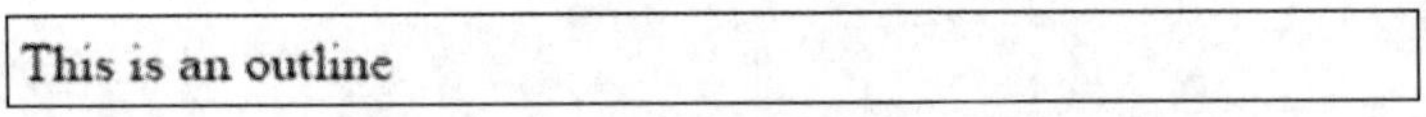

图 12-20　演示轮廓

注意

边框越宽，轮廓所使用的空间也就越大。轮廓不调整元素的位置，却将轮廓框叠加在现有空间上。该框总是在被轮廓的元素之外，因此它不会影响元素，但它可能溢出到相邻元素。

12.4　背景

如果想要设置元素的背景，通常有两种选择：颜色或图像。如果使用颜色，只需要使用第 2 章所介绍的任何颜色单位设置 background-color 特性即可。附录 C 中的参考资料对此进行了总结。当使用图像时，可以使用更多的特性来控制图像的显示方式。

12.4.1　图像特性

可以使用 background-image 特性为元素设置背景图像。其设置过程非常简单，只需要指定所使用图像文件的 URL 即可。如果想要指定多个图像，可以按照一定顺序堆叠所需图像。此外，还有一些影响图像显示的其他特性。

依附

background-attachment 特性定义了图像的定位方式，它支持以下几个值：

- fixed——图像相对于窗口固定；滚动窗口不会对背景图像产生任何影响。
- local——图像相对于元素的内容固定；如果滚动内容，背景图像也跟随着滚动。
- scroll——(这是默认值)图像相对于元素固定。虽然背景图像跟着元素一起移动，但如果只是元素内的内容滚动，则背景不会移动。

此外，由于可以指定多个图像，因此也可以为 background-attachment 特性指定多个值。每个值使用一个逗号相分离，并按照指定顺序应用于对应的图像。

原点

针对 local 和 scroll 选项，background-origin 特性定义了图像的包含矩形，主要支持以下值：

- border-box——背景扩展到元素边框的外部边缘。
- content-box——背景仅覆盖实际元素内容区域(不包含内边距和边框)。
- padding-box——背景包含元素内容和内边距，但不包含边框。

重复

background-repeat 特性指定了是否以及如何重复背景图像以填充所需的空间。图像可以在水平和垂直方向上重复，因此可以为 background-repeat 特性提供两个不同的值。第一个值应用于水平重复行为，第二个值应用于垂直重复行为。可允许的值如下所示：

- no-repeat——不重复图像，可能有些区域没有被图像所覆盖。
- repeat——(默认值)图像根据需要进行重复，最后一次被重复的图像通常需要进行剪切。
- round——只有在整个图像都可以显示时才重复图像。所显示的图像将被均匀地拉伸，以填充剩余的间隙。
- space——与 round 选项相类似，只有在整个图像可显示时才重复。然而，此时并不会通过拉伸来填充间隙，而是在图像之间留下均匀的间距。第一个和最后一个图像被固定在左和右边缘(或者底部和顶部)，图像之间留有均匀的间距。

还可以通过简写方式使用单个值指定水平和垂直行为。如果使用的是 no-repeat、repeat、round 或 space，那么该值将用作水平和垂直值。此外，repeat-x 表示 repeat 选项用于水平行为，而对于垂直行为应用 no-repeat 值。同样，repeat-y 表示的意思与之相反。

警告

在编写本书时，Firefox 或 Safari 都不支持 round 或 space 值。

定位

background-position 特性用来指定图像相对于其原始位置的位置。默认值为 0 0，即左上角。可以使用下面的关键字来指定位置：top、right、bottom、left 或 center。此外，还可以指定为一对由空格分割的距离值(相对或绝对距离)。如果使用了多个图像，就可以指定多个位置；这些位置应该以逗号分隔。

大小

图像的大小是通过 background-size 特性指定的。可以使用下面的关键字来指定：

- contain——图像尽可能大地进行缩放，同时仍保持原始的宽高比。这通常意味着在一个维度或另一个维度中，图像周围将存在空白。此时图像居中显示，除非重写了 background-position 特性。
- cover ——图像尽可能大地进行缩放，并保持宽高比。然而，为了覆盖小的维度，图像通常在另一个维度被裁剪。

可以通过指定单个距离值(相对或绝对)来定义背景的宽度。此时，高度被设置为 auto。也可以指定两个值(以空格分割)：第一个值定义宽度，第二个值定义高度。关键字 auto 可以与单个值或双值一起使用，也就是说，根据固有图像大小或者根据保持宽高比的需要进行相应的设置。如果使用了多个图像，那么可以提供多个大小(以逗号分隔)。

12.4.2　裁剪

background-clip 特性指定了背景应该被裁剪的位置。该特性可以控制背景是否应该扩展到元素的内边距和边框区域。所支持的值如下所示：

- border-box——背景可以扩展到元素边框的外边缘。
- content-box——背景仅覆盖实际的元素内容区域(不包括内边距和边框)。
- padding-box——背景包括元素内容和内边距，但不包括边框。

注意

这些值与 background-origin 特性是相同的，事实上，background-clip 的工作方式与 background-origin 是相类似的。更准确地说，background-origin 确定了图像的定位，即图像与哪个矩形对齐。而 background-clip 特性确定了背景最终部分所在的矩形，不管是颜色或图像背景。

12.4.3　背景简写

使用背景简写符号在单个声明中指定多个背景特性是相当常见的做法。可以在 background 简写中设置以下特性：

- background-image
- background-position
- background-size
- background-repeat
- background-attachment
- background-origin
- background-clip
- background-color

所有这些特性都是可选的。一般来说，设置的顺序无关紧要，只不过如果同时使用 background-size 和 background-position，那么 background-size 必须直接跟在 background-position 的后面，并且使用斜线(/)分割。而其他的特性则使用空格分割。

可以在一个背景中定义多个图像，这些图像被称为层。当使用简写符号时，应该为每一层指定所需的所有特性，然后添加一个逗号，随后再指定其他层所需的特性。单个层所需的特性被声明在一起，而层与层之间使用一个逗号分隔。background- color 特性只能在最后一层上设置。

当使用 background 简写时，任何没有指定的特性都会被设置为默认值。例如，如果在一个声明中先指定了一个背景特性 background-position，然后又使用简写设置了其他特性，那么前面针对 background-position 的设置将被撤销并恢复为默认值。请参考下面的标记。此时背景并不会居中，因为简写仅提供了颜色特性，而位置恢复为默认值。

```
div {
    background-position: center;
    background: red;
}
```

12.4.4　示例

为了便于快速演示，请先返回到本章开头使用的边框示例，并使用一个图像(使用了 background 简写符号)替换背景颜色。CSS 规则如下所示：

```
section {
    /*background-color: lightyellow;*/
    background: url(smiley.png) scroll space;
}
```

此时，将 background-attachment 设置为 scroll，因为希望图像固定于包含元素。由于图像相对比较小，所以需要在两个方向上进行重复；但并不希望显示裁剪掉一半的脸。虽然 round 值也可以满足上述要求，但却会因为拉伸图像以填充空白而导致图像扭曲。space 值是 background-repeat 选项的理想选择。最终结果如图 12-21 所示。

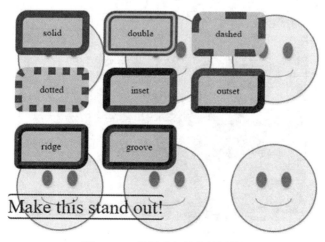

图 12-21　使用重复的背景图像

为了演示渐变的使用，使用了线性渐变替换上述标记(主要是设置了 background- image 特性)。在本示例中，使用了方向关键字来定义渐变线。结果如图 12-22 所示。

```
section {
    /*background-color: lightyellow;*/
    /*background: url(smiley.png) scroll space;*/
background-image: linear-gradient(to right bottom, #FFF, #0EE);
}
```

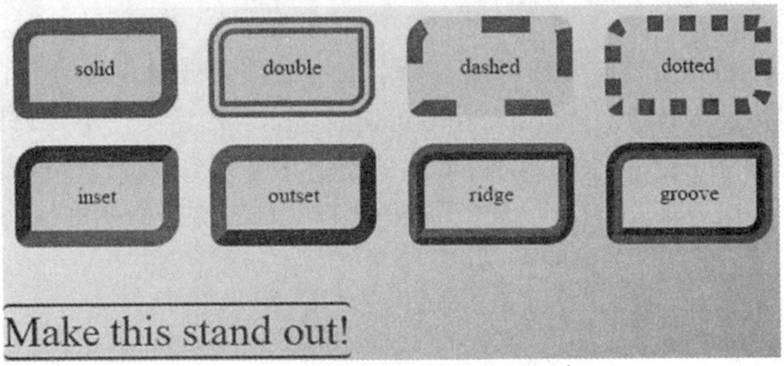

图 12-22 使用背景渐变

在为一幅画添加框架时，通常使用一个垫子作为画和实际框架之间的边界。在 CSS 中通过组合使用 background 和 border 特性，也可以实现相同的效果。接下来使用 George Washing 的画作来演示一下如何实现该效果。此时，向前面的 CSS 规则中添加了一个背景颜色。显示结果如图 12-23 所示。

```
img {
    margin: 10px;
    width: 350px;
    border: 34px solid transparent;
    border-image-source: url("frame.jpg");
    border-image-slice: 34;
    border-image-repeat: stretch;
    padding: 30px;
    background-color: silver;
}
```

图 12-23 为图像添加一个垫子

如果想要创建多个垫子，可以将图像元素放置到一个 div 元素中。分别将图像的背景和 div 元素的背景设置为内垫和外垫。然后将边框放在 div 上而不是图像上。

在最后一个示例中，为 body 元素添加了一个固定的背景图像：

```
body {
    background: url(smiley.png) fixed no-repeat center;
}
```

该声明使用了相同的笑脸图像，但此时是相对于窗口固定。当进行滚动时，背景图像并没有随着内容而移动。no-repeat 值设置了 background-repeat 特性，所以只会显示单个图像实例。center 值设置了 background-position 特性，从而导致图像居中显示(此时位于窗口的中心)。最终结果如图 12-24 所示。

图 12-24　使用固定的背景图像

该结果与第 10 章介绍 display:fixed;特性时所生成的结果相类似。然而，不同点在于由于背景图片在 z 顺序中位于前景元素的后面，因此图像的部分或者全部可能被隐藏。

提示

当使用固定背景图像时，将图像分配给哪个元素无关紧要，因为图像的位置是基于窗口而不是元素。然而，如果将图像添加到 div 或段落元素，那么针对每个元素会显示单独的图像。因为它们都在同一个地方，所以不会改变页面的显示方式，但会让多个图像的显示效率变低。因为只能有一个 body 元素，所以该元素是放置固定背景图像的合理位置。

12.5　小结

在本章，我们学习了许多使用不同类型的边框和背景来增强网页的技术。边框和背景在很多地方都是相类似的，它们都可以使用颜色、图像或渐变来定义。此外，两者也都在 z 顺序的元素之下。边框在文档中占据了空间，而背景则没有。另外，还介绍了如何使用阴影和轮廓。虽然它们可以实现与边框相类似的效果，但却不同于边框。

可以使用很多的特性，并且大部分特性都可以使用简写符号来表示。尤其是边框拥有大量的特性，因为每个边都可以单独进行定义。然而，可以使用简写方式定义单条边的所有特性。同样，也可以使用简写方式为所有边设置单个特性。

为边框使用图像可以实现一些有趣的效果，但需要理解浏览器如何使用这些图像。图像可以被切割成多个部分，而每个部分可以应用于边框的不同区域。可以使用相关的特性来控制每部分如何根据需要进行拉伸或重复，以填充空白。

渐变用于沿特定方向逐渐改变颜色。线性渐变可以沿着一个边或角到相反的边或角的方向改变颜色。径向渐变则是从中心向外改变颜色。需要定义起始和结束颜色，还可以沿着渐变定义特定的颜色起止点。

在下一章，将会介绍如何使用表格安排和格式化内容。

第 13 章

■■■

对表格进行样式设计

本章所学习的两个不同主题虽然彼此之间没有太多关联，却都涉及表格。首先，介绍如何使用 CSS 对 table 元素进行格式化。第 6 章已经介绍了所有用来构建表格的 HTML 元素，如 table、表行(tr)、表头单元格(th)及表单元格(td)。接下来将介绍可用于从视觉上排列这些元素的 CSS 属性。第二个主题是如何使用 CSS 将非表格数据转换为类似表格的元素，以便使用相似的样式技术。

13.1 对表格进行样式设计

在第 6 章已经学习了用来创建一个表格的标记元素。可以返回到该章温习相关的内容；快速浏览图 13-1 所示的表格，其中使用了大部分常用的表格元素。该表格提供了国际象棋(chess)游戏中所使用棋子的摘要信息。接下来将使用该表格演示大多数样式选项。如代码清单 13-1 所示，最终显示结果如图 13-1 所示。

代码清单 13-1　HTML 表格示例

```
<table>
    <caption>Chess Pieces</caption>
    <thead>
        <tr>
            <th>Name</th>
            <th>Qty</th>
            <th>Points</th>
            <th>Symbol</th>
            <th>Movement</th>
        </tr>
    </thead>
    <tbody>
        <tr>
            <th>King</th><td>1</td><td>n/a</td>
            <td><img src="king.png" alt="King" /></td>
            <td>1 space in any direction</td>
        </tr>
        <tr>
            <th>Queen</th><td>1</td><td>10</td>
            <td><img src="queen.png" alt="Queen" /></td>
            <td>any number of spaces in any direction</td>
        </tr>
        <tr>
```

```
            <th>Rook</th><td>2</td><td>5</td>
            <td><img src="rook.png" alt="Rook" /></td>
            <td>any number if spaces forward, backwards, or sideways</td>
        </tr>
        <tr>
            <th>Bishop</th><td>2</td><td>3</td>
            <td><img src="bishop.png" alt="Bishop" /></td>
            <td>any number of spaces diagonally</td>
        </tr>
        <tr>
            <th>Knight</th><td>2</td><td>3</td>
            <td><img src="knight.png" alt="Knight" /></td>
            <td>2 spaces up or down and 1 space sideways OR 1 space up or down and 2 spaces
                sideways; can jump pieces</td>
        </tr>
        <tr>
            <th>Pawn</th><td>8</td><td>1</td>
            <td><img src="pawn.png" alt="Pawn" /></td>
            <td>generally 1 space forward; first move can be 2 spaces forward;
                captures 1 space forward diagonally</td>
        </tr>
    </tbody>
    <tfoot>
        <tr>
            <th>Totals</th><td>16</td><td>40</td><td></td><td></td>
        </tr>
    </tfoot>
</table>
```

Chess Pieces				
Name	Qty	Points	Symbol	Movement
King	1	n/a		1 space in any direction
Queen	1	10		any number of spaces in any direction
Rook	2	5		any number if spaces forward, backwards, or sideways
Bishop	2	3		any number of spaces diagonally
Knight	2	3		2 spaces up or down and 1 space sideways OR 1 space up or down and 2 spaces sideways; can jump pieces
Pawn	8	1		generally 1 space forward; first move can be 2 spaces forward; captures 1 space forward diagonally
Totals	16	40		

图 13-1　未进行样式设计的最初表格

13.1.1　基本表格样式

从图 13-1 可以看到，这个表格实在太难看了，需要进行一些处理。只需应用一些简单的边框、内边距和对齐属性，就可以创造奇迹。

1. 边框

可以在四种元素周围设置边框：整个表格(table)、标题(caption)和单元格(th 和 td)。虽然表行(tr)是容器元素，但自身并没有任何可见的内容。同样，thead、tbody 和 tfoot 也都是容器，都没有可见的内容。可以对这些元素应用样式，而这些样式将被其子元素继承。但边框属性因为某些合理原因无法被继承。稍后将会详细介绍行边框，但现在先从表格和单元格开始。下面的 CSS 规则在表格周围添加了一个粗边框，而在单元格周围添加了一个细边框。最终的结果如图 13-2 所示。

```
table {
    border: 3px solid black;
}

th, td {
    border: 1px solid black;
}
```

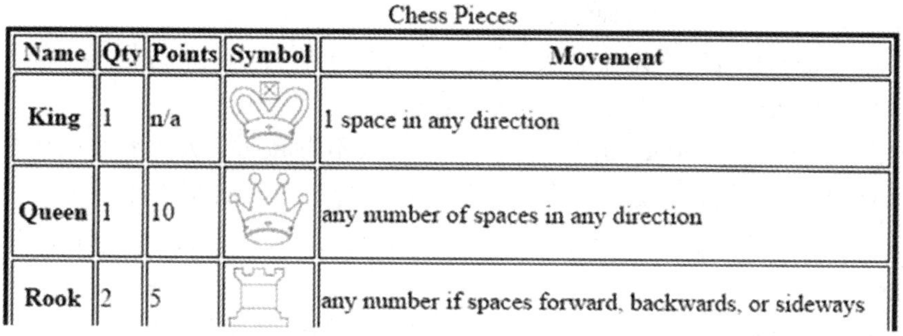

图 13-2　为表格和单元格添加边框

现在，每一个单元格周围都有一个边框；然而，浏览器会在边框之间的添加一个空间。该空间的大小由 border-spacing 特性控制，其默认值为 2px。如果想要更大的空间，可以增加该值；将其设置为 0 则完全删除该空间。如果向 table 选择器添加下面的声明，结果将如图 13-3 所示。

```
border-spacing: 0;
```

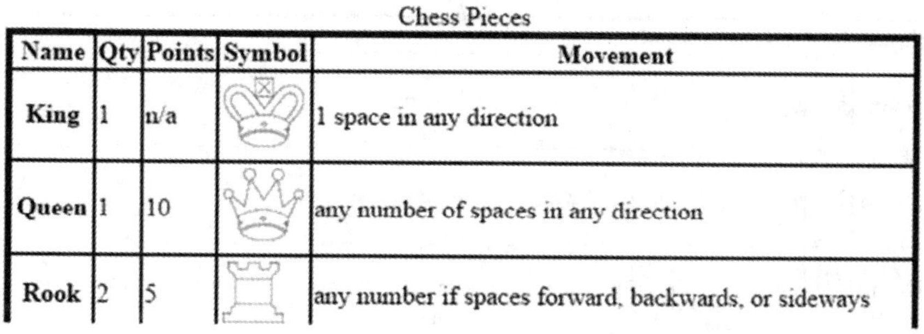

图 13-3　删除边框之间的空间

　　此时虽然空间没有了，但边框变得更粗了。实际上边框并没有变粗，而是因为边框接在一起，所以每个边框的宽度也结合在一起了。如果这不是想要的效果，可以使用border-collapse特性使相邻单元格共享一个公共边框，而不是删除边框之间的空间。该特性支持以下值：

- separate——(默认值)相邻单元格之间的边框分别绘制。如前所述，边框之间的空间大小由 border-spacing 特性控制。该值将调用浏览器的分离边框模型(separated borders model)。
- collapsed——两个相邻边框被折叠成一个共享边框。这被称为折叠边框模型(collapsing border model)。

　　当相邻的边框使用了不同的样式特性时会发生什么呢：使用哪种样式特性呢？ W3C Recommendation 提供了简单明了的指导方针。

　　下面的规则确定了在发生冲突时使用哪种边框样式：

- border-style 特性为 hidden 的边框优先于所有其他边框。具有此值的边框都会禁止显示位于同一位置的其他边框。
- 样式为none的边框优先级最低。只有当某一边上所有元素的边框属性都为 none 时，才会省略边框(但是请注意，none 是边框样式的默认值)。
- 如果没有样式为 hidden 并且至少有一个样式不为 none，那么较窄的边框将被抛弃而使用较宽的边框。如果多个边框具有相同的border-width 特性，则按照以下优先顺序选择样式：double、solid、dashed、dotted、ridge、outset、groove 以及最低的 inset。
- 如果边框样式只是颜色有所不同，那么单元格的样式设置优先于行的设置，而行的设置优先于行组、列、列组及表格的设置，依次类推。当两个相同类型的元素发生冲突时，更靠左(此时表格的方向为"ltr"；如果方向为"rtl"，则更靠右的优先)以及更靠顶部的元素优先。

　　级联样式表修订版 2(CSS 2.1)，段落 17.6.2.1，边框冲突的解决方案。

　　如果使用下面的声明替换 border-spacing 特性，则表格会显示如图 13-4 所示的结果。

```
border-collapse: collapse;
```

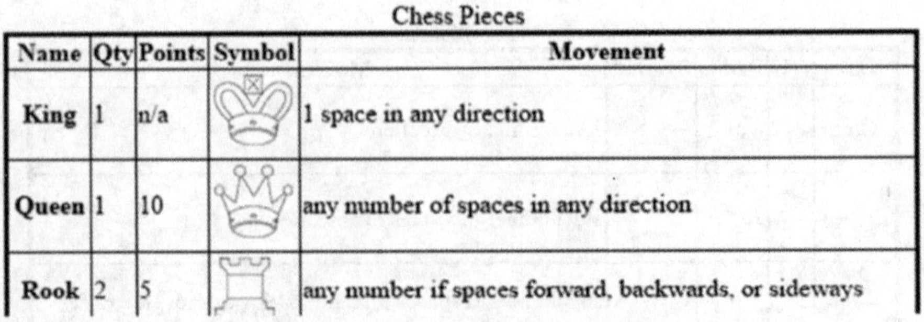

Chess Pieces

Name	Qty	Points	Symbol	Movement
King	1	n/a		1 space in any direction
Queen	1	10		any number of spaces in any direction
Rook	2	5		any number if spaces forward, backwards, or sideways

图 13-4　使用 border-collapse 特性

2. 空白单元格

如果使用的是分离边框模型，则可以使用 empty-cells 特性控制空白单元格上所发生的事情。该特性有两个值：show 和 hide，其中 show 是默认值。显而易见，如果单元格为空，则不会显示任何内容。然而，仍然可以在空白单元格周围绘制边框，并且可以显示所使用的任何背景。

如果该值被设置为 show，则会显示边框和背景；从而显示一个空白单元格。如果 empty-cells 特性被设置为 hide，则隐藏边框和背景，看起来就好像单元格不存在似的。

注意

只有在使用分离边框模型时，empty-cells 特性才会起作用。如果使用折叠边框模型，则可以忽略该特性。

---

3. 行边框

现在添加一个行边框。前面讲过，不能为一个行添加边框，而只能为行中的单元格添加。然而，正如第 12 章所介绍的，可以单独设置边框边缘。例如，可以仅为顶部和底部边缘设置边框。然后设置第一个单元格的左边缘以及最后一个单元格的右边缘。为了演示该技术，使用下面的规则替换前面的 CSS，从而在行(而非单元格)周围创建边框。

```
table {
   border: 3px solid black;
   border-collapse: collapse;
}

th, td {
   border-top: 1px solid black;
   border-bottom: 1px solid black;
}

table th:first-child, table td:first-child {
   border-left: 1px solid black;
}

table th:last-child, table td:last-child {
   border-right: 1px solid black;
}
```

第一条规则在整个 table 周围创建了一个粗边框，同时还包括了 border-collapse 特性。第二条规则在所有单元格(th 和 td)周围创建了细的顶部和底部边框。最后两条规则使用了:first-child 和:last-child 伪类设置了左右边框。最终的结果如图 13-5 所示。

就个人而言，我不认为这种样式看起来很适合这个表格，所以对于后面的演示，还是会使用前面的 CSS。

4. 内边距和对齐

在此我并不打算过多地介绍内边距，因为第 12 章已经解释过了。然而，使用默认样式的一个问题是边框太靠近内容。其实解决该问题非常简单，只需要使用下面的规则在所有可见元素上设置内边距即可。

```
th, td, caption {
    padding: 5px;
    }
```

Chess Pieces

Name	Qty	Points	Symbol	Movement
King	1	n/a		1 space in any direction
Queen	1	10		any number of spaces in any direction
Rook	2	5		any number if spaces forward, backwards, or sideways
Bishop	2	3		any number of spaces diagonally
Knight	2	3		2 spaces up or down and 1 space sideways OR 1 space up or down and 2 spaces sideways; can jump pieces
Pawn	8	1		generally 1 space forward; first move can be 2 spaces forward; captures 1 space forward diagonally
Totals	16	40		

图 13-5　创建行边框

警告

你可能会试图简单地设置 table 元素的内边距；然而，内边距特性是不会被继承的。所以需要在每个元素上设置该特性。

第 11 章曾经介绍过对齐特性，这些特性同样可应用于表格。在默认情况下，表头元素(th)在水平和垂直方向上都是居中的。而表单元格(td)元素则垂直居中并左对齐。一般来说，文本应该是左对齐的，而数字是右对齐。虽然这么做可能并不被普遍接受，但还是建议图像应该居中。当然，在上述示例表格中，图像居中显示看起来更合适。注意，棋子兵(Pawn)看起来比其他的棋子要小一点，似乎没有对齐。

表单元格被分组为若干行；但对于列来说却没有这样的容器。例如，第二列是每行的第二个单元格。如果想要设置列的对齐方式，可以使用第 9 章介绍的:nth-of-type 伪类选择器。下面的规则可以让 Qty 列和 Points 列右对齐，而 Symbol 列居中。

```
td:nth-of-type(1) { /*Qty*/
    text-align: right;
    }

td:nth-of-type(2) { /*Points*/
    text-align: right;
    }

td:nth-of-type(3) { /*Symbol*/
    text-align: center;
    }
```

:nth-of-type 选择器仅计算指定类型的元素：这里为表单元格。它略过了 Name 列，因为 Name 列是表头(th)元素。显示的表格如图 13-6 所示。

Chess Pieces

Name	Qty	Points	Symbol	Movement
King	1	n/a		1 space in any direction
Queen	1	10		any number of spaces in any direction
Rook	2	5		any number if spaces forward, backwards, or sideways
Bishop	2	3		any number of spaces diagonally
Knight	2	3		2 spaces up or down and 1 space sideways OR 1 space up or down and 2 spaces sideways; can jump pieces
Pawn	8	1		generally 1 space forward; first move can be 2 spaces forward; captures 1 space forward diagonally
Totals	16	40		

图 13-6　调整内边距和对齐方式

5. 标题

注意，在视觉上，标题位于表格之外(默认位于表格的上方)。虽然 caption 元素嵌套在 table 元素之中，但就表格布局而言，它并不是表格的一部分。如果想要更改标题的样式，需要单独对其进行样式设计。为了让标题与表格保持一致，可以添加下面的 CSS 规则，使其拥有与表格相同大小的边框和内边距。

```
table caption {
    border: 3px solid black;
}
```

然而，其底部边框与表格的顶部边框相邻，这就出现一条比其他边框宽一倍的线。在这种情况下，使用 border-collapse 特性没有用，因为标题并不是表格元素。此时，可以将底部边缘的宽度设置为 0，因为它可以使用表格顶部表框作为其底部边框。最终的 CSS 规则如下所示，显示结果如果 13-7 所示。

```
table caption {
    /*border: 3px solid black;*/
    border-style: solid;
    border-color: black;
    border-width: 3px 3px 0px 3px;
}
```

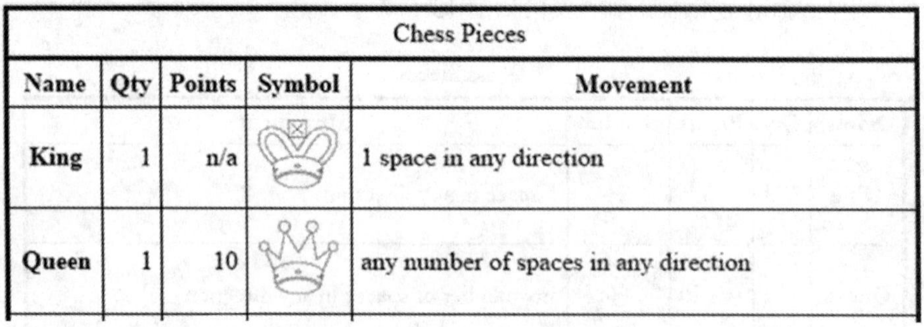

Chess Pieces				
Name	**Qty**	**Points**	**Symbol**	**Movement**
King	1	n/a	♔	1 space in any direction
Queen	1	10	♕	any number of spaces in any direction

图 13-7　对标题进行样式设计

通过使用 caption-side 特性，可以移动标题，虽然该特性仅支持 top 和 bottom 值。如果选择将标题移动到表格下方，则设置 caption:side:bottom;，但不要忘记修改边框，因为此时需要将顶部边缘的宽度设置为 0，而不是设置底部边缘的宽度。

13.1.2　其他表格样式

现在，有了一个比较美观的表格；不过接下来将演示更多的技术，如背景和突出显示，可以使用这些技术改进表格布局。

1. 背景

可以在任何表格元素上设置背景颜色、图像或渐变。第 12 章已经介绍了上述内容，所以在此不做太多介绍。我的一般做法是为标题单元格提供背景颜色或渐变。可以使用下面简单的 CSS 规则实现，结果如图 13-8 所示。

```
th {
    background-color: #DDB;
    background: linear-gradient(to bottom right, #FFF 0%, #DDB 100%);
}
```

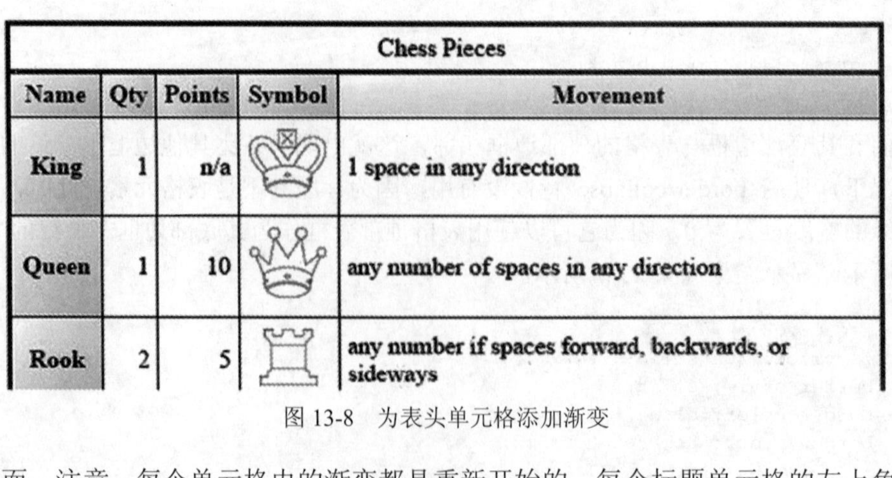

Chess Pieces				
Name	**Qty**	**Points**	**Symbol**	**Movement**
King	1	n/a	♔	1 space in any direction
Queen	1	10	♕	any number of spaces in any direction
Rook	2	5	♖	any number if spaces forward, backwards, or sideways

图 13-8　为表头单元格添加渐变

然而，注意，每个单元格内的渐变都是重新开始的。每个标题单元格的左上角都是白色。虽然你可能接受这种做法，但可能更喜欢在整个标题行(或列)中均匀地使用渐变流。

为此，可以对整个表格应用渐变，然后清除其他单元格的背景，如下所示：

```
table {
    background-color: #DDB;
    background: linear-gradient(to bottom right, #F4F4F0 0%, #DDB 100%);
}

td {
    background-color: white;
    background-image: none;
}
```

由于此时渐变分布在一个较大的区域中，因此我将起始颜色调整得稍微暗了一些，以免最初的几个单元格看起来太扎眼。最终的结果如图 13-9 所示。

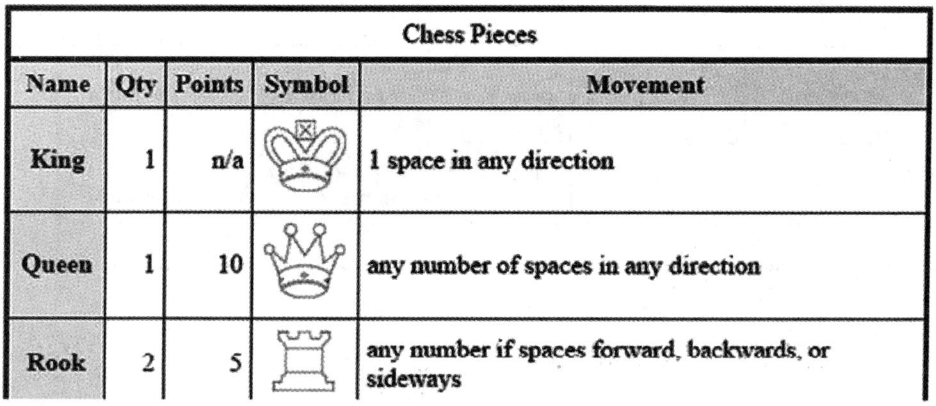

Chess Pieces				
Name	**Qty**	**Points**	**Symbol**	**Movement**
King	1	n/a		1 space in any direction
Queen	1	10		any number of spaces in any direction
Rook	2	5		any number if spaces forward, backwards, or sideways

图 13-9　调整后的标题渐变

提示

这里还设置了 background-color 和 background-image，以防浏览器不支持渐变。border-image 特性最后定义，如果仍然不支持 background-color 和 background-image，那么 border-image 将覆盖所设置的颜色。这是一个很好的做法。

2. 斑马条纹

另一项简单的技术是使用:nth-of-type 伪类选择器使每行的背景颜色交替。该技术称为斑马条纹(zebra striping)，可以使用下面的 CSS 规则实现。

```
tr:nth-of-type(even)>td {
    background-color: #F4F4F0;
}
```

因为使用了关键字 even，而不是特定行数，所以该选择器仅返回偶数行。当然，也可以使用关键字 odd。然而，我们并不希望将背景应用于整行，因为表头单元格(th)是前面所应用渐变的一部分。运算符>用于指明直接子级，并与 td 元素选择器结合使用，返回偶数行上的表单元格元素。最终结果如图 13-10 所示。

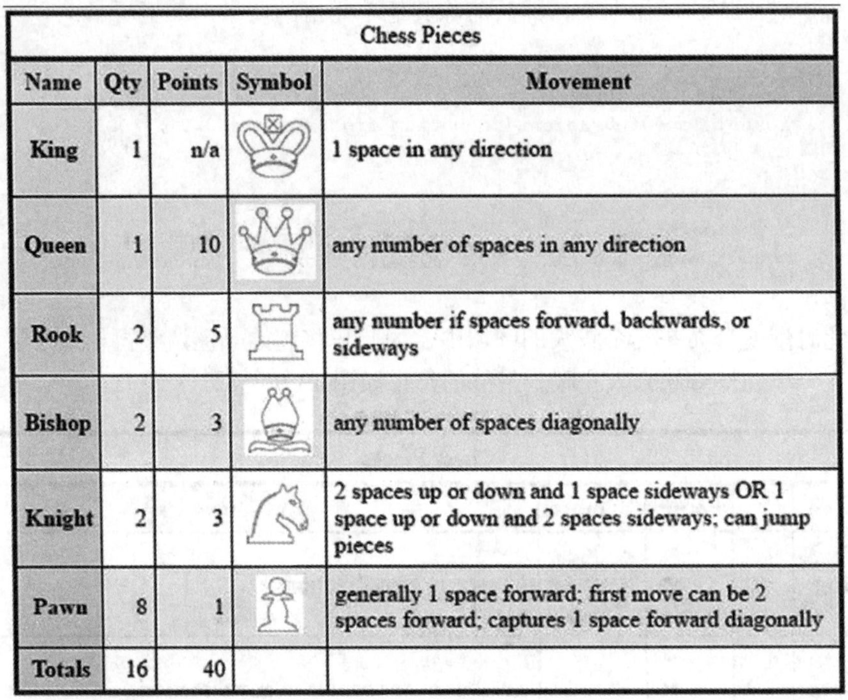

Chess Pieces				
Name	**Qty**	**Points**	**Symbol**	**Movement**
King	1	n/a		1 space in any direction
Queen	1	10		any number of spaces in any direction
Rook	2	5		any number if spaces forward, backwards, or sideways
Bishop	2	3		any number of spaces diagonally
Knight	2	3		2 spaces up or down and 1 space sideways OR 1 space up or down and 2 spaces sideways; can jump pieces
Pawn	8	1		generally 1 space forward; first move can be 2 spaces forward; captures 1 space forward diagonally
Totals	16	40		

图 13-10　使用斑马条纹

为了进行其他的更新，我使用了下面的规则增大标题的字号。与表格中的其他文本一样，也可以更改所有的字体特性。对于可用的选项，可以参考第 11 章。

```
caption {
    font-size: xx-large;
}
```

3. 突出显示

前面已经通过调整背景颜色突出显示了一行。突出显示的工作原理与斑马条纹相类似，只不过选择了单行。在斑马条纹脚本示例中，并没有更新表头单元格；而在本示例中，则会进行更新。然而，在某一行上设置背景没有任何效果，必须在行子元素(表单元格(td)和表头单元格(th))上设置背景。下面所示的 CSS 规则完成了该操作：

```
tr:nth-child(3)>th, tr:nth-child(3)>td {
    background-color: yellow;
}
```

可以使用相同的技术突出显示某一列。此时，需要组合两个选择器：一个用于标题单元格，而另一个用于其他单元格。最终的结果如图 13-11 所示。

```
th:nth-child(3), table td:nth-child(3) {
    background-color: yellow;
}
```

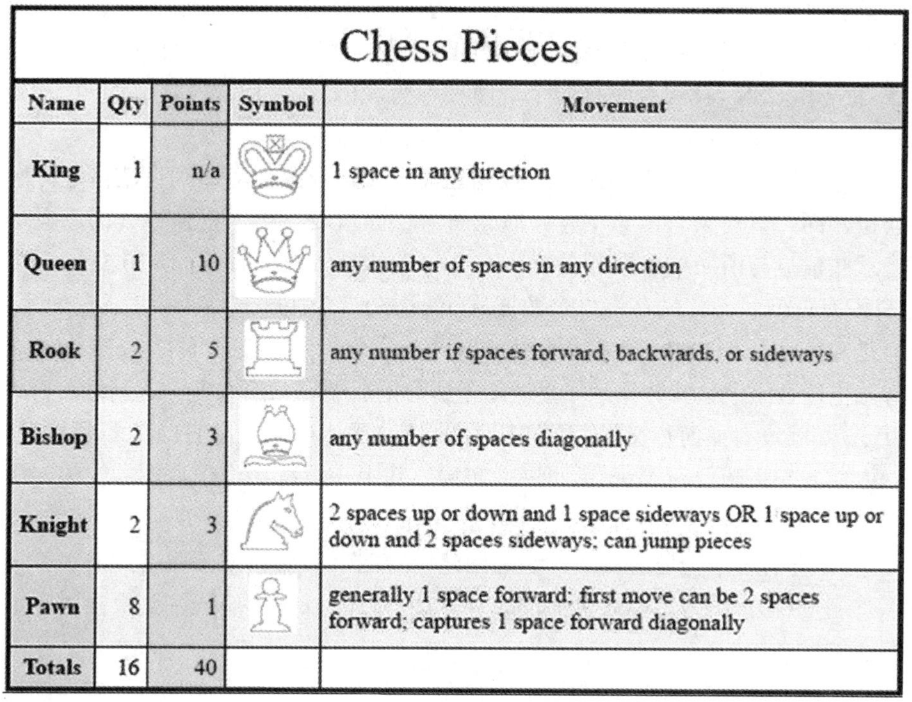

図 13-11　突出显示一行和一列

提示

注意，如果算上表头，实际上被突出显示的是第四行。如果细看标记，会发现 table 元素有 3 个子元素: thead、tbody 和 tfoot。thead 和 tfoot 各有一个子元素 tr。而 tbody 则有 6 个 tr 子元素。tr:nth-child(3)选择器返回的恰好是其直接父元素的第三个子元素的任何行。由于表格正文行拥有不同的父元素，所以编号从 1 开始。另外，使用的是:nth-child 而不是:nth-of-type，因为我知道所有的兄弟姐妹都是行。此时，:nth-child 和:nth-of-type 可以产生相同的结果。但建议在大多数情况下使用:nth-of-type，因为即使以后添加了其他元素类型，上面的声明仍然可以工作。

注意

表格中各个元素是相互堆叠在一起的，因此知道堆栈的顺序是非常重要的，尤其是使用多个背景时。该顺序相当直观: table 元素位于最底层，位于其上的是 caption、threa、tbody 和 tfoot 元素。再往上是行元素(tr)，最上面是单元格元素(th 和 td)。在大多数情况下，只有标题和单元格是可见的。然而，如果使用不透明特性，那么其他背景也是可见的。

13.2　使用 CSS 创建表格

如果在 Web 上搜索关于 HTML 表格的文章，可能会遇到一些关于 HTML 表格元素如何使用的激烈讨论。一些人认为不应该使用这些元素，而是应该在 CSS 中完成表格的创建。持反对意见的人认为创建表单应该使用 HTML，而不是 CSS。通过上面的讨论你可能会认为 HTML 表格和 CSS 表格(有时这两个视图被称为表格)是完成同一任务的两种不同技术。但事实并非如此；这两种技术旨在解决完全不同的问题。

团队积分、股票仓位或联系人详细信息列表等表格数据都应该列在表格中。例如，显示股票仓位，而每只股票有四条信息：股票符号，昨日收盘价，损益百分比，成交量。如果没有将这些信息与所属的股票相关联，那么每条信息(如 35.87 美元，0.51%，或 140 万美元)自身没有任何意义。只有将单个数据块(单元格)组合在一起成为行时，它们才有意义。而这恰恰是应该使用 HTML 表格的情况。也可以这么认为，除了 HTML 表格外，没有其他逻辑方法更适合组织这些数据。如果试图把所有的股票符号组合在一起，然后再将所有的收盘价组合，那就没有任何意义了。数据中存在固有的结构，应该在 HTML 标记中反映出来。

另一方面，如果想要对 Web 页面进行布局，其中一组链接位于页面的左侧，而相关的文章位于右侧，很明显，这不是表格数据。因此应该使用 CSS。区分是使用 HTML 表格还是 CSS 表格最简单的方法是问一下：这是构建内容的唯一逻辑方法吗？此时，答案是 No，因为可以使用多种方法完成 Web 页面的布局。比如，可以将链接放置到页面的顶部，而将文章放在左侧。

需要在不同设备上显示页面时使用 CSS 布局可以更容易调整布局。可访问性也是不使用表格进行布局的另一个重要原因。例如，屏幕阅读器需要读取 HTML，如果将非表格数据放到表格中，网站的显示可能会非常混乱。

13.2.1　display 特性

首先，需要了解的是表格元素的工作方式完全是根据所分配的 display 值确定的。在第 10 章，介绍了 display 特性的两个值，即 block 和 inline。当然还有许多其他的值，其中大部分都与表格相关联。第 6 章所介绍的每个表格元素都分配了其中一个值作为默认 display 特性。事实上，特定的 display 值决定了表格元素的工作方式。表 13-1 列出了每个元素及其默认 display 值。

表 13-1　表格的 display 特性

HTML 元素	默认 display 特性
table	table
tr	table-row
th，td	table-cell
thead	table-header-group
tbody	table-row-group
tfoot	table-footer-group
col	table-column
colgroup	table-column-group
caption	table-caption

13.2.2　CSS 表格演示

只需要为 display 特性分配正确的值，就可以使用非表格元素完成相同的布局。为此，我使用了简单的 HTML 元素(如 div 和 p 元素)重新创建了本章开头所使用的表格，同时使用了 class 特性，以便以后更容易地选择相应的实体。参见代码清单 13-2。

代码清单 13-2　使用非表格元素

```
<div class="table">
    <div class="head row">
        <h3>Name</h3>
        <h3>Qty</h3>
        <h3>Points</h3>
        <h3>Symbol</h3>
        <h3>Movement</h3>
    </div>
    <div class="body row">
        <h3>King</h3><p>1</p><p>n/a</p>
        <p><img src="king.png" alt="King" /></p>
        <p>1 space in any direction</p>
    </div>
    <div class="body row">
        <h3>Queen</h3><p>1</p><p>10</p>
        <p><img src="queen.png" alt="Queen" />
        <p>any number of spaces in any direction</p>
    </div>
    <div class="body row">
        <h3>Rook</h3><p>2</p><p>5</p>
        <p><img src="rook.png" alt="Rook" /></p>
        <p>any number if spaces forward, backwards, or sideways</p>
    </div>
    <div class="body row">
        <h3>Bishop</h3><p>2</p><p>3</p>
        <p><img src="bishop.png" alt="Bishop" /></p>
        <p>any number of spaces diagonally</p>
    </div>
    <div class="body row">
        <h3>Knight</h3><p>2</p><p>3</p>
        <p><img src="knight.png" alt="Knight" /></p>
        <p>2 spaces up or down and 1 space sideways OR 1 space up or down and 2 spaces
            sideways; can jump pieces</p>
    </div>
    <div class="body row">
        <h3>Pawn</h3><p>8</p><p>1</p>
        <p><img src="pawn.png" alt="Pawn" /></p>
        <p>generally 1 space forward; first move can be 2 spaces forward;
            captures 1 space forward diagonally</p>
    </div>
    <div class="foot row">
        <h3>Totals</h3><p>16</p><p>40</p><p></p><p></p>
    </div>
</div>
```

接下来使用表格布局来设置样式，代码清单 13-3 提供了完整的 CSS。其中 display 特性显示为粗体。而其他的 CSS 声明则应用了与前面示例相同的样式。另外，选择器也不同的，因为使用了不同的元素，但从概念上讲，该 CSS 与前面的 CSS 是一样的。而最终显示的表格与前一示例中的表格完全一样。

代码清单 13-3 使用表格布局

```css
/* Simulate table layout on non-table elements */
.table {
    display: table;
    border: 3px solid black;
    border-collapse: collapse;
    background-color: #DDB;
    background: linear-gradient(to bottom right, #F4F4F0 0%, #DDB 100%);
}
.row {
    display: table-row;
}
.row>h3, .row>p {
    display: table-cell;
    border: 1px solid black;
    padding: 5px;
    vertical-align: middle;
}
.row img {
    display: table-cell;
    vertical-align: middle;
    margin: 0 auto;
}

/* Alignment */
.row>h3 {
    text-align: center;
    font-size: medium;
}
.row>p:nth-child(2) { /*Qty*/
    text-align: right;
    }
.row>p:nth-child(3) { /*Points*/
    text-align: right;
    }

/* Background and zebra striping */
.body>p, .foot>p {
    background-color: white;
    background-image: none;
}
.body:nth-child(odd)>p, .body:nth-child(odd)>img {
    background-color: #F4F4F0;
}

/* Highlighting */
.row:nth-child(4)>h3, .row:nth-child(4)>p {
    background-color: yellow;
}
.row>h3:nth-child(3), .row>p:nth-child(3) {
    background-color: yellow;
}
```

警告

创建上面示例是为了说明除了默认样式之外，表格元素没有什么特别的。可以在任何 HTML 元素上使用表格布局。但实际上不应该以这种方式构建表格。表格数据应该放置在表格元素中。

13.2.3　应用

既然已经知道可以在任意 HTML 元素上使用表格样式布局，接下来将介绍一些非常适合使用表格样式布局的情况。

1. 元素对齐

如果在页面上显示两个或多个需要对齐的元素，那么使用表格布局是很有帮助的。例如，有一个小图像和一些文本，想要它们并排排列，垂直对齐。可以使用下面的 HTML 标记创建一个带有图像和段落元素的 div。

```
<div class="centering">
    <div><img src="penny.jpg" alt="penny" /></div>
    <p>Fourscore and seven years ago, our fathers brought forth to this continent
        a new nation...</p>
</div>
```

首先尝试使用 display:inline 设计样式，此时图像和文本位于同一行。这会修改图像大小。结果如图 13-12 所示。

```
.centering div, .centering p {
    display: inline;
}
.centering img {
    width: 50px;
}
```

图 13-12　最初的样式尝试

这并不是我期望的结果。接下来对 CSS 进行简单的修改，应用表格布局。将 display:inline 更改为 display:table-cell，从而将图像和文本放入它们自己的单元格中。单元格是自动对齐的；剩下要做的就是配置单元格中的对齐方式。结果如图 13-13 所示。

```
.centering div, .centering p {
    /*display: inline;*/
    display: table-cell;
    text-align: left;
    vertical-align: middle;
}
```

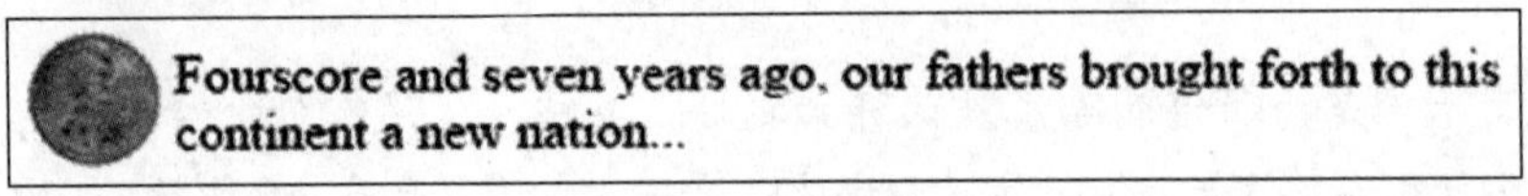

 Fourscore and seven years ago, our fathers brought forth to this continent a new nation...

图 13-13　使用表格校正对齐方式

使用表格布局可以极大地简化元素的对齐，因为表格单元格提供了结构。每个元素都被放置在一个单元格中并在单元格内对齐。表格布局的另一重要应用是对输入表单进行样式设计。表单是输入字段的集合，如文本框、单选按钮、复选框以及标签、按钮和其他内容。一般来说，以某种方式对齐这些字段是一个好主意，而使用表格布局是一种常见而有效的方法。

2. 页面布局

在最后一个示例中，将使用表格来组织整个页面布局。典型的 Web 页面通常包含有页眉和页脚，一组导航链接，有时还有一个边栏。接下来将在本章所使用的现有表格中添加这些内容。附加的元素如代码清单 13-4 所示。

代码清单 13-4　添加其余的页面元素

```
<body>
    <header>
        <h1>Chapter 13 - Styling Tables</h1>
    </header>
    <section>
        <nav role="navigation">
            <ul>
                <li>One</li>
                <li>Two</li>
                <li>Three</li>
                <li>Four</li>
            </ul>
        </nav>
        <main>
            <table>

... insert the existing table here ...

            </table>
        </main>
        <aside>
            <h1>Check out these titles</h1>
            <ul>
                <li>Beginning Workflow 4.0</li>
                <li>Office Workflow 2010</li>
                <li>Project Management with SharePoint 2010</li>
                <li>Pro Access 2010</li>
                <li>Office 365 Development</li>
                <li>HTML5 with Visual Studio 2015</li>
            </ul>
        </aside>
    </section>
    <footer>
```

```
            Professional HTML5 - Apress
        </footer>
    </body>
```

接下来将在如图 13-14 所示的一个相当常见的三列布局中组织这些内容。前文指明了如何设置 display 特性以实现所需要的布局。

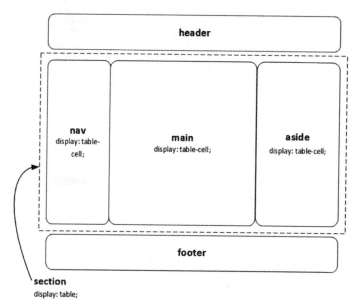

图 13-14　整体页面结构

section 元素夹在 header 和 footer 元素之间，将其设置为表格。其子元素(nav、main 和 aside 元素)都被设置为表格中的单元格。下面所示的 CSS 规则应用了该表格布局并进行了一些基本的格式化。

```
section {
    display: table;
    table-layout: fixed;
}
nav, main, aside {
    display: table-cell;
}
nav {
    min-width: 150px;
}
aside {
    width: 25%;
    text-align: center;
}
```

此外，还将 table-layout 特性设置为 fixed。该特性的默认值为 auto，这意味着表格单元格自动调整大小以适应内容。在该模式下，浏览器必须完成大量的工作，因为它首先需要确定哪一行是最长的，然后根据该行大小对其他的行进行格式化。设置为 fixed，就会禁用自动大小调整逻辑，而必须手动输入大小。此时，nav 元素被设置为 150 像素，而 aside 元素为窗口宽度的 25%。中间剩下的区域则分配给 main 元素，该区域将会根据窗口的宽度缩放。

在标记中，使用了一个无序列表(ul)元素来表示 nav 和 aside 元素中的项目，并使用下面的 CSS 规则将这些元素格式化为表格。

```
ul {
    display: table;
}
li {
    display: table-row;
    height: 50px;
    text-align: left;
    vertical-align: middle;
}
```

在该示例中，无序列表元素被设置为一个表格，而列表项作为行对象。完成了上述的更改之后，内容已经按预期进行了结构化，尽管看上去有一点简单——像本章开头的初始表格一样。为了让该表格更具有视觉吸引力，添加了下面的 CSS 规则。最终的页面布局如图 13-15 所示。

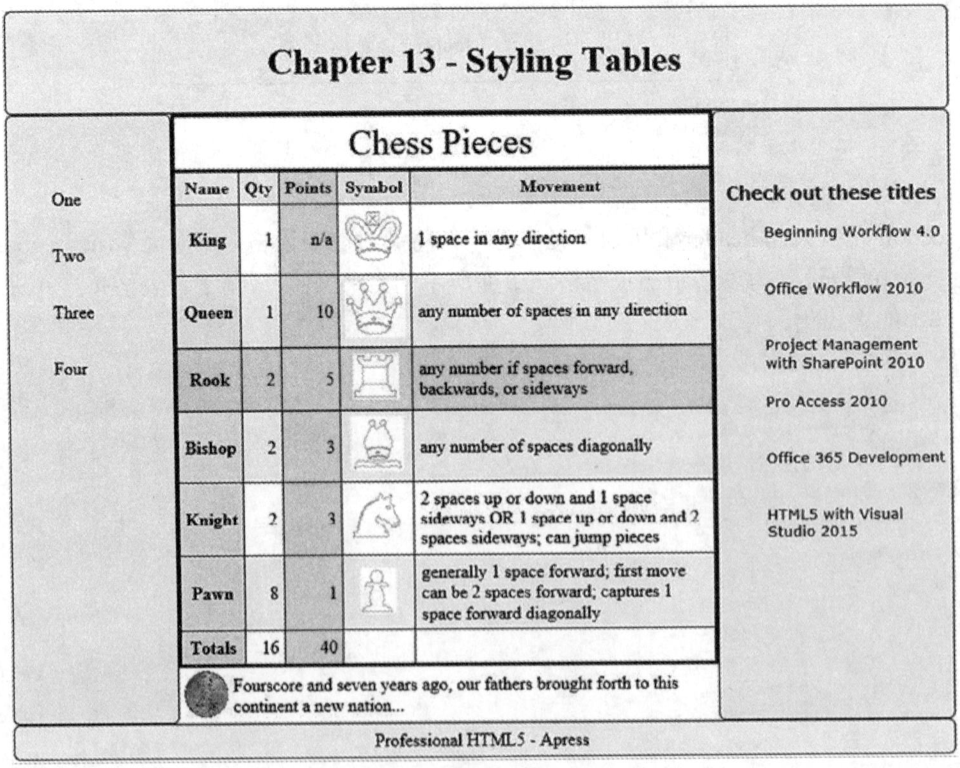

图 13-15　最终的页面布局

```
header, footer {
    border: 1px solid black;
    border-radius: 6px;
    background-color: #F4F4F0;
    text-align: center;
```

```
    padding: 5px;
}
nav, aside {
    border: 1px solid black;
    border-radius: 6px;
    background-color: #F0F0F0;
}
aside article:nth-child(even) {
    background-color: #fafbbf;
}
aside {
    padding: 5px;
    font-family: Verdana;
    font-size: small;
}
```

3. 响应式布局

该页面元素使用了标准的、语义的 header、nav、main、aside 和 footer 元素。这些元素仅显示为一个表格，因为在 CSS 中就是这么配置的。但有时可能需要对它们进行不同的排列。接下来将演示如何使用第 2 章介绍的媒体查询来根据页面大小动态更改页面布局。

将示例页面的大小阀值设置为 700px。为了简化示例，将设置表格布局的 CSS 规则放置到一个媒体查询中。媒体查询及其条件规则如代码清单 13-5 所示。

代码清单 13-5　使用媒体查询

```
@media (min-width: 700px) {
    section {
        display: table;
        table-layout: fixed;
    }

    nav, main, aside {
        display: table-cell;
    }

    nav {
        min-width: 150px;
    }
    aside {
        width: 25%;
        text-align: center;
    }
    ul {
        display: table;
    }
    li {
        display: table-row;
        height: 50px;
        text-align: left;
        vertical-align: middle;
    }
}
```

现在，如果将窗口缩小到小于 700px，那么表格布局将如图 13-16 所示。

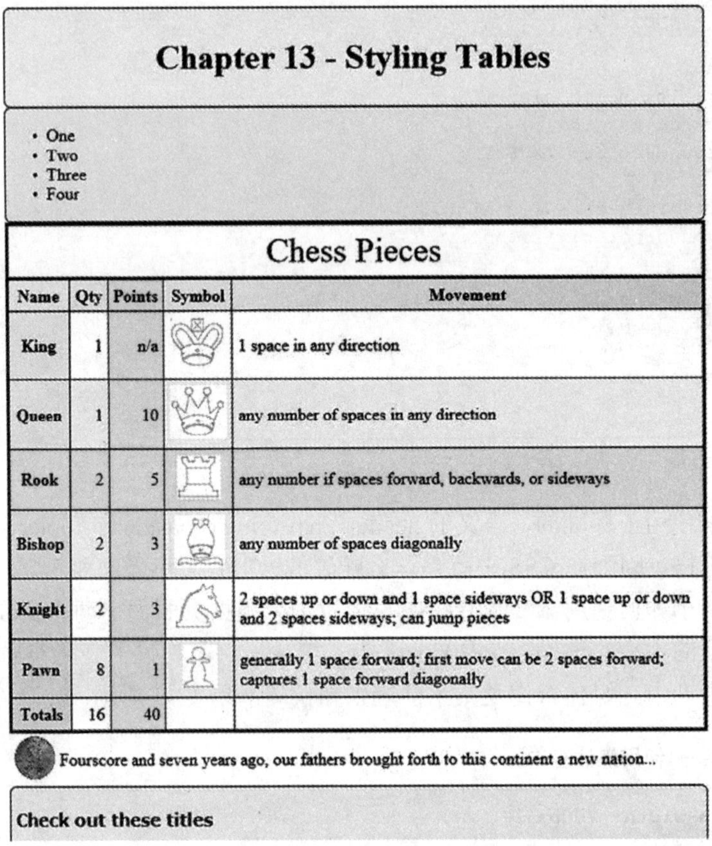

图 13-16 删除表格布局

13.3 样式列表

最后，介绍列表项目可用的样式选项。典型的列表项目旁边都有一个标记，如一个点或一个数字。通过 CSS 特性，可以控制标记的样式和位置。

注意

列表项目元素(li)也有一个默认的 display 特性，通常被设置为 list-item。该特性是导致浏览器在元素旁边添加标记的原因。前面的示例中，在宽屏模式下将其更改为 table-row。注意，此时标记不见了。然而，在窄屏模式下，则使用默认特性值，并显示标记。

13.3.1 类型

list-style-type 特性定义了所使用的标记。所支持的标准值如下所示：

- none——无标记
- disc——实心圆(无序列表的默认值)
- circle——空心圆

- square——实心方形
- decimal——顺序整数(1、2、3……，有序列表的默认值)
- decimal-leading-zero——与 decimal 相同，只不过从 0 开始
- lower-alpha——顺序字母(a、b、c……)
- upper-alpha——顺序大写字母(A、B、C……)
- lower-roman——罗马数字(i、ii、iii……)
- upper-roman——大写罗马数字(Ⅰ、Ⅱ、Ⅲ……)

前四个选项(none、disc、circle 和 square)可用于无序列表(ul)。而其余选项仅用于有序列表(ol)。为了更加清楚，你可以在有序列表上使用前四个选项中的任何一个(如 disc)，此时每个列表项都有相同的标记。使用有序列表的目的是使浏览器可以按顺序对列表项编号；这样可以高效地将其转换为无序列表。与之相反，如果在无序列表上使用 decimal 等值，那么项目就会按照顺序编号，就拥有了一个有序列表。ul 和 ol 元素之间唯一真正的区别在于 list-style-type 特性的默认值，分别为 disc 和 decimal。

对于有序列表，还可以通过在 HTML 标记中设置 type 特性来控制所使用的标记(第 4 章已经介绍了相关内容)。该特性支持值 1、a、A、i(小写罗马数字)和 I(大写罗马数字)，分别对应 CSS 中 list-style-type 特性的 decimal、lower-alpha、upper-alpha、lower-roman 和 upper-roman 值。不过要注意，CSS 中所应用的样式可以覆盖 HTML 标记中所做的设置。

注意

list-style-type 特性通常还支持其他的值，如 lower-latin 和 lower-greek。此外，还有许多其他很少有浏览器支持的语言。

13.3.2　图像

如果以上样式都不适用，那么可以通过设置 list-style-image 特性定义自己的样式。由于无法定义所显示图像的大小，因此要确保使用与内容具有相同固有维度的图像。下面的 CSS 规则使用了 pawn.png 图像作为标记，显示结果如图 13-17 所示。

```
ul {
    list-style-image: url("pawn.png");
}
```

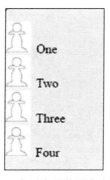

图 13-17　为列表项使用自定义图像

提示

使用自定义图像时，还应该指定 list-style-type 特性，并且应该在 list-style-image 声明之前完成。如果因为某些原因无法加载图像，那么该特性将用于回滚。

13.3.3　位置

通过使用 list-style-position 特性，可以决定标记是否应该在包含块中。如果值为 inside，那么标记与块对齐，此时列表项缩进，为标记腾出空间。如果指定为 outside，则列表项与块对齐，标记位于块之外。

13.3.4　简写

与许多其他的 CSS 特性一样，可以使用简写方式在单个声明中指定所有的列表项特性。可以以任意顺序提供三个值(类型、图像和位置)，并以空格分割。例如：

```
list-style: url("pawn.png") outside square;
```

13.4　小结

本章介绍了如何使用 CSS 对表格进行样式设计。只需要使用一些简单的规则，就可以将一个不怎么吸引人的表格变为一个视觉上具有吸引力的表格。除此之外，还可以将表格布局技术应用于其他非表格数据(主要是通过更改 display 特性)。

常见的用法是将 Web 页面作为表格元素，同时保留原始的语义元素。因为布局是在 CSS 中执行的，所以可以使用媒体查询根据设备特性应用替代格式。

另外，本章还演示了如何使用所支持的 CSS 特性对列表项进行样式设计。使用表来布局列表项是一种流行的方法。

第 14 章

■ ■ ■

Flexbox

本章将介绍 display 特性的另一个值：flex。这是一种非常灵活的(双关语)布局元素的方法。从概念上讲，该方法因其灵活性而非常简单，尽管术语 flexbox 可能会令人困惑。使用 flex 时，需要一个包含子项目的容器元素。可以在容器和项目中配置独立的特性。目前 IE11 以及所有主要的浏览器都支持该值，虽然 Safari 在使用上存在一些问题。如果必须支持这些浏览器，则需要准备好后备解决方案。但我相信该方法仍然是首选方法，特别是在支持响应式 Web 页面时。

术语 flexbox 与方向无关；你将不会看到高度、宽度、水平或垂直之类的值。甚至 flex-direction 特性使用了值 row 和 column。使用 flex 的一个挑战是需要对相关术语进行翻译。例如，如果引用了一个元素的高度和宽度，那么应该马上知道指的是什么。如果谈论到元素的主要大小，那么需要根据 flex-direction 进行翻译。

14.1 容器配置

首先介绍可以在容器上指定的特性。当然，第一个介绍的是 display 特性，应该将其设置为 flex：

```
.container {
    display: -webkit-flex;
    display: flex;
}
```

警告
为了支持 Safari，需要使用前缀-webkit。

14.1.1 flex 方向

最重要的特性是 flex-direction，它为其他的特性建立了框架。该特性可应用于容器元素，并且支持以下值：

- row——(默认值)项目水平布局。实际方向是由 direction 特性确定(ltr 或 rtl)。如果使用的是 ltr 模式，那么项目将从左到右流动。
- row-reverse——项目沿 direction 特性的相反方向水平布局。

- column——项目垂直布局，从上到下。
- column-reverse——项目垂直布局，从下到上。

图 14-1 所示为使用 flex-direction:row 时术语 flexbox 的含义(假设使用了 ltr 模式)。

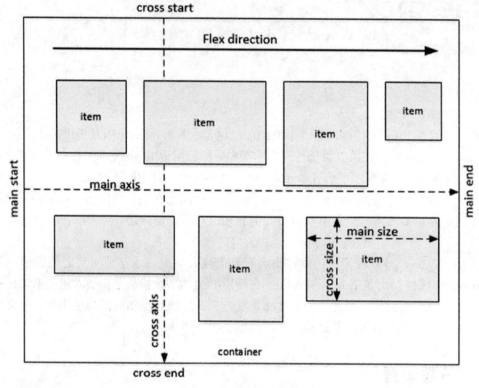

图 14-1　演示术语 flexbox

后面许多的术语都是根据从 flex-direction 派生的值进行配置的。例如，主轴(main axis)表示 flex-direction 的轴(此时为水平方向)，而交叉轴(cross axis)是垂直的。主轴起点(main start)和主轴终点(main end)定义了容器元素的开始和结束边缘。在本示例中分别为左边缘和右边缘。同样，交叉轴起点(cross start)和交叉轴终点(cross end) 沿着另一维度定义了容器边缘。在本示例中分别为顶部和底部。容器内项目的大小不是由宽度和高度标识，而是通过主轴大小(main size)和交叉轴大小(cross size)指定。

针对一个具体的 flex-direction，所有这些值都将转化为常见的值，如垂直、左、底部和宽度。初次学习使用 flex 时，用更熟悉的术语来思考这些可能更容易一些。然而，请注意，如果使用了不同的 flex-direction，那么这些术语的含义也就发生了变化。如图 14-2 所示，该图演示了使用 flex-direction:column 时的相关值。

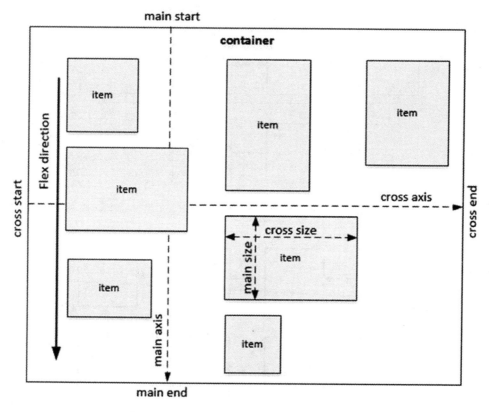

图 14-2　当 flex 方向为 column 时所使用的值

14.1.2　flex 换行

当 flex-direction 为 row(或 row-reverse)时，容器中的项目水平流动，与使用 display:inline 相类似，当容器的宽度被填满时，后续的项目将换到下一行。flex-wrap 特性控制换行的时机和方式。主要有 3 个值：

- nowrap——(默认值)项目不换行，而是显示在单行(或单列)中。
- wrap——项目将使用与初始方向相同的方向换到下一行或列。
- wrap——项目以相反的方向换到下一行或列。

图 14-3 演示了 wrap 和 wrap-reverse 选项。

使用 flex-direction:row-reverse;时，除了方向相反以外，换行的工作方式与前面的介绍相同。使用 flex-direction:column 时，项目从顶部流到底部。如果指定了 wrap-reverse，那么在换到下一列后将从底部流到顶部。而第三行(或列)则又使用初始方向。

可以使用 flex-flow 特性指定 flex-direction 和 flex-wrap 特性。此时需要两个值：每个特性一个值，并用空格分割。flex-flow 特性的默认值是 row nowrap。

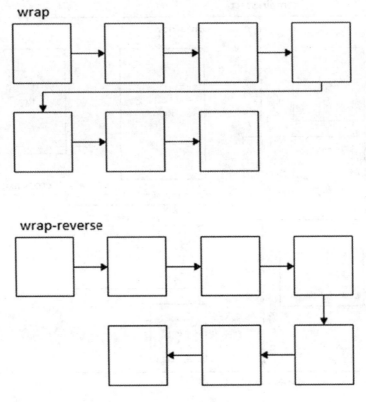

图 14-3　演示换行选项

14.1.3　对齐

justify-content 特性确定项目如何沿主轴在单行(或列)中排列(稍后将介绍沿着交叉轴的对齐)。图 14-4 演示了 5 个可用的选项。

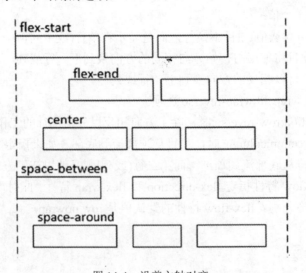

图 14-4　沿着主轴对齐

flex-start 值表明项目与主轴起点边缘对齐。同样，flex-end 表示与主轴终点边缘对齐。如果使用 flex-direction:row;，那么上述的意思分别是左对齐和右对齐，如图 14-4 所示。然而，如果使用的是 flex-direction:row-reverse;，那么主轴起点和主轴终点就反过来了。同理，如果使用 column，那么这些边缘就变成了顶部边缘和底部边缘。

space-between 选项将第一个项目与主轴起点边缘对齐，将最后一个项目与主轴终点边缘对齐。然后调整项目之间的间距，使它们均匀地隔开。space-around 选项与之类似，只不过在第一个项目之前和最后一个项目之后插入了相等的间隔。

所得到的内容行(或列)也可以在交叉轴上使用 align-content 特性进行调整。可用的选项与 justify-content 类似，只不过多了第六个选项：stretch。图 14-5 演示了这些选项。

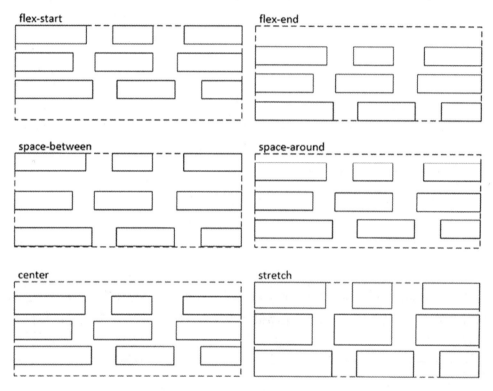

图 14-5　沿着交叉轴对齐

flex-start 和 flex-end 选项根据交叉轴起点或交叉轴终点边缘进行调整。如果 flex-direction 为 row 或 row-reverse，则分别是顶部和底部边缘，如图 14-5 所示。如果是 column 或 column-reverse，则变为左和右边缘。stretch 选项与 space-between 选项相类似，只不过项目会沿着交叉轴进行拉伸，以填充行(或列)之间的间隔。

提示

需要记住的是，justify-content 特性是沿着主轴调整项目，而 align-content 特性是沿着交叉轴调整行(或列)。这两个特性的名称并不能帮助我们记住它们的区别，所以记住以下口诀：justify-content: 主轴；align-content: 交叉轴。

14.1.4　对齐项目

到目前为止，在所有的插图中，所有的项目都具有相同的交叉轴大小。当使用 flex-direction:row;时，交叉大小被翻译为项目的高度。如果这些项目具有不同的大小，则需要确定它们的对齐方式。align-items 特性提供了 5 个选项，如图 14-6 所示。前面已经介绍了 align-content 特性(对齐容器内的行(或列))。与之相反，align-items 特性定义了在单行(或列)中项目的排列方式。当然，这两个特性都是沿着交叉轴进行对齐。

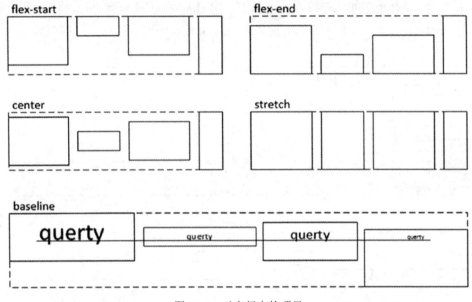

图 14-6　对齐行中的项目

另外，flex-start 和 flex-end 选项分别沿着交叉起点和交叉终点边缘对齐项目。center 选项则沿着交叉轴使项目居中。baseline 选项根据基线对齐项目，因此它们的基线都位于行的相同位置。

提示

术语基线(baseline)来自印刷行业，在该行业中，字符都是沿着基线对齐的。虽然对于底部的文本来说并不一定，但大多数字符都依赖一条不可见的线来对齐。基线提供了一个可视化指南来放置字符，所以该线看起来是一条直线。在 CSS 中，这个概念更加复杂，因为我们不仅处理文本。如果想要深入研究该内容，可以参考以下文章：http://www. smashingmagazine. com/2012/12/17/css-baseline-the-good-the-bad-and-the-ugly。

14.2　项目配置

到目前为止，已经介绍了如何配置容器或父元素，从而提供了如何排列项目的整体结构。此外，还可以配置项目，并对项目的对齐方式进行更精细的控制。

14.2.1　增长与收缩

flex 容器中的项目可以通过增长或收缩来适应容器的大小。这一点是非常重要的，尤其是进行响应式页面设计时。为了对其如何工作进行配置，需要处理三方面的内容：

- 基本大小(Basis)——项目的最佳大小；默认值为其固有大小。
- 增长(Grow)——当有额外空间时项目应该如何增长。
- 收缩(Shrink)——当空间不足时项目应该如何收缩。

注意

术语基本大小、增长和收缩仅适用于主轴。

可以使用 flex-grow 和 flex-shrink 特性来设置元素增长和收缩量。这些都是不带任何单位的数值。浏览器根据项目增长量与总增长量的比率来计算要添加的空间量。例如，如果有三个项目，且 flex-grow 特性分别设置为 1、2 和 3，此时总增长量为 6。此时，第一个项目将分配补充空间的 1/6，第二个项目分配 2/6，第三个项目分配 3/6。flex-shrink 特性的工作方式与之类似，只不过是在必要时删除空间。

flex-grow 和 flex-shrink 特性不能同时使用。只有当存在补充空间时才能使用 flex-grow 特性，只有当空间不足时才可以使用 flex-shrink 特性。显而易见，这两种情况不可能同时出现。此外，负值也是不允许使用的。而 0 值表明项目不应该增长或收缩。

flex-basis 特性定义了项目的基本大小。这是一个距离单位，可以使用绝对值或某一个相对值来指定。其默认值 auto 使用了项目的固有大小作为基本大小。

为了方便起见，我使用了 flex 简写方式设置了这三个值——增长、收缩和基本大小。请确保按照增长、收缩和基本大小的顺序进行设置。此外，还可以使用其他一些特殊的值来设置这三个特性：

- flex:auto;——将增长值和收缩值设置为 1，而将基本大小设置为 auto。
- flex:none;——将增长和收缩值设置为 0，基本大小为 auto。此时项目将使用固有大小，并且不会增长或收缩。

1. 演示

基本大小的概念经常被误解。前面曾经列举了 flex-grow 分别被设置为 1、2 和 3 的项目示例。一些人可能会认为第二个项目始终是第一个项目的两倍，第三个项目是第一个项目的 3 倍。然而，大多数情况下事实并非如此；只有当补充空间大于基本大小时才会遵循这个比例。下面所示的示例有助于澄清这一点。

下面的标记创建了一个带有 4 个子元素的 section 元素：两个段落元素、一个 div 元素和一个图像。每个子元素都有一个 class 特性，所以可以使用 CSS 更方便配置它们。

```
<div class="std1"></div>
<section>
    <p class="i1">Fourscore and seven years ago, our fathers brought forth to this continent,
        a new nation</p>
    <img class="i2" src="king.jpg" alt="King" />
```

```
        <div class="i3">
            <div class="std2"></div>
        </div>
        <p class="i4">This is some text</p>
    </section>
```

此外，该标记还创建了一些额外的 div 元素，并将它们设置为固定大小，以便提供一个参考框架来帮助读者看到增长(和收缩)行为。完整的 CSS 如代码清单 14-1 所示。

代码清单 14-1　Flex 演示的 CSS

```css
/* include the border in the sizing values */
* {
    box-sizing: border-box;
}
.std1 {
    height: 30px;
    width: 350px;
    border: 1px solid black;
    background-color: lightblue;
}
.std2 {
    height: 30px;
    width: 50px;
    border: none;
    background-color: lightblue;
}
section {
    display: flex;
    flex-wrap: nowrap;
    justify-content: flex-start;
    align-content: flex-start;
    align-items: stretch;
}

/* Put a border around the children*/
section>* {
    border: 1px solid black;
    margin: 0;
}

.i1 {
    flex: 1 3 350px;
}

/* Not needed, this is the default for images */
.i2 {
    flex: none;
}
.i3 {
    height: 75px;
    background-color: lightyellow;
    flex: 2 0 50px;
}
.i4 {
    flex: 3 1 auto;
}
```

　　此时大多数的 CSS 规则都是用来帮助演示的；并且突出显示了 flex 特有的声明。该容器设置了 display:flex 特性，而其余的特性都被设置为默认值，可以忽略。第一个项目的基本大小为 350px。同时还设置了一个具有相同大小的带有 std1 类的空 div 元素。同样，在第三个项目中也嵌入了一个带有 std2 类的空 div 元素。其固定大小为 50px，与第三个项目的基本大小相同。最后一个段落元素并没有明确的基本大小，所以将使用其本身的大小。从本质上讲，段落元素是一个足够宽的元素，不需换行即可适合所有文本。

　　对于图像，将其 flex 特性设置为 none，意味着使用图像的默认值。默认情况下，图像不会增长或收缩。而对于 div 元素来说，增长值设置为 2，收缩值设置为 0；也就是说该元素只会增长不会收缩。对于两个段落元素，分别为增长和收缩设置了不同的值，以便演示收缩和增长的工作原理。

　　如果在浏览器中显示该标记，并将窗口的宽度设置为足够大，以适应每个子元素的基本大小，可以看到如图 14-7 所示的结果。

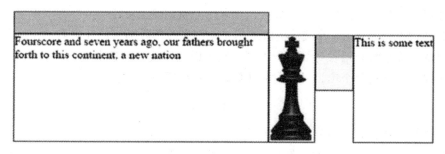

图 14-7　带有精确基本大小的 flex 元素

　　两个提供了参考大小的固定 div 元素以蓝色显示。可以看到，子元素的基础大小非常精确。此外，最后一个子元素的文本在不换行的情况下刚好合适。此时，如果展开窗口，会看到图像没有变(这和预期的一样)，但其他三个子元素都按照 flex-grow 特性所设置的比例增长，如图 14-8 所示。

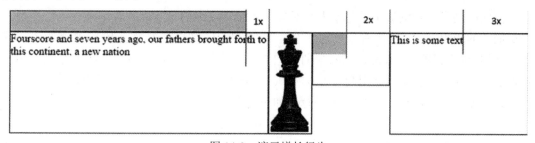

图 14-8　演示增长行为

　　当容器大于项目基本大小的总和时，就会进行增长计算。此时，可以使用下面的公式来表示分配给每个项目的实际大小：

```
Base size + Extra space * (Grow / sum of Grow values)
```

2. 计算收缩

如果窗口小于项目基本大小，虽然图像和空 div 元素不会收缩，但两个段落元素会收缩。当窗口缩小时，页面如图 14-9 所示。

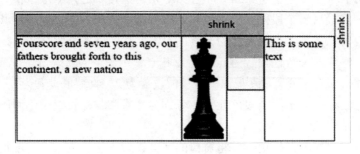

图 14-9　演示收缩行为

前面已经将第一个段落元素和最后一个段落元素的 flex-shrink 特性分别设置为 3 和 1；然而，如图 14-9 所示，第一个段落的收缩量是第三个段落收缩量的 3 倍多。出于某些原因，收缩计算的工作过程与增长计算有所不同。它考虑到了项目的基本大小。当容器小于总的基本大小时，会针对每个项目进行收缩计算，可以使用下面的公式表达：

```
Base size - Overflow size * (Shrink * Base Size / sum of (Shrink * Base size) )
```

接下来计算该公式，首先从最终的总和开始。这里有两个带有非零收缩值的项目。最后一个段落的自有大小约为 110 像素。所有总和为 3×350+1×110=1160。现在，比率分别为：第一个段落 3×350/1160=～90%，最后一个段落 1×110/1160=～10%。所以只有 10% 的溢出大小从最后一段中删除。知道了这一点，就可以调整收缩值来解决这个问题。例如，如果想要两个项目拥有相同的比率，那么可以将第一个段落的收缩值设置为 .35。

3. 均匀增长

前面所列举的示例演示了基本大小对项目增长和收缩的影响，比较复杂。可以使用一个更简单的应用程序，将所有项目的基本大小设置为 0。如果基本大小为 0，那么收缩值就不再适用；项目只能增长。为此，flex 特性允许提供一个单一数值，而该数值将作为 flex-grow 特性应用。此外，也可以使用简写方式将 flex-shrink 和 flex-basis 特性设置为 0。

为了便于演示，将前面的 CSS 进行了如下修改：

```
.i1 {
    /*flex: 1 3 350px;
    flex: 1 .35 350px;*/
    flex: 3;
}
.i3 {
    height: 75px;
    background-color: lightyellow;
    /*flex: 2 0 50px;*/
    flex: 1;
}
```

```
.i4 {
    /*flex: 3 1 auto;*/
    flex: 2;
}
```

在本示例中，div 元素的增长值为 1，而段落元素的增长值分别被设置为 3 和 2。第一个段落的大小是 div 元素的 3 倍，最后一个段落的 2 倍。然而，也有一个例外，因为 div 元素有一个固定宽度的子元素，所以它不会收缩到小于该子元素。如图 14-10 所示。

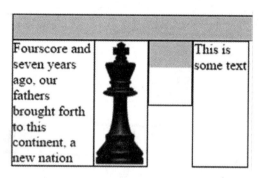

图 14-10　超过自有大小的收缩

在进行增长计算时，div 的基本大小仍然为 0。注意，最后一个段落的宽度为第一个段落的 2/3，因为它们的增长值分别被设置为 2 和 3。不管容器的大小如何，这两个元素始终保持这个比率。

14.2.2　顺序

在默认情况下，项目是按照其在文档中的顺序显示的。对于 flex 项目，可以通过设置其 order 特性来显式地定义顺序。如果没有指定，则 order 值为 0，所有项目将会根据其在文档中的顺序显示。同时，负值也是允许的。

这是一项非常有用的功能，尤其是使用响应式 Web 页面时。允许 CSS 控制显示顺序意味着可以根据媒体查询调整显示顺序。例如，当使用较小的设备时，可以设置顺序，将某些特定内容移动到页面底部。

提示

没有必要设置所有项目上的 order 特性。例如，如果想要某个特定的项目第一个显示，那么可以将其 order 设置为-1，而其他项目则保持初始值。此时其他项目的 order 值为 0，也就是说该项目第一个显示。

14.2.3　重写对齐方式

前面已经介绍了如何在容器上使用 align-items 特性来控制某一行(或列)中项目的交叉轴对齐。该特性可应用于容器中的所有 flex 项目。然而，通过设置 align-self 特性，可以在单个项目上重写对齐方式。该特性支持与 align-items 特性相同的 6 个值。举一个简单的例子，下面的 CSS 规则在第一段和 div 元素上设置了该特性。结果如图 14-11 所示。

```
.i1 {
    /*flex: 1 3 350px;
    flex: 1 .35 350px;*/
    flex: 3;
    align-self: flex-end;
}
.i3 {
    height: 75px;
    background-color: lightyellow;
    /*flex: 2 0 50px;*/
    flex: 1;
    align-self: center;
}
```

图 14-11　使用 align-self 特性

14.3　垂直示例

举一个使用垂直主轴的简单示例：用固定大小的页眉和页脚建立一个典型的页面布局。主体部分允许增长，以适应现有内容。标记如下：

```
<section class="vertical">
    <header>Header</header>
    <footer>Footer</footer>
    <main>
        <p>Lorem ipsum dolor...</p>
    </main>
</section>
```

section 元素包含了 header、footer 和 main 元素。为了演示 order 特性的使用，将 footer 元素放在了 main 元素之前。接下来使用下面的 CSS 规则对页面进行格式化：

```
.vertical {
    display: flex;
    flex-direction: column;
}
header, footer {
    text-align: center;
    background-color: lightgreen;
    flex: 0 0 35px;
```

```
}
main {
    flex: auto;
}
footer {
    order: 3;
}
```

这将 flex-direction 设置为 column，所以现在主轴是垂直的。项目将会在垂直方向增长和收缩。而 header 和 footer 不允许增长或收缩，并将基本大小设置为 35 像素。同时，main 元素使用了 flex:auto;，从而允许增长和收缩，其基本大小由内容的自有大小所确定。此外，footer 元素的 order 特性被设置为 3，所以 footer 元素最后显示。最终结果如图 14-12 所示。

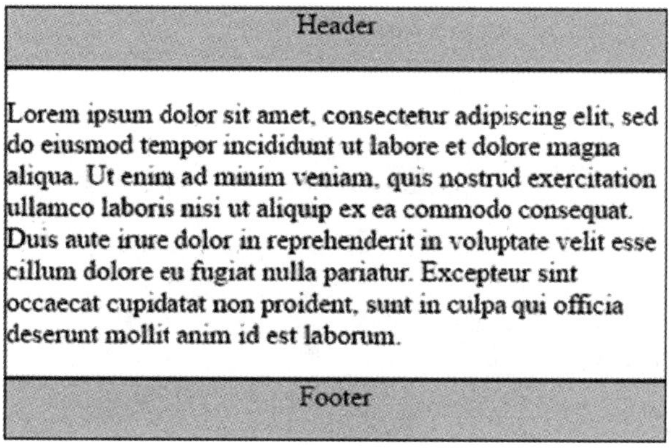

图 14-12　垂直示例

14.4　小结

在本章，主要学习了如何使用 flexbox 以灵活的布局方式安排项目。基本思想是首先定义用来安排 HTML 元素的预测规则，然后让浏览器根据目前窗口大小来应用这些规则。可以配置容器上的特性以及其中的项。

在容器上，可以定义项目显示时的流向。相关的特性和术语与方向无关，比如用“开始”和“结束”而不是“顶部”或“底部”，因此在考虑解决方案时需要进行一些翻译。此外，容器特性还能够指定项目行或列的对齐方式。

对于项目来说，可以根据可用空间来指定项目如何沿主轴增长或收缩。可以重写与交叉轴的对齐方式。可以设置项目显示的顺序，也可以在 CSS 中调整顺序，这样就可以使用媒体查询并根据设备特性来重新定位元素。

第 15 章将会演示如何使用动画和变形为 Web 页面添加一些乐趣和活力。

第 15 章

■ ■ ■

动画与变形

15.1 动画

虽然动画看起来令人印象深刻，实际上实现起来却非常简单。动画只是随着时间的推移修改一个或多个特性而已。首先需要编写 JavaScript 代码来设置一个计时器，然后使用每个计时器事件修改特性。其实只需要使用 CSS 就可以实现。

15.1.1 关键帧

在 CSS 中，创建动画的第一步是定义关键帧(keyframe)。每一个关键帧在特定的时间点指定了一组 CSS 特性。这与动画电影相类似，动画电影是由一组被称为帧的图片所组成，这些图片快速连续地显示，给人的印象是图片正在移动。幸运的是，我们并不需要像大多数视频那样每秒钟提供 30 或 60 帧。

使用关键帧类似于定义一个第 12 章介绍的渐变。至少需要定义起始帧和结束帧，然后浏览器提供两个帧之间的逐步过渡。当然，也可以定义额外的帧来控制动画的进度。可以为动画指定持续时间，并且将每个关键帧分配到沿着该持续时间的特定点(以分数表示)。起始帧位于 0%，而结束帧则位于 100%。

关键帧有时也被称为规则(at-rules)。这些规则类似于常见的 CSS 规则，只不过是使用百分数作为选择器。在每一帧中，可以指定任意数量的 CSS 特性。一个简单的关键帧如下所示：

```
@keyframes colors {
    0% {
        background-color: yellow;
    }
    100% {
        background-color: blue;
    }
}
```

在动画开始时，背景色是黄色，而结束时则逐渐变为蓝色。也可以添加更多的帧。假设希望背景色依次为红色、黄色、蓝色，然后回到红色，那么可以指定如下所示的关键帧：

```
@keyframes colors {
    0%, 100% {
        background-color:red;
    }
    33% {
        background-color: yellow;
    }
    66% {
        background-color: blue;
    }
}
```

注意，起始帧和结束帧都有相同的颜色值，所以，可以将它们指定为相同的帧(使用逗号分隔百分数，在 CSS 选择器语法中，这就是逻辑 OR 运算符)。此外，也可以分别使用别名 from 和 to 来表示 0%和 100%。所以，第一组关键帧也可以指定为：

```
@keyframes colors {
    from {
        background-color: yellow;
    }
    to {
        background-color: blue;
    }
}
```

15.1.2　配置动画

一个动画可应用于一个或多个元素。例如，前面所示的关键帧修改了 background- color 特性。首先需要将其应用于一个元素，然后由动画来更改元素的背景颜色。为了提供一个简单的演示，这里使用空的 div 元素：

```
<div class="circle"></div>
```

如果想要增加更多的乐趣，可以使用下面的 CSS 规则将该元素变为一个红色的圆圈：

```
.circle {
    width: 300px;
    height: 300px;
    margin: 10px 0 0 0;
    border-radius: 50%;
    background-color: red;
}
```

这首先创建了一个高宽相等的 div 元素。然后将半径设置为 50%，从而使 div 元素由方形转换为圆形。最后对背景颜色进行动画处理。该规则的使用如下：

```
.circle {
    animation: colors 5s;
}
```

该声明使用了 animation 简写方式指定了两个必须的特性。第一个特性表明了所使用关键帧的名称(前面已经创建)。第二个特性指定了动画的持续时间(此时为 5 秒钟)。当加载页面时，圆圈起初为红色，然后逐步变为黄色、蓝色，并最终回到红色。

1. 动画特性

可以使用 8 个特性来配置动画。之前用过其中的两个；下面列出了可用选项的完整列表：

- -name——关键帧的名称，定义了要设置的特性及相对时间。
- -duration——(默认值为 0s) 完成单次执行的总时间。
- -timing-function——(默认值 ease)指示帧之间如何发生过渡。可以使用多种选项，Mozilla 提供了一篇文章详细描述了每种选项的含义：https://developer.mozilla.org/en-US/docs/Web/CSS/timing-function。下面列举一些常用的选项值：
  - linear——帧之间的过渡是均匀的。
  - ease-in——开始时过渡缓慢。
  - ease-out——结束时过渡缓慢。
  - ease-in-out——开始和结束时过渡都缓慢。
  - ease——与 ease-in-out 相类似，只不过开始时的缓慢程度比结束时小。
- -delay——(默认值 0s)在页面加载和动画启动之间的停顿时间。
- -iteration-count——(默认值 1)动画应该重复执行的次数；如果想连续运行，可以设置为 infinite。
- -direction——(默认值 normal) 指示动画是否可以通过关键帧向前或向后运行。所支持的值如下所示：
  - normal——动画通过关键帧按顺序从 0%到 100%播放；如果重复执行，则从头开始。
  - alternate——动画在初始运行时从 0％变为 100％，但随后的运行将反向播放。奇数次运行是正向播放，而偶数次运行是反向播放。
  - reverse——动画初始运行时反向播放从 100%到 0%;后续的运行也是反向播放。
  - alternate-reverse——初始运行是反向播放，从 100%到 0%，但随后的运行变为正向播放。所有的奇数次运行是反向播放，而偶数次运行是正向播放。
- -fill-mode——(默认值 none)指定了如何在动画之前和之后应用关键帧特性。注意，实际的起始帧是由 animation-direction 特性控制的；结束帧取决于在使用 alternate方向时所执行的交替(迭代)次数。所支持的值如下所示：
  - none——动画之前和之后的值不受动画影响。
  - forwards——在动画完成后，目标元素将保留最后一个关键帧的值。
  - backwards——如果在开始动画时有延迟，那么目标元素将使用起始关键帧的值。
  - both——同时应用 forwards 和 backwards 值的行为。
  - -play-state——(默认值 running)指示当前动画正在运行或停止。

提示

可以以秒或毫秒来指定时间单位。此时需要使用后缀 s 或 ms，否则所指定的值将被作为数值处理。同时，值和单位之间不要留空格。

---

2. 动画简写方式

如前所述，可以使用 animation 简写方式来设置所有的 8 个特性。从技术上讲，这些特性都是可选的，如果没有指定都使用默认值。然而，如果不指定 animation-name 和 animation-duration，则无法实现任何动画效果。

简写方式中的特性以空格分隔，并且可以以任意顺序指定，此外，还需要了解一些细节。在所有的 8 个特性中有两个时间值，animation-duration 和 animation-delay。简写方式中所指定的第一个时间值将分配给 animation-duration，而第二个时间值(如果指定了)用于 animation-delay。

有 4 个特性具有预先设置的支持值列表，这些值是不重叠的：animation-timing-function、animation-direction、animation-fill-mode 和 animation-play-state。可以以任何顺序指定这些特性，因为浏览器可以通过分配给特性的值来确定。无法识别的值将分配给 animation-name 特性。

如果想要使用某个特性值(如 reverse)作为关键帧的名称，就需要格外小心了。必须在 animation-name 之前先指定相应的特性，如 animation-direction。此时，如果想要播放方向为 reverse，则需要包含 reverse 值两次；第一个 reverse 值用于 animation-direction 特性，第二个 reverse 值用于 animation-name 特性。不能让浏览器设置默认值。如果要使用默认值 normal，则需要在 reverse 之前显式地包括 normal。

3. 多个动画

可以在相同的目标元素上定义多个动画。例如，一个动画移动元素，另一个动画更改元素颜色。这些动画是独立应用的。如果使用 animation 简写方式，那么首先为第一个动画指定所需要的特性，然后再为第二个动画指定特性，依次类推。每个动画的特性之间用逗号分隔。例如，下面的声明对所有带有类 circle 的元素应用了两个动画：

```
.circle {
    animation: colors 5s 3,otherKey 2s 4s alternate;
}
```

如果设置单个特性，那么针对每个元素都包含一个特性值(由一个逗号分隔)。同时为每个特性指定相同顺序的值。animation-name 的第一个值与 animation-direction 的第一个值相匹配，依次类推。为了演示，可以用下面所示的声明指定前面的动画：

```
.circle {
    animation-name: colors, otherKey;
    animation-duration: 5s, 2s;
    animation-iteration-count: 3;
    animation-delay: 0s, 4s;
    animation-direction: normal, alternate;
}
```

注意 animation-iteration-count，它只指定了一个值，并且仅应用于第一个动画。而对于 animation-delay 和 animation-direction 来说，使用了默认值，所以第二个值将应用于第二个动画。

警告

不是所有的 CSS 特性都可以进行动画处理。下面所列的文章列举了所有可以进行动画处理的特性：https://developer.mozilla.org/en-US/docs/Web/CSS/CSS_animated_properties。非动画特性大多是那些不能随时间逐渐变化的特性，如 font-family。

15.1.3　贝塞尔曲线

如前所述，动画只是随着时间的推移调整了一个或多个特性。在最简单的情况下，只需定义起始和结束值，浏览器就会在两个值之间插入中间值。animation-timing-function 特性确定了用来完成插值的函数。前面已经介绍了几个常用的值，如 ease-in 和 linear。

最直接的方法是使用 linear 函数。假设有一个持续时间为 5 秒的动画，并且修改了 margin-left 特性。起始值为 0，结束值为 250px。如果使用 linear 函数，那么每秒钟都会改变外边距 50px。也就是说 1 秒钟 50px，而 2 秒钟 100px，依此类推。而如果使用 ease-in 函数，那么动画开始时会稍慢，然后逐渐加速。1 秒钟之后，左边距可能只有 30px(打个比方)。

诸如 ease-in 之类的值只是预定义的贝塞尔(Bézier)曲线。贝塞尔曲线使用数学公式来计算一个轴的值作为另一个轴的函数。尤其是时间函数所使用的贝塞尔曲线使用了 4 个点来定义公式。在上面的示例中，在 5 秒钟的持续时间里每个点计算 margin-left 特性的值。图 15-1 所示的贝塞尔曲线演示了该过程。

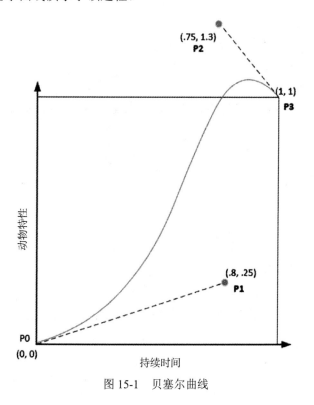

图 15-1　贝塞尔曲线

点 P0 是表示初始特性值(0%)及持续时间开始的起始点。点 P3 是结束点(特性值 100%)。

该图进行了缩放，以便这些点可以分别显示在位置 0,0 和 1,1。点 P1 和 P2 定义了连接 P0 和 P3 的线的曲线。

图 15-1 所示的贝塞尔曲线是由 P1 和 P2 的值(.8,.25 和.75,1.3)定义。而这些值是在 CSS 中指定的，如下所示：

```
animation-timing-function: cubic-bezier(0.80, 0.25, 0.75, 1.30);
```

这里，动画开始时非常缓慢(与 ease-in 相类似)，但到了快结束时实际上超过了所需要的最终值，并且在完成动画之前恢复为最终值。

提示

如果想要进一步学习贝塞尔曲线，可以查看网站 http://cubic-bezier.com。通过该网站，可以以图形方式调整曲线，并显示 CSS 中所输入的 P1 和 P2 值。另一个比较有用的网站是 http://easings.net。

为了演示上述过程，创建了另一个空 div 元素：

```
<div class="bounce"></div>
```

为了简化样式，使用下面的 CSS 规则：

```
.bounce {
    width: 100px;
    height: 35px;
    margin-left: 300px;
    border-radius: 10px;
    background-color: lightblue;
}
```

该规则创建了一个带有圆角的小矩形。接下来使用下面的规则配置动画：

```
@keyframes bounce {
    from {
        margin-left: 0;
    }
    to {
        margin-left: 300px;
    }
}

.bounce {
    animation: 3s cubic-bezier(0.80, 0.25, 0.75, 1.30) bounce;
}
```

该规则使 div 元素跨页面移动，刚开始移动比较缓慢，然后超过最终位置，因此反向运动并回到最终位置。

15.2　过渡

在运行时更改 CSS 特性时(即页面加载之后)，可以使用过渡来实现更平滑的更改，而不是突然的改变。例如，当鼠标指针位于一个元素上面时，可以使用伪类:hover 更改元素的背景颜色。通常，当鼠标指针位于元素上方时，背景颜色的更改就会立即发生。然而，通过定义一个过渡可以让颜色的更改更加平滑。

过渡类似于动画，并使用了一些相同的技术。两者主要不同点在于过渡不需要定义关键帧；过渡仅处理目标元素的开始和结束状态。这两个状态就像是一个定义了 0%和 100%值的关键帧。

另一个与动画较大的区别是过渡没有定义开始和结束状态；这些都是在过渡之外定义的。通常在 CSS 中定义开始和结束状态。例如，background-color 是通过 CSS 规则应用于元素的 CSS 特性。而第二条规则(使用了伪类:hover)应用了不同的 background-color。这两条规则定义了开始和结束状态。可以通过添加过渡来控制从一条规则到另一条规则的变化，从而实现平稳的过渡，而不是突然的改变。

用示例来演示上述过程。下面的标记创建了一个空 div 元素。第一条 CSS 规则定义了边框的高度和宽度以及背景颜色。当鼠标指针在 div 元素上方时，第二条规则修改了高度和宽度。

```
<div class="tran"></div>

.tran {
    width: 200px;
    height: 100px;
    background-color: lightyellow;
    border: 1px solid black;
}
.tran:hover {
    width: 420px;
    height: 150px;
}
```

如果使用上面的标记，会发现当鼠标指针移动到元素上方时元素会突然变大。接下来定义过渡是如何发生的。可以应用 4 个 CSS 特性：

- transition-property——(默认值 all)指定了过渡应该应用的特性。
- transition-duration——(默认值 0s)完成过渡的时长。
- transition-delay——(默认值 0s)过渡开始之前的时间量。
- transition-timing-function——(默认值 ease)该函数指定了随着时间推移如何进行过渡。该特性类似于 animation1-timing-function 特性，并且支持相同的值。

现在，使用上述特性生成一个平稳的过渡，请添加下面的 CSS 规则。这里使用了与前面动画示例中相同的贝塞尔曲线函数。

```
.tran {
    transition-property: width;
    transition-duration: 3s;
    transition-delay: 0s;
    transition-timing-function: cubic-bezier(0.80, 0.25, 0.75, 1.30);
}
```

现在，当鼠标指针悬停于元素之上时，宽度会逐渐变化。注意，当宽度超过结束状态时会出现轻微的反弹效果。然而，高度的变化却是很突然的，因为过渡仅应用于 width 特性。如果想要过渡应用于所有的变化特性，可以对 transition-property 特性使用 all 关键字。

此外，还可以为每个目标特性定义不同的过渡特性。例如，如果想要实现高度变化的快速过渡，那么可以单独定义其过渡。此时，需要为每个过渡特性提供多个值，并以逗号分隔：

```
transition-property: width, height;
transition-duration: 3s, 1s;
```

这使宽度过渡耗时 3s，而高度的过渡仅为 1s。transition-property 特性定义了过渡次数。在本示例中，由于提供了两个值，因此有两个过渡。其他的特性可以有相同数量的值(按照顺序提供)，所以此时持续时间 3s 适用于 width 特性，而 1s 适用于 height 特性。如果提供的值较少，那么所提供的值将在必要时重复使用，也就是说针对 transition-property 特性的每个值都会有一个对应值。由于 transition-delay 特性仅有一个值，因此会重复使用该值，所以延迟时间 0s 将适用于 width 和 height 特性。如果所提供的值多于 transition-property 特性的值，那么额外的值将会被忽略。

由于对 .tran 类选择器应用了过渡，因此将影响到悬停状态的过渡以及返回到初始状态的过渡。注意，如果将鼠标指针从元素移开，则会使用返回到初始状态的渐变过渡。而如果仅对 .tran:hover 选择器进行上面的更改，就只对悬停状态应用过渡，而鼠标指针移开返回到初始状态的过程则是突然的。可以利用这种方法提供不同的过渡。比如，可以更快速地过渡到初始状态。

为了实现上述功能，可以在 .tran 选择器中定义一个稍慢的过渡，然后在 .tran:hover 选择器中重写持续时间，使其更长。

```
.tran {
    width: 200px;
    height: 100px;
    background-color: lightyellow;
    border: 1px solid black;
    transition-property: width, height;
    transition-duration: 1s;
    transition-delay: 0s;
    transition-timing-function: cubic-bezier(0.80, 0.25, 0.75, 1.30);
}
.tran:hover {
    width: 420px;
    height: 150px;
    transition-duration: 3s, 1s;
}
```

提示

为了演示过渡，使用了伪类:hover 强制改变特性。然而，无论过渡如何被调用，都可应用于任何特性更改。15.3 节将介绍如何通过 JavaScript 操作 HTML 和 CSS。如果通过客户端脚本修改了某一特性，在 CSS 中应用于该特性的任何过渡都会被调用。

还可以使用 transition 简写方式在单个声明中提供所有 4 个值，并且可以按照任何顺序提供；但对于 animation 特性来说，第一个时间值将用作持续时间，而第二个时间值用作延迟时间。如果忽略了任何值，就会使用前面所介绍的默认值。例如，下面所示的过渡将应用于所有特性，持续时间为 3s，并且使用了 ease-in 时间函数。此时由于未指定延迟时间，因此为 0s。

```
transition: all 3s ease-in;
```

如果想要定义不同的过渡，可以使用 transition 简写方式，并使用逗号分割。

```
transition: width 3s 0s ease-in, height 1s;
```

与其他的简写方式一样，任何没有指定的值都会使用默认值。在本示例中，因为简写方式中没有指定 height 特性，所以将使用默认的 ease 时间函数。当定义了多个转换时，使用单个特性可能更容易一些，因为可以将单个值应用于前面所介绍的所有特性。

15.3　变形

可以使用 transform 特性来调整坐标系统，从而修改元素的显示方式。当使用 transform 特性时，必须指定一个变形函数，变形函数可分为以下几类：

- 移动——元素水平、垂直移动。元素保持原始大小和形状，但移动到不同位置。
- 旋转——元素围着一个或多个轴旋转。与移动一样，元素保持原始大小和形状。
- 缩放——元素沿着一个或多个轴拉伸或收缩。此时将更改元素的大小，还可能改变长宽比。
- 倾斜——元素被转动或扭曲。例如，矩形可以变成平行四边形。

对一个元素应用变形可以改变该元素在页面上的显示方式和位置。然而，这并不会影响其邻近元素的位置。这可能产生溢出，某些变形元素会位于其他元素之上。

15.3.1　移动

移动可能是最简单的变形。可以使用三个函数：

- translateX()——按指定距离水平移动元素。
- translateY()——垂直移动元素。
- translate()——接收两个值，一个为 X，一个为 Y，在水平和垂直方向移动元素

如果调用 translate()函数时只指定了一个值，那么该值将用来水平移动元素。如果所提供的值为正数，则向右(或下)移动元素；负数则向左(或上)移动。下面所示的声明向上和向右移动元素：

```
transform: translate(30px, -10px);
```

15.3.2　旋转

当旋转一个元素时，首先需要确定围绕哪个轴旋转。X 轴是水平线。围绕 X 轴旋转元

素意味着元素的顶部要么更接近你，要么远离你，而底部则刚好相反。这就好比是翻挂历一样，把一张挂历纸从底部翻起来，然后翻页，翻到下一个月。这有时也被称为军事翻转(military flip)。Y 轴是垂直线，围绕 Y 轴旋转类似于翻书。Z 轴位于页面上方。

与旋转相关的函数有四个：

- rotateX()
- rotateY()
- rotateZ()
- rotate()

前三个函数的含义不言自明，它们都是围绕对应的轴旋转元素指定的角度(该值以参数的形式传入函数)。rotate()函数完成与 rotateZ()函数相同的工作。之所以提供该函数，是因为绝大多数情况下都使用的是 Z 轴，所以 rotate 是 rotateZ 的简写方式。

警告

除非在使用 3D 变形(3D 变形稍后介绍)，否则沿着 X 和 Y 轴旋转是没有什么用的。在一个二维系统中，沿着 X 轴旋转只会使形状变得更短，而沿着 Y 轴旋转会使元素变得更窄。而旋转 180°(或者半圈)只会翻转元素。因此，大多数情况下都是沿着 Z 轴旋转。

旋转元素时，还需要确定旋转点。默认情况下，旋转点位于元素的中心。然而，可以使用 transform-origin 特性更改旋转点。该特性接收三个值，分别指定了 X、Y 和 Z 的偏移。默认值为 50% 50% 0，即元素的水平和垂直中心。可以为它们提供绝对值或相对值，并且按照顺序(X,Y,Z)提供。如果只提供了两个值，则用作 X 和 Y 值。

此外，还可以使用一些关键字，包括 left、right、top、bottom 和 center。例如，如果指定 top right，那么将围绕右上角定义的点旋转元素。关键字可以以任何顺序输入，因为浏览器可以确定其适用的值。关键字 center 指定了 X 和 Y 值，相当于默认值(50% 50% 0)。

15.3.3　缩放

缩放函数相当简单。可以使用 scaleX()和 scaleY()函数分别沿着 X 或 Y 轴增长或收缩项目。如果想要在两个方向上进行缩放，那么 scale()函数接收两个值，定义水平和垂直缩放量。值 1 表示不进行缩放；而大于 1 的值表示元素放大，小于 1 的值则缩小元素。例如，指定 0.5，则会使元素的大小减为原始大小的一半。

transform-origin 特性影响了缩放的方式，更准确地讲，影响了最终形状的定位方式(相对于原始元素)。如果使用默认值 center，元素会在两个方向扩展，新形状的中心点恰好是原始元素的中心点。如果设置为 top left，那么元素的左上角保持固定，元素将向下、向右扩展。

负值将沿着相反的轴反转元素。例如，使用 scaleY(-1)将会垂直翻转元素(沿着水平轴)。下面的代码完成了相同的事情：

```
transform: rotateX(.5turn);
transform: scaleY(-1);
```

值-1 只是反转元素，而值-2 则是反转并使其大小翻倍。

15.3.4　倾斜

倾斜一个元素，尤其是在两个维度进行倾斜，理解起来可能有点困难。所以先从单维度开始。先画一个矩形，然后一边固定，另一边向下拉，从而导致整个元素扭曲。这称为倾斜(skewed)，可以使用 skewY() 函数实现，如图 15-2 所示。skewY()函数在垂直维度移动、倾斜非固定大小。倾斜量被指定为角度。skewX()函数则是在水平方向移动非固定边。

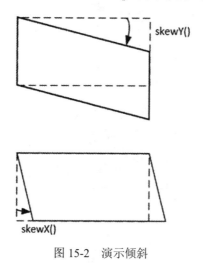

图 15-2　演示倾斜

注意

在这些示例中，都是假设左边或顶部边缘是固定的。然而，就像使用旋转和缩放函数一样，可以使用 transform-origin 特性进行控制。虽然更改该特性并不会影响最终的形状，但却可以改变元素的定位方式。

---

skew()函数允许指定 X 和 Y 值。图 15-3 演示了在两个方向上的倾斜。它结合了两种倾斜类型的效果。

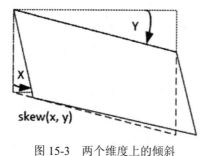

图 15-3　两个维度上的倾斜

15.3.5　演示

接下来演示一下所有的变形方式。下面所示的标记创建了 4 个带有 class 特性(为了便于选择)的空 div 元素。

```
<div class="transform translate">translate</div>
<div class="transform rotate">rotate</div>
<div class="transform scale">scale</div>
<div class="transform skew">skew</div>
```

CSS 首先为所有的 div 元素应用了一些基本样式，然后分别应用了不同的变形。最终结果如图 15-4 所示。

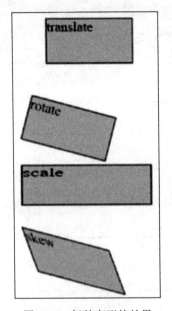

图 15-4　每种变形的效果

```
.transform {
    margin: 25px;
    height: 50px;
    width: 100px;
    border: 1px solid black;
    background-color: lightblue;
}
.translate {
    transform: translate(30px, -10px);
}
.rotate {
    transform: rotate(15deg);
    transform-origin: bottom left;
}
.scale {
    transform: scale(1.5, .9);
    transform-origin: bottom left;
}
.skew {
    transform: skew(20deg, 15deg);
    transform-origin: top left;
}
```

注意，所有这些效果不仅适用于元素的形状，也适用于元素的内容。例如，文本也可以缩放或倾斜。

15.3.6　3D 变形

三维变形试图在二维的页面中模拟三维物体。为此，必须配置一些额外的信息，以便浏览器知道如何进行变形。额外的特性包括 perspective 和 perspective-origin。为了理解如何使用这两个特性，先介绍一些基本的绘图技术。

如果你有一个类似盒子的三维物体，并且想要在一张二维纸上绘制出来，那么最简单的方法是使用消失点(vanishing point)。可以先绘制盒子的一边，然后在远离矩形的位置定义一个消失点。随后从矩形的每一个角画一条虚线到这个消失点。这些虚线的一部分将形成盒子的边缘。最后，通过创建与这些虚线相交的平行矩形来绘制盒子的背面，图 15-5 所示。

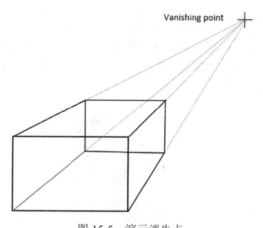

图 15-5　演示消失点

此时，你可能会想到，如何移动消失点并拖动线，以创建同一个盒子的不同视角。这就是使用这些额外的特性可以完成的操作。perspective 特性定义了从原始图像到消失点的距离。距离越大，3D 效果越不明显。

perspective-origin 特性定义了消失点位于图像的哪一边。在图 15-5 中，消失点位于右上角。这样就可以创建从上方和右方往下看盒子的效果。perspective-origin 接收以百分数表示的 X 和 Y 值，范围为 0%～100%。此外，还有一些预定义值。例如，可以输入 left bottom 表示 0% 0%，right top 表示 100% 100%。单个 center 值等同于与 50% 50%，表示消失点直接在图像的后面。

这些透视图细节信息需要在容器元素上定义。而不是在被变形的元素上定义。此外，如果想要浏览器执行 3D 变形，还需要设置 transform-style 特性。该特性的默认值为 flat，即完成简单的 2D 变形。此时，需要将其设置为 preserve-3d。

为了演示 3D 变形，创建了一个 div 元素作为容器，并在其中放置了一幅图像。为了更容易选择该 div 元素，还使用了 rotate3D 类。

```
<div class="rotate3D">
    <img src="phonebooth.jpg" alt="Phone booth" />
```

```
    </div>
```

为了便于演示，使用了一个过渡，所以旋转会非常缓慢，以便更容易地看到 3D 效果。下面所示的 CSS 规则实现了上述操作。

```
.rotate3D {
    margin: 100px;
    transform-style: preserve-3d;
    perspective: 360px;
    perspective-origin: left;
}
img {
    transition: all 5s linear;
}
img:hover {
    transform: rotateY(180deg);
}
```

在容器中，设置了 3 个变形特性：transform-style、perspective 和 perspective-origin。这些特性通常都是在容器中定义的。在图像元素上，对所有修改特性使用了 linear 时间函数定义了 5s 过渡。最后，在:hover 伪类上使用了带有 rotateY()函数的 transform 特性。

当鼠标指针移动到图像上方时，会看到带有 3D 效果的缓慢旋转，如图 15-6 所示。

图 15-6　演示 3D 变形

当旋转元素时，你可能并不想看到元素的背面。而在本示例中，看到电话亭背面并不是一个问题。实际上，看到的并不是背面，而是前面内容旋转后的效果。如果想要在旋转时使元素不可见，可以将 backface-visibility 特性设置为 hidden，其默认值为 visible。例如，如果盒子的背面有不同的图像，那么当转过来时，可能希望隐藏正面的图像。

15.4　小结

本章介绍了创建动画所需的相关技术。动画只不过是在动画的持续时间内修改一个或者多个 CSS 特性。浏览器会负责完成插值，所以没有必要定义动画的每一帧。对于一个简单的动画来说，只需定义开始帧和结束帧即可。

随着时间的逐渐变化由时间函数控制，而时间函数则是由三次贝塞尔曲线定义的。贝塞尔曲线是由两个点的 X 和 Y 坐标定义的。这为控制实际的过渡提供了很大的灵活性。此外，还有一些预定义的曲线，如 linear 和 ease-in。

过渡与动画相类似，只不过是在更改 CSS 特性时调用。过渡并不会更改特性，而只是定义了特性值被更改时的过渡过程。当通过客户端脚本更改特性时也会调用 CSS 过渡。

变形是调整元素大小、形状或位置的函数。这些函数可以分为 4 类(移动、选择、缩放和倾斜)。这些变形适用于 X、Y 或 Z 轴。此外，还可以实现 3D 变形，但需要设置更多的特性，如 perspective 和 transform-style。

第 16 章将开始学习关于 JavaScript 的新内容。首先从浏览器环境以及页面脚本可用的工具开始。

第Ⅳ部分　JavaScript

在 Web 应用程序中使用 JavaScript 可以打开无限的可能性，使 Web 页面更具有动态性和交互性。在第 3 章中，已经对 JavaScript 语言做了非常全面的概述。而在本部分，将会演示如何在 Web 环境中使用 JavaScript。相关的主题如下：

- 16) 浏览器环境——本章探讨了浏览器对象模型(Browser Object Model)中可用的资源，包括 Screen、Location、History、Navigator、Console 及其他资源，使用计时器以及其他缓存选项，如会话存储和 Cookie。
- 17) 窗口对象——本章演示了如何创建和操作一个窗口，包括各种对话框和框架。
- 18) DOM 元素——本章介绍了如何通过 JavaScript 找到、创建、修改和移动第 2 章中所学到的 HTML 元素。
- 19) 动态样式设计——在本章，将使用 JavaScript 动态地改变 Web 页面的样式规则(使用不同的技术)。
- 20) 事件——事件是交互式应用程序的生命线。在本章，将学习如何注册事件，然后使用事件对象做出适当的响应。

第 16 章

■■■

浏览器环境

第 3 章曾经解释了 JavaScript 语言的机制。在本书的后续章节，将会介绍如何在 HTML 文档中嵌入 JavaScript。在以后的编程中，你可能会大量地使用 JavaScript，所以如果对相关内容不是很熟悉，最好回顾一下第 3 章。在接下来的两章中，将主要学习承载 Web 页面的操作环境。浏览器提供了很多可通过 JavaScript 操作的功能。

16.1 浏览器对象模型

浏览器其所提供的设施(从 window 对象开始)被非正式地称为 BOM(Browser Object Model，浏览器对象模型)。目前，关于 BOM 还没有官方标准。幸运的是，主要的浏览器供应商都提供了本质上相同的属性和方法。

警告

接下来所介绍的都是在大多数现代浏览器中可用的功能，可以安全地使用。然而，也不能就此认为所介绍的所有内容在所有浏览器上都是可用的。应该在多个浏览器上测试自己的代码，并且确保为一些关键功能提供后备选项。

---

window 对象(位于全局命名空间中)是访问浏览器功能的起点。它表示单个窗口或选项卡。如果打开了多个选项卡，那么每个选项卡都有一个 window 对象的单独实例，此外整个窗口也有一个 window 对象实例。如果打开了一个对话框，那么也会使用一个单独的 window 实例。第 17 章将会详细介绍如何使用多个窗口和框架。接下来从一个带有单个窗口/选项卡的简单示例开始。

除了 window 对象上可用的多个属性和函数之外，还可以使用一些提供了特殊功能的子对象。图 16-1 显示了主要的子对象，下面各节将会分别介绍这些对象。图中的 document 对象表示窗口中所显示的 HTML 文档。第 18 章和第 19 章将会专门讨论如何通过 JavaScript 来操作 document 对象，因此本章对该对象不做过多介绍。

提示

虽然这些对象都是 window 对象的子对象，但它们在全局命名空间中也是可用的。如果通过全局命名空间访问 screen 或 document 属性，将返回与当前窗口或选项卡相关联的对象。

在开始介绍 window 对象之前，先了解这些主要的子对象。

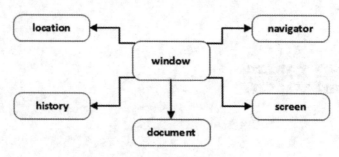

图 16-1　主要的浏览器对象

16.1.1　screen

　　screen 对象提供了有关浏览器正在运行的设备的详细信息。查看该对象所包含内容的最简单方法是试用一下。如果进入浏览器的控制台，并输入"window.screen"，将会看到与图 16-2 类似的内容。

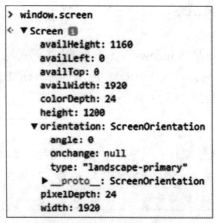

图 16-2　显示 screen 对象

　　如你所见，我所使用显示器的分辨率为 1920×1200，色深为 24。这些属性都是只读的，因为我不可能更改设备特性。这些信息可以被 Web 页面所使用。例如，如果想要启动一个新的窗口或弹出式对话框，那么设备特性可能会影响新窗口的大小和位置。

　　如果在多个浏览器上查看 screen 对象，会发现它们提供了略有不同的属性集。以下介绍一些基本的设置。

- height——设备的总高度(以像素为单位)
- width——设备的总宽度(以像素为单位)
- availHeight——操作系统不使用的垂直空间量(如任务栏)
- availWidth——可用的水平空间
- colorDepth——用于指定颜色的位数
- pixelDepth——与 colorDepth 相同

　　设备方向尚未标准化；对于 Firefox 和 Edge 来说，可以分别使用前缀属性 mozOrientation 和 msOrientation。而对于 Chrome 来说，方向则作为一个对象提供，可以通过该对象的 type

属性进行访问(screen.orientation.type)。然而，由于可以获得高度和宽度，因此可以轻松确定方向。

16.1.2　location

location 对象提供了窗口所加载文档的 Web 地址。此外，它还链接到 document 对象，所以可以通过 window.location、document.location 或 location 来访问。针对 URL 的每个组成部分，location 对象都包含了其特有属性：

- protocol
- hostname
- port
- pathname
- search——一个或多个查询字符串参数，在这些参数之前有一个问号(?)
- hash——一个井号(#)后跟一个片段标识符

为了便于使用，该对象还提供了一些额外属性：

- href——提供了完整的 URL。
- host——包含了 hostname 和 port。
- origin——包含了 protocol、hostname 和 port。

ToString()方法返回 href 属性，因此只需要引用 location 对象，即可获取完整的 URL。例如，下面的代码生成了如图 16-3 所示的弹出式对话框：

```
alert(location);
```

图 16-3　显示 URL

与 screen 对象类似，location 对象通常是只读的。唯一例外的是可以使用 location 对象导航到另一个页面(使用 assign()方法)。此外，还可以将一个 URL 值分配给 location 对象，所以下面所示的两段代码完成相同的事情：

```
location.assign("http://www.google.com");
location = "http://www.google.com";
```

可以修改 URL 的某一个组成部分，而不是整个 URL。一个有用的示例是在 search 属性中修改查询字符串参数。如果用户更改了搜索条件，那么只需更改 search 属性就可以向服务器发送新的查询。

除了使用 assign()方法之外，还可以使用 replace()方法，两个方法的工作方式相同，唯一的不同点在于是否在历史中保存当前页面(稍后介绍该部分内容)。location 对象还支持可刷新当前窗口的 reload()方法。该方法接收一个 Boolean 参数，如果参数为 true，则从服务器刷新页面。如果为 false，或者没有提供参数，则使用本地缓存来刷新页面。

16.1.3　history

history 对象跟踪在单个窗口中加载的页面。但是要注意，该对象并不跟踪昨天或上周访问过的站点的完整浏览历史，也不知道在其他窗口或选项卡中加载的页面。它用于支持后退按钮，允许返回到前一个页面。

history 对象有一个 length 属性，指示历史记录中有多少项，其中包括当前的页面，所以历史记录中至少有一项。可以通过调用 back()方法导航到前一个页面。同样，使用 forward()方法导航到下一个页面。它们的工作方式与单击浏览器上的后退或前进按钮是一样的。history 对象还支持通用的 go()函数，页面的方向和页数由一个整数值指定。例如，go(-1)等同于 back()，而 go(1)等同于 forward()。然而，可以使用 go()方法跳过多个页面，比如 go(-2)将返回到历史记录中的 2 页。

注意

如果发生了超出范围的情况，比如在最新页面上调用 forward()，则忽略该调用并且没有任何效果。

---

history 对象还支持可用来操作历史堆栈的 pushState()和 replaceState()方法。调用 pushState()方法将添加另一个历史元素，就好像实际上已经导航到一个新的页面一样(例如使用 location.assign()方法)。replaceState()方法使用所提供的数据更新现有历史记录。然而，这两个方法并没有实际导航到一个新页面。

这两个方法都支持三个参数：

- state——一个 JSON 字符串，包含了任何想要存储的可序列化的数据。
- title——该参数可以忽略；可以输入一个空字符串或描述页面的简短标题。
- url——历史记录中所存储的地址，用来向前或向后导航。

顾名思义，可以使用 pushState()和 replaceState()成员将状态信息与历史记录关联起来。如果有人导航离开页面，然后又使用后退按钮返回到该页面，那么页面就可以利用相关的状态信息。例如，假设页面执行了客户查询并检索了有关用户的详细信息。可以将这些数据存储在历史状态中，当导航返回页面时，可以直接获取这些数据，而无须再完成一次查找。

获取状态数据的方法有两种。首先，可以监听 popstate 事件，当通过历史记录进行导航时就会触发该事件。只有当前 URL 和新 URL 指向同一文档时才会触发 popstate 事件。如果用户导航到一个完全不同的网站，然后再导航回原页面，则不会触发任何事件。此外，对于 Chrome 来说，只有当向后导航时才会触发 popstate 事件；而向前导航则不会触发。

幸运的是，还可以通过 history 对象的 state 属性来获取当前状态数据。代码清单 16-1 演示了这些状态方法和属性。

代码清单 16-1　演示历史状态

```
window.onpopstate = function (e) {
    console.log("popstate - url: " + location + ", state: " + JSON.stringify(e.state));
}

console.log("0-length: " + history.length + ", state: " + JSON.stringify(history.state));
history.replaceState({id: 1}, "", location);
history.pushState({id: 2}, "", location);
history.pushState({id: 3}, "", location);
console.log("1-length: " + history.length + ", state: " + JSON.stringify(history.state));
history.go(-1);
history.go(-1);
history.go(1);
history.go(1);
console.log("2-length: " + history.length + ", state: " + JSON.stringify(history.state));
```

该代码首先简单地将详细信息写入控制台，从而实现了 popstate 事件。然后使用 replaceState()方法设置当前历史元素的状态。pushState()方法添加了两条历史条目。注意，location 对象作为第三个参数传入方法。该参数指定了 URL 的当前值，因此没有进行任何更改；仅更新状态。此外，在添加新的历史记录条目并完成导航之后，此代码还会记录历史 length 和当前状态，然后再进行更改。图 16-4 显示了控制台窗口的结果。

```
0-length: 2, state: null

1-length: 4, state: {"id":3}

popstate - url: http://localhost:8252/MainPage.html, state: {"id":2}

popstate - url: http://localhost:8252/MainPage.html, state: {"id":1}

popstate - url: http://localhost:8252/MainPage.html, state: {"id":2}

popstate - url: http://localhost:8252/MainPage.html, state: {"id":3}

2-length: 4, state: {"id":3}
```

图 16-4　Firefox 的控制台

历史 length 特性值最初为 2，因为启动浏览器时，它会加载默认的主页面，然后才会输入测试网站。与预期的一样，初始 state 为空。在调用了 pushState()方法两次之后，length 为 4。每次调用 go()方法时，都会触发 popstate 事件，并更新 state 来反映新的当前条目。

16.1.4　navigator

与 screen 对象相类似，navigator 对象提供了有关浏览器正在运行的设备的信息。但 screen 对象仅限于设备显示的详细信息，如大小和色深，而 navigator 对象支持一个很长的属性和方法列表。在此并不打算介绍所有的属性和方法；在附录 C 的参考资料中列出了这些属性和方法的简要描述。

navigator 对象中一个越来越有用的属性是 geolocation。该属性使用了设备硬件来确定设备的当前位置，根据设备能力的不同，可能会使用 GPS(Global Positioning System，全球定位系统)、蜂窝三角化、Wi-Fi 信息或 IP 查找来进行定位。第 26 章将会详细介绍这些内容。

1. 用户代理

navigator 对象包含多个用来指明操作系统和浏览器详细信息的属性，包括：

- appCodeName
- appName
- appVersion
- platform
- product
- userAgent

这些信息大都不是很准确的，很难使用。例如，如果在 Windows 10 上运行 Chrome、Firefox 和 Edge，那么它们都拥有相同的 appCodeName、appName 和 product(分别为 Mozilla、Netscape 和 Gecko)值。userAgent 属性是一个字符串，包含了大量来自其他属性的信息。但是该属性有一点难理解。例如，下面是针对前面所提到的三种浏览器的 userAgent 字符串：

- Mozilla/5.0 (Windows NT 10.0; WOW64) AppleWebKit/537.36 (KHTML, like Gecko) Chrome/54.0.2840.71 Safari/537.36
- Mozilla/5.0 (Windows NT 10.0; WOW64; rv:49.0) Gecko/20100101 Firefox/49.0
- Mozilla/5.0 (Windows NT 10.0; Win64; x64) AppleWebKit/537.36(KHTML, like Gecko) Chrome/51.0.2704.79 Safari/537.36 Edge/14.14393

出现上述问题的一个原因是 Web 开发人员犯了一个错误(并且可能继续这样做)，即根据浏览器来编写代码中的逻辑，而不是使用特征检测。Chrome 这样做，而 Firefox 那样做。所以，新的浏览器将 userAgent 属性设置为与其他浏览器一样，这样应用程序就可以利用浏览器功能。

提示

如果想要从 userAgent 中提取一些有用的信息，建议使用别人编写的解析器。有多种解析器可供选择，如 Google 的 parse useragent。

---

2. 电池

电池属性返回一个 BatteryManager 对象，它提供了以下属性：

- charging(如果设备正在充电，则为 true)
- chargingTime(完全充满之前剩余的秒数)
- dischargingTime(电池完全放完电所需要的秒数)
- level(0~1 之间的值，表示当前充电程度)

可以监听上述值发生改变时所触发的事件。这些事件分别是 chargingchange、chargingtimechange、dischargingtimechange 和 levelchange。

16.2　window 对象

接下来，学习一下 window 对象将其所提供的功能。该对象提供了很多的属性和方法，附录 C 的参考资料中列举了标准的属性和方法。此外，还可以订阅大量的事件，在附录 C 中也一并列出。有关事件的相关内容将放在第 20 章介绍。

16.2.1　控制台

浏览器控制台通常被认为是开发人员工具的一部分，是一个方便的资源，可以让开发人员检查属性的值并运行 ad-hoc JavaScript 命令。此外，控制台还包括了一个日志，可以写入来自应用程序的调试信息(前面已经进行了演示)。window 对象还提供一个用于以编程方式与控制台交互的 console 对象。像 window 对象所提供的其他对象一样，console 也位于全局命名空间中，所以可以通过 window.console 或 console 进行访问。

附录 C 的参考资料中列举了 console 对象所支持的方法。虽然我不打算介绍所有的方法，但一些非常有用的功能还是值得一提的。

1. 字符串替换

许多的控制台方法都支持字符串替换，包括 log()、error()、info()及 warn()。可以将一个或多个百分比标志(%)嵌入到文本中作为占位符，然后为每个占位符提供一个额外的参数。在符号%旁边还需要指定一个格式化字符：

- s——字符串。
- d 或 I——数字。
- f——浮点。
- o——对象。

警告

Firefox 还支持使用限定数字和浮点格式来指定数字。在编写本书时，其他大多数的浏览器都还不支持该功能，而在某些浏览器中还会导致格式不正确，包括 Edge。

为了快速演示，下面的代码输出了带有指定格式的 4 个值：

```
console.info("Formatting: %i, %f, %s, %o", 22.651, Math.PI, "text", screen);
```

图 16-5 和图 16-6 分别显示了在 Edge 和 Chrome 浏览器中显示的结果。注意，左上角蓝色圆圈中的 "i" 表示这是一个信息条目。

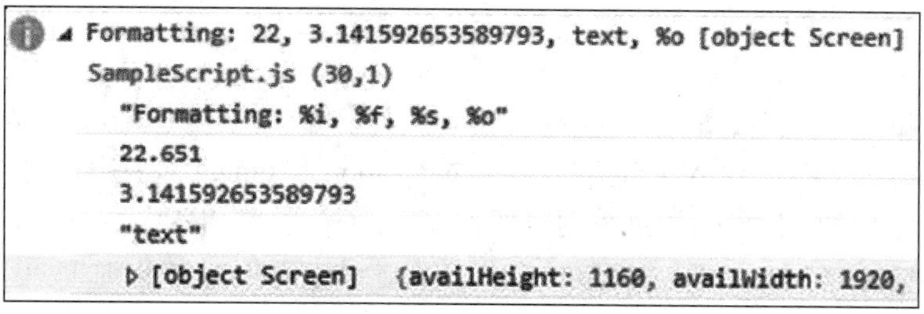

```
Formatting: 22, 3.141592653589793, text, %o [object Screen]
SampleScript.js (30,1)
    "Formatting: %i, %f, %s, %o"
    22.651
    3.141592653589793
    "text"
    ▷ [object Screen]    {availHeight: 1160, availWidth: 1920,
```

图 16-5　Edge 中的信息日志条目

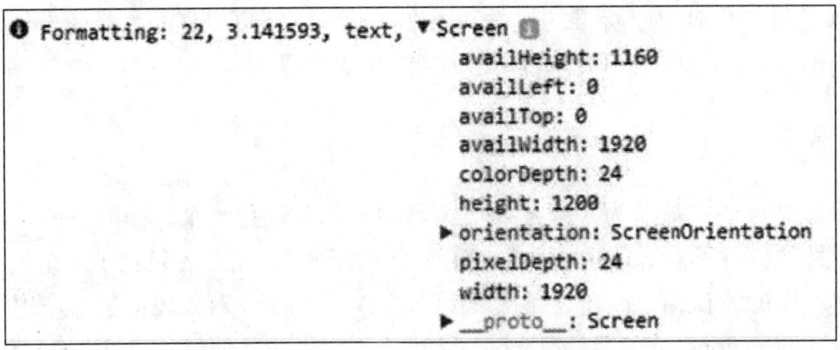

图 16-6　Chrome 中的信息日志条目

2. 分析

大多数的浏览器都为开发人员提供了用来评估性能的实用工具。这些工具功能非常强大，可以帮助开发人员了解应用程序可以在哪里进行调整以改善响应。虽然这已经超出了本书的讨论范围，但我还是想提供几个链接，以帮助了解相关内容。下面所示的链接很好地介绍了 Chrome 的 Timeline 工具：https://developers.google.com/web/tools/chrome-devtools/ evaluate-performance/timeline-tool。此外，Firefox 也提供了一个 Performance 工具，有一系列的文章介绍了该工具：https://developer.mozilla.org/en-US/docs/Tools/Performance。

console 对象提供了与这些性能工具集成的基础功能。例如，profile()方法可以启动一个新的分析。可以在进行评估之前调用该方法。然后调用 profileEnd()方法停止分析并输出结果。Google 提供了一篇很好的文章来介绍各种 console 函数，并给出了如何使用的提示：https://developers.google.com/web/tools/chrome-devtools/console/console-reference。

time()和 timeEnd()方法用来收集一些简单的指标。这些方法充当了秒表的角色。如果想要知道一个函数完成运行需要花费多长时间，可以将这两个方法放在该函数周围。例如，下面的代码遍历了 1000 次，并记录下所花费的总时间。

```
console.time("Stopwatch");
var j = 1;
for (var i = 0; i < 1000; i++) {
    j += j + i;
}
console.info("j = %i", j);
console.timeEnd("Stopwatch");
```

3. 性能

这是一个与上一个主题相关联的主题，window 对象包含了一个用来访问 Web Performance API 的 performance 属性。该 API 有两个属性：navigation 和 timing，分别提供页面加载方式以及各种计时指标的详细信息。如果在浏览器控制台中输入"window.performance.timing"，则会看到如图 16-7 所示的计时细节信息集合。这些值都是从特定时间点开始计算的毫秒数。

该 API 提供了一个 now()方法，返回使用相同参考点的毫秒数。此外，还提供了一个可用来添加自定义性能条目的 mark()方法。

```
window.performance.timing
⊿ [object PerformanceTiming]              {connectEnd: 1477780420170, connectStart:
   ▷ [functions]
   ▷ __proto__                           [object PerformanceTimingPrototype] {...}
     connectEnd                          1477780420170
     connectStart                        1477780420170
     domainLookupEnd                     1477780420170
     domainLookupStart                   1477780420170
     domComplete                         1477780420716
     domContentLoadedEventEnd            1477780420713
     domContentLoadedEventStart          1477780420711
     domInteractive                      1477780420711
     domLoading                          1477780420316
     fetchStart                          1477780420170
     loadEventEnd                        1477780420718
     loadEventStart                      1477780420717
     msFirstPaint                        1477780420426
     navigationStart                     1477780420119
     redirectEnd                         0
     redirectStart                       0
     requestStart                        1477780420212
     responseEnd                         1477780420358
     responseStart                       1477780420316
     unloadEventEnd                      8223774009272
     unloadEventStart                    8223774009271
```

图 16-7　性能计时详细信息

4. 对日志条目进行分组

可以使用 group()方法对日志条目分组。在添加完日志条目后，可以调用 groupEnd()方法关闭组。列举一个简单的示例，下面的代码在一个组中记录了 3 个条目。图 16-8 显示了 Firefox 控制台中所显示的结果。

```
console.group("Logging a group of records...");
console.log("Log entry #1");
console.log("Log entry #2");
console.log("Log entry #3");
console.groupEnd();
```

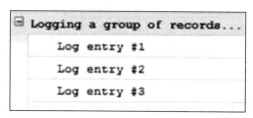

图 16-8　在 Firefox 中显示日志组

除了使用 group()方法之外，还可以使用 groupCollpased()方法。该方法的工作方式与 group()完全一样，只不过组在控制台中是折叠的，用户必须展开才可以看到具体条目。

287

16.2.2　缓存

在客户端存储数据有着非常重要的应用，包括性能以及改善用户体验。长期以来，都是通过 cookies 来完成客户端的数据存储，但是 HTML 引入了 localStorage 和 sessionStorage，从而克服了 cookie 的一些缺点。

1. cookie

cookie 允许在客户端存储少量的数据。实际上，它们是 document 对象的一部分，但在本章与其他的存储机制一并解释。一个文档中的所有 cookie 都是以单个字符串的形式提供，可以通过 document.cookie 属性访问。cookie 以分号分隔，每个 cookie 的格式为<name> = <value>。例如，如果有 3 个 cookie 名称 Test1、Test2 和 Test3，那么 cookie 字符串如下所示：

```
Test1=Test cookie #1; Test2=Test cookie #2; Test3=Test cookie #3
```

提示

cookie 的一个重要方面是其包含在每个服务器请求中，从而使服务器可以使用客户端数据。此外，服务器也可以设置 cookie 的值。

如果想要添加一个 cookie，可以使用相同的 document.cookie 属性来分配值。然而，每次只能设置一个 cookie 值。例如：

```
document.cookie = "Test1=Test value";
```

该代码要么创建一个名为"Test1"的新 cookie，要么更新现有的 cookie(如果存在同名的 cookie)，但不会影响已经定义的其他 cookie。但如前所述，使用 document.cookie 属性将返回所有的 cookie。如果想要获取特定的 cookie，需要解析 cookie 值来寻找所需要的值。而如果想要删除一个 cookie，则可以使用一个空字符串更新对应的 cookie 值。

创建 cookie 时，可以在 cookie 值后面包含一些其他的属性。所支持的属性如下所示：

- domain=——指定了访问此 cookie 的域；如果未指定，则默认为文档域。
- expires=——指示 cookie 何时过期；如果未指定，cookie 将在会话关闭时过期。该值必须格式化为 UTC 字符串；可以使用 toUTCString()方法辅助进行格式化。
- max-age=——指定 cookie 何时过期的另一种方法；指定了 cookie 过期前的秒数。
- path=——指定了 cookie 的存储位置。
- secure=——指示 cookie 仅在使用 HTTPS 时发送。

例如，为了设置过期日期，可以使用下面的代码创建新 cookie：

```
document.cookie = "Test=Test cookie; expires=Sun, 30 Oct 2016 12:00:00 UTC";
```

单纯使用 cookie 多少有点乏味，建议创建(或借用)一些帮助函数来简化对它们的访问。代码清单 16-2 创建了 3 个函数，用于创建、删除和获取 cookie。其余代码使用这些函数，并将结果写入控制台。

代码清单 16-2　使用 cookie

```
function storeCookie(key, value, duration) {
    var expDate = new Date();
    expDate.setTime(expDate.getTime() + duration * 86400000);
    document.cookie = key + "=" + value + ";expires=" + expDate.toUTCString();
}

function removeCookie(key) {
    storeCookie(key, "", 0);
}

function getCookie(key) {
    var cookies = document.cookie.split(';');
    for(var i=0; i<cookies.length; i++) {
        if (cookies[i].trim().indexOf(key + "=") == 0) {
            return cookies[i].trim().substring(key.length + 1);
        }
    }
    return null;
}

storeCookie("Test1", "Test cookie #1", 5);
storeCookie("Test2", "Test cookie #2", 5);
storeCookie("Test3", "Test cookie #3", 5);

console.log(document.cookie);
console.log("Test2:", getCookie("Test2"));
removeCookie("Test2");
console.log("Test2:", getCookie("Test2"));
console.log(document.cookie);
```

图 16-9 显示了控制台日志中的结果。在添加了 3 个 cookie 之后，都可以通过 cookie 属性返回。getCookie()函数返回指定的 cookie，但如果是在删除 cookie 之后调用，则返回 null。此外，在删除了一个 cookie 后，cookie 属性仅返回两个 cookie。

```
Test1=Test cookie #1; Test2=Test cookie #2; Test3=Test cookie #3
Test2: Test cookie #2
Test2: null
Test1=Test cookie #1; Test3=Test cookie #3
```

图 16-9　显示 cookie 结果

2. 存储

针对客户端缓存，HTML5 定义了两种新的存储机制：localStorage 和 sessionStorage。它们都是 window 对象的属性，都返回 Storage 对象。两者之间唯一的不同点在于数据可用的持续时间。浏览器关闭时 sessionStorage 就会被清除，而 localStorage 则可以无限期保存。

Storage 对象保存了一组键/值对，键和值都必须是字符串。可以将任何数据存储在可序列化的 Storage 对象中。通过调用 setItem()方法添加一个项目(传入一个键和一个字符串值)。如果指定的键存在，则更新对应的值；否则向存储添加新的项目。通过调用预期项目的键中所传递的 getItem()方法，可以检索项目。如果指定的键不存在，则返回 null。

警告

调用 setItem()方法作为异常时应该始终检查是否发生了异常。如果缓存已满，setItem()将抛出异常。此外，在某些浏览器中，处于隐私模式(private mode)时也会抛出异常。

如果想要从存储中删除一个项目，可以调用 removeItem()方法，并传入要删除项目的键。也可以调用 clear()方法删除所有项目。下面的代码演示了 storage 相关方法：

```
var cache = window.sessionStorage;
cache.clear();
cache.setItem("key1", "This is my saved data");
console.log("Saved data: " + cache.getItem("key1"));
cache.removeItem("key1");
console.log("Saved data: " + cache.getItem("key1"));
```

本地存储和会话存储都有大小限制，这取决于浏览器和操作系统。可以使用下面所示的页面来测试浏览器并验证存储限制：http://dev-test.nemikor.com/web-storage/support-test/。但一般来说，该限制应该为 5MB。

16.2.3　浏览器界面元素

浏览器提供了多种用户界面组件，如菜单、工具栏和状态栏，用户可以使用它们与浏览器交互并控制浏览器的行为。每一种组件都支持仅提供了单个属性 visible 的 BarProp 接口。JavaScript 可以通过访问这些组件来确定某个特定元素是否对用户可用。所支持的window 属性如下所示：

- locationbar——显示当前文档的 URL。
- menubar——浏览器所提供的任何类型的菜单。
- personalbar——提供了用户首选项、书签、收藏夹等。
- scrollbar——垂直或水平滚动条。
- statusbar——提供页面上当前所选元素的当前页面的状态。可能包括某一资源的下载状态或者所指向链接的 URL。
- toolbar——包含了基于用户界面命令的组件，如后退按钮或刷新按钮。

虽然不能隐藏或显示这些 UI 组件，但可以确定它们当前是否可见。例如，如果想要显示菜单，可以调用下面的代码。

```
if (window.menubar.visible) {
    console.log("Menu is visible");
}
```

16.2.4　计时器

window 对象提供了两类计时器：

- setTimeout()——在指定的时间之后调用指定的函数。
- setInterval()——在指定的时间之后调用指定的函数，然后继续使用相同的时间间隔调用该函数。

这两个方法都返回一个可用来取消计时器的句柄。对于 setInterval() 来说这尤其重要，因为该方法会持续调用函数，直到取消为止。如果要取消计时器，可以使用相应的方法：clearTimeout() 或 clearInterval()，并传递 set 方法的返回值。

请看下面的简单演示：

```
function logMessage() {
    console.log("The timer went off!");
}

var timer = setTimeout(logMessage, 2000);

// Don't call this or the timer will never fire
//clearTimeout(timer);
```

此时故意注释掉了 clearTimeout() 调用，所以计时器最终会过期。页面加载约 2s 后，应该在控制台日志中看到一个新的条目。

16.3　小结

本章涵盖了与浏览器环境以及可用功能相关的各种主题。可以使用其中介绍的很多信息来影响应用程序的行为。window 对象是起点，提供了对这些功能的访问。主要的子对象包括：

- screen——提供了关于显示设备的详细信息。
- location——提供了关于当前 Web 地址的详细信息，可用于导航到其他页面。
- history——用来支持后退按钮，通过该对象可以更改后退按钮的行为。此外，还包含了导航到前一页时可用的状态信息。
- navigator——提供了关于设备的详细信息，包括硬件、操作系统和浏览器信息。此外，还提供了 geolocation 对象。

window 对象提供了一些有用的功能(如控制台日志)，以及分析和性能指标。可以通过 cookie 以及本地存储和会话存储来存储客户端数据。通过 window 对象还可以使用计时器。虽然很多功能本章并没有介绍，但附录 C 中的参考资料提供了相关的介绍。

第 17 章将更详细地介绍窗口，包括对话框、框架及多选项卡应用程序。

第 17 章

窗口对象

本章将介绍如何使用 JavaScript 创建和操作窗口。首先打开一个弹出式窗口，然后演示如何控制窗口大小、位置及其他特性，并学习如何使用 window 对象上的方法移动并调整窗口的大小。此外，还提供了一个使用 HTML、CSS 和 JavaScript 模拟模态对话框的示例。最后，简要介绍一下如何使用嵌入式框架从另一个源嵌入内容。

17.1 创建窗口

首先学习使用 JavaScript 在现有的窗口中打开一个新的窗口。然后演示如何通过 JavaScript 操作新窗口。调用 window.open()方法可以非常容易地创建一个新窗口。该方法有两个必需的参数：窗口的名称及文档的 Web 地址。

注意

虽然 window 对象提供了用来修改窗口属性(如大小和位置)的方法，但出于安全考虑，通常只能调整通过 JavaScript 创建的窗口，所以无法更改浏览器所创建的初始窗口。但却可以使用 open()方法创建一个新窗口，然后通过 JavaScript 进行操作，而这恰恰是后面将要完成的。

在我的 Web 项目中，使用了下面的标记创建了一个非常简单的 HTML 文档 MainPage.html：

```
<!DOCTYPE html>

<html lang="en">
    <head>
        <meta charset="utf-8" />
        <title>Chapter 17 - Windows</title>
        <script src="SampleScript.js"></script>
    </head>
    <body>
        <p>Hello World!</p>
    </body>
</html>
```

对于新窗口，还包括 PopUp.html 和 PopUp2.html 文件，它们与初始文档基本相同，只不过标题和段落元素稍有变化，因此可以很容易地将它们区分开来。该弹出式文档还引用了一个不同的脚本文件 PopUp.js，该文件最初是空的。而 SampleScript.js 文件最初包含下面的 JavaScript 代码：

```
"use strict";

window.name = "Chapter17";
var popup = window.open("PopUp.html", "popup");
```

通过 open()方法所创建的窗口将具有由第二个参数设置的 name 属性。然而，通过浏览器创建的窗口却并非如此，所以上述代码首先设置了 name 属性。然后创建了一个使用PopUp.html 文档的新窗口。

17.1.1　弹出窗口阻止程序

运行上面的代码时，除非禁用了弹出窗口阻止程序(Pop-up Blocker)，否则可能会收到一些如图 17-1 所示的警告信息(这些信息来自 Chrome 浏览器)。弹出窗口通常是很烦人的，同时可能会造成安全威胁，因此所有现代的浏览器都可以阻止弹出窗口。在大多数情况下，阻止弹出窗口是默认设置。

图 17-1　Chrome 中的弹出窗口警告

建议单击 Manage pop-up blocking 或类似的链接，以便有选择地允许一些弹出窗口。如果完全禁用弹出窗口阻止程序，浏览器就比较容易遭受攻击。然而，如果未启用弹出窗口，本章的大多数示例都无法正常使用。在弹出的异常对话框中，可以输入如图 17-2 所示的"localhost"。

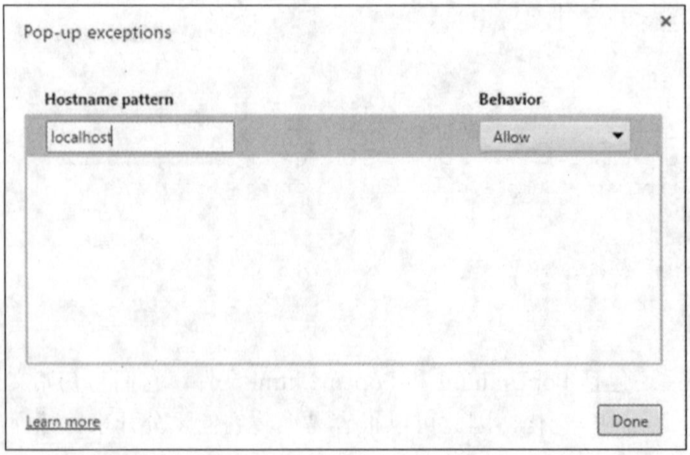

图 17-2　在 Chrome 配置弹出异常

每种浏览器都使用了不同的界面来报告被阻止的弹出窗口以及管理允许哪些弹出窗口。例如，图 17-3 显示了 Firefox 中的警告信息，而图 17-4 则显示了 Opera 中的警告信息。

图 17-3　Firefox 中的弹出窗口阻止程序

图 17-4　Opera 中的弹出窗口阻止程序

一旦禁用了弹出窗口阻止程序，就需要刷新页面，以便重新运行脚本。此时会看到如图 17-5 所示的另一个选项卡。

图 17-5　打开第二个选项卡

17.1.2　重新使用窗口

通过 JavaScript 创建一个窗口时，必须为该窗口赋予一个名称(这是传递给 open()方法的第二个参数)。如果尝试使用相同的名称打开另一个窗口，则仍然会使用现有的窗口，但却用新的 URL 替换了内容。接下来演示一下该过程，首先打开初始选项卡，然后打开控制台窗口，并输入下面的命令：

```
window.open("PopUp2.html", "popup");
```

因为名称"popup"已经存在，所以使用了相同的窗口，但加载了指定的文档 PopUp2.html。

open()方法返回一个 window 对象，在本示例中，该对象存储在 popup 变量中。可以使用该对象操作窗口，稍后将演示如何操作。

17.1.3　配置参数

open()方法还可以接收包含了配置字符串的第三个参数，该字符串有时也被称为窗口特征字符串。如果没有提供该参数，或者该参数为一个空字符串，那么新窗口将创建为现有浏览器窗口的一个新选项卡，如本示例所示。但只要提供了一个值，即使是一个空格，也会创建一个单独的窗口。

提示

只有当首次创建窗口时才能使用窗口特征字符串。如果使用 open()方法替换窗口内容，那么该参数将被忽略，现有窗口的特性保持不变。

窗口特性字符串包含名称/值对集合，彼此之间由一个逗号分隔，分别定义了新窗口的特性。可以在该字符串中指定一个很长的特性列表。可以这些特性分成不同的逻辑组。

注意

规范规定每个名称/值对之间不应有空格，只能是一个逗号。然而，以我的经验看，即使使用了空格也是被忽略。

---

1. 位置和大小

下面列出了与新窗口位置或大小相关联的值，其含义非常容易理解：

- left
- top
- height
- width
- outerHeight
- outerWidth

left 和 top 值指明新窗口的位置，并指定了距离显示屏左边缘和上边缘的像素数。height 和 width 值指定文档实际内容的可用区域。outerHeight 和 outerWidth 值包含了内容的空间以及标题、菜单、工具栏等区域。如果两组值都指定了，outerHeight 和 outerWidth 值优先。

为了演示上述特性，关闭第二个选项卡，并转到初始页面的控制台窗口。然后输入下面的命令：

```
window.open("PopUp.html", "popup", "height=300,width=400,top=400,left=150");
```

警告

浏览器对这些特性的支持并不是一致的。Chrome、IE 和 Edge 不支持 outerHeight 和 outerWidth 特性。虽然 Opera 支持，但如果使用，top 和 left 特性将被忽略，此时窗口将与初始窗口的左上角对齐。Chrome 需要提供 height 和 width 特性；如果没有提供，整个字符串将被忽略，而 Edge 不支持 top 和 left 特性；新窗口始终距离初始窗口的右边和下面大约 20 像素。

---

2. chrome 特性

接下来的一组特性与浏览器的用户界面(UI)组件相关联，通常被称为 chrome(不要与浏览器 Chrome 相混淆)。如果这些特性都没有设置，那么大多数浏览器的默认行为是仅包括标题栏和地址栏；然而 IE 默认情况下不包括地址栏。

HTML5 规范定义了下面所示的值。然而，在编写本书时，只有 Firefox 和 Edge 支持这些值。

- location
- menubar
- personalbar
- status
- titlebar
- toolbar

这些都是 Boolean 值，不需要指定值；它们的存在就表明该特性是需要的，而缺失则刚好相反。如果将它们的值设置为 no，如 menubar=no，则禁用相关功能。下面测试一下，在 Firefox 或 IE 中，关闭弹出窗口并在初始窗口的控制台中输入下面的命令：

```
window.open("PopUp.html", "popup","height=300,width=400,top=400,left=150,location,
menubar,status,toolbar");
```

警告

上述命令的行为因浏览器而异。例如，如前所述，在 IE 中，地址栏默认不显示，但可以在窗口特性字符串中添加 location 来包含地址栏。但添加地址栏将会禁用标题栏。在 Firefox 中，如果添加 menubar，新窗口将使用选项卡，页面标题显示在选项卡上，而不是标题区域中。

3. 窗口特性

可以使用一些额外的特性来定义窗口行为。由于目前这些特性很少被支持，所以在此只是简单列出它们，因为在不久的将来它们可能会被支持。

- alwaysLowered——在 Z 轴方向上将新窗口放置到现有窗口之下。
- alwaysRaised——在 Z 轴方向将新窗口放置在现有窗口之上。
- close——设置为 no，禁用关闭图标。
- dependent——当父窗口关闭时从属窗口自动关闭。
- minimizable——禁用最小化图标。
- fullscreen——以全屏模式显示新窗口。
- resizable——使窗口能够缩放，此为默认行为。
- scrollbars——设置为 no，禁用滚动条。默认情况下，当内容不适合所分配的空间时包含滚动条。

17.1.4　操作窗口

在创建了一个新窗口后，可以使用 window 属性和方法来查看并调整其大小、位置以及滚动属性。

1. 属性

可以通过 window 对象获取窗口的当前位置和大小。open()方法返回表示新窗口的 window 对象。初始窗口(即由浏览器创建的窗口)可以使用该对象查找新窗口的位置。此外，还可以确定窗口当前的滚动位置。可用的属性如下所示。

- innerHeight——可用于内容的空间高度。
- innerWidth——可用于内容的空间宽度。
- outerHeight——窗口的总高度，包括浏览器的用户界面元素。
- outerWidth——窗口的总宽度，包括浏览器的用户界面元素。
- screenX——设备左边缘与窗口左边缘之间的距离。
- screenY——设备的上边缘与窗口上边缘之间的距离。
- scrollX——文档已经水平滚动的像素数。
- scrollY——文档已经垂直滚动的像素数。

2. 方法

上面的属性都是只读的；然而，通过使用 window 对象提供的一组方法可以操作它们。可用的方法如下所示。

- moveBy()——将窗口移动指定的像素数；可以指定水平和垂直的移动。如果某一个方向上没有移动，可以将对应的参数设置为 0。如果是负值，则向上或向右移动。
- moveTo()——移动窗口，使其左上角位于指定的位置。
- resizeBy()——按指定的数量增加窗口大小；可以指定水平和垂直方向上的增加量。如果要收缩大小，可以指定负值。上边缘和左边缘保持原来的位置。
- resizeTo()——指定新窗口的大小。上边缘和左边缘保持原来的位置。
- scrollBy()——滚动指定的像素；可以指定水平和垂直的滚动值。
- scrollByLines()——垂直滚动文档指定的行数。
- scrollByPages()——垂直滚动文档指定的页数。
- scrollTo()——滚动到指定的水平和垂直位置。
- sizeToContent()——更改窗口大小以适应现有内容。

3. 示例

为了演示上述功能，首先向 PopUp2.html 文件添加一个较大的图像(添加粗体显示的代码)。这样，就可以看到滚动行为以及 sizeToContent()方法的效果。

```
<body>
    <p>Hello PopUp 2!</p>
    <img src="G_Wash_Wide.jpg" alt="George Washington" />
</body>
```

然后使用代码清单 17-1 中所示的代码替换 SampleScript.js。

代码清单 17-1　为了测试窗口操作而重写 SampleScript.js 文档

```
"use strict";

window.name = "Chapter17";
var popup = window.open("PopUp2.html", "popup", "height=300,width=400,left=400,top=150,
location,toolbar,menubar,scrollbars");
```

```
var i = 1;
var timer = window.setInterval(adjustWindow, 2000);

function adjustWindow() {

    if (i > 9) {
        clearInterval(timer);
    }
    else {
        console.log("outerH: %i, outerW: %i, innerH: %i, innerW: %i, screenX: %i, screenY: %i,
                    scrollX: %i, scrollY: %i",
            popup.outerHeight, popup.outerWidth, popup.innerHeight, popup.innerWidth,
            popup.screenX, popup.screenY, popup.scrollX, popup.scrollY);
    }

    switch (i) {
        case 1:
            popup.scrollBy(50, 30);
            break;
        case 2:
            popup.moveBy(50, 50);
            break;
        case 3:
            popup.moveTo(200, 100);
            break;
        case 4:
            popup.resizeBy(50, 50);
            break;
        case 5:
            popup.resizeTo(700, 500);
            break;
        case 6:
            popup.scrollByLines(5);
            break;
        case 7:
            popup.scrollByPages(1);
            break;
        case 8:
            popup.sizeToContent();
            break;
        case 9:
            popup.close();
            break;
    }
    i++;
}
```

通过使用第 16 章所介绍的 setInterval()方法，可以每隔两秒调用一次 adjustWindow()
函数。而每次调用时都使用了不同的方法调整弹出窗口的大小、位置或滚动。在每次迭代
中，当前窗口特性都被写入控制台日志。在最后一次调用中通过 close()方法关闭弹出窗口。
完成上述操作后，控制台日志看起来如图 17-6 所示。

```
outerH: 500, outerW: 600, innerH: 390, innerW: 588, screenX: 400, screenY: 150, scrollX: 0, scrollY: 0
outerH: 500, outerW: 600, innerH: 390, innerW: 588, screenX: 400, screenY: 150, scrollX: 50, scrollY: 30
outerH: 500, outerW: 600, innerH: 390, innerW: 588, screenX: 450, screenY: 200, scrollX: 50, scrollY: 30
outerH: 500, outerW: 600, innerH: 390, innerW: 588, screenX: 200, screenY: 100, scrollX: 50, scrollY: 30
outerH: 550, outerW: 650, innerH: 440, innerW: 638, screenX: 200, screenY: 100, scrollX: 50, scrollY: 30
outerH: 500, outerW: 700, innerH: 390, innerW: 688, screenX: 200, screenY: 100, scrollX: 50, scrollY: 30
outerH: 500, outerW: 700, innerH: 390, innerW: 688, screenX: 200, screenY: 100, scrollX: 50, scrollY: 125
outerH: 500, outerW: 700, innerH: 390, innerW: 688, screenX: 200, screenY: 100, scrollX: 50, scrollY: 213
outerH: 696, outerW: 913, innerH: 586, innerW: 901, screenX: 200, screenY: 100, scrollX: 0, scrollY: 0
```

图 17-6　控制台日志中的结果

4．焦点

可以以编程的方式确定哪个窗口有焦点。打开一个窗口时，通常都有焦点。如果想要打开一个新窗口显示一些信息，同时用户仍然可以与初始窗口交互，那么应该在新窗口打开后在初始窗口上调用 focus() 方法。这样就可以使主窗口保持焦点状态。

window 对象还支持 blur() 方法。该方法的名称初看起来似乎有点奇怪，但它的作用并不是变模糊的意思。调用 blur() 方法，可以从窗口删除焦点，并使焦点位于 Z 轴顺序中的下一个窗口。

17.2　模态对话框窗口

到目前为止，所创建的窗口都是非模态(modeless)的，这意味着用户可以与其他的窗口交互。与之相反的是，模态(modal)窗口获取焦点并禁用应用程序的其他部分，直到关闭窗口为止。接下来演示一下如何创建模态对话框。

17.2.1　标准的弹出对话框

在介绍更通用的模态对话框之前，先要弄清楚可以通过 JavaScript 使用的三种标准模态对话框。虽然这些对话框使用起来既容易又快捷，但却不是很有吸引力，也不能进行样式设计。第一种对话框是警告框，第 3 章曾经介绍过。它只显示一条文本消息，并带有一个关闭对话框的 OK 按钮。第二种对话框是确认框，它显示一条文本消息，但带有 OK 和 Cancel 按钮。如果单击 OK 按钮，返回 true，单击 Cancel 按钮则返回 false。最后一种对话框是提示框，它显示一条文本消息以及一个用来输入数据的文本字段，并返回所输入的值。下面的代码演示了这 3 种对话框：

```javascript
window.alert("This is an alert box.\nThis is a second line");

if (window.confirm("Is it OK to proceed?")) {
    var answer = window.prompt("How many pets do you have?", 0);
    console.log("%i pets were entered.", answer);
}
else {
    console.log("Confirmation failed");
}
```

alert()方法演示了如何通过转义序列\n 包括换行符。此
外，还演示了其他两种弹出对话框。confirm()方法嵌入在
if 语句中。如果用户单击 Cancel 按钮，则跳过之后的代码，
并向控制台日志中写入一条消息。prompt()方法接收两个参
数。第一个参数是在对话框中显示的文本，第二个参数是
默认值(可选)。图 17-7、图 17-8 和图 17-9 是这些对话框在
Firefox 中的显示结果。每种浏览器会以不同的方式格式化
这些对话框。

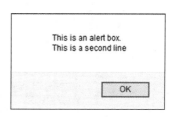

图 17-7　Firefox 中的警告框

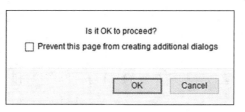

图 17-8　Firefox 中的确认框

图 17-9　Firefox 中的提示框

17.2.2　自定义模态对话框

在 HTML/JavaScript 中创建一个真正的模态对话框是一项挑战。虽然有时可以使用
openDialog()和 showModalDialog()方法来创建，但由于存在安全漏洞以及各种实施过程中
的问题，这些方法都已经弃用。事实上，很多浏览器已经彻底删除了该功能。对于任何新
的应用程序来说，都不应该使用这些方法中的任何一种。

HTML5 规范定义了一个新的 dialog 元素可提供简化模态对话框。然而，在编写本书时，
几乎没有浏览器支持该元素。此外，还可以使用一些 jQuery 解决方法以及其他 polyfills，
这些内容已经超出了本书的讨论范围。

接下来将演示一种相当简单的方法，仅使用原生 HTML、CSS 和 JavaScript 来模拟一
个模态对话框，该方法有时也被称为玻璃窗格(glass pane)法。基本思想是用透明或半透明
的元素覆盖整个窗口，这些元素被称为玻璃。这就好比是把一块玻璃放在一幅画上；你可
以看到玻璃下面的画，但不能真正触摸该画。然后将实际的对话框及其元素放置在"玻璃"
之上。此时，只能与该对话框交互，而不能与页面的其他元素交互。从用户的角度来看，
该行为类似于一个模态对话框。

提示

要完成上面的操作，需要稍微了解一下接下来两章的内容。此时需要通过 JavaScript 操作
DOM 元素和样式。

玻璃覆盖以及对话框元素的 HTML 都包括在主 HTML 文档中，但在打开对话框之前，
它们都是隐藏的。所需要的标记如下所示。

```
<body>
    <p>Hello World!</p>
    <button onclick="showDialog()">Show Dialog</button>
    <div id="glass" class="glass">
        <div class="dialog">
            <h3>Prompt</h3>
            <p>How many pets do you have?</p>
            <input type="number" value="0" id="numPets" />
            <button id="dialogOK" type="Submit" onclick="OK()">OK</button>
        </div>
    </div>
</body>
```

此时，添加了一个用来显示对话框的按钮；其 click 事件将调用 showDialog()函数(该函数需要独立实现)。其他的标记创建了玻璃，其实就是一个简单的 div 元素。在该 div 元素中有另一个包含了实际对话框内容的 div 元素。这些内容包括表示标题的 header 元素、包含提示信息的段落元素、接收用户输入的 input 元素以及提交条目的 button。单击按钮时调用 OK()函数。

使用下面两个 CSS 规则对玻璃和对话框进行样式设计：

```
.glass {
    position: fixed;
    left: 0;
    top: 0;
    background-color: rgba(225,225,225,.7);
    height: 100vh;
    width: 100vw;
    z-index: 100;
}

.dialog {
    height: 125px;
    width: 220px;
    margin: 0 auto;
    padding: 15px;
    border: 1px solid black;
    background-color: white;
}
```

玻璃使用了第 10 章所介绍的 position:fixed，从而使 div 元素相对于窗口固定。此外，通过将 left 和 top 设置为 0，height 和 width 分别设置为 100vh 和 100vw，使该元素占据了窗口的整个区域。而将 z-index 设置为 100 可以确保该元素位于所有元素之上。

可以根据喜好调整背景；此时我将其设置为透明度为 30%的灰色背景，从而更加清楚地表明对话框周围的其他控件不可用。也可以使用完全透明的背景。这样其他元素虽然看起来正常显示，但用户却无法与之交互。当然，使用完全不透明的背景来隐藏其他元素也是可以的。这些选择纯粹都是视觉上的，对页面的功能没有任何影响。

对话框的格式化也非常简单，使用固定大小，并通过 margin:0 auto;声明使其水平居中。虽然这里没有进行任何其他格式化，但可以根据需要添加更多的声明。

将上述内容整合在一起所需要的 JavaScript 如代码清单 17-2 所示。

代码清单 17-2　对话框实现

```
// Holds the result from the dialog box
var result = 0;
function showDialog() {
    var dialog = document.getElementById("glass");
    dialog.style.visibility = "visible";
}
function closeDialog() {
    var dialog = document.getElementById("glass");
    dialog.style.visibility = "hidden";

}
function OK() {
    var input = document.getElementById("numPets");
    result = input.value;
    closeDialog();

    console.log("#Pets: " + result);
}

// Make sure the dialog starts closed
closeDialog();
```

前两个函数 showDialog()和 closeDialog()首先获取玻璃元素，然后将其 visibility 特性设置为 visible 或 hidden。OK()函数(由提交按钮调用)从 input 元素中获取值并存储在 result 变量中。此外还调用了 closeDialog()函数。定义完这些函数之后，调用 closeDialog()函数，确保页面首次加载时隐藏玻璃元素。单击 Show Dialog 按钮时，页面如图 17-10 所示。

图 17-10　模态对话框

17.3　框架

可以包含一个内联框架(iframe)元素来嵌入来自其他 HTML 文档的内容。例如，如果想要在页面中包含一个托管在其他网站(如 YouTube)上的视频，那么可以使用 iframe。第 4 章已经简要地介绍了内联框架。

警告

在 HTML5 之前，都是使用 frame 元素来组织页面的各个部分，如标题或侧边栏。每个框架都是一个窗口，都有一个独立的文档，并且可以独立于其他框架来调整大小和移动。这种组织模式非常难以使用。HTML5 出现之后，frame 元素已经被弃用，而选用第 4 章所介绍的节点元素。但内联框架仍然保留了下来。它们能够在位于父文档中的同时嵌入另一个文档。如果非常熟悉框架，那么不要试图使用内联框架来实现框架方法；而是应该使用节点元素和 CSS 样式。

17.3.1　简单示例

内联框架是通过使用 iframe 元素嵌入的，同时将该元素的 src 特性设置为包括在框架内的文档的位置。例如：

```
<iframe src="http://www.apress.com"></iframe>
```

与其他元素一样，可以使用 CSS 进行样式设计。下面的规则将元素宽度设置为 95%，从而留给边框一定空间，同时还设置了高度并应用了蓝色边框。最终结果如图 17-11 所示。

```
iframe {
    width: 95vw;
    height: 300px;
    border: 3px solid blue;
    margin-top: 5px;
}
```

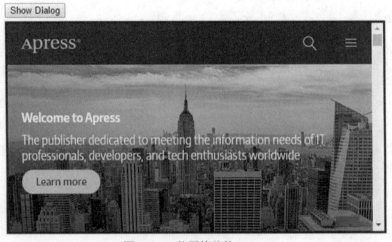

图 17-11　使用简单的 iframe

内联框架元素支持多个可以在标记中设置的特性。

- allowfullscreen——如何想要嵌入的窗口可以切换到全屏模式，可以使用该特性。
- height——元素的高度(以像素为单位)。
- name——框架名称，可用来创建指向该元素的链接。

- sandbox——用来指定对窗口的限制，该部分内容稍后介绍。
- src——框架中所加载文档的 URL。
- srcdoc——与 sandbox 特性一起使用。
- width——元素的宽度(以像素为单位)。

17.3.2　访问框架

如前所述，框架实际上是另一个窗口，可以独立于父窗口进行操作。它也包含样式，但不会级联到框架中的内容。在 JavaScript 中可以通过 window 对象的 frames 属性使用这些子窗口。例如，通过调用 window.frames.length 可以知道框架的数量，或者调用 window.frames[0]访问第一个框架。后者返回一个表示该框架的 window 对象。但如果尝试访问它的任何属性，就会得到一个交叉源错误，如图 17-12 所示。

```
> window.frames[0].name
⊗ ▶ Uncaught DOMException: Blocked a frame with origin
  "http://localhost:23841" from accessing a cross-origin frame.
     at <anonymous>:1:17
```

图 17-12　显示一个交叉源异常

同样，嵌入式框架中的 JavaScript 可以通过调用 window.parent 访问外部窗口。当然，如果两个窗口拥有不同的源，则会得到相同的错误。

17.3.3　使用 sandbox

我相信您也会想到，将他人的 Web 页面嵌入到自己的页面可能会打开一些漏洞。为了将这种风险降到最低，可以创建内联框架并指定 sandbox 特性，该特性对嵌入式窗口执行一些限制。为了使用 sandbox 模式，需要向 iframe 元素添加 sandbox="":

```
<iframe src=http://www.apress.com sandbox=""></iframe>
```

此外，还可以将相关功能列入 sandbox 特性值，从而有选择允许其中的某些功能。可以通过包含一个空格分隔的值列表禁用多个限制。可以定义的值如下所示，虽然并不是所有的浏览器都支持这些值。

- allow-forms
- allow-modals
- allow-orientation-lock
- allow-pointer-lock
- allow-popups
- allow-popups-to-escape-sandbox
- allow-presentation
- allow-same-origin
- allow-scripts

- allow-top-navigation

17.4　小结

本章主要介绍了 window 对象的属性和方法，可以使用它们创建和操作窗口。虽然创建弹出窗口非常容易，但需要得到弹出窗口阻止程序的允许。只有那些通过 JavaScript 创建的窗口才可以使用 JavaScript 进行操作。此外，还演示了标准的模态对话框以及如何通过 HTML、CSS 和 JavaScript 创建自定义模态对话框。最后学习了如何使用内联框架并简要介绍了可用于最小化风险的选项。

第 18 章将介绍如何使用 JavaScript 操作 DOM。这将会提供更大的灵活性，同时提供了改进 Web 页面功能的工具。

第 18 章

■■■

DOM 元素

HTML 文档是一个专门的 XML 文档，与所有 XML 文档一样，它由节点元素的层次结构所组成。每个节点可以有一个父节点以及零个或多个子节点。在第 17 章，已经使用某些类型的 HTML 编辑器或者简单的文本编辑器创建了这些节点。在本章，将学习如何通过 JavaScript 读取和操作这些节点。

18.1　文档对象模型

首先，快速浏览一个非常简单的 HTML 文档。该文档包含一个 header 元素(该元素包含了 4 个子元素：meta、title、link 和 script 元素)以及一个 body 元素(仅有一个段落元素)。单词"Hello"放在 strong 元素中。

```
<!DOCTYPE html>

<html lang="en">
    <head>
        <meta charset="utf-8" />
        <title>Chapter 18 - DOM Elements</title>
        <link rel="stylesheet" href="Sample.css" />
        <script src="SampleScript.js" defer></script>
    </head>
    <body>
        <p><strong>Hello</strong> World!</p>
    </body>
</html>
```

每一个元素在文档中都是一个节点，如图 18-1 所示。

如第 16 章所述，window 对象包含了一个可用来访问 HTML 文档的 document 属性。为了演示该属性，可以先转到浏览器控制台并输入"window.document.childNodes"，此时会列出一个节点数组，其中包括两个元素：!DOCTYPE 和 html。

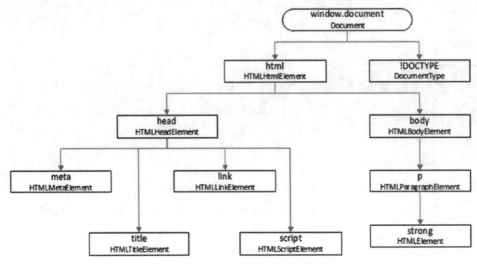

图 18-1 一个简单的 HTML 文档

18.1.1 元素继承

在图 18-1 中，针对每个节点都显示了对应的 HTML 元素名称以及 JavaScript 中表示该元素的对象类型。因为每个元素都有不同的行为，所以表示该元素的对象类型也必然不同。正如你所想象的那样，存在一个非常长的对象类型列表。虽然并非每个 HTML 元素在 JavaScript 中都有一个的专门类，但大多数元素都有。

幸运的是，这些对象类型都使用了继承，所以大多数元素都使用一组通用的基础对象实现。例如，link 元素由 HTMLLinkElement 对象表示。而该对象继承了 HTMLElement 对象的属性和方法。所有其他的 HTML 元素也是一样的，如 script、p 和 strong。此外，HTMLLinkElement 对象还提供了 link 元素所独有的附加功能。图 18-2 显示了一些常用对象的继承层次结构。

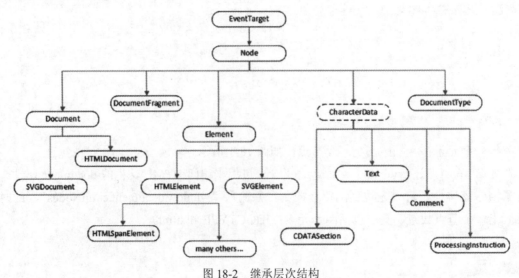

图 18-2 继承层次结构

提示

所有表示 HTML 元素的 JavaScript 对象都派生自 HTMLElement 对象。之所以没有在图 18-2 中显示所有的对象，是因为这些对象太多，有几十个。但附录 C 的参考资料中提供了一个表格，列出了所有的 HTML 元素以及表示它的 JavaScript 对象。

EventTarget 对象提供了接收和处理事件所需要的属性和方法。Node 对象可以有一个父节点以及零个或多个子节点，并提供遍历和修改这些节点的方法。Element 对象增强了对整个文档中元素的操作能力。Element 对象一个最重要的功能是查看并更新元素上的属性。HTMLElement 对象进一步扩展了这一点，提供了定义语言和分配样式等功能。

18.1.2　简单示例

在详细介绍相关内容之前，先完成一个简单的示例。删除 HTML 文件中 body 元素的内容，并改用 JavaScript 创建。此时 HTML 标记有一个空的 body 元素。head 元素引用 SampleScript.js 文件，其中包含了 populateBody()函数。稍后将会详细地解释这些方法。

```
function populateBody() {
    var body = document.getElementsByTagName("body")[0];
    var paragraph = document.createElement("p");
    paragraph.innerHTML = "<strong>Hello</strong> World!";
    body.appendChild(paragraph);
}

populateBody();
```

首先通过使用 getElementByTagName()方法获取 body 元素。这会返回文档中属于指定类型的元素数组。由于只有一个 body 元素，因此获取第一个实例。接下来调用 createElement()方法并根据所指定的元素类型创建了一个段落元素。这会返回一个 HTMLParagraphElement 对象。段落元素的内容可通过更新 innerHTML 属性更新。最后，调用 appendChild()方法，将所创建的段落插入到 body 元素中。现在，如果想要使用该函数，只需在 SampleScript.js 文件中调用它即可。

18.2　基本的 DOM 操作

上面的简单示例演示了 DOM 的四种基本操作：
- 查找一个或多个元素
- 创建新元素
- 定位元素
- 修改元素

18.2.1　查找元素

一般来说，操作 DOM 的第一步是查找需要访问的元素。在上面的示例中，必须获取

body 元素才可以修改其内容。可以使用多种方法查找所需元素，这取决于搜索的数据。

根据 id 特性检索元素的最简单方法。由于 id 特性在文档中必须是唯一的，因此该方法将返回零个或一个元素。如果没有找到匹配的元素，那么返回 null。

```
var element = document.getElementById(id);
```

下面的两种方法分别返回与元素类型或 class 特性相匹配的元素数组。在上面的示例中使用的就是第一种方法：

```
var elementArray = document.getElementsByTagName(name);
var elementArray = document.getElementsByClassName(names);
```

后一种方法允许提供一个以空格分隔的类名列表。如果提供了多个类名，那么将仅返回具有所有指定类名的元素。如果没有找到匹配元素，这两个方法都返回一个空数组。

在第 9 章，详细介绍了 CSS 选择器的功能。通过使用 querySelector()和 querySelectorAll()方法，可以在 JavaScript 中使用这些功能。通过这两个方法可以传入一个选择器，就像在 CSS 中使用选择器一样。querySelectorAll()方法返回所有匹配的元素，而 querySelector()方法仅返回第一个匹配的元素。此外，还可以使用更加复杂的选择器，例如：

```
var elementArray = document.querySelectorAll("header+p, .book, p:first-child");
```

提示

在这些示例中，都是调用了 document 对象中的搜索方法。这样就可以在整个文档中执行搜索。此外，所有的元素也都支持这些方法，所以可以从某一个子节点上调用它们。此时将从调用的元素开始搜索，而忽略其父节点和兄弟节点。

18.2.2　创建元素

如前所示，可以使用 createElement()方法创建一个新元素，并传入元素类型，如 div、p 或 span。新元素以返回值的形式提供。实际返回的对象类型取决于所指定的元素类型。

除了元素节点之外，文档还包括*文本节点(text nodes)*。文本节点包含了元素的开始和结束标记之间的内容。例如，下面的代码创建了一个段落元素并设置其内容：

```
var p = document.createElement("p");
var text = document.createTextNode("This is a test");
p.appendChild(text);
```

如果在执行完上述的 JavaScript 代码之后检查文档，会看到如下所示的元素：

```
<p>This is a test</p>
```

设置 textContent 属性可以完成相同的事情，例如：

```
p.textContent = "This is a test";
```

还可以像前面的示例那样设置 innerHTML 属性。当使用 innerHTML 属性时，元素的内容可以包括子元素。在第一个示例中，部分文本就位于 strong 元素中。设置 innerHTML 属性时，元素内容就被指定的文档片段所取代。相反的是，createTextNode()方法只是用文本更新元素的内容。如果试图在传递给该方法的字符串中嵌入元素，嵌入的元素将被视为字符文本。

警告

设置 innerHTML 属性时存在一定的安全隐患的。为了避免遭受跨站点脚本攻击，如果 innerHTML 属性中包括了 script 元素，则应该忽略该元素。但即使如此，在设置 innerHTML 属性时仍然要当心。不要使用 innerHTML 元素将用户输入插入到 DOM 中。而是应该使用 textContent 属性。

18.2.3　移动元素

创建元素或者文本节点仅仅是创建了节点；而并没有将其放在任何位置。为了在文档中包含所创建的节点，需要将其添加为文档的根节点或者现有节点的子元素。一般来说，一个文档只能有一个根节点，除非完全在 JavaScript 中构建文档，所以通常将新元素添加到现有节点。

为此，在前面的示例中使用了 appendChild()方法。首先需要找到要添加新元素的元素。然后使用 appendChild()方法使新元素成为该元素的子节点。一般在父元素上调用该方法，并将子元素作为参数传入。appendChild()方法返回子节点(即新添加的节点)。

```
var child = parentNode.appendChild(childNode);
```

如果父节点已经拥有了子元素，那么新元素将添加在现有子元素后面。如果你不想放在最后，可以调用 insertBefore()方法。该方法的工作方式与 appendChild()相类似，只不过多了一个额外的参数来指定新元素应该出现在哪个同级元素之前。

```
var child = parentNode.insertBefore(childNode, sibling);
```

可以在父节点上调用 insertBefore()方法，第一个参数为要添加的元素。如果传入的同级元素为空，那么该元素将添加为最后一个子元素；此时等同于调用 appendChild()方法。

提示

由于存在 insertBefore()方法，因此可能也希望存在一个 insertAfter()方法。但实际上并没有该方法。然而，通过使用 nextSibling 属性可以轻松地实现该功能：parentNode. insertBefore(childNode, sibling.nextSibling)。Node 对象(所有 HTML 元素都派生自该对象)提供了 nextSibling 属性。在某个元素之后插入与在该元素的下一个同级元素之前插入是一样的。如果该元素恰巧是最后一个子元素，那么该元素的 nextSibling 属性为空，insertBefore()方法将新元素添加为最后一个子元素。

还可以使用 removeChild()方法删除元素。与 appendChild()和 insertBefore()方法相似，removeChild()方法也是在父节点上调用的，并将要删除的元素作为参数传入。被删除的元素仍然存在，但却不再是文档的一部分。与其他方法一样，该方法调用返回被删除的元素。

```
var removedElement = parentNode.removeChild(childNode);
```

如果想要移动一个元素，可以先使用 removeChild()方法将其从原始位置删除，然后使用 appendChild()或 insertBefore()将其移动到新位置。

注意

需要父元素来移除节点可能有点奇怪，但这就是删除子节点的工作原理。使用元素的 parentNode 属性可以非常容易地获取父节点。所以，如果想要删除某一元素，可以调用 element.parentNode.removeChild(element)。

最后，可以使用 replaceChild()方法将现有元素替换为另一个元素。它的工作方式与其他方法相类似；在父元素上调用。该方法接收两个参数：第一个参数是应该添加的元素，而第二个参数是应该删除的元素。新元素添加到与已移除元素相同的位置。该方法返回被删除的元素。

```
var removedElement = parentNode.replaceChild(newElement, existingElement);
```

18.2.4　修改元素

大多数 HTML 元素都由其内容(开始和结束标记之间的文本)以及在开始标记中所指定的特性组成。而一些元素没有任何内容，完全由其特性定义，如图像。如前所述，可以使用下面的方法设置元素的内容：

- 创建文本节点并附加到元素中。
- 设置 textContent 属性。
- 设置 innerHTML 属性。

为了操作这些特性，每个元素都有 attributes 属性，其中包含了元素上所定义的所有特性。这是一个名称/值对集合。调用 hasAttribute()方法可以确定某个特定的特性是否被指定(需要传入该特性的名称)。此外，也可以向该集合添加特性或修改现有特性。下面所示的代码演示了如何访问 attributes 属性。该代码将第一个 link 元素中的特性写入控制台。输出如图 18-3 所示。

```
var link = document.getElementsByTagName("link")[0];
var attr = link.attributes;
for (var i=0; i < attr.length; i++) {
    console.log(attr[i].name + "='" + attr[i].value + "'");
}
```

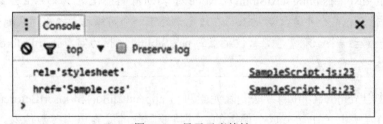

图 18-3　显示元素特性

然而，这些特性也可以作为单独的属性来使用。可以直接获取或者为这些属性赋值。

HTMLElement 对象支持所有的全局特性，如 id 和 class。为了便于演示，修改了前面的示例，分别设置了 id、class 和 lang 特性。这些特性将包含在 attributes 属性中，如图 18-4 所示。

```
var link = document.getElementsByTagName("link")[0];
link.id = "myID";
link.className = "myClass";
link.lang = "en";
var attr = link.attributes;
for (var i=0; i < attr.length; i++) {
    console.log(attr[i].name + "='" + attr[i].value + "'");
}
```

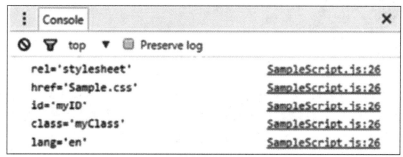

图 18-4　显示额外的特性

警告

属性名称可能不同于特性名称。例如，class 是 JavaScript 中的保留字，所以属性名称为 className。

其他专门的对象，如 HTMLImageElement，都继承了 HTMLElement 的全局特性，并且提供了特定于元素的附加特性。例如，HTMLImageElement 提供了 alt、src 和 srcset 特性。

18.3　相关元素

如前所述，每个元素都是文档中的一个节点，可以有父节点(除了根节点之外，所有的节点都有一个父节点)。一个节点可以有零个或多个子节点。在从文档中获取了一个元素之后，可以使用多个属性导航到相关联的元素。可用的属性如下所示。

- parentNode——节点的直接父节点；如果是根节点则为空。
- children——HTMLCollection 对象，包含了该节点所有的直接子节点。
- firstChild——子节点集合中的第一个元素。
- lastChild——子节点集合中的最后一个元素。
- previousSibling——与当前节点拥有相同父节点的元素，并且在子节点集合中位于当前节点之前。如果当前节点是父节点的第一个子节点，那么该属性为空。
- nextSibling——该元素拥有与当前节点相同的父节点，并且位于当前节点之后。如果当前节点是父节点的最后一个子节点，那么该属性为空。

> **提示**
>
> 在表示 HTML 元素的对象上有成百上千的属性、方法和事件可以使用。本书只是介绍了一些最常用的功能，还有很多内容没有介绍。Mozilla 提供了一个非常好的 API 参考资料，如果想要了解更多的详细信息，推荐阅读以下资料：https://developer.mozilla.org/en-US/docs/Web/API/HTMLElement。该文详细描述了 HTMLElement 对象的各个成员并提供了其他对象的链接。

18.4　使用 jQuery

> **注意**
>
> 在本书中，主要是关注原生 HTML、CSS 和 JavaScript 功能。然而，可以使用很多的库和框架来扩展相关的功能。当然，这些库和框架也存在优点和缺点。如果正在进行一些重要的 Web 开发，那么可以考虑使用其中一个或多个库和框架，但在本书中尽量避免使用这些内容。然而，需要进行 DOM 操作时，jQuery 已成为了事实上的标准。

在第 3 章，曾经介绍了如何通过定义命名空间将变量保留在全局命名空间之外。如果在命名空间 MyNamespace 中定义了一个函数，如 log()，那么通过指定命名空间及函数名称就可以执行该函数。这样就可以避免与其他也定义了 log()函数的脚本产生冲突。

```
MyNamespace.log("Hello World");
```

在 jQuery 中，所有的成员都是在命名空间中定义，恰好被命名为"$"。只要看到$.或者$()，就应该知道正在使用 jQuery 成员。

18.4.1　基本知识

使用 jQuery 是非常容易的，但也需要掌握一些基本知识。

1. 选择元素

对于所有的 jQuery 操作来说，基本模式是先选择元素，然后再完成相关操作。语法如下：

```
$(selector).action();
```

选择器(selector)将返回零个或多个元素。然后在该集合中的每个元素上执行指定的操作。选择器可以是第 9 章所介绍的任何有效的 CSS 选择器。jQuery 还支持附加功能。下面所示的文章列举了所有带有示例和文档的选择器：http://codylindley.com/jqueryselectors/。

可以将选择和动作分成两个独立的调用。例如：

```
var $elements = $(selector);
$elements.action();
```

如果需要对元素组执行多个操作，那么上面的方法是很有用的，因为可以避免重复执行选择操作。记住，选择器的结果是静态的；即使文档发生了变化，结果也不会更新。如果想要反映最新的状态，需要重新执行选择器。

　　除了向选择器传递选择器字符串之外，还可以传递对象。常见的示例是使用 document 对象。例如，文档准备好时，下面所示的代码分配了将要执行的函数：

```
$(document).ready(function(){... add code here ...});
```

　　jQuery 提供了许多与索引相关联的选择器，可以基于与父对象的相对顺序来选择元素。索引是基于 0 的，所以:eq(0)等同于使用 first()方法。此外，还可以使用:lt()、:gt()、:even() 和:odd()。如果为:eq()、:lt()或:gt()指定了负值，那么索引将从尾部开始计数，而不是开始处计数。所以:eq(-1)等同于使用 last()。

2. jQuery 对象

　　需要重点记住的是从 jQuery 选择器返回的对象都是 jQuery 对象，而不是原生 DOM 对象(如 HTMLElement)。jQuery 对象封装了原生对象，并支持后面要介绍的方法。如果需要使用原生对象，可以调用 jQuery 对象上的 get()方法。

　　jQuery 对象所提供的方法与原生对象所提供的方法相类似，但名称不同。你需要清楚所使用的对象类型，因为不同的类型有不同的属性和方法。常见的做法是在所有的 jQuery 变量前面使用字符"$"作为前缀。但不要与$命名空间混淆。

　　从 jQuery 选择器返回的是一个对象，而不是对象数组。但它类似于一个数组，因为有一个 length 属性和一个 first()方法。此外还有许多其他的功能。完整的功能列表，参见文章 http://api.jquery.com/。

　　所有的 jQuery 方法都返回支持元素集合的 jQuery 对象。即使是 first()方法也返回一个仅具有一个元素的集合的 jQuery 对象。Get()方法返回来自 jQuery 对象的原生 DOM 对象；但必须提供索引。例如，为了获取表示 body 元素的 HTMLElement 对象，可以使用下面的代码：

```
var body = $("body").get(0);
```

18.4.2　操作 DOM 元素

　　jQuery 并没有提供与 createElement()等效的函数，虽然可以通过调用某些其他 jQuery 方法创建元素(该内容稍后介绍)。但可以首先使用 createElement()创建原生对象，然后再使用 jQuery 将其添加到文档。

　　可以使用 append()方法将一个元素添加到文档中。选择器确定了将新元素添加到哪些元素。这大致相当于 appendChild()函数。如果选择器返回了多个元素，则会复制新元素并添加到每个返回的元素中。与 appendChild()方法相类似，append()将新元素添加为所选元素的最后一个子元素，位于现有元素之后。如果想要在现有子元素之前插入元素，可以使用 prepend()方法。

　　append()和 prepend()方法可以接收各种输入类型。可以传递原生 DOM 对象(如 HTMLElement)或者包含一个或多个元素的 jQuery 对象。可以提供多个以逗号分隔的参数，或数组参数(如果需要添加多个元素)。还可以指定一个 HTML 字符串。例如，传入"<p></p>"将创建一个新的段落元素。HTML 字符串可以包括具有嵌入式子元素的更复杂的 HTML。这类似于设置 innerHTML 属性。然而，HTML 字符串所定义的元素是附加(或添加)到现有的子元素中，而不是取代它们。

当使用 append()和 prepend()方法时，选择器确定了目标元素(将插入元素的位置)，而参数则指定了要添加的元素。此外，jQuery 还支持 appendTo()和 prependTo()方法以不同的语法实现相同的结果。使用这些方法时，选择器确定了要添加的元素，而参数则指定了目标元素。

html()方法使用传入的 HTML 脚本替换 innerHTML 属性。如果选择器与多个元素相匹配，就更新所有匹配元素。如果没有传入参数，则不更新元素，而是返回现有的 HTML 字符串，包括任何子元素。此时，如果选择器匹配多个元素，那么只返回第一个元素的innerHTML。

上述方法都添加了新内容作为指定父元素的子元素。jQuery 还提供了添加新内容作为指定目标同级元素的 before()和 after()方法。before()方法类似于 insertBefore()方法，只不过不需要指定父元素。新元素作为同级元素插入到目标元素之前。同样，after()方法插入到目标元素之后。

使用 before()和 after()方法时，选择器确定了新元素应该添加到的目标位置，而参数指定了要添加的元素。参数可以是用 append()方法描述的任何值。此外，jQuery 也提供了insertBefore()和 insertAfter()方法，它们实现了与 before()和 after()相同的结果，但它们的语法与 appendTo()方法相反。选择器确定了要添加的元素，而参数指定了目标元素。

wrap()方法用于插入一个元素作为选择器所指定目标元素的父对象。例如，如果在文档中有多个图像元素，那么可以在一个新的 div 元素中嵌入这些元素。选择器负责查找图像元素，参数指定放置的新元素：

```
$("img").wrap("<div class='image'></div>");
```

与之相反的是，unwrap()方法删除选择器所返回的元素的直接父元素。该方法将会消除调用 wrap()方法的效果。

当使用 wrap()方法时，每个选定元素都用一个新的父元素进行了包装。wrapAll()方法将所有的选定元素包装到单个父元素中。如果匹配元素之间存在不匹配的元素，则不会将它们包含在新的父元素中，而是放在其后面。

wrapInner()方法的工作方式与 wrap()方法类似，只不过包装的是内容，而不是整个元素。例如，可以在段落标记的内容周围添加 strong 元素。如果原始 HTML 如下所示：

```
<p class="myClass">Hello World</p>
```

可以如下调用 wrapInner()方法：

```
$("p").wrapInner("<strong></strong>");
```

最终的 HTML 如下所示：

```
<p class="myClass"><strong>Hello World</strong></p>
```

可以使用 remove()或 detach()方法从文档中删除元素。使用这两个方法时，会删除选择器所返回的元素。因为被删除的元素集合将作为 detach()方法的返回值返回，所以日后可以再添加回来。此外，还可以使用 detach()方法将元素移动到不同位置。Empty()方法删除选择器所返回元素中所有的子元素。

也可以使用 replaceWith()方法替换元素。选择器指定了应该删除的元素。而以参数形式传入到方法的元素被插入到每一个被删除元素的位置。与 detach()方法相类似，replaceWith()方法返回被删除元素集合。ReplaceAll()具有相反的语句；选择器指定了要添加的元素，而参数则指定了被替换的元素。

18.5　小结

在本章，主要介绍了 JavaScript 中操作 DOM 元素的方法。可以使用这些方法找到一个或者多个元素(取决于需要如何执行搜索)。最灵活的方法是使用 querySelectorAll()方法，它允许使用任何支持的 CSS 选择器。在创建了一个元素之后，接下来需要调用一个方法将其插入到文档中。当向文档添加元素时，需要指定父元素。当然，也可以删除元素。可以使用多种方法提取和设置元素特性。然而，在大多数情况下，可以简单地将这些特性作为元素的属性来访问。

此外，还简要地介绍了如何使用 jQuery 来操作文档。jQuery 库为 DOM 操作提供了一种更容易、功能更丰富的方法。如果需要访问和修改文档元素，应该考虑使用 jQuery。

第 19 章，将介绍如何使用类似的技术来操作文档元素的样式。

第 19 章

■ ■ ■

动态样式设计

第 18 章介绍了如何使用 JavaScript 动态地更改 HTML 内容。可以使用多种方法创建新 DOM 元素以及重新排列或修改现有元素。对于修改元素的样式也存在类似的功能。本章将重点介绍使用 JavaScript 动态更改样式规则的四种技术：

- 替换样式表
- 更改样式规则
- 修改 CSS 类
- 调整内联样式

这些技术为应用于文档的样式提供了越来越精细的控制，以替换整个样式表开头，以更新单个元素的样式结束。

19.1　更改样式表

介绍的第一种方法是替换整个样式表。如果想要支持多个主题，那么该技术是非常有用的。每个样式表都包含了一组向 Web 页面显示特定外观的规则。然后根据用户喜好、用户输入或者其他规则来应用某一特定的样式表。一般来说，应该将通用规则放在经常使用的单独样式表中。而主题元素可以放入动态应用的单独样式表中。

提示

如第 18 章所示，通过创建 link 元素可以向文档添加新的外部样式表。此外，还可以通过创建新的 style 元素，创建内部样式表。

19.1.1　启用样式表

可以通过 document.styleSheets 属性访问可用的样式表。该属性返回已加载的样式表集合。在使用 link 元素向 HTML 文档添加了样式表之后，可以在控制台查看相关内容，如图 19-1 所示。

```
<link rel="stylesheet" href="Sample.css" title="Shared" />
```

此时 Stylesheets 集合的 length 为 1，因为目前仅加载了一个样式表。link 元素包括了 title 特性，可以通过 CSSStyleSheet 对象访问。

```
> document.styleSheets
< ▼ StyleSheetList 🔢
    ▼ 0: CSSStyleSheet
      ▶ cssRules: CSSRuleList
        disabled: false
        href: "http://localhost:64014/Sample.css"
      ▶ media: MediaList
      ▶ ownerNode: link
        ownerRule: null
        parentStyleSheet: null
      ▶ rules: CSSRuleList
        title: "Shared"
        type: "text/css"
      ▶ __proto__: CSSStyleSheet
      length: 1
    ▶ __proto__: StyleSheetList
```

图 19-1　查看样式表属性

CSSStyleSheet 对象上的大多数属性都是只读的；然而，可以更改 disabled 属性。为了便于演示，将在页面上添加一个按钮来切换 disabled 属性。完整的 HTML 文档如下所示。

```html
<!DOCTYPE html>

<html lang="en">
    <head>
        <meta charset="utf-8" />
        <title>Chapter 19 - Dynamic Styling</title>
        <link rel="stylesheet" href="Sample.css" title="Shared" />
        <script src="SampleScript.js" defer></script>
    </head>
    <body>
        <p><strong>Hello</strong> World!</p>
        <button onclick="toggleSS()">Toggle</button>
    </body>
</html>
```

Sample.css 文件只有一个样式规则，即使用较大的字体：

```css
p {
    font-size: xx-large;
}
```

toggleSS()函数在 SamplesScript.js 文件中实现：

```javascript
"use strict";

function toggleSS() {
    for (var i = 0; i < document.styleSheets.length; i++ ) {
        if (document.styleSheets[i].title == "Shared") {
            document.styleSheets[i].disabled = !document.styleSheets[i].disabled;
            break;
        }
    }
}
```

该函数遍历所有的样式表，如果 title 为"Shared"，则切换 disabled 属性。

19.1.2　选择样式表

可以使用上面所介绍的方法动态地选择一个样式表。文档首先加载多个样式表，然后根据用户输入启用一个样式表而禁用其他样式表。下面的示例使用了三个样式表，分别设置不同的颜色。此外，页面还有一个用来选择颜色的按钮，单击后调用 JavaScript 函数启用/禁用相应的样式表。

每个新样式表都使用了一条规则来设置 color 特性，如下所示：

```
p {
    color: red;
}
```

随后，在 head 元素中使用下面的 link 元素添加新样式表。注意，此时并没有使用 title 特性，具体原因稍后介绍。

```
<link rel="stylesheet" href="Red.css" />
<link rel="stylesheet" href="Green.css" />
<link rel="stylesheet" href="Blue.css" />
```

此外，还添加了 4 个用来选择对应样式表的按钮。

```
<button onclick="disableAll()">Black</button>
<button onclick="enable('Red')" style="color: red">Red</button>
<button onclick="enable('Green')" style="color: green">Green</button>
<button onclick="enable('Blue')" style="color: blue">Blue</button>
```

第一个按钮调用了 disableAll()函数，从而禁用全部三个样式表。此时，内容将使用默认的黑色字体。其他按钮调用了 enable()函数，启用了指定的样式表而禁用其他样式表。最后，需要在 SampleScript.js 文件中添加下面两个函数：

```
function disableAll() {
    for (var i = 0; i < document.styleSheets.length; i++ ) {
        if (document.styleSheets[i].title != "Shared") {
            document.styleSheets[i].disabled = true;
        }
    }
}
function enable(color) {
    for (var i = 0; i < document.styleSheets.length; i++ ) {
        if (document.styleSheets[i].href.includes(color)) {
            document.styleSheets[i].disabled = false;
        }
        else if (document.styleSheets[i].title != "Shared") {
            document.styleSheets[i].disabled = true;
        }
    }
}
```

为了找到对应的样式表，enable()函数使用 href 属性，并查看指定颜色是否是 URL 的一部分。这两个函数都忽略了共享样式表。这些样式表默认情况下都是启用的，所以将应用最后加载的Blue.css。如果想要一开始就使用黑色字体,可以在加载页面时调用disableAll()函数。

提示

　IE 不支持 includes()方法。可以使用一些简单的 polyfills。详细内容可参阅文章 http://stackoverflow.com/questions/31221341/ie-does-not-supportincludes-method。

19.1.3　备用样式表

如前所述,可以使用 JavaScript 启用或禁用样式表。然而,有些浏览器使用备用样式表(alternate sylesheets)提供了对这种方法的本地支持。也就是通过 link 元素的 rel 和 title 特性进行控制。没有 title 特性的元素始终适用于文档。这些样式表被称为持久(persistent)样式表。但就像前面示例所演示的,可以通过 JavaScript 禁用这些样式表。

具有 title 特性的样式表链接是动态的,可以通过用户的动作启用或禁用。如果 rel 特性没有包括关键字 alternate,那么该样式就被称为首选(preferred)样式;即默认情况下使用该样式。通常只能有一个首选样式;即使有多个,也只会应用其中一个样式。虽然首选样式默认是启用的,但如果选择备用样式,就会禁用首选样式。rel 特性包括关键字 alternate 时,该样式就被称为备用(alternate)样式。默认情况下备用样式是禁用的。表 19-1 总结了这些规则。

表 19-1　样式表类型

类型	是否拥有 title 特性	是否备用	注释
持久	否	否	这些样式表始终应用
首选	是	否	默认情况下应用;如果选择了备用样式,则禁用
备用	是	是	默认禁用

根据这些规则,上面的示例中添加样式表的正确方法如下所示。始终应用 Sample.css,并且没有 title 特性。Red.css、Green.cs 和 Bulue.css 是备用样式表;它们都有 title 特性和关键字 alternate。

```
<link rel="stylesheet" href="Sample.css" />
<link rel="alternate stylesheet" href="Red.css" title="Red"/>
<link rel="alternate stylesheet" href="Green.css" title="Green"/>
<link rel="alternate stylesheet" href="Blue.css" title="Blue"/>
```

由于没有使用任何 JavaScript,因此可以通过浏览器有选择地启用这些样式。例如,在 Firefox 中,可以通过图 19-2 所示的 View 菜单选择备用样式。

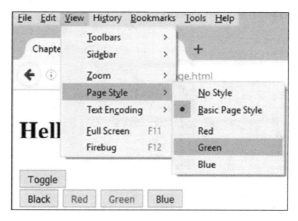

图 19-2　在 Firefox 中选择一个备用样式表

例如，如果想在默认情况下启用绿色样式，可以删除关键字 alternate，只剩下 rel="stylesheet"。此时加载页面就会启用该样式，但只要选择了红色或蓝色样式，该样式就会被禁用。

警告

Chrome 和 Opera 并不支持备用样式表。它们没有提供用户界面来选择备用样式。也就是说，如果有多个 link 元素使用了 title 特性，也只会启用第一个样式。其他的样式都无法启用，即使使用 JavaScript 也不行。在前面的 JavaScript 示例中，没有使用 title 特性所添加的样式表可以在 Chrome 中使用。

19.1.4　使用样式元素

在前面的示例中，使用了通过 link 元素添加的外部样式表。此外，也可以使用嵌入在 style 元素中的内部样式表；这些样式表可以通过 document.styleSheets 属性使用。当然，style 不具有 href 属性，因此需要通过 title 属性识别这些样式表。

可以使用下面所示的 style 元素替换包含 Red.css、Green.css 和 Blue.css 的 link 元素。

```
<style title="Red">
    p { color: red;}
</style>
<style title="Green">
    p { color: green;}
</style>
<style title="Blue">
    p { color: blue;}
</style>
```

在 Firefox 中，前面用来选择备用样式的用户界面同样适用于内部样式表。根据 style 元素中的 title 特性，View 菜单显示了相同的 Red、Green 和 Blue 选项。

然而，此时 JavaScript 函数需要查看的是 title 属性而不是 href 属性。代码清单 19-1 所示的函数同时支持这两个属性，具体查看哪一个属性取决于哪个属性存在。

代码清单 19-1　备用样式的最终 JavaScript

```
"use strict;"
function toggleSS() {
    for (var i = 0; i < document.styleSheets.length; i++ ) {
        if ((document.styleSheets[i].href &&
            document.styleSheets[i].href.includes("Sample")) ||
            document.styleSheets[i].title == "Shared") {
            document.styleSheets[i].disabled = !document.styleSheets[i].disabled;
            break;
        }
    }
}

function disableAll() {
    for (var i = 0; i < document.styleSheets.length; i++ ) {
        if (!(document.styleSheets[i].href &&
             document.styleSheets[i].href.includes("Sample")) &&
            document.styleSheets[i].title != "Shared") {
            document.styleSheets[i].disabled = true;
        }
    }
}

function enable(color) {
    for (var i = 0; i < document.styleSheets.length; i++ ) {
        if ((document.styleSheets[i].href &&
            document.styleSheets[i].href.includes(color)) ||
            document.styleSheets[i].title == color) {
            document.styleSheets[i].disabled = false;
        }
        else if (!(document.styleSheets[i].href &&
                 document.styleSheets[i].href.includes("Sample")) &&
                document.styleSheets[i].title != "Shared") {
            document.styleSheets[i].disabled = true;
        }
    }
}

disableAll();
```

警告

前面所介绍的 Chrome 限制同样适用于 style 元素。因为没有 href 属性来替代 title，所以上述代码在 Chrome 或 Opera 中无法工作。为了解决该问题，需要使用 style 元素上的 id 特性，并使用第 18 章所介绍的 getElementById()方法选择。

19.2　修改规则

19.1 节，演示了如何动态地应用一个完整的样式表，该样式表包含了一组预先配置的样式规则。此外，也可以修改现有样式表中的规则。如果想要对规则进行一些微调，可以使用该方法。

想要查看现有的样式规则，需返回到 document.styleSheets 属性。每个样式表都有一个枚举了样式表中所包含规则的 cssRules 属性。该属性是 CSSStyleRule 对象集合，如图 19-3 所示。

```
>  document.styleSheets
<  ▼ StyleSheetList 🗐
      ▼ 0: CSSStyleSheet
         ▼ cssRules: CSSRuleList
            ▼ 0: CSSStyleRule
                 cssText: "p { font-size: xx-large; }"
                 parentRule: null
               ▶ parentStyleSheet: CSSStyleSheet
                 selectorText: "p"
               ▶ style: CSSStyleDeclaration
                 type: 1
               ▶ __proto__: CSSStyleRule
              length: 1
            ▶ __proto__: CSSRuleList
```

图 19-3　查看样式规则

每个 CSSStyleRule 对象都被分配了一个顺序索引。如第 2 章所述，所包含规则的顺序可以影响冲突的解决方法。此外，该索引也是非常重要的，因为需要它来删除规则。

接下来进行一个简单的演示，添加下面所示的 JavaScript 代码。newRuleIndex 变量用来存储新添加规则(添加一个黑色的窄边框)的索引。如果没有设置 newRuleIndex 变量，ToggleRule()函数将添加一个新规则，否则根据该变量删除规则。

```
Var newRuleIndex

function toggleRule() {
    if (newRuleIndex == -1) {
        newRuleIndex = document.styleSheets[0].insertRule("p {border: 1px solid black;}", 1)
    }
    else {
        document.styleSheets[0].deleteRule(newRuleIndex);
        newRuleIndex = -1;
    }
}
```

这里进行了一些简化，将规则添加到了第一个样式表中，所以首先需要选择要修改的样式表。最后，还需要一个按钮来调用上面的函数。单击该按钮时，所添加的边框如图 19-4 所示。

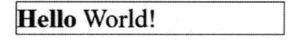

图 19-4　添加一个边框

注意

此时向第一个样式表(即 Sample.css)添加了一条新规则。另外，该样式表中还有一个较大字体规则。如果单击 Toggle 按钮，整个样式表都被禁用，删除较大字体及边框。但即使是禁用了样式表，单击 Border 按钮仍然可以修改样式表；只不过在启用样式表之前该规则不会影响页面。

通过 insertRule()或 deleteRule()方法修改样式表并不会影响原始源文档。对于内部样式来说，所做的更改并不会影响 HTML 文档，也不会对外部样式表的 CSS 文件产生影响。如果刷新页面，样式将返回到初始状态，直到重新运行 JavaScript 来修改样式。

19.3　修改类

第三种修改样式表中规则的方法可能会影响文档中的多个元素(取决于所做的更改)。然而，在大多数情况下，只需将现有规则应用于某些情况下的特定元素即可。伪类就是一个很好的示例。:enabled、:selected 或:hover 等伪类允许在某些动态条件下应用样式规则。但这些条件是有限的。

如果没有合适的伪类可用，可以创建一个使用类选择器的样式规则。然后使用 JavaScript 动态地应用合适的类。接下演示一下该过程，首先向 Sample.css 文件中添加一条使用了类选择器的规则。同时将不透明度设置为 50%。

```
.special {
    opacity: .5;
}
```

每个元素都有一个 classList 属性，它包含了已经分配给元素的类列表。可以使用 4 个方法操作该列表：

- contains()——返回一个 Boolean 值，指明类是否存在。
- add()——添加一个新类。
- remove()——删除指定的类。
- toggle()——如果类不存在则添加，如果存在则删除。

下面所示的 JavaScript 函数演示了如何使用上述方法。该函数首先检查类是否存在，然后添加或删除类。

```
function toggleClass() {
    var paragraph = document.querySelector("p");
    if (paragraph) {
        if (paragraph.classList.contains("special")) {
            paragraph.classList.remove("special");
        }
        else {
            paragraph.classList.add("special");
        }

        // This could also be done with the following
```

```
        //paragraph.classList.toggle("special");
    }
}
```

提示

其实，只需要使用 toggle()方法就可以完成上述操作。但编写上面的代码，是为了演示如何使用其他的方法。

最后，添加一个调用该函数的按钮：

```
<button onclick="toggleClass()">Opacity</button>
```

每个元素还支持 className 属性。这是一个字符串，包含了以空格分隔的类列表，就像标记中所看到的 class 特性。如果愿意，可以直接操作该字符串，但使用 classList 属性更加容易。

但有一种例外情况，那就是删除所有的类。此时，只需将 className 属性设置为空字符串即可，而不需要枚举 classList 属性：

```
paragraph.className = "";
```

19.4　修改内联样式

修改规则仅仅影响了单个元素。但添加或删除一个类可以应用或者删除多条样式规则，同时在每条规则上可以定义多个声明。在最后一种样式修改方法中，将演示如何对单个元素应用内联样式。通常，应用内联样式并不是好主意，因为将无法使用 CSS 更改来调整样式。但有时你可能并不希望进行 CSS 更改，因为这样做可能会破坏其他元素。

19.4.1　使用 CSSStyleDeclaration

所有的 HTML 元素上都可以使用 style 特性，而在 JavaScript 中通过 style 属性可以访问该特性，并返回 CSSStyleDeclaration 对象(一个名称/值对集合)。可以通过下面的方法修改此对象中的样式声明：

- setProperty()——添加一个声明；接收两个必须的参数(属性和值)以及一个可选的优先级参数(可以是空白或关键字"important")。
- getpropertyValue()——作为参数传入属性名并返回相应的值。
- getPropertyPriority()——如果指定的属性有关键字 important，则返回"important"。
- cssText——返回该样式中的所有声明，并格式化为 CSS 文件中的格式。
- removeProperty()——删除指定的属性。

接下来简要地演示一下这些方法的使用，下面的示例更新了背景颜色。首先，添加一个按钮，单击该按钮时调用 toggleBackgroud()函数：

```
<button onclick="toggleBackground()">Background</button>
```

toggleBackground()函数首先使用 querySelector()方法获取第一个段落元素。然后检查 style 属性的 length 属性(该属性指明了已为此对象设置了多少声明)。如果数量为 0,则添加 background-color 特性;否则删除该特性。

```
function toggleBackground() {
    var p = document.querySelector("p");
    console.log("Initial style = " + p.style.cssText);

    if (p.style.length == 0) {
        p.style.setProperty("background-color", "yellow", "important");
        console.log("Value: " + p.style.getPropertyValue("background-color"));
        console.log("Priority: " + p.style.getPropertyPriority("background-color"));
    }
    else {
        p.style.removeProperty("background-color");
    }
    console.log("Updated style = " + p.style.cssText);
}
```

此外,上述代码还向控制台日志写入了一些条目。单击 Background 按钮后,控制台日志应该如图 19-5 所示。

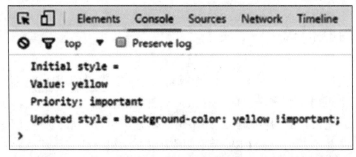

图 19-5　控制台输出

19.4.2　设置样式属性

针对每个 CSS 属性,CSSStyleDeclaration 对象都有一个属性与之对应,可以非常简单地获取或设置这些属性。例如:

```
var p = document.querySelector("p");
p.style.fontStyle = "italic";
p.style.fontSize = "xx-small";

console.log("Current color is " + p.style.color);
```

除了删除连字符以及下一个单词的第一个字母大写的之外,JavaScript 中的属性名与 CSS 属性名相同。也就是说 font-size 在 JavaScript 中变为 fontSize。

此外,还需要注意 JavaScript 中的保留字,如 float。如果 CSS 属性名是这些保留字, 那么 JavaScript 中的对应属性名以"css."为前缀。例如,为了设置浮点值,可以使用 cssFloat。

如前所述，CSSStyleRule 对象表示一条样式规则。前面已经演示了如何通过指定 CSS 条目来添加新规则。此外，CSSStyleRule 对象也有一个 style 属性，就像其他 style 属性一样，可以通过上面的方法操作该属性。

19.4.3　使用 setAttribute

设置样式属性的第三种方法是使用 setAttribute()方法。可以通过该方法设置任何 HTML 特性值。它接收两个参数：特性名称及想要设置的值。例如，可以使用下面的代码设置 style 特性：

```
var p = document.querySelector("p");
p.setAttribute("style", "font-style:italic; font-size:xx-small;");
```

当设置特定的样式属性时，如 style.color，只会影响该属性。然而，如果使用了 setAttribute() 方法，就会使用第二个参数所提供的任何内容替换整个现有的内联样式规则。此时，style 特性的所有现有值都会被重写。

19.5　计算的样式

如前所述，应用于元素的样式可以来自多个源，如外部和内部样式表、内联样式属性等。每个样式规则都会基于选择器影响相应的元素，并且可以有多个适用于特定元素的规则。此外，还有一些规则可以动态应用，例如使用了伪类的规则。

然而，在任何给定的时间点，都有一组固定的针对某一个元素计算出来的样式属性值。在 JavaScript 中，可以调用 window.getComputedStyle()方法获取这些信息，并且传入存在疑问的元素。例如，如果在控制台中运行下面的代码，会看到如图 19-6 所示的属性及其值：

```
var p = document.querySelector("p");
window.getComputedStyle();
```

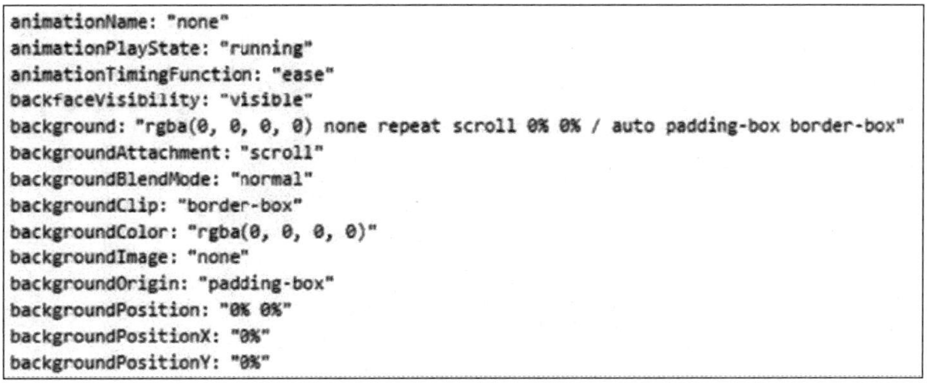

```
animationName: "none"
animationPlayState: "running"
animationTimingFunction: "ease"
backfaceVisibility: "visible"
background: "rgba(0, 0, 0, 0) none repeat scroll 0% 0% / auto padding-box border-box"
backgroundAttachment: "scroll"
backgroundBlendMode: "normal"
backgroundClip: "border-box"
backgroundColor: "rgba(0, 0, 0, 0)"
backgroundImage: "none"
backgroundOrigin: "padding-box"
backgroundPosition: "0% 0%"
backgroundPositionX: "0%"
backgroundPositionY: "0%"
```

图 19-6　显示计算的样式

提示

元素的 style 属性只会返回内联样式。如果要查看所有样式表和内联样式的实际结果，使用 getComputedStyle()方法。

19.6　小结

本章介绍了在 JavaScript 中调整样式的 4 种基本方法。这些技术既可以替换整个样式表，也可以修改元素上的单个属性。此外，还列举了适用这些方法的示例场景。可以动态地配置样式规则。首先确定想要完成什么，然后再确定哪种方法最适合。

第 20 章将演示如何在 JavaScript 中使用事件来实现功能逻辑，以响应用户和系统触发的事件。

第 20 章

∎∎∎∎

事　件

事件是大多数 Web 页面的组成部分：事件允许在发生某些事情时采取相应的动作，其中"所发生的事情"被称为事件。在 Web 标准中已经定义了几十种事件(参阅 http://www.w3.org/TR/DOM-Level-3-Events/#events-module)。而"所采取的动作"被称为事件处理程序，其实就是一个简单的 JavaScript 函数。

20.1　初始示例

首先从一个简单的示例开始，然后再介绍各个部分。代码清单 20-1 所示为基本的 HTML 文档。

代码清单 20-1　初始 HTML 文档

```
<!DOCTYPE html>

<html lang="en">
    <head>
        <meta charset="utf-8" />
        <title>Chapter 20 - Events</title>
        <link rel="stylesheet" href="Sample.css" />
        <script src="SampleScript.js" defer></script>
    </head>
    <body>
        <section>
            <div id="div1">
                <div id="div2">
                    <p>Some text</p>
                    <p>Some more text</p>
                </div>
            </div>
        </section>
    </body>
</html>
```

该文档在一对嵌套 div 元素内部包含了两个段落元素。为了便于以可视化的方式查看这些元素所使用的区域，在 div 元素周围添加了一个边框，并在段落元素上使用了背景颜色。同时，还使用了内边距和外边距，以便在这些元素之间添加一些的空间。

```
div {
    border: 1px solid black;
    padding: 10px;
}

p {
    margin: 5px;
    background-color: yellow;
}
```

为了建立事件逻辑，事件处理程序是一个被称为 someAction()的函数，该函数仅触发一个警报。为了配置该处理程序，脚本代码首先获取内部的 div 元素，然后调用 addEventListener()方法，将该处理程序分配给 click 事件。AddEventListener()方法可用于所有的 HTML 元素，它包含两个必须的参数：事件名称以及事件发生时对所调用函数的引用。EventTarget 对象实现了 addEventListener()方法，如第 18 章所述，它是所有元素所派生的基础对象。

```
"use strict";

function someAction() {
    alert("Taking some action...");
}

var div = document.getElementById("div2");
div.addEventListener("click", someAction);
```

如果在内部的 div 元素中单击，就会看到如图 20-1 所示的警告框

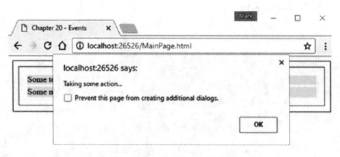

图 20-1　响应一个事件

事件注册

事件注册是一个将三件事情链接起来的过程，即通过指定 DOM 元素的事件处理程序来响应事件。也就是说(1)该**元素**通过执行(2)**处理程序**来响应(3)**事件**。addEventListener()方法是完成该过程的首选方法。当然，也可以使用其他的方法来完成。

一种被称为内联(inline)注册的方法将会在标记中包含相关的注册信息。例如：

```
<div id="div2" onclick="someAction()">
```

虽然这种技术已经存在了几十年，而且仍经常使用，但还是应该避免使用该方法，因为在 HTML 文档中包含了 JavaScript 代码，这明显违反了关注点分离原则。

另一种方法是将事件处理程序分配给 DOM 元素的事件属性。每个 DOM 元素针对所支持的事件都有一个对应属性。这些事件属性保存了对相应事件的事件处理程序的引用。例如，onclick 属性可以存储 click 事件发生时所调用的事件处理程序的引用。可以按照下面的代码重写初始示例：

```
//div.addEventListener("click", someAction);
div.onclick = someAction;
```

该方法(有时也被称为传统(traditional)方法)是最安全和最普遍支持的事件注册方法。它最早应用于 Netscape，随后被 IE 4 支持，最终为所有现代浏览器所支持。

警告

诸如 onclick 等事件属性期望一个函数引用。但不要在函数名后面添加括号，因为这可能导致函数被调用，并将返回值注册为事件处理程序。

使用内联和传统方法都会产生一个问题：每个元素的每个事件只能注册单个事件处理程序。如果尝试注册第二个事件处理程序，就会替换第一个处理程序。例如，如果有两个 JavaScript 库，并为了各自的目的而使用不同的事件处理程，那么假设使用传统注册方法，则两个库就不能共存。

第三种方法是使用与 addEventListener()方法相类似的 attachEvent()方法，目前只有 IE 支持。在第 9 版本之前，IE 并不支持 addEventListener()方法，所以，如果想要支持 IE8 或更早版本，需要使用 attachEvent()(或者传统方法)。

提示

addEventListener()方法(以及 IE 中的 attachEvent()方法)允许为同一事件分配多个事件处理程序。

20.2　事件传播

注册一个事件监听器时，就为特定元素的指定事件分配了一个处理程序函数。前面的示例监听了内部 div 元素上的 click 事件。但单击该 div 元素的任何位置都会显示警告框，包括两个段落元素。之所以会这样是因为事件的传播方式。

段落元素是内部 div 元素内容的一部分，所以从这个意义上讲，单击这些段落元素被视为单击了该 div 元素。同样，内部 div 是外部 div 元素的一部分，而外部 div 又是 section 的一部分，依此类推。那么如果在 document 或 window 对象上注册了事件，又会发生什么事情呢？你可能已经想到，单击该对象的任何后代都会执行事件处理程序。

事件发生时(如单击)，首先将其发送给 window 对象。然后通过文档层次结构向下传播，直到到达实际被单击的元素，该元素被称为*目标(target)*。最后，反向传播回相同的对象，直到它到达 window 对象，如图 20-2 所示。

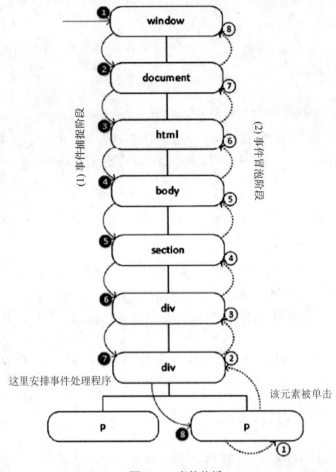

图 20-2　事件传播

在初始示例中，共触发了 16 个事件：8 个向下传播，8 个反向传播。然而，我们只注册了一个事件处理程序，所以其他 15 个事件都被忽略。

向下传播事件被称为捕获阶段，而沿着链条向上回溯被称为冒泡阶段。虽然这些术语并不能很好帮助我们理解概念，但因为气泡往往是上升到顶部，所以应该可以记得冒泡阶段是往上的。

addEventListener()方法支持第三个参数，可用来指定是否想要监听捕获事件或冒泡事件。如果传入的值为 true，则监听捕获事件。如果忽略该参数或者传入值为 false，则监听冒泡事件。

为了演示该过程，使用代码清单 20-2 所示的代码替换前面的 JavaScript 代码。该代码首先定义了一对变量来记录处理捕获或冒泡事件的次数。然后定义了两个用来递增计数器的事件处理程序。事件首先在 window 对象上被触发，并最终在该对象上结束。所以为 window 对象定义了两个特定的事件处理程序。触发捕获事件时调用 ClearCount()函数并清除计数器。触发冒泡事件时调用 reportCounts()函数，并弹出一个显示计数器值的警告框。

代码清单 20-2　记录事件次数

```
var captureCount = 0;
var bubbleCount = 0;

function incrementCapture() {
    captureCount++;
}
function incrementBubble() {
    bubbleCount++;
}
function clearCounts() { // called on window capture
    captureCount = 1; // include this event in the count
    bubbleCount = 0;
}
function reportCounts() { // called on window bubble
    bubbleCount++; // include this event in the count
    alert("Capture: " + captureCount + ", Bubble: " + bubbleCount);
}

var elements = document.querySelectorAll("*");
for (var i = 0; i < elements.length; i++ ) {
    elements[i].addEventListener("click", incrementCapture, true);
    elements[i].addEventListener("click", incrementBubble, false);
}

document.addEventListener("click", incrementCapture, true);
document.addEventListener("click", incrementBubble, false);

window.addEventListener("click", clearCounts, true);
window.addEventListener("click", reportCounts, false);
```

为了创建事件处理程序，上述代码使用了第 18 章所介绍的 querySelectorAll()方法。该方法使用了所有选择器(*)并返回所有的 HTML 元素，其中包括 html 元素及其所有的子元素。它并没有返回 window 或 document 对象，所以需要单独添加这两个事件处理程序。

将事件与事件处理程序关联起来之后，如果单击其中一个段落元素，就会看到如图 20-3 所示的警告框。就像图 20-2 所描述的，分别有 8 个捕获事件和 8 个冒泡事件被处理，因为事件沿着元素层次结构向上和向下传播。

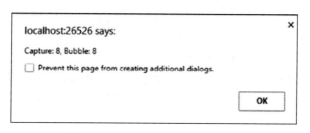

图 20-3　报告事件计数

如果单击内部的 div 元素(不要在段落元素上单击)，将仅有 7 个事件被处理。同样，如果单击外部的 div 元素，则只有 6 个事件被处理。由于 section 和 body 元素不占用任何空间，因此无法单击它们。如果单击页面中除外部 div 元素之外的任何位置，会有 3 个事件被处理。分配给 window、document 和 html 对象的事件处理程序会被调用。

如果只是想知道某个按钮是否被单击，是否监听捕获事件或冒泡事件并不重要。然而，如果有多个事件处理程序分配给不同的元素，监听这两个事件就是非常有用的。例如，如果在父元素和子元素上都分配了不同的处理程序，那么使用捕获事件时，将首先执行父元素的处理程序。如果监听的是冒泡事件，则处理顺序刚好相反。

事件处理程序可以连续执行；在调用下一个处理程序之前，当前处理程序必须完成。如果在同一元素上分配了多个事件处理程序，就会按照事件注册顺序连续执行。

20.3　未注册事件

可以删除一个事件处理程序，但根据事件处理程序最初注册的方式的不同，删除过程也会略有不同。如前所述，如果使用 addEventListener()(或 attachEvent())，可以将多个事件处理程序分配给单个元素。此时，为了删除正确的处理程序，需要指定注册该事件处理程序所使用的所有相同信息。

例如，下面所示的代码删除了前面示例中所创建的处理程序。注意，此时所使用的参数与注册该处理程序时所使用的参数是完全相同的。

```
function removeHandlers() {
    var div = document.getElementById("div2");
    div.removeEventListener("click", someAction, false);
}
```

为了完成删除工作，全部 4 条信息必须与原始的注册信息相匹配：

- 注册事件的元素。
- 事件类型。
- 注册的处理程序函数。
- 表示是否在捕获阶段或冒泡阶段注册的标志。

如果是使用 attachEvent()方法注册事件处理程序，则可以使用 detachEvent()方法删除。该方法的工作方式与 removeEventListener()相类似，只不过没有捕获/冒泡标志。

其他的注册方法不允许在同一元素上注册多个事件处理程序，所以删除过程相对简单。只需要将适当的事件属性设置为 null 即可。例如：

```
div.onclick = null;
```

20.4　事件接口

当一个事件发生并且注册了对应的监听器时，所分配的事件处理程序将会被调用。前面已经详细介绍了事件处理程序的相关内容。而关于事件处理的另一个非常重要的方面是

事件本身。事件发生时，会创建一个包含了事件详细信息的事件对象，并传递给事件处理
程序。例如，如果单击，那么通过事件对象可以知道哪个元素被单击或者哪个按钮被单击。

20.4.1　常用的事件属性

通过声明一个函数参数，事件处理程序就可以访问事件对象。虽然该参数的名称可以
任意取，但公认的惯例是使用 e 作为参数名。例如：

```
function someAction(e) {
...
}
```

一个基础的 Event 对象提供了一些常用的属性和方法。此外，还有几十个派生对象针
对不同的事件类型提供了专门的信息。主要的共享属性包括：

- Type——事件类型；如果为多个事件分配了单个事件处理程序，那么该属性是非常
  有用的。例如，使用一个处理程序来响应 mouseup 和 mousedown 事件。
- Target——触发事件的元素。
- currentTarget——注册事件处理程序的元素。

接下来返回到前面仅有单个事件处理程序的初始示例。此时不再创建警告框，而是记
录关于事件的一些详细信息。最终的控制台如图 20-4 所示。

```
function someAction(e) {
    console.log(e.type);
    console.log(e.target);
    console.log(e.currentTarget);
    //alert("Taking some action...");
}
```

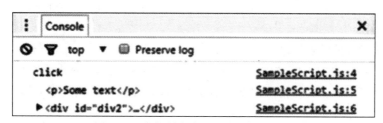

图 20-4　在控制台上显示事件详细信息

与期望的一样，事件 type 为 click。单击第一个段落元素，事件 target 为被单击元素。
而 currentTarget 属性为注册事件处理程序的内部 div 元素。

20.4.2　取消事件

有几种方法是所有事件所通用的。这些方法用于修改事件的处理方式。可以在事件对
象上调用这些方法。

- stopPropagation()
- stopImmediatePropagation()
- preventDefault()

前面已经介绍了事件如何从 window 对象向下传播到目标对象并返回到 window 对象。然而，如果在事件对象上调用 stopPropagation()方法，则不会发生进一步的传播。如果在捕获阶段处理一个事件并停止传播，那么余下的捕获事件以及所有的冒泡事件都会被抑制。

stopImmediatePropagation()方法也可以停止传播，但会执行一个额外的步骤：阻止当前元素上的任何其他处理程序执行。接下来解释一下该行为，假设在内部的 div 元素(来自前面的示例)上针对冒泡阶段的 click 事件注册了 3 个事件处理程序。当事件最终传播到该 div 元素时，全部 3 个事件处理程序会按照注册的顺序依次执行。如果在第一个事件处理调用 stopImmediatePropagation()方法，那么其他的两个处理程序就不会再执行。然而，如果调用的是 stopPropagation()方法，那么其他的两个处理程序仍然会执行。但不管是哪种情况，都不会进一步传播到其他元素。

浏览器会执行默认操作以响应某些事件。例如，如果单击一个链接，那么浏览器将导航到该 URL，或者右击某些元素，出现上下文菜单。然而，在执行默认浏览器动作之前会先执行自定义事件。如果想要禁用默认动作，事件处理程序可以调用事件对象上的 preventDefault()方法。例如，为了在某些情况下阻止链接，可以创建一个自定义处理程序来响应 click 事件。如果不应使用键接，自定义处理程序会调用 preventDefault()。

20.5　探索事件

现在您已经了解了事件处理的基础知识，那么接下来可以使用所支持的任何事件。这些事件都以同样的方式工作。每个事件之间的差异主要归结于两点：

- **事件何时触发？** 在本章的所有示例中都使用了 click 事件。单击时触发该事件。在某些情况下还可以触发其他的事件，如按下一个按键、调整窗口大小、网络访问丢失等。
- **提供哪些事件详细信息？** 可以为所有的事件处理程序提供一个事件对象，前面已经介绍了该对象中一些常用的属性和方法。大多数的事件都会在事件对象中提供额外的详细信息；具体信息视事件而定。例如，keypress 事件的事件对象可以指示哪个键被按下。

这里不打算列出所有可用的事件；那可能有数百个之多。但 Mozilla 提供了一篇非常好的文章，将事件划分成不同的类别，并包括了详细信息链接：https://developer. mozilla.org/en-US/docs/Web/Events。

虽然相关联的事件往往使用相同的接口，但每个事件都会提供一个特定的事件对象。例如，大多数的鼠标事件都提供了 MouseEvent 接口，如 click、dbclick 和 mousedown。事件接口存在层次结构。MouseEvent 派生自 UIEvent，而 UIEvent 又派生自 Event。

提示

也可以创建自己的自定义事件。虽然该内容已经超出了本书的讨论范围，但如果感兴趣，可以参阅以下文章：https://developer.mozilla.org/en-US/docs/Web/Guide/Events/Creating_and_triggering_events。

20.6　小结

本章介绍了如何使用事件处理程序来响应用户输入或系统触发事件。需要注册一个事件处理程序，从而将三件事情关联在一起：

- 事件
- 事件处理程序
- DOM 元素

当指定元素的指定事件被触发时，就会执行注册的处理程序。

注册事件处理程序首选使用 addEventListener()方法。虽然还支持其他传统方法，但这些方法无法提供 addEventListener()的所有功能。

当一个元素(被称为目标)上发生某一事件时，通常会在 DOM 层次结构的所有对象上触发该事件。在捕获阶段，事件首先从 window 对象开始，然后向下传播到目标元素。随后沿着链路反方向冒泡，直到再次到达 window 对象。

在本书的下一个部分，将会通过列举一些示例解决方案来演示 HTML5 中一些高级功能。首先从自定义嵌入音频和视频元素开始。

第 V 部分 高级应用

本部分不同于本书的其他部分，需要读者更多地进行动手实践。每一章都使用了一系列的练习来一步一步地完成一个解决方案。对于某些练习来说，需要使用一些来自源代码下载的文件，源代码可以从 www.apress.com 下载。所以一些图像和媒体文件没有包括在文本中。此外，一些大块的代码非常烦琐且要花费大量的时间输入，所以使用下载的源代码可以节约一些时间。

针对每一个项目，既可以在阅读的过程中自己编写代码，也可以从下载的文件中打开最终的解决方案并跟着书学习。如果你选择了后一种学习方法，那么应该花费一些时间确保自己理解了代码所完成的工作。

所创建的解决方案如下所示：

- 21) 创建自定义音频和视频控件。
- 22) 使用 SVG(Scalar Vector Graphics，可缩放矢量图形)构建一个交互式的美国地图。
- 23) 使用画布(canvas)模拟国际象棋游戏。此外，还会使用画布创建一个简单的太阳系模型并演示合成效果。
- 24) 使用 DnD(Drag and Drop，拖放) API 实现跳棋游戏。
- 25) 使用 IndexedDB 重写国际象棋模拟游戏，在客户端数据库上存储每个棋子的移动和状态。
- 26) 使用 Geolocation 找到当前位置，并使用 Bing Mapping API 以及图钉来标识相关位置。

音频和视频

在第 7 章曾经介绍过 audio 和 video 元素,并演示了如何使用浏览器所提供的本机控件将它们嵌入 HTML 文档中。而在本章将使用自定义控件(通过 JavaScript 封装了 audio 和 video 元素)。因为在 JavaScript 中可以使用所有的 DOM 元素和事件,所以创建自己的控件来处理音频或视频元素是一个相当简单的过程。然而,有几个方面需要进行控制,因此这也不是一个非常轻松的工作。

21.1　概述

需要解决三个方面的问题:

- 播放/停止
- 显示进度和快进/快退
- 调整音量/静音

首先为音频创建自定义控件,但是可以看到,从本质上讲,为视频创建自定义控件也是同样的过程。需要响应来自用户界面控件和 audio 元素的事件。首先将所有必要的控件添加到页面。然后演示如何实现每个区域所需的事件处理程序。用来控制 audio 元素的输入元素如下所示:

- play/pause 按钮:根据 audio 元素的状态,按钮标签在 "Play" 和 "Pause" 之间切换。
- seek:这是一个第 8 章介绍过的 range 控件,它既显示了进度,又允许用户寻找特定的位置。
- duration:这是一个 span 元素,显示了当前位置以及音频文件总的持续时间。
- mute 按钮:按钮标签在 "Mute" 和 "Unmute" 之间切换。
- volumn:也是一个 range 控件,用来指定音量级别。

需要提供处理程序的 audio 事件如下所示:

- play:当开始音频时触发。
- pause:当暂停音频时触发。
- ended:当音频结束时触发。
- timeupdate:播放音频剪辑时定期触发。
- durationchange:当持续时间发生变化(主要是在加载文件时发生持续时间变化)时触发。

- volumnchange：当音量级别改变或者更改静音属性时触发。

21.2 自定义音频控件

首先，创建带有一个 audio 元素的 HTML 文档。然后再添加用来控制音频的输入元素。

练习 21-1 创建标记

(1) 创建带有单个 audio 元素的 HTML 文档。由于需要提供你自己的音频文件，因此 src 特性可能不同于下面所示的值。此外，audio 元素还包含了 controls 特性，因此可以使用本机控件，但稍后会将其删除。在 Chrome 中，最终的页面如图 21-1 所示。

```html
<!DOCTYPE html>

<html lang="en">
    <head>
        <meta charset="utf-8" />
        <title>Chapter 21-Audio and Video</title>
        <link rel="stylesheet" href="Sample.css" />
        <script src="SampleScript.js" defer></script>
    </head>
    <body>
        <audio id="audio" src="Media/Linus and Lucy.mp3" controls >
            <p>HTML5 audio is not supported on your browser</p>
        </audio>
    </body>
</html>
```

图 21-1　初始的 audio 元素

(2) 接下来删除 audio 元素中的 controls 特性，并添加如下所示的自定义控件。新控件是标准输入元素，并且在一个单独的 div 元素中。

```html
<div id="audioControls">
    <input type="button" value="Play" id="play" />
    <input type="range" id="audioSeek" />
    <span id="duration"></span>
    <input type="button" id="mute" value="Mute" />
    <input type="range" id="volume" min="0" max="1" step="any" />
</div>
```

此时有两个 range 控件：第一个 range 控件用来显示音频剪辑播放时的进度。此外，用户也可以使用该控件快进或快退到文件的一个新位置。而在 JavaScript 中根据音频文件的大小设置了 min 和 max 特性。第二个 range 控件用来调整音量。其 min 和 max 特性被分别设置为 0 和 1。音量 1 表示 100%，实际值在 0 和 1 之间。

另外，还有两个按钮：第一个按钮充当了 Play 和 Pause 按钮。其标签根据 audio 元素的当前状态发生变化。第二个按钮切换了静音标志。同样其标签也会根据当前音频是否静音而变化。在这些控件的中间有一个没有任何内容的 span 元素，用来显示文件的长度和当前位置。

21.2.1　支持播放和暂停

在页面上添加完所有的元素之后，接下来编写一些 JavaScript 代码。第一个练习将实现 Play 按钮并完成 range 控件的初始配置。

练习 21-2　支持播放和暂停

(1) 创建一个新的 JavaScript 文件 SampleScript.js。由于会在多个地方引用 audio 元素，因此声明了一个存储该元素的变量，从而可以避免每次使用时都搜索 DOM。

```
"use strict";

var audio = document.getElementById("audio");
```

(2) 还需要一个事件处理程序来设置初始持续时间值。可以通过调用 setupSeek()方法来响应 audio 元素上的 durationchange 事件。当第一次加载页面时，页面并不知道音频剪辑到底有多长，直到打开文件并加载了元数据为止。一旦元数据被加载了，就可以确定持续时间，从而触发 durationchange 事件。duration 属性以秒为单位表示。setupSeek()函数使用 duration 属性来设置 range 控件 audioSeek 的 max 特性。同时还使用该值设置了 span 元素的初始值。请注意，通过调用 Math.round()函数，将该值四舍五入到最接近的整数(秒)。

```
function setupSeek() {
    var seek = document.getElementById("audioSeek");
    seek.min = 0;
    seek.max = Math.round(audio.duration);
    seek.value = 0;
    var duration = document.getElementById("duration");
    duration.innerHTML = "0/" + Math.round(audio.duration);
}
```

(3) 当用户单击 Play 按钮时调用 togglePlay()方法。如果 audio 元素的当前状态为暂停或结束，则调用 play()方法。否则，调用 pause()方法。

```
function togglePlay() {
    if (audio.paused || audio.ended) {
        audio.play();
    }
    else {
        audio.pause();
    }
}
```

(4) 在 audio 元素上为 play 和 pause 事件注册 updatePlayPause()方法。该方法设置了 Play

按钮的标签，以反映 audio 元素的状态。如果音频当前正在播放，文本更改为"Pause"，因为这是按钮单击后的结果。否则，文本更改为"Play"。

```
function updatePlayPause() {
    var play = document.getElementById("play");
    if (audio.paused || audio.ended) {
        play.value = "Play";
    }
    else {
        play.value = "Pause";
    }
}
```

提示

togglePlay()函数响应被单击的 Play 按钮，updatePlayPause()函数响应正在启动或暂停的 audio 元素。当单击按钮时，togglePlay()方法更改 audio 元素的状态。状态的改变又会触发 play 或 pause 事件，而这两个事件都由 updatePlayPause()函数处理。之所以这么做是因为除了单击 Play 按钮之外，还可能通过其他的方式播放或暂停音频。例如，如果保留 controls 特性，就可以使用本机控件和自定义控件。响应 play 和 pause 事件可以确保无论 audio 元素如何被操作，按钮标签始终都是正确的。

(5) 最后，用 audio 元素注册 endAudio()函数，以响应 ended 事件(当音频完成播放时触发该事件)。该函数执行了一些同步操作，包括设置按钮标签以及初始化 range 和 span 控件。

```
function endAudio() {
    document.getElementById("play").value = "Play";
    document.getElementById("audioSeek").value = 0;
    document.getElementById("duration").innerHTML = "0/" + Math.round(audio.duration);
}
```

(6) 现在使用下面的代码注册事件处理程序：

```
// Wire-up the event handlers
audio.addEventListener("durationchange", setupSeek, false);
document.getElementById("play").addEventListener("click", togglePlay, false);
audio.addEventListener("play", updatePlayPause, false);
audio.addEventListener("pause", updatePlayPause, false);
audio.addEventListener("ended", endAudio, false)
```

21.2.2　支持进度和查找

我们希望能够使用滑块移动到音频文件中的不同位置。接下来的练习将配置 range 控件，使其可以显示当前位置以及更改位置。

练习 21-3　进度和查找

(1) 就像 Play 按钮一样，此时也分别使用事件处理程序 seekAudio()和 updateSeek()来响应输入元素和 audio 元素。当用户移动 range 控件上的滑块时调用 seekAudio()函数。该函数使用 range 控件所选择的值设置 currentTime 属性。

```
function seekAudio() {
    var seek = document.getElementById("audioSeek");
    audio.currentTime = seek.value;
}
```

(2) 当 audio 元素触发了 ontimeupdate 事件时调用 updateSeek()函数。该函数更新 range 控件，以反映文件中的当前位置。此外，还会更新 span 控件，以显示实际位置(以秒为单位)。同样，currentTime 属性也被四舍五入到最接近的整数。

```
function updateSeek() {
    var seek = document.getElementById("audioSeek");
    seek.value = Math.round(audio.currentTime);
    var duration = document.getElementById("duration");
    duration.innerHTML = Math.round(audio.currentTime) + "/" +
        Math.round(audio.duration);
}
```

(3) 现在，使用下面的代码注册事件处理程序:

```
document.getElementById("audioSeek").addEventListener
("change", seekAudio, false);
audio.addEventListener("timeupdate", updateSeek, false);
```

21.2.3　控制音量

本次练习将设置控件来调整音量，包括 Mute 按钮。

练习 21-4　控制音量

(1) 顾名思义，toggleMute()函数负责切换 audio 元素的 muted 属性。当该属性更改时，由 audio 元素触发 volumechange 事件。

```
function toggleMute() {
    audio.muted = !audio.muted;
}
```

(2) updateMute()函数响应 volumechange 事件，并根据 muted 属性的当前值设置按钮标签，从而可以确保按钮标签始终是正确的。

```
function updateMute() {
    var mute = document.getElementById("mute");
    if (audio.muted) {
        mute.value = "Unmute";
    }
    else {
        mute.value = "Mute";
    }
}
```

(3) 最后，当用户移动第二个 range 控件上的滑块时调用 setVolume()函数。该函数将 audio 元素的 volume 属性设置为 range 控件所选择的值。

```
function setVolume() {
    var volume = document.getElementById("volume");
```

```
        audio.volume = volume.value;
    }
```

(4) 使用下面的代码注册事件处理程序：

```
document.getElementById("mute").addEventListener("click",
toggleMute, false);
audio.addEventListener("volumechange", updateMute, false);
document.getElementById("volume").addEventListener("change",
setVolume, false);
```

注意

volume 属性的值介于 0 和 1 之间。可以将 0 和 1 分别视为 0% 和 100%。在上面的练习中，当定义 range 控件时，min 特性和 max 特性分别被设置为 0 和 1，所以该范围是正确的。可以简单地使用该范围值设置 volume 属性。但如果想要显示 volume 属性的实际值，则需要将 volume 属性值转换为一个百分数。

21.2.4　调整样式

现在可以试用一下自定义控件。保存上面所做的更改并浏览页面。此时页面看上去如图 21-2 所示。

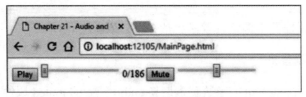

图 21-2　自定义音频控件

此时的样式非常单调：但只需要使用一点 CSS 就可以改善。请添加下面所示的 CSS 规则，调整按钮和 range 控件的大小。最终结果如图 21-3 所示。

```
input[type="button"] {
    width: 75px;
    background-color: lightblue;
    border-radius: 5px;
}
#audioSeek {
    width: 300px;
}
#volume {
    width: 50px;
}
```

图 21-3　样式控制

> **提示**
>
> 虽然更改 range 控件的样式是可以的，但需要使用供应商前缀，并且对于每种浏览器前缀都是不同的。如果你感兴趣，可以参阅以下文章了解详细信息：http://brennaobrien.com/blog/2014/05/style-input-type-range-in-every-browser.html。

21.2.5　更改音频源

在本示例中，音频源被定义在标记中。然而使用 JavaScript 可以非常容易地控制音频源。如果是使用单个 src 特性，那么只需要更改该特性就可以引用不同的文件。但如果使用了多个 source 元素，就需要更新所有元素，然后调用 load()方法。

练习 21-5　更改音频源

(1) 首先，添加一个按钮，通过该按钮可以将音频源更改为第二个音频剪辑，并进行播放。向页面中添加一个新按钮：

```
<div>
    <input type="button" value="Track2" id="track2" />
</div>
```

(2) 添加下面的事件处理程序，当单击按钮时执行该程序。

```
function nextFile() {
    audio.src = "Media/Sample.mp3";
    //audio.load(); needed if there are multiple sources
    audio.play();
}
```

(3) 使用 Next 按钮注册该事件处理程序。

```
document.getElementById("track2").addEventListener("click",
nextFile, false);
```

> **注意**
>
> 在第 7 章中已经介绍了如何设置多个源。当需要两个或更多的音频文件来支持多个浏览器时，这一点是非常重要的。目前，所有主要的浏览器都支持单个 MP3 文件。如果有多个源，则需要更新所有 source 元素并调用 load()方法。如果只是使用单个源，则不需要调用 load()方法。

21.3　自定义视频控件

创建自定义视频控件与创建音频控件是类似的。需要提供以下功能：播放和暂停视频、调整音量以及移动到文件的特定位置点。首先添加与第 7 章相同的 video 元素。

```
<video src="Media/BigBuckBunny.mp4" id="video"
        poster="Media/BBB_Poster.png" width="852" height="480">
    <p> HTML5 video is not supported on your browser</p>
</video>
```

由于视频控件的实现过程与音频控件几乎相同，因此代码清单 21-1 列出了完整的 JavaScript 代码。相关的函数与音频控件中对应的函数相等同。

代码清单 21-1　实现自定义视频控件

```
var video = document.getElementById("video");

function setupSeekVideo() {
    var seek = document.getElementById("videoSeek");
    seek.min = 0;
    seek.max = Math.round(video.duration);
    seek.value = 0;
    var duration = document.getElementById("durationVideo");
    duration.innerHTML = "0/" + Math.round(video.duration);
}

function togglePlayVideo() {
    if (video.paused || video.ended) {
        video.play();
    }
    else {
        video.pause();
    }
}

function updatePlayPauseVideo() {
    var play = document.getElementById("playVideo");
    if (video.paused || video.ended) {
        play.value = "Play";
    }
    else {
        play.value = "Pause";
    }
}

function endVideo() {
    document.getElementById("playVideo").value = "Play";
    document.getElementById("videoSeek").value = 0;
    document.getElementById("durationVideo").innerHTML = "0/"
        + Math.round(video.duration);
}

// Wire-up the event handlers
video.addEventListener("durationchange", setupSeekVideo, false);
document.getElementById("playVideo").addEventListener("click", togglePlayVideo, false);
video.addEventListener("play", updatePlayPauseVideo, false);
video.addEventListener("pause", updatePlayPauseVideo, false);
video.addEventListener("ended", endVideo, false);

// Support progress and seek
function seekVideo() {
    var seek = document.getElementById("videoSeek");
    video.currentTime = seek.value;
}

function updateSeekVideo() {
    var seek = document.getElementById("videoSeek");
    seek.value = Math.round(video.currentTime);
    var duration = document.getElementById("durationVideo");
```

```
        duration.innerHTML = Math.round(video.currentTime) + "/"
            + Math.round(video.duration);
    }

    document.getElementById("videoSeek").addEventListener("change", seekVideo, false);
    video.addEventListener("timeupdate", updateSeekVideo, false);

    // Support volume and mute
    function toggleMuteVideo() {
        video.muted = !video.muted;
    }

    function updateMuteVideo() {
        var mute = document.getElementById("muteVideo");
        if (video.muted) {
            mute.value = "Unmute";
        }
        else {
            mute.value = "Mute";
        }
    }

    function setVolumeVideo() {
        var volume = document.getElementById("volumeVideo");
        video.volume = volume.value;
    }

    document.getElementById("muteVideo").addEventListener("click", toggleMuteVideo, false);
    video.addEventListener("volumechange", updateMuteVideo, false);
    document.getElementById("volumeVideo").addEventListener("change", setVolumeVideo, false);
```

注意

在 JavaScript 中，audio 和 video 元素分别由 HTMLAudioElement 和 HTMLVideoElement 对象表示。它们都派生自 HTMLMediaElement 对象。

21.4 小结

在前一章，我们学习了如何在 JavaScript 中使用事件。从本章中的示例可以看出事件是多么重要。不管是响应用户操作或者系统通知，所有的逻辑都是在事件处理程序中实现的。在本章，事件处理程序主要用于保持用户界面元素与它们所控制的音频或视频元素之间的同步。

可以通过诸如 duration、currentTime 和 volume 之类的属性获取音频和视频的当前状态。其中一些属性是可以进行设置的，包括 currentTime 和 volume，以便根据用户输入调整这些属性值。如果想要创建自己的自定义控件，只需要将必要的事件处理程序连接起来，以便在用户界面元素中反映音频或视频状态的变化，反之亦然。

在下一章，将使用 SVG 创建一些令人印象深刻的图形应用程序。SVG 是一种绘制图形的技术，可以在没有任何图像质量损失的情况下进行缩放。SVG 真正有用的功能之一是可以使用 CSS 对绘图元素进行样式设计。

第 22 章

∎∎∎

可缩放矢量图形

在本章，将学习如何在 HTML5 Web 应用程序中使用 SVG(Scalable Vector Graphics，可缩放矢量图形)。使用 SVG 可以实现一些非常有趣的功能。本章将挑选一些有趣且易于应用于许多业务应用程序的功能加以演示。但首先让我们了解一下什么是 SVG。

大多数人都将图形元素想象为某种形式的位图，具有以像素为单位的行和列数组，并为每个像素指定一个特定的颜色。然而，事实却是矢量图形将图像表示为一个公式集合。例如，使用圆心为 x,y 半径为 r 绘制一个圆。而更复杂的图像被定义为图形元素的集合，包括圆形、线段以及路径。虽然渲染引擎最终将确定需要设置的特定像素，但图像定义是基于一个公式完成的。这一基本差异为使用矢量图形提供了两个显著优势。

首先，顾名思义，矢量图形是可缩放的。如果想要扩展图像的大小，渲染引擎只需要根据新的大小重新计算公式，并且没有任何清晰度的损失。而如果是放大一个位图图像，那么会很快开始看到马赛克，图像也变得越来越模糊。

其次，可以单独地对图像中的每个元素进行操作。例如，如果图像中有多个圆，那么只需要更改其中一个圆的颜色就可以将其突出显示。由于矢量图形是基于公式的，因此可以简单地调整公式来修改图像。因为可以使用 CSS 对元素进行样式设计，所以矢量图形的这一优势显得尤为重要，可以充分利用前面几章中展示的强大的选择器和格式化功能。

22.1 SVG 介绍

接下来，首先创建一个使用简单几何形状绘制图像的页面。然后使用 CSS 对这些形状应用样式。同时演示如何在.svg 图像文件中保存这些标记元素。此图像文件可以像其他图像文件(如.jpg 和.png 文件)一样使用。

22.1.1　添加一些简单的形状

为了演示 svg 元素的工作原理，先让我们添加一些简单的形状，比如圆形、矩形和线段。就像下面示例所演示的那样，大多数图像都可以表示为一个几何图形集合。

练习 22-1　构建一个雪人

(1) 在 HTML 文档的 body 元素中插入下面所示的 svg 元素：

```
<svg xmlns:svg="http://www.w3.org/2000/svg" version="1.1"
    width="100px" height="230px"
    xmlns="http://www.w3.org/2000/svg"
    xmlns:xlink="http://www.w3.org/1999/xlink">
</svg>
```

注意

width 和 height 特性定义了 svg 元素的固有大小。在大多数浏览器中，如果没有指定 width 和 height 特性，图像将被裁剪为某些默认大小。

(2) 在 svg 元素中添加下面的元素。这些元素只是些简单的形状，主要是带有矩形(rect)的 circle、line 和 polygon 元素。

```
<circle class="body" cx="50" cy="171" r="40" />
<circle class="body" cx="50" cy="103" r="30" />
<circle class="body" cx="50" cy="50" r="25" />
<line class="hat" x1="30" y1="25" x2="70" y2="25" />
<rect class="hat" x="40" y="10" width="20" height="15" />
<circle class="button" cx="50" cy="82" r="4" />
<circle class="button" cx="50" cy="100" r="4" />
<circle class="button" cx="50" cy="118" r="4" />
<circle class="eye" cx="42" cy="42" r="4" />
<circle class="eye" cx="58" cy="42" r="4" />
<polygon class="nose" points="45,60 45,50 60,55" />
```

circle 被表示为一个原点(cx、cy)以及半径(r)。line 被指定为起点(x1，y1)和终点(x2，y2)。rect 元素由左上角位置(x，y)以及 width 和 height 所描述。polygon 由形式为 x1,y1 x2,y2 x3,y3 的一组点所定义。可以根据需要指定任意数量的点。其绘制过程是首先依次绘制邻近两点之间的线段，然后绘制最后一点与第一点之间的线段。

(3) 保存所做的更改，并在浏览器中查看 Web 页面。页面如图 22-1 所示。

图 22-1　没有进行样式设计的初始 SVG 图像

22.1.2　添加样式

这些元素的默认样式都是实心的黑色填充物，因为某些形状位于其他形状之上，所以有些形状是不可见的。请注意，每个元素都分配了一个 class 特性。现在，可以使用一个 class

选择器为这些元素应用样式。

(1) 向 CSS 文件添加下面的规则。然后保存更改并刷新浏览器，查看更新后的 Web 页面，如图 22-2 所示。

```
.body {
    fill: white;
    stroke: gray;
    stroke-width: 1px;
}

.hat {
    fill: black;
    stroke: black;
    stroke-width: 3px;
}

.button {
    fill: black;
}

.eye {
    fill: black;
}

.nose {
    fill: orange;
}
```

图 22-2　应用了样式后的 SVG 图像

22.2　使用 SVG 图像文件

除了嵌入 svg 元素之外，还可以将其保存为一个扩展名为.svg 的独立图像文件。然后就可以像其他图像文件一样进行使用。接下来演示如何创建一个独立的 SVG 图像并在页面中使用。

22.2.1　创建 SVG 图像

首先创建一个独立的.svg 文件；稍后将使用该文件作为背景图像。此外，还会演示 SVG 图像的可缩放性。

练习 22-2 创建 SVG 图像

(1) 在 Web 应用程序中创建一个名为 snowman.svg 的新文件。

(2) 输入下面所示的标记指令：

```
<?xml version="1.0" standalone="no"?>
<!DOCTYPE svg PUBLIC "-//W3C//DTD SVG 1.1//EN"
"http://www.w3.org/Graphics/SVG/1.1/DTD/svg11.dtd">
```

(3) 从前面的 HTML 文档中复制/粘贴完整的 svg 元素。

(4) 此时，需要使用与前面 svg 元素相同的样式规则。为此，请在 svg 元素中添加一个 style 元素，然后从 CSS 文件中将样式规则复制到 style 元素。

snowman.svg 文件应该包含 DOCTYPE 条目，从而表明这是一个 SVG 文件和一个 svg 元素。相应的 CSS 规则位于 style 元素中，而 style 元素则位于 svg 元素中。

(5) 为了测试图像，请打开 snowman.svg 文件。此时将会启动浏览器并显示雪人图像。

22.2.2　使用 SVG 背景

现在已经创建了一个可以像其他图像一样使用的 SVG 图像文件。接下来将使用 snowman.svg 文件作为初始 Web 页面的背景图像。

(1) 在初始 CSS 文件中添加下面的样式规则：

```
body {
    background-image: url(snowman.svg);
    background-size: cover;
}
```

(2) 上述规则使用了新的 snowman.svg 图像，并进行了配置，使其扩展以适应窗口。在刷新了浏览器之后，除了小图像之外，还可以看到该图像的放大版本，如图 22-3 所示。请注意，虽然扩展了图像的大小，但图像质量没有任何损失。

图 22-3　带有雪人背景的页面

22.3　创建交互式地图

绘制雪人图像可能非常有趣,但接下来让我们继续讨论 SVG 的一些更实际的用途。本节将要创建一张美国地图,其中每个州由一个单独的 SVG path 元素(稍后介绍什么是 SVG path 元素)表示。而路径定义将被存储在一个独立的 JavaScript 文件中。显示了地图之后,还将展示一些使用静态和动态样式来绘制地图的 CSS 技巧。最后,添加一些动画,为 Web 页面增添更生动的效果。

22.3.1　使用 path 元素

path 元素是所有 SVG 元素中最通用的元素。它是"move to""line to"以及各种"curve to"命令的集合。可以使用下面的路径命令绘制各种形状。每条命令从当前位置开始,要么移动到一个新位置,要么将一条线绘制到下一个位置。请参见下面的示例:

- 移动到 25,50
- 将一条直线绘制到 50,50
- 将一条直线绘制到 50,25
- 将一条弧线绘制到 25,50

上述命令可以表示为以下标记:

```
<path d="M25,50 L50,50 L50,25 A25,25 0 0,0 25,50 z" />
```

"move to"和"line to"命令是相当简单的。而"arc to"命令以及其他的曲线命令则相对复杂一点,因为需要提供额外的控制点来描述曲线应该如何绘制。每种命令都使用了一个字母,如表 22-1 所示。

表 22-1　可用的 path 命令

命令	缩写	描述
move to	M	移动到指定位置
line to	L	将直线绘制到指定位置
horizontal line to	H	绘制水平线到指定的 x 坐标
vertical line to	V	绘制垂直线到指定的 y 坐标
arc to	A	绘制一个弧线到指定位置
curve to	C	绘制一个三次方贝塞尔曲线
shorthand curve to	S	绘制一个简化的三次方贝塞尔曲线
quadratic curve to	Q	绘制一个二次方的贝塞尔曲线
shorthand quadratic curve to	T	绘制一个简化的二次方贝塞尔曲线
close path	Z	通过向起始位置绘制一条线来关闭图形

对于每个命令,当使用绝对坐标时可以使用大写字母。当然,也可以使用相对坐标并使用小写字母来表明该值是相对于当前位置的。有关构建路径元素的更多信息,可以参见

文章：http://www.w3.org/TR/SVG/paths.html#PathData。

正如所想象的那样，绘制一个像 Alaska 州这样的复杂形状需要使用大量的命令。但你可能并不希望亲手编写这些命令。幸运的是，可以使用很多工具来帮助构建路径定义。例如，可以从 http://code.google.com/p/svg-edit 获取免费的基于 Web 的工具。代码清单 22-1 显示了 Alaska 州的 path 元素。

代码清单 22-1　　Alaska 的 path 元素定义

```
<path d="M 158.07671,453.67502 L 157.75339,539.03215 L 159.36999,540.00211 L
162.44156,540.16377 L 163.8965,539.03215 L 166.48308,539.03215 L 166.64475,541.94205 L
173.59618,548.73182 L 174.08117,551.3184 L 177.47605,549.37846 L 178.1227,549.2168 L
178.44602,546.14524 L 179.90096,544.52863 L 181.0326,544.36697 L 182.97253,542.91201 L
186.04409,545.01361 L 186.69074,547.92352 L 188.63067,549.05514 L 189.7623,551.48006 L
193.64218,553.25833 L 197.03706,559.2398 L 199.78529,563.11966 L 202.04855,565.86791 L
203.50351,569.58611 L 208.515,571.36439 L 213.68817,573.46598 L 214.65813,577.83084 L
215.14311,580.9024 L 214.17315,584.29729 L 212.39487,586.56054 L 210.77826,585.75224 L
209.32331,582.68067 L 206.57507,581.22573 L 204.7968,580.09409 L 203.98849,580.9024 L
205.44344,583.65065 L 205.6051,587.36885 L 204.47347,587.85383 L 202.53354,585.9139 L
200.43195,584.62061 L 200.91693,586.23722 L 202.21021,588.0155 L 201.40191,588.8238 C
201.40191,588.8238 200.59361,588.50048 200.10863,587.85383 C 199.62363,587.20719
198.00703,584.45895 198.00703,584.45895 L 197.03706,582.19569 C 197.03706,582.19569
196.71374,583.48898 196.06709,583.16565 C 195.42044,582.84233 194.7738,581.71071
194.7738,581.71071 L 196.55207,579.77077 L 195.09712,578.31582 L 195.09712,573.30432 L
194.28882,573.30432 L 193.48052,576.6992 L 192.34888,577.1842 L 191.37892,573.46598 L
190.73227,569.74777 L 189.92396,569.26279 L 190.24729,574.92094 L 190.24729,576.05256 L
188.79233,574.75928 L 185.23579,568.77781 L 183.13419,568.29283 L 182.48755,564.57462 L
180.87094,561.66472 L 179.25432,560.53308 L 179.25432,558.26983 L 181.35592,556.97654 L
180.87094,556.65322 L 178.28436,557.29986 L 174.88947,554.87495 L 172.30289,551.96504 L
167.45306,549.37846 L 163.41152,546.79188 L 164.70482,543.55866 L 164.70482,541.94205 L
162.92654,543.55866 L 160.01664,544.69029 L 156.29843,543.55866 L 150.64028,541.13375 L
145.14381,541.13375 L 144.49717,541.61873 L 138.03072,537.73885 L 135.92912,537.41553 L
133.18088,531.59573 L 129.62433,531.91905 L 126.06778,533.374 L 126.55277,537.90052 L
127.68439,534.99062 L 128.65437,535.31394 L 127.19941,539.67879 L 130.43263,536.93055 L
131.07928,538.54716 L 127.19941,542.91201 L 125.90612,542.58869 L 125.42114,540.64875 L
124.12785,539.84045 L 122.83456,540.97208 L 120.08632,539.19381 L 117.01475,541.29541 L
115.23649,543.397 L 111.8416,545.4986 L 107.15342,545.33693 L 106.66844,543.23534 L
110.38664,542.58869 L 110.38664,541.29541 L 108.12338,540.64875 L 109.09336,538.22384 L
111.35661,534.34397 L 111.35661,532.5657 L 111.51827,531.75739 L 115.88313,529.49413 L
116.85309,530.78742 L 119.60134,530.78742 L 118.30805,528.20085 L 114.58983,527.87752 L
109.57834,530.62576 L 107.15342,534.02064 L 105.37515,536.60723 L 104.24352,538.87049 L
100.04033,540.32543 L 96.96876,542.91201 L 96.645439,544.52863 L 98.908696,545.4986 L
99.717009,547.60018 L 96.96876,550.83341 L 90.502321,555.03661 L 82.742574,559.2398 L
80.640977,560.37142 L 75.306159,561.50306 L 69.971333,563.76631 L 71.749608,565.0596 L
70.294654,566.51455 L 69.809672,567.64618 L 67.061434,566.67621 L 63.828214,566.83787 L
63.019902,569.10113 L 62.049939,569.10113 L 62.37326,566.67621 L 58.816709,567.96951 L
55.90681,568.93947 L 52.511924,567.64618 L 49.602023,569.58611 L 46.368799,569.58611 L
44.267202,570.87941 L 42.65059,571.68771 L 40.548995,571.36439 L 37.962415,570.23276 L
35.699158,570.87941 L 34.729191,571.84937 L 33.112578,570.71775 L 33.112578,568.77781 L
36.184142,567.48452 L 42.488929,568.13117 L 46.853782,566.51455 L 48.955378,564.41296 L
51.86528,563.76631 L 53.643553,562.958 L 56.391794,563.11966 L 58.008406,564.41296 L
58.978369,564.08964 L 61.241626,561.3414 L 64.313196,560.37142 L 67.708076,559.72478 L
69.00137,559.40146 L 69.648012,559.88644 L 70.456324,559.88644 L 71.749608,556.16823 L
75.791141,554.71329 L 77.731077,550.99508 L 79.994336,546.46856 L 81.610951,545.01361 L
81.934272,542.42703 L 80.317657,543.72032 L 76.922764,544.36697 L 76.276122,541.94205 L
74.982838,541.61873 L 74.012865,542.58869 L 73.851205,545.4986 L 72.39625,545.33693 L
70.941306,539.51713 L 69.648012,540.81041 L 68.516388,540.32543 L 68.193068,538.3855 L
```

64.151535,538.54716 L 62.049939,539.67879 L 59.463361,539.35547 L 60.918305,537.90052 L
61.403286,535.31394 L 60.756645,533.374 L 62.211599,532.40404 L 63.504883,532.24238 L
62.858241,530.4641 L 62.858241,526.09925 L 61.888278,525.12928 L 61.079966,526.58423 L
54.936843,526.58423 L 53.481892,525.29094 L 52.835247,521.41108 L 50.733651,517.85452 L
50.733651,516.88456 L 52.835247,516.07625 L 52.996908,513.97465 L 54.128536,512.84303 L
53.320231,512.35805 L 52.026941,512.84303 L 50.895313,510.09479 L 51.86528,505.08328 L
56.391794,501.85007 L 58.978369,500.23345 L 60.918305,496.51525 L 63.666554,495.22195 L
66.253132,496.35359 L 66.576453,498.77851 L 69.00137,498.45517 L 72.23459,496.03026 L
73.851205,496.67691 L 74.821167,497.32355 L 76.437782,497.32355 L 78.701041,496.03026 L
79.509354,491.6654 C 79.509354,491.6654 79.832675,488.75551 80.479317,488.27052 C
81.125959,487.78554 81.44928,487.30056 81.44928,487.30056 L 80.317657,485.36062 L
77.731077,486.16893 L 74.497847,486.97723 L 72.557911,486.49225 L 69.00137,484.71397 L
63.989875,484.55231 L 60.433324,480.83411 L 60.918305,476.95424 L 61.564957,474.52932 L
59.463361,472.75105 L 57.523423,469.03283 L 58.008406,468.22453 L 64.798177,467.73955 L
66.899773,467.73955 L 67.869736,468.70951 L 68.516388,468.70951 L 68.354728,467.0929 L
72.23459,466.44626 L 74.821167,466.76958 L 76.276122,467.90121 L 74.821167,470.00281 L
74.336186,471.45775 L 77.084435,473.07437 L 82.095932,474.85264 L 83.874208,473.88268 L
81.610951,469.51783 L 80.640977,466.2846 L 81.610951,465.47629 L 78.21606,463.53636 L
77.731077,462.40472 L 78.21606,460.78812 L 77.407756,456.90825 L 74.497847,452.22007 L
72.072929,448.01688 L 74.982838,446.07694 L 78.21606,446.07694 L 79.994336,446.72359 L
84.197528,446.56193 L 87.915733,443.00539 L 89.047366,439.93382 L 92.765578,437.5089 L
94.382182,438.47887 L 97.130421,437.83222 L 100.84863,435.73062 L 101.98027,435.56896 L
102.95023,436.37728 L 107.47674,436.21561 L 110.22498,433.14405 L 111.35661,433.14405 L
114.91316,435.56896 L 116.85309,437.67056 L 116.36811,438.80219 L 117.01475,439.93382 L
118.63137,438.31721 L 122.51124,438.64053 L 122.83456,442.35873 L 124.7745,443.81369 L
131.88759,444.46033 L 138.19238,448.66352 L 139.64732,447.69356 L 144.82049,450.28014 L
146.92208,449.6335 L 148.86202,448.82518 L 153.71185,450.76512 L 158.07671,453.67502 z M
42.973913,482.61238 L 45.075509,487.9472 L 44.913847,488.91717 L 42.003945,488.59384 L
40.225672,484.55231 L 38.447399,483.09737 L 36.02248,483.09737 L 35.86082,480.51078 L
37.639093,478.08586 L 38.770722,480.51078 L 40.225672,481.96573 L 42.973913,482.61238 z M
40.387333,516.07625 L 44.105542,516.88456 L 47.823749,517.85452 L 48.632056,518.8245 L
47.015444,522.5427 L 43.94388,522.38104 L 40.548995,518.8245 L 40.387333,516.07625 z M
19.694697,502.01173 L 20.826327,504.5983 L 21.957955,506.21492 L 20.826327,507.02322 L
18.72473,503.95166 L 18.72473,502.01173 L 19.694697,502.01173 z M 5.9534943,575.0826 L
9.3483796,572.81934 L 12.743265,571.84937 L 15.329845,572.17269 L 15.814828,573.7893 L
17.754763,574.27429 L 19.694697,572.33436 L 19.371375,570.71775 L 22.119616,570.0711 L
25.029518,572.65768 L 23.897889,574.43595 L 19.533037,575.56758 L 16.784795,575.0826 L
13.066588,573.95097 L 8.7017347,575.40592 L 7.0851227,575.72924 L 5.9534943,575.0826 z M
54.936843,570.55609 L 56.553455,572.49602 L 58.655048,570.87941 L 57.2001,569.58611 L
54.936843,570.55609 z M 57.846745,573.62764 L 58.978369,571.36439 L 61.079966,571.68771 L
60.271663,573.62764 L 57.846745,573.62764 z M 81.44928,571.68771 L 82.904234,573.46598 L
83.874208,572.33436 L 83.065895,570.39442 L 81.44928,571.68771 z M 90.17899,559.2398 L
91.310623,565.0596 L 94.220522,565.86791 L 99.232017,562.958 L 103.59687,560.37142 L
101.98027,557.94651 L 102.46525,555.52159 L 100.36365,556.81488 L 97.453752,556.00657 L
99.070357,554.87495 L 101.01029,555.68325 L 104.89016,553.90497 L 105.37515,552.45003 L
102.95023,551.64172 L 103.75853,549.70178 L 101.01029,551.64172 L 96.322118,555.19827 L
91.472284,558.10817 L 90.17899,559.2398 z M 132.53423,539.35547 L 134.95915,537.90052 L
133.98918,536.12224 L 132.21091,537.09221 L 132.53423,539.35547 z" />

提示

可以从 http://en.wikipedia.org/wiki/File:Blank_US_Map.svg 下载 Alaska 以及其他州的路径数据。如果访问 http://commons.wikimedia.org，并在搜索条件中输入 **svg map**，那么可以找到许多类似的资料。

22.3.2　实现初始地图

接下来让我们创建仅应用了基本样式的初始地图。路径被定义在 States.js 文件中，可以从 www.apress.com 下载该文件。首先创建一个用来显示地图的新 HTML 文档，而实际路径 DOM 元素则使用 JavaScript 创建。

练习 22-3　创建初始地图

(1) 使用下面的标记创建一个新 HTML 文档。该页面与前面的页面相类似；然而，请注意，高度和宽度是不同的，因为本页面具有不同的固有大小。

```
<!DOCTYPE html>

<html lang="en">
    <head>
        <meta charset="utf-8" />
        <title>Chapter 22-US Map</title>
        <link rel="stylesheet" href="Map.css" />
        <script src="States.js" defer></script>
        <script src="Map.js" defer></script>
    </head>
    <body>
        <svg xmlns:svg="http://www.w3.org/2000/svg" version="1.1"
            width="959px" height="593px"
            xmlns="http://www.w3.org/2000/svg"
            xmlns:xlink="http://www.w3.org/1999/xlink"
            id="map">
        </svg>
    </body>
</html>
```

(2) 从 www.apress.com 下载 States.js 文件。该文件定义了一个名为 States 的变量，它是一个对象数组。而每个对象都有 StateCode、StateName 和 Path 属性。

(3) 创建一个 Map.js 文件，并在该文件中添加下面的代码。该代码获取 svg 元素并添加 path 元素作为其子元素。StateCode 用作 id，而 StateName 用作 class 特性。

```
var map = document.getElementById("map");

for (var i=0; i<States.length; i++) {
    var path = document.createElementNS("http://www.w3.org/2000/svg", "path");
    path.id = States[i].StateCode;
    path.setAttribute("class", States[i].StateName)
    path.setAttribute("d", States[i].Path);
    map.appendChild(path);
}
```

注意

因为 path 元素并不是标准 HTML 命名空间的一部分，所以必须使用 createElementNS()方法并指定 svg 命名空间。

---

(4) 创建 Map.css 文件并输入下面的规则。该规则更改了填充颜色，以便看到 Alaska 州的轮廓。

```
path {
    stroke: black;
    fill: khaki;
}
```

（5）保存更改，在浏览器中显示 Map.html 文件。此时，地图应该如图 22-4 所示。

图 22-4　初始地图

22.4　对州元素进行样式设计

到目前为止，所有的费力工作都已经完成，接下来可以对 path 元素进行一些有趣的样式设计。如前所述，可以使用 CSS 对每个元素进行样式设计。此外，也可以使用 JavaScript 动态地进行样式设计。下面将演示如何使用纯色填充、渐变和背景图像来格式化每个元素。

22.4.1　使用基本填充颜色

> **注意**
>
> 在本章中，将使用不同的颜色对每个州进行样式设计。但在本书的印刷版本中，当颜色被转换为灰度时，某些颜色可能无法显示。所以需要通过练习或下载项目来查看应用不同样式后的结果。

首先添加一些简单的填充规则。前面已经使用了一个简单的元素选择器，并分别将 stroke 颜色和 fill 颜色设置为黑色和黄褐色。接下来，为了添加一些多样性，并演示特性选择器的使用，将根据州代码更改填充颜色。

练习 22-4　添加基本填充颜色

id 特性包含了两个字母的州代码，而 class 特性包含了州名。使用 id 特性的第一个字母，并将填充颜色作如下设置：

- A：红色

- N: 黄色
- M: 绿色
- C: 蓝色
- O: 紫色
- I: 橘色

(1) 向 Map.css 文件输入下面所示的样式规则。

```
path[id^="A"] {
    fill: red;
}
path[id^="N"] {
    fill: yellow;
}
path[id^="M"] {
    fill: green;
}
path[id^="C"] {
fill: blue;
}
path[id^="O"] {
    fill: purple;
}
path[id^="I"] {
    fill: orange;
}
```

(2) 刷新浏览器，此时地图应该如图 22-5 所示。

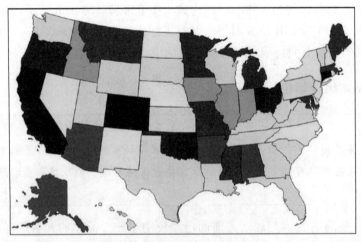

图 22-5　使用了基本样式的地图

(3) 当鼠标在地图上移动时，如果可以突出显示鼠标所指向的州，那就非常好。请向 Map.css 文件添加下面的规则：

```
path:hover {
    opacity: .5;
}
```

22.4.2　使用渐变填充

可以使用 SVG 元素的渐变填充，但它们的实现方式不同于典型的 HTML 元素。首先必须在 HTML 标记中定义渐变，然后通过 URL 引用。

练习 22-5　添加渐变填充

(1) 向 HTML 文档添加下面所示的 defs 元素(位于 svg 元素之内)：

```
<defs>
    <linearGradient id="blueGradient"
                    x1="0%" y1="0%"
                    x2="100%" y2="100%"
                    spreadMethod="pad">
      <stop offset="0%" stop-color="#ffffff" stop-opacity="1"/>
      <stop offset="50%" stop-color="#6699cc" stop-opacity="1"/>
      <stop offset="100%" stop-color="#4466aa" stop-opacity="1"/>
    </linearGradient>
</defs>
```

使用 defs 元素定义了文档稍后将引用的内容。在被实际引用之前，它并不做任何事情。此时在该元素中定义了一个 linearGradient 元素，其 id 为 blueGradient。将使用该 id 引用 linearGradient 元素。

虽然 linearGradient 元素中定义的相关特性与第 12 章所使用的渐变不同，但它们基本上都完成相同的事情。x1、y1、x2 和 y2 特性定义了一个指定渐变方向的矢量。此时，渐变从左上角开始，然后到右下角。同时，还指定了三个颜色值，分别定义了开始、中点和结束时的渐变颜色。

(2) 在 Map.css 文件的末尾添加下面的规则。该规则对 Wyoming 州应用了新的渐变效果

```
path[id="WY"] {
    fill: url(#blueGradient);
}
```

(3) 刷新浏览器，可以看到 Wyoming 州的渐变填充效果，如图 22-6 所示。

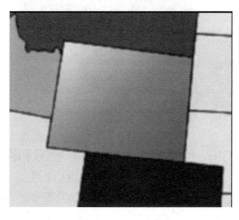

图 22-6　使用渐变填充

22.4.3 使用背景图像

可以使用 SVG 图像文件作为形状背景。首先需要在 defs 元素中将图像定义为一个 pattern，然后就像实现渐变效果那样引用它。在本次练习中，将使用 Texas 州旗图像作为该州的背景。

练习 22-6 使用背景图像

(1) 在第 22 章的源代码下载中有一个 TX_Flag.jpg 文件；请下载该文件。

(2) 在前面所创建的 HTML 文档的 defs 元素中添加下面的代码。该代码定义了背景图像并指定模式应使用 TX_Flag.jpg 图像文件并拉伸到 377×226 像素。这将使背景图像足够大以覆盖路径元素而不需要重复。

```
<pattern id="TXflag" patternUnits="objectBoundingBox" width="1"
height="1">
    <image xlink:href="TX_Flag.jpg" x="0" y="0"
           width="377" height="226" />
</pattern>
```

(3) 向 Map.css 文件添加下面的规则，为 Texas 州使用新的模式。

```
path[id="TX"] {
    fill: url(#TXflag);
}
```

(4) 保存所做的更改并刷新浏览器。此时应该看到背景图像，如图 22-7 所示。

图 22-7 使用背景图像

由于本章主要是介绍 SVG，因此我觉得此时使用一张位图图像可能有点不合适。可以看到，在拉伸图像时，图像质量越来越差。虽然使用 SVG 可以非常容易地绘制出 Texas 的州旗，但此时想说明的是在 SVG 定义中也可以使用位图图像。顺便说一下，代码清单 22-2 显示了以 SVG 表示的州旗(可以从前面提到的 Wikimedia Commons 网站上下载相关代码并重新格式化)。

代码清单 22-2　SVG 表示的 Texas 州旗

```
<rect width="1080" height="720" fill="#fff"/>
<rect y="360" width="1080" height="360" fill="#bf0a30"/>
<rect width="360" height="720" fill="#002868"/>
<g transform="translate(180,360)" fill="#fff">
    <g id="c">
        <path id="t" d="M 0,-135 v 135 h 67.5"
                transform="rotate(18 0,-135)"/>
        <use xlink:href="#t" transform="scale(-1,1)"/>
    </g>
    <use xlink:href="#c" transform="rotate(72)"/>
    <use xlink:href="#c" transform="rotate(144)"/>
    <use xlink:href="#c" transform="rotate(216)"/>
    <use xlink:href="#c" transform="rotate(288)"/>
</g>
```

请注意，分组元素 g 用于定义单个路径。它通过五个不同的角度旋转创建了一个五角星。

22.4.4　使用 JavaScript 更改样式

上述应用程序的主要用途之一是根据一些外部数据动态地对每个元素进行样式设计。例如，突出显示存在销售地点的州。或者根据某些类型的统计信息(比如人口数量)设置不同颜色。到目前为止，所使用的都是静态样式，但可以使用 JavaScript 非常容易地设置样式。

在本次练习中，首先使用 JavaScript 将所有 path 元素上的 fill 特性设置为黄褐色，此时将替换用来设置默认颜色的 CSS 属性。然后再设置 Virginia 州对应的 path 元素的填充颜色。而在实际的应用程序中，通常根据外部数据定义样式。

此外，本次练习还会演示如何使用 JavaScript 响应 mouseover 和 mouseout 事件。将会替换 path:hover 规则，并使用事件处理程序完成相关操作。

练习 22-7　使用 JavaScript 调整样式

(1) 向 Map.css 脚本中添加下面的函数：

```
function adjustStates() {
    var paths = document.getElementsByTagName("path");
    for (var i = 0; i < paths.length; i++) {
        paths[i].setAttribute("fill", "khaki");
    }

    var path = document.getElementById("VA");
    path.setAttribute("fill", "teal");
}
```

(2) 通过 Map.js 脚本调用 adjustStates()方法。

```
adjustStates();
```

(3) 在 Map.css 文件中，删除默认的黄褐色，如下所示：

```
path {
stroke: black;
```

```
/*fill: khaki; */
}
```

(4) 刷新浏览器，此时，Virginia 州不再使用默认颜色，如图 22-8 所示。

图 22-8　使用 JavaScript 进行样式设计后的 Virginia 州

(5) 现在，还需要使用 JavaScript 实现 hover 样式。首先可以使用 event.target 属性获取触发该事件的 path 元素。然后通过访问 id 特性确定州代码。请向 Map.js 脚本中添加下面的方法：

```
function hoverState(e) {
    var event = e || window.event;
    var state = event.target.getAttribute("id");
    var path = document.getElementById(state);
    path.setAttribute("fill-opacity", "0.5");
}

function unhoverState(e) {
    var event = e || window.event;
    var state = event.target.getAttribute("id");
    var path = document.getElementById(state);
    path.setAttribute("fill-opacity", "1.0");
}
```

(6) 通过向 adjustStates() 函数添加粗体显示的代码来绑定 mouseover 和 mouseout 事件处理程序。此时，使用了 addEventListener() 方法将 hoverState() 和 unhoverState() 事件处理程序绑定到每个 path 元素。

```
function adjustStates() {
    var paths = document.getElementsByTagName("path");
    for (var i = 0; i < paths.length; i++) {
        paths[i].setAttributeNS(null, "fill", "khaki");

        paths[i].addEventListener("mouseover", hoverState, true);
        paths[i].addEventListener("mouseout", unhoverState, true);
    }
    var path = document.getElementById("VA");
    path.setAttributeNS(null, "fill", "teal");
}
```

警告

在 Internet Explorer 中，并不会将 event 对象传递给事件处理程序，而是通过全局的 window.event 属性获取。通过设置事件变量(比如 var event=e||window.event)，事件处理程序可以使用任何模式。如果有传入的 event 对象，则使用该对象，如果没有，则使用全局的 window.event 对象。但有一个前提，必须使用 addEventListener() 方法注册事件处理程序。不能够只是设置 mouseover 特性。

（7）删除 path:hover 样式，如下所示：

```
/*path:hover {
    opacity: .5;
}*/
```

（8）保存所做的更改并刷新浏览器。当移动鼠标时，所指向的州就会突出显示，与使用 path:hover 样式的效果相同。

22.5　添加动画

一般典型的地图应用程序都会允许用户选择一个区域，并由于该选择而发生一些事情。页面应该根据所选择的项目显示一些信息。为了演示，当用户单击一个州时添加一些动画。

第 15 章所介绍的 CSS 动画并不能应用于 SVG 元素，而是应该使用 JavaScript 实现动画。当选择了一个州时，首先应该获取所选 path 元素的一个副本。然后使用一个计时器逐渐改变它的旋转角度。之所以获取一个副本是为了在图像旋转时地图上不会留下一个洞。此外，新元素位于所有其他元素之上，所以不必担心该元素被其他元素所隐藏。

一旦元素的副本完成了动画，就可以从文档中删除它。然后显示一个警告框，其中包含了州代码以及州名。

练习 22-8　添加动画

（1）因为将使用一个 3D 变形，所以需要在 path 元素上设置一些变形属性。向 Map.css 文件添加下面的规则：

```
path {
    transform-style: preserve-3d;
    perspective: 200px;
}
```

（2）然后向 Map.js 脚本添加代码清单 22-3 所示的代码。

代码清单 22-3　添加函数以支持动画

```
// Setup some global variables
var timer;
var stateCode;
var stateName;
var animate;
var angle;

function selectState(e) {
    var event = e || window.event;

    // Get the state code and state name
    stateCode = event.target.getAttribute("id");
    stateName = event.target.getAttribute("class");

    // Get the selected path element and then make a copy of it
    var path = document.getElementById(stateCode);
    animate = path.cloneNode(false);
```

```
        // Set some display properties and add the copy to the document
        animate.setAttribute("fill-opacity", "1.0");
        animate.setAttribute("stroke-width", "3");
        document.getElementById("map").appendChild(animate);

        angle = 0;

        // Setup a timer to run every 10 msec
        timer = setInterval(function () { animateState(); }, 10);
    }
    function animateState() {
        angle += 1;

        // If we've rotated 360 degress, stop the timer, destroy the copy
        // of the element, and show an alert
        if (angle > 360) {
            clearInterval(timer);
            animate.setAttribute("visibility", "hidden");
            var old = document.getElementById("map").removeChild(animate);

            alert(stateCode + "-" + stateName);

            return;
        }

        // Change the image rotation
        animate.style.transform = "rotateY(" + Math.round(angle) + "deg)";
    }
```

　　selectState()函数从所选择的 path 元素获取州代码和州名。然后获取 path 元素并使用其cloneNode()方法创建了一个副本。因为目前鼠标位于所选择路径之上，所以将其不透明度设置为 50%，同时将副本的不透明度设置为 100%。此外，还设置了描边宽度，从而给该元素副本一个更宽的边框。一切完成之后，将副本添加到文档中，并启动一个计时器产生动画。

　　每 10 毫秒就会调用一次 animateState()函数，增加角度并重绘图像。如果旋转角度达到360°，函数会取消计时器并删除 path 元素的副本，并弹出一个显示了州代码和州名的警告框。

　　(3) 通过向 adjustStates()函数添加下面粗体显示的代码来添加事件处理程序。当用户单击一个 path 元素时调用 selectState()方法。

```
function adjustStates() {
    var paths = document.getElementsByTagName("path");
    for (var i = 0; i < paths.length; i++) {
        paths[i].setAttribute("fill", "khaki");

        paths[i].addEventListener("mouseover", hoverState, true);
        paths[i].addEventListener("mouseout", unhoverState, true);
        paths[i].addEventListener("click", selectState, true);
    }

    var path = document.getElementById("VA");
    path.setAttribute("fill", "teal");
}
```

(4) 刷新浏览器并单击一个州，此时会看到该州飞出页面，如图 22-9 所示。

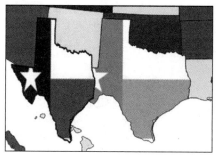

图 22-9　动画显示所选择的州

(5) 随后图像又飞回到原来的位置，并显示一个警告框，如图 22-10 所示。

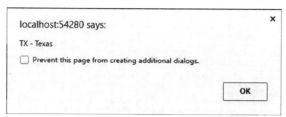

图 22-10　显示所选州名的警告框

22.6　小结

在本章，通过一些简单的应用程序介绍了什么是 SVG。SVG 图像由多个元素组成，可以是简单的元素，比如线段、圆形、矩形，也可以是更加复杂的元素，比如多边形和路径。SVG 的关键特征是可以静态和动态地对每个元素进行独立的样式设计。这样就可以现实更好地控制和交互。此外，因为 SVG 图像是基于表达式的，所以可以进行缩放而不会影响图像质量。

本章练习主要完成了以下工作：

- 使用简单的几何形状设计一个图像
- 创建一个独立的.svg 图像文件
- 将地图显示为 path 元素的集合
- 使用不同的选择器对 path 元素进行样式设计
- 在 SVG 元素上实现动画

在下一章，将学习如何使用 canvas 元素，它是 HTML5 图形内容中一个不同寻常的方法。

第 23 章

▪▪▪

画　　布

本章将介绍如何在 HTML5 中使用 canvas 元素创建一些有趣的图形。你将会看到，画布与前一章所介绍的 SVG 是不相同的。稍后将会详细地讨论两者之间的区别，但是要注意的是画布完全用 JavaScript 实现。标记中唯一的部分是一个简单的 canvas 元素定义，如下所示：

```
<canvas id="myCanvas" width="400" height="400">
    Canvas is not supported on this browser
</canvas>
```

我们将使用 JavaScript 调用各种绘图方法来定义内容。与 audio 和 video 元素一样，当浏览器不支持画布时才会使用 canvas 元素中的内容，从而提供适当的后备内容。

通过本章的练习，将完成三种不同的画布实现过程，这些过程共同演示了画布的功能。创建的内容如下所示：

- 带有移动棋子的国际象棋棋盘
- 一个简单的太阳系模型
- 一个演示了各种形状合成方法的页面

当然，也可以发挥自己的想象力，将相关原则应用于那些有趣且引人注目的图形应用程序中。

23.1　创建一个国际象棋棋盘

在第一个应用程序中，将会绘制一个国际象棋棋盘，其实就是一系列带有交替颜色的正方形。将会演示如何使用渐变让棋盘变得更有趣。同时还会使用图像文件在合适的正方形中绘制棋子。最后应用一点动画效果在棋盘上移动棋子。这样，在进入更高级的主题之前，可以让你更好地理解如何使用基本绘图技术。

canvas 元素的命名非常合适，因为它提供了一块可以进行绘图的区域。当创建一个 canvas 元素时，可以通过使用 height 和 width 特性定义绘图区域的大小。此外，还可以通过标记或 CSS 设置其他的特性来指定 margin、padding 和 border。这些特性都将影响该元素在页面中的位置。然而，对于该元素中的内容却是无法修改的。canvas 元素自身仅定义了一个可以在上面进行艺术创作的空白区域。

当在 HTML 中创建一个 canvas 元素时，通常都会分配一个 id 特性，以便在 JavaScript 中通过 getElementById()方法访问该元素。也可以通过 getElementsByTagName()方法或者使用第 18 章介绍的查询选择器进行访问。

一旦拥有了 canvas 元素，就可以通过调用 getContext()获取其绘图上下文，因为在进行绘图之前必须先指定所使用的上下文。上下文指定了一组 API 函数和绘图功能。通常可用的都是 2D 功能，本章将会专门使用这些功能。

注意

其他的上下文可能也不像你所期望的那样支持 3D 功能；比如 WebGL 或者某些浏览器中的 experimental-webgl。目前这些上下文还不是很成熟，并且与 2D 上下文有很大的区别。

23.1.1 绘制矩形

与 SVG 不同的是，此时唯一可以绘制的形状是一个矩形。可以通过使用路径绘制更加复杂的形状，该部分内容稍后介绍。绘制矩形的方法共有三种。

- clearRect()——清除指定的矩形。
- strokeRect()——在没有填充的指定矩形周围绘制边框。
- fillRect()——绘制一个填充矩形。

每种方法都接收四个参数。前两个参数定义了矩形左上角的 x 和 y 坐标。后两个参数分别指定了矩形宽度和高度。此外，可以使用该绘图上下文的 strokeStyle 和 fillStyle 属性来控制如何绘制边界或填充物。可以在绘制矩形之前设置这些属性。一旦设置完成，在更改属性之前，所有的后续形状都将使用这些属性进行绘制。

提示

与 SVG 相类似，在画布中，canvas 元素左上角的 x 和 y 坐标为 0,0。

为了演示矩形绘制，接下来首先绘制一个棋盘，其中包含了八行，而每行又包含八个正方形。

练习 23-1　绘制一个简单的棋盘

(1) 使用下面的基本标记创建一个新的 Web 页面 Chess.html:

```
<!DOCTYPE html>

<html lang="en">
    <head>
        <meta charset="utf-8" />
        <title>Chapter 23-Chess</title>
        <script src="Chess.js" defer></script>
    </head>
    <body>
    </body>
</html>
```

(2) 在 body 元素中插入下面的标记，添加一个 canvas 元素：

```
<canvas id="board" width ="600" height ="600">
    Not supported
</canvas>
```

(3) 然后使用下面的代码创建一个 Chess.js 脚本文件。

```
"use strict";

// Get the canvas context
var chessCanvas = document.getElementById("board");
var chessContext = chessCanvas.getContext("2d");
```

(4) 使用下面的代码在 Chess.js 文件中添加一个绘制棋盘的函数，然后调用该函数。

```
// Draw the chess board
function drawBoard() {

    chessContext.clearRect(0, 0, 600, 600);

    chessContext.fillStyle = "red";
    chessContext.strokeStyle = "red";

    // Draw the alternating squares
    for (var x = 0; x < 8; x++) {
        for (var y = 0; y < 8; y++) {
            if ((x + y) % 2) {
                chessContext.fillRect(75 * x, 75 * y, 75, 75);
            }
        }
    }

    // Add a border around the entire board
    chessContext.strokeRect(0, 0, 600, 600);
}

drawBoard();
```

drawBoard()函数首先对进行绘图的区域进行清除。然后使用嵌套的 for 循环绘制正方形。fillStyle 和 strokeStyle 特性都被设置为红色；默认情况下这些特性值都是黑色。请注意，此时仅绘制了红色正方形。由于整个区域都进行了清除，因此任何没有绘制的区域都是白色。上述代码使用了嵌套的 for 循环遍历了八行和八列。那些行和列之和为奇数的正方形为红色。例如对于偶数行(0、2、4 和 6)来说，奇数列(1、3、5 和 7)对应的正方形为红色。而对于奇数行来说，偶数列对应的正方形为红色。想要清理边缘正方形，可以在整个棋盘周围绘制一个红色边框。

(5) 保存所做的更改，并在浏览器中显示 Chess.html 页面，此时页面如图 23-1 所示。

图 23-1　初始棋盘

23.1.2　使用渐变

除了使用纯色之外，还可以使用渐变来填充形状。为此，必须首先使用绘图上下文的 createLinearGradient()方法创建一个渐变对象。该方法接收四个参数，分别为渐变起始点和结束点的 x 和 y 坐标。这样，就可以指定渐变是从上到下、从左到右或者从一角到另一角。渐变是在整个画布上计算的，不能为单个元素定义渐变。

在创建了渐变对象之后，还必须定义颜色起止点。每个颜色起止点都沿着渐变定义了一个位置和颜色。至少需要在 0 和 1 处定义颜色起止点，也就是定义开始和结束颜色。如果想要控制颜色转换，还可以在两点之间添加颜色起止点。例如，如果想要在中点位置定义颜色，可以使用 0.5。

最后，使用该渐变来指定 fillStyle 属性。请添加下面粗体显示的代码：

```
function drawBoard() {

    chessContext.clearRect(0, 0, 600, 600);

    var gradient = chessContext.createLinearGradient(0, 600, 600, 0);
    gradient.addColorStop(0.0, "#D50005");
    gradient.addColorStop(0.5, "#E27883");
    gradient.addColorStop(1.0, "#FFDDDD");

    chessContext.fillStyle = gradient;
    chessContext.strokeStyle = "red";
```

保存所做的更改，并刷新浏览器。此时页面如图 23-2 所示。请注意渐变是沿着画布进行的，而不是沿着每个正方形进行的。

图 23-2　使用了渐变填充的棋盘

23.1.3　使用图像

现在已经做好了添加棋子的准备，即使用图像文件绘制棋子。向画布中添加图像是非常容易的。首先创建一个 Image 对象，并将其 src 属性设置为图像文件的位置，然后调用绘图上下文的 drawImage()方法，如下所示：

```
var myImage = new Image();
myImage.src = "images/sample.jpg";
context.drawImage(myImage, 0,0, 50, 100);
```

drawImage()方法的第一个参数指定了所需绘制的图像。该参数可以是一个 Image 对象，或者是页面上已经存在的 img、video 或 canvas 元素。接下来的两个参数指定了图像左上角的 x 和 y 坐标。第四个和第五个参数是可选的，分别指定了图像需要扩展以适应的宽度和高度。如果没有指定这两个参数，图像将使用其固有大小。

此外，drawImage()方法还允许提供四个额外的参数。这些参数用于指定应在画布上显示的图像部分，包括指定左上角的 x 和 y 坐标以及定义显示部分的宽度和高度。如果只想绘制图像的一部分，可以使用最后四个参数。如果忽略，则显示整个图像。

在本次示例中，需要使用 12 张不同的图像绘制 32 个棋子。本章的后面还会添加移动这些棋子的代码。为了便于后续代码的编写，可以向示例中添加一些结构。首先定义一个类来保存关于棋子的特性，比如所使用的图像以及在棋盘上的位置。然后使用来自这些特性的信息实现一个通用的绘图函数。

练习 23-2　绘制棋子

(1) 在 Web 应用程序中创建一个新文件夹 Images，用来保存图像文件。

(2) 棋子对应的图像都包含在源代码下载文件中。可以从 Chapter23\Images 文件夹中找到这些图像。请将所有 12 个文件都拖放至 Images 文件夹。

(3) 在 Chess.js 文件的开头添加下面所示的变量声明(位于 chessCanvas 和 chessContext变量之后)。针对 12 个图像文件分别定义了一个引用对应 Image 对象的变量。此外，还定义了用来存储 32 个棋子的数组。

```
// Define the chess piece images
var imgPawn = new Image();
var imgRook = new Image();
var imgKnight = new Image();
var imgBishop = new Image();
var imgQueen = new Image();
var imgKing = new Image();
var imgPawnW = new Image();
var imgRookW = new Image();
var imgKnightW = new Image();
var imgBishopW = new Image();
var imgQueenW = new Image();
var imgKingW = new Image();

// Define an array to store 32 pieces
var pieces = new Array(32);
```

(4) 向 Chess.js 文件添加 loadImages()函数。

```
function loadImages() {
    imgPawn.src = "Images/pawn.png";
    imgRook.src = "Images/rook.png";
    imgKnight.src = "Images/knight.png";
    imgBishop.src = "Images/bishop.png";
```

```
        imgQueen.src = "Images/queen.png";
        imgKing.src = "Images/king.png";
        imgPawnW.src = "Images/wpawn.png";
        imgRookW.src = "Images/wrook.png";
        imgKnightW.src = "Images/wknight.png";
        imgBishopW.src = "Images/wbishop.png";
        imgQueenW.src = "Images/wqueen.png";
        imgKingW.src = "Images/wking.png";
    }
```

(5) 现在，可以定义棋子了。首先使用一个对象定义来保存绘制棋子所需的属性。image 属性包含对相应 Image 对象的引用。x 和 y 属性指定了棋子位于哪个正方形中，从 0 到 7 分别表示从左到右和从上到下。height 和 width 属性指定了图像的大小，其大小值是根据棋子类型而变化的。killed 属性用来表示棋子是否被捕获。已被捕获的图像不会显示。请向 Chess.js 文件中添加下面的代码：

```
// Define a class to store the piece properties
function ChessPiece() {
    this.image = null;
    this.x = 0;
    this.y = 0;
    this.height = 0;
    this.width = 0;
    this.killed = false;
}
```

(6) 向 Chess.js 文件中添加下面所示的函数。其中函数 drawPiece()根据类属性绘制一个棋子。而 drawAllPieces()函数绘制了 pieces 数组中定义的每个棋子。

```
// Draw a chess piece
function drawPiece(p) {
    if (!p.killed)
        chessContext.drawImage(p.image,
                               (75-p.width) / 2 + (75 * p.x),
                               73-p.height + (75 * p.y),
                               p.width,
                               p.height);
}

// Draw all of the chess pieces
function drawAllPieces() {
    for (var i = 0; i < 32; i++) {
        if (pieces[i] != null) {
            drawPiece(pieces[i]);
        }
    }
}
```

(7) 现在，需要创建 32 个 ChessPiece 类的示例，并指定适当的属性。添加代码清单 23-1 所示的 createPieces()函数。该函数创建了 ChessPiece 类的实例，将它们存储在 pieces 数组中，并为每个实例设置了属性。

提示

由于代码非常长且枯燥烦琐，因此在源代码下载中将该函数单独保存为一个文件。如果你不想手工输入代码清单 23-1 所示的函数，那么可以在 Chapter23 文件夹中找到 createPieces.js 文件，并将其拖放至自己的 Web 项目中。然后在 head 元素中添加引用即可：

```
<script src="createPieces.js" defer></script>
```

代码清单 23-1　实现 createPieces()函数

```javascript
function createPieces() {
    var piece;

    // Black pawns
    for (var i = 0; i < 8; i++) {
        piece = new ChessPiece();
        piece.image = imgPawn,
        piece.x = i;
        piece.y = 1;
        piece.height = 50;
        piece.width = 28;

        pieces[i] = piece;
    }

    // Black rooks
    piece = new ChessPiece();
    piece.image = imgRook;
    piece.x = 0;
    piece.y = 0;
    piece.height = 60;
    piece.width = 36;
    pieces[8] = piece;

    piece = new ChessPiece();
    piece.image = imgRook;
    piece.x = 7;
    piece.y = 0;
    piece.height = 60;
    piece.width = 36;
    pieces[9] = piece;

    // Black knights
    piece = new ChessPiece();
    piece.image = imgKnight;
    piece.x = 1;
    piece.y = 0;
    piece.height = 60;
    piece.width = 36;
    pieces[10] = piece;
    piece = new ChessPiece();
    piece.image = imgKnight;
    piece.x = 6;
    piece.y = 0;
    piece.height = 60;
    piece.width = 36;
    pieces[11] = piece;
```

```
// Black bishops
piece = new ChessPiece();
piece.image = imgBishop;
piece.x = 2;
piece.y = 0;
piece.height = 65;
piece.width = 30;
pieces[12] = piece;

piece = new ChessPiece();
piece.image = imgBishop;
piece.x = 5;
piece.y = 0;
piece.height = 65;
piece.width = 30;
pieces[13] = piece;

// Black queen
piece = new ChessPiece();
piece.image = imgQueen;
piece.x = 3;
piece.y = 0;
piece.height = 70;
piece.width = 32;
pieces[14] = piece;

// Black king
piece = new ChessPiece();
piece.image = imgKing;
piece.x = 4;
piece.y = 0;
piece.height = 70;
piece.width = 28;
pieces[15] = piece;

// White pawns
for (var i = 0; i < 8; i++) {
    piece = new ChessPiece();
    piece.image = imgPawnW,
    piece.x = i;
    piece.y = 6;
    piece.height = 50;
    piece.width = 28;

    pieces[16 + i] = piece;
}

// White rooks
piece = new ChessPiece();
piece.image = imgRookW;
piece.x = 0;
piece.y = 7;
piece.height = 60;
piece.width = 36;
pieces[24] = piece;

piece = new ChessPiece();
piece.image = imgRookW;
piece.x = 7;
```

```
piece.y = 7;
piece.height = 60;
piece.width = 36;
pieces[25] = piece;

// White knights
piece = new ChessPiece();
piece.image = imgKnightW;
piece.x = 1;
piece.y = 7;
piece.height = 60;
piece.width = 36;
pieces[26] = piece;

piece = new ChessPiece();
piece.image = imgKnightW;
piece.x = 6;
piece.y = 7;
piece.height = 60;
piece.width = 36;
pieces[27] = piece;

// White bishops
piece = new ChessPiece();
piece.image = imgBishopW;
piece.x = 2;
piece.y = 7;
piece.height = 65;
piece.width = 30;
pieces[28] = piece;

piece = new ChessPiece();
piece.image = imgBishopW;
piece.x = 5;
piece.y = 7;
piece.height = 65;
piece.width = 30;
pieces[29] = piece;

// White queen
piece = new ChessPiece();
piece.image = imgQueenW;
piece.x = 3;
piece.y = 7;
piece.height = 70;
piece.width = 32;
pieces[30] = piece;

// White king
piece = new ChessPiece();
piece.image = imgKingW;
piece.x = 4;
piece.y = 7;
piece.height = 70;
piece.width = 28;
pieces[31] = piece;
}
```

(8) 修改 drawBoard()函数，以便在棋盘绘制完成后调用 createPieces()函数。

```
// Add a border around the entire board
chessContext.strokeRect(0, 0, 600, 600);

drawAllPieces();
}
```

(9) 最后，使用下面的代码替换 Chess.js 文件中对 drawBoard()函数的调用。该代码首先调用 loadImages()和 createPieces()函数，然后在等待 1 秒钟后调用 drawBoard()。

```
loadImages();
createPieces();


setTimeout(drawBoard, 1000);
```

(10) 保存所做的更改并刷新浏览器。此时应该看到如图 23-3 所示的棋子。

图 23-3　显示了棋子的国际象棋棋盘

注意

当创建 Image 对象并设置其 src 属性时，会异步地下载所指定的图像文件。但在调用 drawImage()函数之前该文件可能还没有完成下载。此时就不会显示图像。1 秒钟的延迟是解决该问题的最简单方法。可以为每个 Image 对象实现 onload 事件处理程序，当图像完成加载时调用该处理程序。该过程可能有点长，因为需要等待所有 12 张图像都加载完毕。

23.1.4　添加简单动画

为了用画布演示简单的动画，接下来实现棋子的移动。绘制每个棋子的函数会根据棋子所在的正方形来计算位置。如果想要移动棋子，只需要更新 x 或 y 属性，并重新绘制即可。

当在新位置重新绘制一个棋子时，该棋子在旧位置处仍然是可见的。另外，为了实现棋子捕捉功能，需要将一个棋子移动到也有另一个棋子的同一个正方形中，此时在该正方形中就会存在两个棋子。可以在移动棋子之前实现一些复杂的逻辑清理指定正方形并重新绘制一个红色或白色的正方形。但为了简化演示过程，本示例将清理整个画布并重新绘制棋盘和所有棋子。

为了实现动画，需要创建 makeNextMove()函数。该函数首先调整了棋子的 x 和 y 位置，然后重新绘制棋盘和所有棋子。为了保证棋子可以连续移动，将会使用 setInterval()函数重复调用 makeNextMove()函数。

练习 23-3　棋子动画

(1) 在 Chess.js 文件的开头添加下面粗体显示的变量：

```
// Define an array to store 32 pieces
var pieces = new Array(32);
var moveNumber = -1;
var timer;
```

(2) 使用下面的代码在 Chess.js 文件中实现 makeNextMove()函数。该代码通过调整 x 和 y 属性来"移动"棋子。它根据移动编号调整对应的棋子。第七步捕获了一个棋子并设置其 killed 属性。由于第七步后就结束了动画，因此还使用了 clearTimer()函数，以便不再触发更多的计时器事件。每走一步，都会重新绘制棋盘和所有棋子。在走完了七步之后，使用 fillText()方法向画布写入文本。

```
function makeNextMove() {
    function inner() {
        if (moveNumber === 1) {
            pieces[20].y--;
        }
        if (moveNumber === 2) {
            pieces[4].y += 2;
        }
        if (moveNumber === 3) {
            pieces[29].y = 4;
            pieces[29].x = 2;
        }
        if (moveNumber === 4) {
            pieces[6].y++;
        }
        if (moveNumber === 5) {
            pieces[30].x = 5;
            pieces[30].y = 5;
        }
        if (moveNumber === 6) {
            pieces[7].y++;
        }
        if (moveNumber === 7) {
            pieces[30].x = 5;
            pieces[30].y = 1;
            pieces[5].killed = true;
            clearInterval(timer);
        }
        moveNumber++;
```

```
        drawBoard();
        drawAllPieces();

        if (moveNumber > 7) {
            chessContext.font = "30pt Arial";
            chessContext.fillStyle = "black";
            chessContext.fillText("Checkmate!", 200, 220);
        }
    }

    return inner;
}
```

(3) 向 Chess.js 文件中添加下面的代码。该代码每隔 2 秒钟调用一次 makeNextMove()
函数。

```
timer = setInterval(makeNextMove(), 2000);
```

(4) 保存所做的更改并刷新浏览器。在完成了一系列移动之后，页面应该如图 23-4 所示。

图 23-4　已完成的棋盘

注意

makeNextMove()函数使用了 JavaScript 中一个常被误解的特征——闭包(closure)，第 3 章
曾经介绍过这个特征。makeNextMove()函数定义了另一个完成实际工作的函数 inner()。最终返
回的是 inner()函数。当计时器到期时，由 window 对象调用 makeNextMove()函数。然而，该函
数使用的所有变量(比如棋子数组)都超出了范围。但 inner()函数能够访问这些变量，因此可以
绕过范围问题。

23.2　建立太阳系模型

在接下来的画布中，将会绘制一个太阳系的移动模型。为了节约时间，仅显示地球、

太阳和月球。该模型的实现充分利用了画布的两个重要功能：

- 路径
- 变换

23.2.1　使用路径

如前所述，画布所支持的最简单形状是矩形(前面的示例中使用了大量的矩形)。而对于其他的形状，则必须定义一个路径。在画布中定义路径的基本方法与 SVG 相类似。首先使用一条移动命令设置起点，然后组合使用线段和曲线命令绘制一个形状。

在画布中，通常从 beginPath()命令开始。在调用了所需的绘图命令之后，通过调用 stroke()绘制形状轮廓或者调用 fill()填充形状来完成路径。在调用 stroke()或 fill()之前，并没有实际在画布上绘制形状。如果在完成当前形状(通过调用 stroke()或 fill()完成)之前又调用了 beginPath()命令，那么画布将忽略前面未完成的命令。与绘制矩形一样，可以使用相同的 strokeStyle 和 fillStyle 属性定义路径的颜色。

实际的绘制命令如下所示：

- moveTo()
- lineTo()
- arcTo()
- bezierCurveTo()
- quadraticCurveTo()

此外，也可以使用下面的函数进行绘制：

- closePath()：该函数执行一个 lineTo()命令，从当前位置连接到路径的起始位置，从而关闭路径。如果使用了 fill()命令，那么如果当前不是处于起始位置，则会自动调用 closePath()函数。
- arc()：在指定位置绘制一个圆弧；不必实际移动到该位置。该圆弧仍被视为一个路径；需要调用 beginPath()，在没有调用 stroke()或 fill()之前并不会实际绘制该圆弧。

23.2.2　绘制圆弧

arc()命令可能是最常用的一个命令，也是本示例中非常重要的命令。arc()命令接收以下参数：

```
arc(x, y, radius, start, end, counterclockwise)
```

前两个参数指定了中点的 x 和 y 坐标。第三个参数指定了半径。第四个和第五个参数确定了圆弧的起点和终点。这两个参数值被指定为与 x 轴的角度。角度 0° 表示圆的右边，角度 90° 表示圆的底边。请注意，角度以弧度表示，而不是度数。

如果绘制的不是一个整圆，那么圆弧方向就非常重要。例如，如果绘制一个从 0° 到 90° 的圆弧，那么该圆弧应该是一个圆的 1/4，即从右侧到底部。然而，如果使用相同的结束点但以逆时针方向绘制，那么所绘制的圆弧是一个圆的 3/4。如果最后一个参数为 true，则表示按照逆时针方向绘制。但该参数是可选的，如果没有指定，则以顺时针方向绘制圆弧。

23.2.3　使用变换

虽然在画布上的实现变换容易让人产生混乱，可一旦理解了其中的工作原理，则是非常有帮助的。首先，变换对画布上已经绘制的内容没有任何影响。变换仅仅是修改了用来绘制后续形状所使用的网格系统。本章将主要介绍三种变换类型。

- 平移
- 旋转
- 缩放

如前所述，canvas 元素所使用网格系统的原点在画布的左上角。所以，位于 100,50 的点距离该原点右边 100 像素、下边 50 像素。变换仅仅调整了网格系统。例如，下面所示的命令将原点向右移动 100 像素，向下移动 50 像素：

```
context.translate (100, 50);
```

如图 23-5 所示。

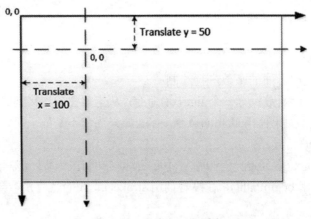

图 23-5　平移上下文原点

现在，当移动到 10,20 时，由于该移动是相对于新原点的，因此实际位置(相对于画布)是 110,70。此时你可能会疑惑为什么要这么做呢。假设你正在绘制一幅美国的国旗，其中包含了 50 颗星星。五角星是一个相对复杂的形状，需要完成多条绘图命令。一旦绘制完第一颗五角星，就需要再重复该过程 49 次，而每次使用不同的值。

只需要将原点向右平移一点点，就能够使用相同的值来重复相同的命令，从而在不同的位置绘制星星。当然，也可以通过创建一个接收 x，y 参数的 drawstar()函数并重复调用 50 次(每次传入不同的值)来完成相同的事情。可一旦习惯了使用变换，你就会发现完成类似事情更加容易，特别是与其他变换类型(比如旋转)一起使用时。

旋转变换不会移动原点；而是旋转 x 轴和 y 轴指定的值。正值表示顺时针旋转，而负值表示逆时针旋转。图 23-6 演示了旋转变换的工作原理。

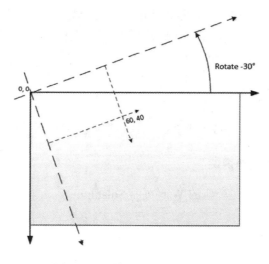

图 23-6　旋转绘图上下文的网格

注意

此时旋转角度被表示为 30°，因为这是大多数人所熟悉的表示方法。然而，rotate()命令期望的是弧度值。如果你熟悉几何，就会知道一个圆是 360° 或 2π 弧度。在 JavaScript 中，可以使用 Math.PI 属性来获取 π 的值。例如，30° 是一个整圆的 1/12，所以可以写成(Math.PI × 2/12)。一般来说，弧度=角度 × (Math.PI/180)。

可以组合使用多种变换。例如，可以首先平移原点，然后再旋转 x 轴或 y 轴。也可以旋转一定角度后再平移。每种变换始终是相对于当前位置和原点进行的。

23.2.4　保存上下文状态

绘图上下文的状态包括各种属性，比如前面已经使用过的 **fillStyle** 和 **strokeStyle**。此外，还包括已应用的所有变换的累积。如果使用了多种变换，那么回到原始状态可能是非常困难的。但幸运的是，绘图上下文提供了保存并恢复上下文状态的能力。

可以通过调用 save()函数保存当前状态。保存状态相当于将当前状态压入一个堆栈。而调用 restore()函数则是从堆栈中弹出最近保存的状态，并使之成为当前状态。如图 23-7 所示。

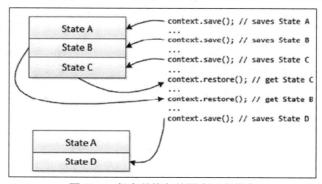

图 23-7　保存并恢复绘图上下文状态

通常应该在进行任何变换之前(尤其是在进行复杂变换之前)保存状态。当绘制完需要变换的任何元素时，可以将状态恢复到原始状态。请记住，通过设置 fillStyle 或者执行变换来更改状态并不会影响已绘制的内容。

23.2.5　绘制太阳系

在了解了上述功能之后，接下来会绘制一个简单的太阳系模型。

练习 23-4　建立太阳系模型

(1) 使用基本标记创建一个新的 Web 页面 Solar.html：

```
<!DOCTYPE html>

<html lang="en">
    <head>
        <meta charset="utf-8" />
        <title>Chapter 23-Solar System</title>
        <script src="Solar.js" defer></script>
    </head>
    <body>
    </body>
</html>
```

(2) 在 body 元素中添加 canvas 元素。

```
<canvas id="solarSystem" width="450" height="400">
    Not supported
</canvas>
```

(3) 使用下面的代码添加一个新的 Solar.js 脚本。与前面的示例一样，该代码首先获取 canvas 元素，然后再获取 2d 绘图上下文。

```
"use strict";

// Get the canvas context
var solarCanvas = document.getElementById("solarSystem");
var solarContext = solarCanvas.getContext("2d");
```

(4) 使用下面的代码向 Solar.js 文件添加 animateSS()函数。

```
function animateSS() {
    var ss = document.getElementById('solarSystem')
    var ssContext = ss.getContext('2d');

    // Clear the canvas and draw the background
    ssContext.clearRect(0, 0, 450, 400);
    ssContext.fillStyle = "#2F1D92";
    ssContext.fillRect(0, 0, 450, 400);

    ssContext.save();

    // Draw the sun
    ssContext.translate(220, 200);
    ssContext.fillStyle = "yellow";
```

```
ssContext.beginPath();
ssContext.arc(0, 0, 15, 0, Math.PI * 2, true);
ssContext.fill();

// Draw the earth orbit
ssContext.strokeStyle = "black";
ssContext.beginPath();
ssContext.arc(0, 0, 150, 0, Math.PI * 2);
ssContext.stroke();

ssContext.restore()
}
```

animateSS()函数完成了实际工作。它首先清除整个区域，然后使用深蓝色填充区域。其他的代码完成了各种变换，首先保存绘图上下文，然后再恢复。

animateSS()函数使用了 translate()函数将原点移动到画布的中点。太阳和地球轨道使用 arc()函数进行绘制。请注意，由于目前上下文的原点位于画布的中点，因此 arc()函数所使用的中点为 0,0。同时，起始角度为 0，而结束角度指定为 Math.PI×2，也就是说是一个完整的圆或 360°。用于绘制太阳的圆弧填充了颜色，而轨道则没有。

(5) 调用 setInterval()函数，从而每隔 100 毫秒调用一次 animateSS()函数。

```
setInterval(animateSS, 100);
```

(6) 在浏览器上显示页面。到目前为止，绘制的内容并不是很有趣；只是一个围绕轨道运行的太阳，如图 23-8 所示。

图 23-8　初始的太阳系绘制

接下来绘制地球以及围绕运行的轨道。通常地球每 365.24 天围绕太阳一次，但是此时我们会加速一点，并在 60 秒内完成绕太阳一周。为了确定每次重绘画布时地球的绘制位置，必须计算秒数。可以使用 Math.PI×2/60 来计算每秒的旋转量。秒数乘以该旋转量就可以确定地球的角度。

(7) 添加下面粗体显示的代码。该代码使用了 rotate()函数将绘图上下文旋转适当的角度。由于地球轨道的圆弧有 150px，因此代码还使用了 translate()函数将上下文向右平移了 150 像素，以便可以在调整后的 0,0 坐标上绘制地球。请注意，该代码组合使用了两种不同的变换，第一种变换根据轨道上的地球位置进行旋转，第二种变换从太阳平移适当的距离。最终，从中点 0,0(即新的上下文原点)开始使用一个填充圆弧绘制了地球。

```
/// Draw the earth orbit
ssContext.strokeStyle = "black";
```

```
ssContext.beginPath();
ssContext.arc(0, 0, 150, 0, Math.PI * 2);
ssContext.stroke();

// Compute the current time in seconds (use the milliseconds
// to allow for fractional parts).
var now = new Date();
var seconds = ((now.getSeconds() * 1000) + now.getMilliseconds()) / 1000;
//--------------------------------------------
// Earth
//--------------------------------------------
// Rotate the context once every 60 seconds
var anglePerSecond = ((Math.PI * 2) / 60);
ssContext.rotate(anglePerSecond * seconds);
ssContext.translate(150, 0);

// Draw the earth
ssContext.fillStyle = "green";
ssContext.beginPath();
ssContext.arc(0, 0, 10, 0, Math.PI * 2, true);
ssContext.fill();

ssContext.restore()
```

(8) 保存所做的更改并刷新浏览器。现在应该可以看到地球围绕太阳转动，如图 23-9 所示。

图 23-9　向太阳系模型中添加地球

　　最后绘制围绕地球旋转的月球，从而演示使用变换的真正作用。月球的特定位置是根据两个移动物体来确定的。虽然可以用一些复杂的公式来计算(科学家们已经这样做了几个世纪)，但你并没有必要这么做。目前，绘图上下文可以根据当前的时间(秒数)旋转合适的角度，并且进行了平移(轨道半径的距离)，所以地球现在是上下文的原点。此时地球到底在什么位置并不重要；只需要相对于当前的原点绘制月球就可以了。

　　(9) 接下来像绘制地球那样绘制月球。此时，太阳不再是原点，也不是围绕着太阳绘制地球，而是地球为原点并围绕地球旋转月球。月球大约每个月围绕地球一周；换句话说，地球围绕太阳一周时月球要完成 12 次旋转。所以要将旋转速度提到 12 倍。可以使用 12× ((Math.PI×2)/60)来计算 anglePerSecond。添加下面粗体显示的代码。

```
// Draw the earth
ssContext.fillStyle = "green";
```

```
ssContext.beginPath();
ssContext.arc(0, -0, 10, 0, Math.PI * 2, true);
ssContext.fill();

//-----------------------------------------
// Moon
//-----------------------------------------
// Rotate the context 12 times for every earth revolution
anglePerSecond = 12 * ((Math.PI * 2) / 60);
ssContext.rotate(anglePerSecond * seconds);
ssContext.translate(0, 35);

// draw the moon
ssContext.fillStyle = "white";
ssContext.beginPath();
ssContext.arc(0, 0, 5, 0, Math.PI * 2, true);
ssContext.fill();

ssContext.restore()
```

注意

每个太阳年大约有 12.368 个农历月。如果想要模型更加准确，可以使用该数字替换上面代码中的 12。

---

(10) 保存所做的更改并刷新浏览器。此时应该看到月球围绕地球旋转，如图 23-10 所示。

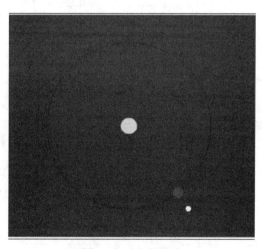

图 23-10　包括月球

23.2.6　应用缩放

在完成太阳系模型之前，还需要做一个小的修改。地球的轨道实际上并不是一个完整的圆。该特性被称为偏心率(eccentricity)。(如果你对轨道偏心率感兴趣，可以查看以下文章：http://en.wikipedia.org/wiki/Orbital_eccentricity)。为了在绘制过程中模拟偏心率，需要对轨道进行拉伸，使其看起来宽度略大于高度。为此，需要使用缩放。

scale()函数完成第三种变换。该函数接收两个参数，分别指定了沿 x 轴和 y 轴的缩放量。比例因子 1 表示正常比例。 如果因子小于 1，将会压缩图形，而大于 1 则进行拉伸。
虽然地球轨道的偏心率非常小，但在此故意将其夸大，并为 x 轴使用比例因子 1.1。

在绘制地球轨道之前添加下面粗体显示的代码：

```
// Draw the earth orbit
ssContext.scale(1.1, 1);
ssContext.strokeStyle = "black";
```

刷新浏览器，页面应该如图 23-11 所示。

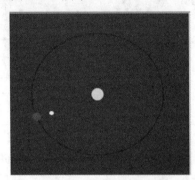

图 23-11 添加缩放效果

现在，可以看到一个略微有点变形的轨道。只需要更改比例因子，就可以对所有的绘
图元素按比例进行调整。但在恢复了上下文之后，缩放也会恢复正常，所以后续元素会正
常绘制。

注意

图 23-11 所示的对齐演示了日食效果，月球位于太阳和地球之间，在地球上投下了阴影。

23.3 裁剪画布

下面介绍一个与路径相关的功能。前面已经讲过，在调用了 beginPath()函数以及所需
的绘图函数之后，还需要调用 stroke()或 fill()。另外，还可以调用另一个函数 clip()。该函
数将使用所定义的路径，并且不允许在该路径之外绘制任何东西。虽然它并不会影响已经
绘制的内容，但后面绘制的形状将被限制在由路径所定义的裁剪区域内。

为了演示该函数的使用，接下来返回到前面的棋盘示例并使用圆弧定义一个裁剪路径。
进入 chess.js 文件，向 drawBoard()函数中添加下面粗体显示的代码。

```
var gradient = chessContext.createLinearGradient(0, 600, 600, 0);
gradient.addColorStop(0, "#D50005");
gradient.addColorStop(0.5, "#E27883");
gradient.addColorStop(1, "#FFDDDD");

// Clip the path
chessContext.beginPath();
chessContext.arc(300, 300, 300, 0, (Math.PI * 2), true);
chessContext.clip();
```

```
chessContext.fillStyle = gradient;
chessContext.strokeStyle = "red";

// Draw the alternating squares
```

该代码在棋盘上定义了一个圆，圆之外的任何内容都不可见。在浏览器中显示 Chess.html 文件，如图 23-12 所示。

图 23-12　带有裁剪路径的棋盘

注意

如果在绘制了棋盘之后再定义裁剪路径，那么整个棋盘都会被绘制，但棋子将被裁剪，所以裁剪区域之外的任何部分都将被隐藏。

23.4　了解合成

在目前所绘制的形状中，不管前面绘制的是什么形状，最后绘制的形状要么覆盖在其他形状之上，要么被隐藏。这种行为被称为合成(compositing)。合成的默认行为(被称为 source-over)是将当前形状绘制在画布上已经存在的任何图形之上。合成术语使用*源(source)* 来表示被绘制的形状，而使用*目标(destination)*表示以前绘制的结果。除了 source-over 之外，还可以使用 globalCompositeOperation 属性配置其他 10 种行为。接下来通过一个示例解释这些行为。

在本次练习中，将使用一个蓝色的圆形覆盖一个红色的正方形，共重复 11 次，每次使用一个不同的globalCompositeOperation属性值。为了让示例正常工作，需要创建 11 个canvas 元素，而每个元素绘制相同的内容。

练习 23-5　研究合成

(1) 使用基本标记创建一个新 Web 页面 Compositing.html：

```
<!DOCTYPE html>

<html lang="en">
```

```
    <head>
        <meta charset="utf-8" />
        <title>Chapter 23-Compositing</title>
        <script src="Compositing.js" defer></script>
        <link rel="stylesheet" href="Compositing.css" />
    </head>
    <body>
    </body>
</html>
```

(2) 在 body 元素中，使用下面的标记创建 11 个新 canvas 元素。

```
<div>
    <canvas id="composting1" width="120" height="120"></canvas>
    <br />source-over
</div>
<div>
    <canvas id="composting2" width="120" height="120"></canvas>
    <br />destination-over
</div>
<div>
    <canvas id="composting3" width="120" height="120"></canvas>
    <br />source-in
</div>
<div>
    <canvas id="composting4" width="120" height="120"></canvas>
    <br />destination-in
</div>
<div>
    <canvas id="composting5" width="120" height="120"></canvas>
    <br />source-out
</div>
<div>
    <canvas id="composting6" width="120" height="120"></canvas>
    <br />destination-out
</div>
<div>
    <canvas id="composting7" width="120" height="120"></canvas>
    <br />source-atop
</div>
<div>
    <canvas id="composting8" width="120" height="120"></canvas>
    <br />destination-atop
</div>
<div>
    <canvas id="composting9" width="120" height="120"></canvas>
    <br />xor
</div>
<div>
    <canvas id="composting10" width="120" height="120"></canvas>
    <br />copy
</div>
<div>
    <canvas id="composting11" width="120" height="120"></canvas>
    <br />lighter
</div>
```

（3）创建一个带有如下样式规则的新 Compositing.css 文件。该规则将 canvas 元素格式化为 3 列，以便在一个屏幕中看到所有 11 个示例。

```
body div {
    -webkit-column-count: 3;
    -moz-column-count: 3;
    column-count: 3;
}
```

（4）添加带有如下代码的 Compositing.js 文件。

```
"use strict";

for (var i = 1; i <= 11; i++) {
    var c = document.getElementById("composting" + i);
    var cContext = c.getContext("2d");

    cContext.fillStyle = "red";
    cContext.fillRect(10, 20, 80, 80);

    switch (i) {
        case 1: cContext.globalCompositeOperation = "source-over"; break;
        case 2: cContext.globalCompositeOperation = "destination-over"; break;
        case 3: cContext.globalCompositeOperation = "source-in"; break;
        case 4: cContext.globalCompositeOperation = "destination-in"; break;
        case 5: cContext.globalCompositeOperation = "source-out"; break;
        case 6: cContext.globalCompositeOperation = "destination-out"; break;
        case 7: cContext.globalCompositeOperation = "source-atop"; break;
        case 8: cContext.globalCompositeOperation = "destination-atop"; break;
        case 9: cContext.globalCompositeOperation = "xor"; break;
        case 10: cContext.globalCompositeOperation = "copy"; break;
        case 11: cContext.globalCompositeOperation = "lighter"; break;
    }

    cContext.fillStyle = "blue";
    cContext.beginPath();
    cContext.arc(65, 75, 40, 0, (Math.PI * 2), true);
    cContext.fill();
}
```

该代码使用一个 for 循环处理了所有 11 个 canvas 元素。首先获取对应的元素，然后获取其绘图上下文。紧接着添加一个红色的正方形并设置 globalCompositeOperation 属性。最后添加一个蓝色的圆形(从正方形的位置稍微偏移)。

（5）保存所做的更改，并在浏览器中打开 Compositing.html 文件。此时 Web 页面如图 23-13 所示。

合成选项如下所示：

- source-over：这是默认的操作。在目标元素(即已有的元素)之上绘制源元素(新添加的元素)。
- destination-over：与 source-over 相反，将源元素添加到现有元素的下面。
- source-in：只有位于目标元素之内的源元素部分才会显示。请注意，此时目标元素不会显示；它被用作裁剪形状。
- destination-in：只有位于源元素之内的目标元素部分才会显示。

- source-out：只有位于目标元素之外的源元素部分才会显示。
- destination-out：只有位于源元素之外的目标元素部分才会显示。
- source-atop：在目标元素的顶部显示源元素，但源元素位于目标元素之外的部分是不可见的。
- destination-atop：在源元素顶部显示目标元素。目标元素位于源元素之外的部分是不可见的。
- xor：只有目标元素和源元素之间没有重叠的部分显示。
- copy：该选项名称容易产生误导。它仅绘制源元素，并清除其他所有元素。
- lighter：绘制源元素和目标元素，重叠区域以较浅的颜色显示，实际显示颜色由源元素和目标元素的颜色值确定。

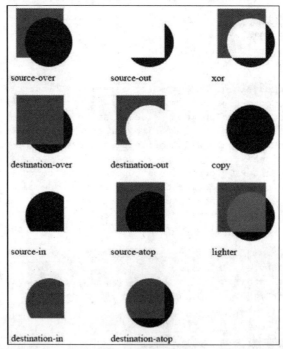

图 23-13　演示合成选项

提示

一些合成选项的名称可能不是非常直观。我建议保留以上的图解，以便日后在记不起选项名称时可以参考。

23.5　小结

在本章使用 canvas 元素创建了一些图形 Web 页面。使用了矩形和路径在画布上绘制路径。另外，还在画布上绘制图像。画布的一个非常强大的功能是应用变换的能力。变换的适当使用可以真正简化一些复杂的绘图应用程序。

从根本上讲，画布不同于 SVG。在 SVG 中，每个形状都是一个独立的 DOM 节点。而画布并非这样。因此，不能使用画布完成以下两个重要的功能：

- 将事件处理程序附加到各个形状。
- 对形状进行独立操作。一个很好的例子是定义:hover 伪规则，允许鼠标悬停在形状上时改变其特性。

与 SVG 不同，画布是基于像素的，这意味着它依赖于分辨率。请注意，所有的绘图命令都使用了像素位置或大小。当在 canvas 元素上绘制一个形状时，画布的像素会根据需要进行调整，而所需要记住的是生成的像素内容。

画布往往效率更高，因为它操作的是原始像素。而 SVG 则必须完成大量的渲染(以及重新渲染)。但对于那些内容密度较小的大图像来说，比如地图，SVG 一般表现得更好。

在下一章，将使用拖放功能实现一个跳棋游戏。

第 24 章

■ ■ ■

拖　　放

选择一个元素并拖动至另一个位置是一个自然用户体验的极好示例。我现在仍然记得，在早期的 Apple 计算机中，通过将一个文件拖动至一个垃圾箱图标就可以将文件删除。这种操作以及数以百计类似的操作是桌面应用程序用户体验中一个非常重要的组成部分。然而，Web 应用程序在这方面却远远落后于桌面应用程序。但随着 HTML5 中拖放(DnD) API 的出现，Web 应用程序正在奋起直追。

在本章，我们将构建一个实现了跳棋游戏的 Web 应用程序，主要是使用 DnD API 在棋盘上移动棋子。首先介绍相关的概念以及 DnD 应用程序的构建原理。然后开始编写代码，演示拖放操作各方面的内容。最后讨论一些高级功能，比如在浏览器窗口之间实现拖动。

24.1　理解拖动和放置

在开始构建应用程序之前，先解释一下 DnD API 的基本概念，以便在编写代码时根据上下文应用合适的相关技术。首先介绍可触发的事件；知道每个事件的触发时机以及在哪个对象上触发是非常重要的。然后学习 dataTransfer 对象，可以使用该对象将来自被拖动对象的信息传递给每个事件，并最终传递给放置操作。此外，还可用来配置拖动操作的各个方面。最后演示如何使对象可拖动。

24.1.1　处理事件

与桌面 API 一样，DnD 也是一种基于事件的 API。当用户选择、移动以及放置一个项目时，都会触发事件，从而允许应用程序控制并响应这些操作。为了有效地使用该 API，需要知道这些事件触发的时机以及在哪些元素上触发。在刚开始学习时，这些内容可能会让你感到混乱，可一旦理解了相关内容，就会觉得非常简单。

提示

第 20 章已经介绍了使用事件的基本知识。

在 DnD 操作中，主要涉及两个元素：
- 被拖动的元素，有时也被称为源元素
- 被放置的元素，通常被称为目标元素

可以这么来比喻，源元素就好比是一支箭，它射中了目标元素。如图 24-1 所示。

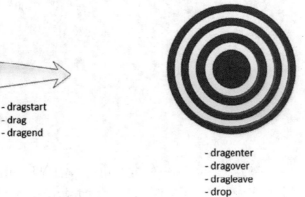

图 24-1　源元素和目标元素

在 DnD 操作过程中，在两个元素上都触发了事件，图 24-1 已经列出了每个元素上触发了哪些事件。在源元素上，dragstart、drag 和 dragend 事件相当于 Windows 应用程序中的 mousedown、mousemove 和 mouseup 事件。当单击一个元素并开始移动鼠标时，触发 dragstart 事件。然后紧跟着触发 drag 事件。随着鼠标的不断移动，drag 事件被重复触发。最后当释放鼠标按钮时触发 dragend 事件。

目标元素上的事件更加有趣。当鼠标在页面上移动时，一旦进入某个元素所定义的区域，就会在该元素上触发 dragenter 事件。而当鼠标连续移动时，在目标元素上触发 dragover 事件。如果鼠标移动到元素之外，在目标元素上触发 dragleave 事件。假设此时鼠标又移动到另一个不同的元素上，则在该元素上再次触发 dragenter 事件。但如果在目标元素上释放鼠标按钮，则触发的是 drop 事件，而不是 dragleave 事件。

接下来让我们看一个典型的场景，了解一下这些事件的触发顺序。如表 24-1 所示。

表 24-1　事件顺序

元素	事件	注释
源	dragstart	当单击鼠标并开始移动时触发
源	drag	每次鼠标移动时触发
目标	dragenter	当鼠标进入目标元素的空间时触发
目标	dragover	当鼠标指针位于目标元素之上并连续移动时触发
源	drag	随着鼠标的移动连续触发
目标	dragleave	当鼠标移动到当前目标元素之外时触发
目标	dragenter	当鼠标移动到一个新的目标元素时触发
目标	drop	当释放鼠标按钮时触发
源	dragend	结束拖放操作

一旦了解了可触发的事件，那么只需要为每种事件提供合适的处理程序就可以实现 DnD 操作。

24.1.2　使用数据传输对象

除了前面所介绍的内容之外，还有一个 DnD 概念需要理解。简单地在页面上拖动一个元素是没有任何意义的；我们真正关注的是与该元素相关联的数据。在前面将文件拖动到垃圾箱图标的示例中，看到垃圾箱吞噬了文件图标似乎很有趣，但这么做的最终目标是删除文件。此时，将文件规范传递给回收站，以便回收站能够在文件系统中执行所请求的操作。

存储数据

在 DnD API 中，dataTransfer 对象用来存储与操作相关联的数据。dataTransfer 对象通常在 dragstart 事件处理程序中初始化。请记住，该事件是在源目标上触发的。该事件处理程序可以访问来自源元素的数据并将其存储在 dataTransfer 对象中。然后提供给所有其他的事件处理程序，以便可以在特定的处理过程中使用。最终由 drop 事件处理程序使用相关数据，并对数据进行适当操作。

每一个事件处理程序都会传入 event 对象，而 dataTransfer 对象则是作为 event 对象的一个属性提供。可以使用 setData()方法在 dataTransfer 对象中存储数据。但为了表明数据类型，还需要提供合适的 MIME 类型。例如，为了添加一些简单文本，可以调用如下所示的方法：

```
e.dataTransfer.setData("text", "Hello, World!");
```

如果想要在后续事件(比如 drop 事件)中访问所存储的数据，可以使用 getData()方法，如下所示：

```
var msg = e.dataTransfer.getData("text");
```

当检索数据时，需要使用与存储数据时所使用的相同的 MIME 类型。

警告

并不是所有的浏览器都能够识别所有的 MIME 类型。在本示例中，你可能认为应该使用 text/plain。虽然 Firefox 和 Opera 可以使用该类型，但 Chrome 或 IE 却不支持。但如果使用 text，那么所有的浏览器都可以正常识别。

使用放置效果

dataTransfer 对象的另一个用途是向用户提供关于项目被放置时将要执行操作的反馈。该反馈被称为放置效果(drop effect)，共有四种可能的值。

- copy：将所选择的元素复制到目标位置。
- move：将所选择的元素移动到目标位置。
- link：在目标位置创建所选择项目的链接。
- none：不允许放置操作。

当开始拖动一个项目时，光标会发生变化，以表明项目被放置在当前目标元素上时将发生的放置效果。这是标准的用户界面，在大多数应用程序上都会看到。例如，打开任何文本编辑器并选择一些文本，然后开始拖动该文本。此时根据想要移动位置的不同，应该看到光标变为移动光标，或者"禁止"光标。如果在移动之前按下 Ctrl 键，那么看到的将是复制光标，而不是移动光标。

在 dragstart 事件处理程序中，可以根据所选择的源元素指定允许的放置效果。如果想要指定多种效果，只需要将不同的效果连接起来(例如 copyMove)即可，或者像下面所示的代码那样指定所有效果：

```
e.dataTransfer.effectAllowed = "all"; // "copy", "link", "move", "copyLink", "linkMove",
"copyMove"
```

然后，在 dragover 事件中指定源元素被放置时所发生的放置效果。如果所指定的效果是允许的效果之一，那么光标发生变化，以表明对应的放置效果。但如果指定的效果不被允许，则光标使用"禁止"图标。如果放置的位置不是有效位置，那么可以将放置效果设置为 none，如下所示：

```
if (validLocation) {
    e.dataTransfer.dropEffect = "move";
}
else {
    e.dataTransfer.dropEffect = "none";
}
```

24.1.3　启用可拖动元素

到目前位置，你已经知道，通过在 dragover 事件中将放置效果设置为 none，可以禁用元素上的 drop 事件。但如何控制哪些元素可以开始拖动呢？答案很简单：在标记中设置元素的 draggable 特性。例如，为了创建一个可拖动的 div 元素，可以输入下面所示的标记：

```
<div id="myDiv" draggable="true">
    <p>This div is draggable</p>
</div>
```

在默认情况下，图像和链接都是可拖动的。访问 google.com，并尝试拖动 Google 标志。你会看到在移动光标的过程中，图像的副本也被拖动。

如果将该图像拖动到一个 Firefox 浏览器窗口中，Firefox 将会导航到该图像。这就是拖放操作。因为使用拖放是一种比较自然的工作方式，所以大多数的浏览器都尽可能地适应这种工作方式。例如，如果从文本编辑器拖动一些类似于 URL 的文本到浏览器中，那么浏览器就会尝试导航到该地址。而如果将一个图像文件拖动到浏览器中，浏览器会导航到该图像或者进行下载。

但有时，该默认浏览器操作可能会使自定义代码产生问题。练习 24-3 将会演示如何禁用默认操作。

注意

关于 DnD API 的更多信息，可以参见 W3C 规范：http://dev.w3.org/html5/spec/single-page. html#dnd。

24.2　创建跳棋应用程序

为了演示 DnD API 的使用，接下来创建一个 Web 应用程序，显示一个红色和白色方格交替的典型跳棋棋盘。首先使用图像文件来表示棋子并显示在初始位置。然后创建允许将棋子移动到不同方格的事件处理程序。最后添加逻辑禁止非法移动。

提示

在本章中，将通过在项目中添加和修改代码来增加应用程序功能。如果你对所做的任何更改存在疑惑，可以参考附录 B 中列出的完整代码。也可以通过源代码下载获取相关代码。

24.2.1　创建项目

首先，创建单个 Web 页面 Checkers。

练习 24-1　创建 Web 项目

(1) 创建一个 HTML 文件 Checkers.html，并输入以下典型标记。

```
<!DOCTYPE html>

<html lang="en">
    <head>
        <meta charset="utf-8" />
        <title>Chapter 24-Checkers</title>
        <link rel="stylesheet" href="Checkers.css" />
        <script src="Checkers.js" defer></script>
    </head>
    <body>
    </body>
</html>
```

(2) 创建新的 Checkers.js 脚本文件；我们将在该文件中添加代码来完成所有练习。

(3) 创建新的用来保存样式规则的 Checkers.css 文件。

(4) 文本的源代码下载中包括了一个带有五张图像的 Images 文件夹。请在 Web 项目中创建一个 Images 文件夹并将这五张图像复制到文件夹中。

24.2.2　绘制跳棋棋盘

为了绘制棋盘，需要为每个方格使用一个独立的 div 元素。此时共需要 8×8 个 div 元素。可以在 HTML 文档中手动创建 64 个 div 元素。但为了提高效率，我们将使用 JavaScript 创建这些元素。

注意

在前一章，使用了 canvas 元素绘制国际象棋棋盘。但该元素并不适用于跳棋应用程序，因为针对每个方格都需要独立的 DOM 元素。此时你可能会想到使用 SVG 创建跳棋棋盘，因为每个 rect 元素都是一个独立的 DOM 元素；但 SVG 元素并不支持 DnD API。

练习 24-2　绘制棋盘

(1) 在 body 元素中插入一个 div 元素；该元素将包含整个跳棋棋盘。

```
<body>
    <div id="board">
    </div>
</body>
```

(2) 向 Checkers.js 文件添加下面所示的实现过程。

```
"use strict";

function createBoard() {
    var board = document.getElementById("board");

    for (var y=0; y < 8; y++) {
        var row = document.createElement("div");
        row.className = "row";
        board.appendChild(row);

        for (var x=0; x < 8; x++) {
            var square = document.createElement("div");
            square.id = x.toFixed() + y.toString();
            if ((x + y) % 2) {
                square.className = "bblack";
            }
            else {
                square.className = "bwhite";
            }
                square.setAttribute("draggable", "false");
                row.appendChild(square);
            }
        }
    }
}
createBoard();
```

上述代码使用了两个嵌套的 for 循环创建所需的 div 元素。第一个循环为每行创建一个 div 元素。在第二个循环中，通过连接 x 和 y 变量计算出 id 变量。class 特性在 bwhite 和 bblack 之间切换。对于偶数行，偶数列为黑色，奇数列为白色。奇数行与之相反。同时 draggable 特性都被设置为 false，因为我们并不希望方格可以被拖动，只有棋子可以被拖动。

(3) 现在，需要添加一些样式规则来设置每个方格的大小和颜色。行使用 display:table-row，而方格使用 display:table-cell(详细内容请参见第 13 章)。请向 Checkers.css 文件添加下面所示的样式规则。

```
.row {
    display: table-row;
```

```
        margin: 0;
        padding: 0;
}
.bblack, .bwhite {
        display: table-cell;
        border-color: #b93030;
        border-width: 1px;
        border-style: solid;
        width: 48px;
        height: 48px;
        margin: 0;
        padding: 0;
}
.bblack {
        background-color: #b93030;
}
.bwhite {
        background-color: #f7f7f7;
}
```

(4) 保存所做的修改并在浏览器中显示 Checkers.html 文件。页面应该如图 24-2 所示。

图 24-2　初始棋盘

(5) 接下来通过在合适的 div 元素中添加一个 img 元素来添加棋子。请在 createBoard()
函数中添加下面粗体显示的代码。

```
else {
        square.className = "bwhite";
}

// If the square should have a piece in it...
if ((x + y) % 2 != 0 && y != 3 && y != 4) {
        var img = document.createElement("img");
        if (y < 3) {
                img.id = "w" +square.id;
                img.src = "Images/WhitePiece.png";
        }
        else {
                img.id = "b" + square.id;
                img.src = "Images/BlackPiece.png";
        }

        img.className = "piece";
```

```
        img.setAttribute("draggable", "true");
        square.appendChild(img);
    }

    squar.setAttribute("draggable", "false");
    row.appendChild(square);
```

为了确定合适的方格，第一条规则是棋子只能位于黑色(或者图中红色)方格内。所以，上述代码使用了与计算 class 特性相同的(x + y) % 2 != 0 逻辑。第二条规则是棋子只能放置在顶部三行和底部三行的方格内，所以代码排除了第 3 行和第 4 行。如果行数小于 3，则添加白色棋子，其他行添加黑色棋子。同时，img 元素的 id 特性等于方格的 id 加上前缀 w 或者 b。请注意，img 元素的 draggable 特性都被设置为 true。

(6) img 元素的 class 特性被设置为 piece。现在，向 Checkers.css 文件添加下面的规则，添加内边距，以便棋子位于方格的中心位置。

```
.piece {
    margin-left: 4px;
    margin-top: 4px;
}
```

(7) 刷新浏览器，应该看到如图 24-3 所示的跳棋棋子。

图 24-3 带有棋子的初始跳棋棋盘

24.3 添加拖放功能

每个 img 元素都添加了 draggable 特性，以便可以选择并进行拖动。但是请注意，目前任何方格都不接受放置操作，因此光标显示了“禁止”图标。如果想要尝试一些默认的浏览器功能，可以将一个图像拖动到地址栏；此时浏览器将会导航到该图像的 URL。接下来添加启用拖动的代码，以便开始移动棋子。然后再完善代码，从而确保仅允许合法的移动。

24.3.1　允许放置

在拥有了可拖动的元素之后，想要完成一次拖放操作还需要一个可接受放置的元素。为此，需要一个 dragover 事件的事件处理程序来设置放置效果。在默认情况下，effectAllowed 属性被设置为 all，所以将放置效果设置为 move、copy 或 link 都是有效的。

练习 24-3　实现放置

(1) 使用下面的代码向 Checkers.js 脚本添加 allowDrop() 函数。该代码首先使用了第 16 章所介绍的 querySelectorAll() 函数获取所有的黑色方格。然后遍历所返回的集合并为 dragover 事件注册事件处理程序。

```
function allowDrop() {
    // Wire up the target events on all the black squares
    var squares = document.querySelectorAll('.bblack');
    var i = 0;
    while (i < squares.length) {
        var s = squares[i++];
        // Add the event listeners
        s.addEventListener('dragover', dragOver, false);
    }
}
```

(2) 使用下面的代码实现 dragover 事件处理程序。dragover() 函数首先调用 preventDefault() 函数取消浏览器的默认操作。然后获取 dataTransfer 对象并将 dropEffect 属性设置为 move。

```
// Handle the dragover event
function dragOver(e) {
    e.preventDefault();
    e.dataTransfer.dropEffect = "move";
}
```

(3) 在 Checkers.js 文件中添加对 allowDrop() 函数的调用。

```
allowDrop();
```

(4) 刷新浏览器并尝试拖动一个棋子。此时在所有的黑色方格上都会看到移动光标，但在白色方格上却是"禁止"光标。可以试着在一个空白的黑色方格上放置棋子。由于目前还没有实现 drop 事件处理程序，因此浏览器将执行默认的放置操作，可能会导航到该图像文件(具体操作视浏览器而定)。

24.3.2　执行自定义放置操作

此时，默认操作并不是我们所期望的操作，所以需要实现 drop 事件处理程序并提供自定义逻辑。drop 事件处理程序是完成实际工作的地方。也就是前面垃圾桶示例中实际删除文件的地方。而对于跳棋应用程序来说，放置操作将会在目标位置创建一个新的 img 元素，并删除以前的图像。

为了实现放置操作，还需要提供 dragstart 事件处理程序。在该事件处理程序中，将被拖动 img 元素的 id 存储在 dataTransfer 对象中。最终 drop 事件处理程序使用该 id 来确定删除哪个元素。

(1) 向 Checkers.js 脚本添加下面的函数，用作 dragstart 事件处理程序。该代码获取了源元素(即所选择的棋子图像)的 id(请记住，dragstart 事件是在源元素上触发的)。而该 id 存储在 dataTransfer 对象中。此外，还将允许的放置效果设置为 move，因为接下来将要移动图像。

```
// Handle the dragstart event
function dragStart(e) {
    e.dataTransfer.effectAllowed = "move";
    e.dataTransfer.setData("text", e.target.id);
}
```

(2) 为了提供 drop 事件处理程序，请向 Checkers.js 脚本添加下面的代码。

```
// Handle the drop event
function drop(e) {
    e.stopPropagation();
    e.preventDefault();

    // Get the img element that is being dragged
    var droppedID = e.dataTransfer.getData("text");
    var droppedPiece = document.getElementById(droppedID);

    // Create a new img on the target location
    var newPiece = document.createElement("img");
    newPiece.src = droppedPiece.src;
    newPiece.id = droppedPiece.id.substr(0, 1) + e.target.id;
    newPiece.draggable = true;
    newPiece.classList.add("piece");
    newPiece.addEventListener("dragstart", dragStart, false);
    e.target.appendChild(newPiece);

    // Remove the previous image
    droppedPiece.parentNode.removeChild(droppedPiece);
}
```

上述代码首先调用 stopPropagation() 函数防止事件冒泡到父元素。其次调用 preventDefault()函数取消浏览器的默认操作。然后从 dataTransfer 对象获取 id 并访问对应的 img 元素。紧接着创建一个新的 img 元素并设置所有必需的属性以及添加必要的事件处理程序。如前所述，drop 事件是在目标元素(即被放置的元素)上触发的。新 img 元素的 id 是根据新位置的 id 计算而来，而新位置是从 event 对象的 target 属性获取。同时从已有的 img 元素中复制 ID 前缀(b 或 w)。最后，删除已有的 img 元素。

(3) 接下来需要连接事件处理程序。请向 allowDrop()函数添加下面粗体显示的代码。

```
var squares = document.querySelectorAll('.bblack');
var i = 0;
while (i < squares.length) {
    var s = squares[i++];
    // Add the event listeners
    s.addEventListener('dragover', dragOver, false);
    s.addEventListener('drop', drop, false);
```

```
}

// Wire up the source events on all of the images
i = 0;
var pieces = document.querySelectorAll('img');
while (i < pieces.length) {
    var p = pieces[i++];
    p.addEventListener('dragstart', dragStart, false);
}
```

将 drop 事件处理程序添加给方格，因为它们都是目标元素。而 dragstart 事件处理程序添加给 img 元素。上述代码使用 querySelectorAll()函数获取了所有的 img 元素。

(4) 重启浏览器，此时可以将棋子拖动到任何未被占用的红色方格中。

24.3.3 提供视觉反馈

当拖动一个元素时，如果可以向用户提供一些视觉反馈来表明所选择的对象，那将是一个非常好的主意。如前所述，通过在 dragover 事件处理程序中设置 dropEffect 属性，可以通过光标表明放置是否被允许。但可以实现的视觉反馈远非如此。源元素和目标元素从视觉上都应该突出显示，以便用户可以更容易地知道释放鼠标按钮时棋子将从目前位置移动到哪里。

为此，首先动态地向源元素和目标元素添加 class 特性。然后使用常见的 CSS 样式规则进行样式设计。对于源元素来说，使用 dragstart 和 dragend 事件来添加和删除 class 特性。而对于目标元素，则使用 dragenter 和 dragleave 事件。

练习 24-4 添加视觉反馈

(1) 前面已经添加了 dragstart 事件处理程序；请向 dragStart()函数添加下面粗体显示的代码，为元素添加 selected 类。

```
function dragStart(e) {
e.dataTransfer.effectAllowed = "all";
e.dataTransfer.setData("text/plain", e.target.id);
e.target.classList.add("selected");
}
```

(2) 使用下面的代码添加 dragEnd()函数，当拖动操作完成时删除 selected 类。

```
// Handle the dragend event
function dragEnd(e) {
    e.target.classList.remove("selected");
}
```

(3) 使用下面的代码添加 dragEnter()和 dragLeave()函数。这两个函数分别向元素添加和删除 drop 类。

```
// Handle the dragenter event
function dragEnter(e) {
    e.target.classList.add('drop');
}
```

```
// Handle the dragleave event
function dragLeave(e) {
    e.target.classList.remove("drop");
}
```

（4）由于已经添加了三个新的事件处理程序，因此需要添加代码来注册事件监听器。向 allowDrop() 函数添加下面粗体显示的代码。

```
var squares = document.querySelectorAll('.bblack');
var i = 0;
while (i < squares.length){
    var s = squares[i++];
    // Add the event listeners
    s.addEventListener('dragover', dragOver, false);
    s.addEventListener('drop', drop, false);
    s.addEventListener('dragenter', dragEnter, false);
    s.addEventListener('dragleave', dragLeave, false);
}
i = 0;
var pieces = document.querySelectorAll('img');
while (i < pieces.length){
    var p = pieces[i++];
    p.addEventListener('dragstart', dragStart, false);
    p.addEventListener('dragend', dragEnd, false);
}
```

（5）现在，需要对 drop 事件处理程序进行一些修改。前面已经在 dragenter 事件中将 drop 类添加到目标元素，并在 dragleave 事件中将其删除。然而，如果放置图像，则不会触发 dragleave 事件。所以还需要在 drop 事件中删除 drop 类。此外，当创建新的 img 元素时，需要连接 dragend 事件处理程序。

（6）添加下面粗体显示的代码。

```
// Create a new img on the target location
var newPiece = document.createElement("img");
newPiece.src = droppedPiece.src;
newPiece.id = droppedPiece.id.substr(0, 1) + e.target.id;
newPiece.draggable = true;
newPiece.classList.add("piece");
newPiece.addEventListener("dragstart", dragStart, false);
newPiece.addEventListener("dragend", dragEnd, false);
e.target.appendChild(newPiece);

// Remove the previous image
droppedPiece.parentNode.removeChild(droppedPiece);

// Remove the drop effect from the target element
e.target.classList.remove('drop');
```

（7）最后，为 drop 和 selected 值定义 CSS 规则。此时我选择了设置 opacity 特性，当然你也可以添加边框、更改背景颜色或者实现任意数量的效果来达到所期望的效果。向 Checkers.css 文件添加下面的规则：

```
.bblack.drop {
opacity: 0.5;
}
```

```
.piece.selected {
opacity: 0.5;
}
```

(8) 刷新浏览器并尝试将一个图像拖动到红色方格中；此时应该看到所期望的视觉反馈，如图 24-4 所示。

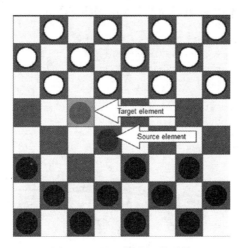

图 24-4　显示拖动视觉反馈

24.4　执行游戏规则

你可能已经注意到，棋子可以被移动到任何红色方格内。目前的游戏实现没有执行任何规则来确保完成一次合法的移动。接下来添加相关逻辑。需要使用以下事件：

- dragover：针对非法移动，将 dropEffect 设置为 none。
- dragenter：仅针对有效放置位置设置样式。
- drop：只有当移动合法时才执行移动。

首先实现一个 isValidMove()函数来评估尝试的移动，并在非法移动时返回 false。然后在以上三个事件处理程序中调用该函数。

24.4.1　验证移动

幸运的是，跳棋游戏中的规则是非常简单的。因为前面没有为白色方格添加 dragover 事件处理程序，所以禁止在白色方格内放置棋子，从而进一步简化了所需完成的工作。下面是需要执行的游戏规则：

- 不能移动到已经被占用的方格内。
- 棋子只能向前移动。
- 棋子只能对角线移动一格或者两格(如果跳过了一个已占用方格)。
- 只能跳过不同颜色的棋子。
- 被跳过的棋子必须从棋盘上删除。

注意

稍后还会添加逻辑来处理如何使一个棋子晋升为王。

练习 24-5 执行规则

(1) 在 Checkers.js 脚本中添加下面的代码，实现 isValidMove()函数。

```javascript
function isValidMove(source, target, drop) {
    // Get the piece prefix and location
    var startPos = source.id.substr(1, 2);
    var prefix = source.id.substr(0, 1);

    // Get the drop location, strip off the prefix, if any
    var endPos = target.id;
    if (endPos.length > 2) {
        endPos = endPos.substr(1, 2);
    }

    // You can't drop on the existing location
    if (startPos === endPos) {
        return false;
    }

    // You can't drop on occupied square
    if (target.childElementCount != 0) {
        return false;
    }

    // Compute the x and y coordinates
    var xStart = parseInt(startPos.substr(0, 1));
    var yStart = parseInt(startPos.substr(1, 1));
    var xEnd = parseInt(endPos.substr(0, 1));
    var yEnd = parseInt(endPos.substr(1, 1));

    switch (prefix) {
        // For white pieces...
        case "w":
            if (yEnd <= yStart)
                return false; // Can't move backwards
            break;
        // For black pieces...
        case "b":
            if (yEnd >= yStart)
                return false; // Can't move backwards
            break;

    }
// These rule apply to all pieces
if (yStart === yEnd || xStart === xEnd)
    return false; // Move must be diagonal
// Can't move more than two spaces
if (Math.abs(yEnd-yStart) > 2 || Math.abs(xEnd-xStart) > 2)
return false;
// If moving two spaces, find the square that is jumped
if (Math.abs(xEnd-xStart) === 2) {
var pos = ((xStart + xEnd) / 2).toString() +
```

```
((yStart + yEnd) / 2).toString();
var div = document.getElementById(pos);
if (div.childElementCount === 0)
return false; // Can't jump an empty square
var img = div.children[0];
if (img.id.substr(0, 1).toLowerCase() === prefix.toLowerCase())
return false; // Can't jump a piece of the same color

        // If this function is called from the drop event
        // Remove the jumped piece
        if (drop) {
            div.removeChild(img);
        }
    }

    return true;
}
```

isValidMove()函数的参数包括了源元素和目标元素。请记住，源元素是一个 img 元素，其 id 特性是颜色(w 或 b)和 x 以及 y 坐标的组合。目标元素是一个 div 元素，其 id 特性为 x 坐标和 y 坐标。在上面的代码中已经添加了许多注释，所以代码的含义应该非常明了，但仍然有一些有趣点需要提一下。

- 为了确定一个方格是否被占用，可以检查 childElementCount 属性。如果为 0，则表示空方格。
- 对于白色棋子来说，向前移动意味着 y 坐标增加，而对于黑色棋子来说则恰好相反。为了处理这种情况，函数使用了一个 switch 语句为不同颜色的棋子应用了不同规则。
- 如果棋子移动了两格，那么函数需要检查被跳过的方格，其位置由起始位置和结束位置的平均值确定。
- 如果该方格被占用，则检查方格内的棋子是否是同一颜色。代码首先获取子元素，即方格中的 img 元素。然后根据 id 特性的前缀确定颜色。在进行颜色比较之前，代码将前缀转换为小写。相关内容稍后介绍。
- 如果跳过了不同颜色的棋子，则将其删除，因为代码中已经有了 img 元素。但只有从 drop 事件中调用该函数时才会完成删除操作(可以通过 isValidMove()函数的第三个参数指定)。其他的两个事件(dragOver 和 dragEnter)仅使用该函数验证移动，但并不会实际移动棋子，因此第三个参数为 false。

(2) 接下来更改 dragover 事件，以便在设置 dropEffect 之前验证移动。使用下面的代码替换现有的 dragOver()函数实现。新代码首先从 dataTransfer 对象获取被拖动 img 元素的 id，然后使用该 id 获取对应的元素，并将其与目标元素(通过 event 对象(e.target)获取)一起传递给 isValidMove()函数。只有是合法移动时才将 dropEffect 设置为 move。

```
function dragOver(e) {
    e.preventDefault();

    // Get the img element that is being dragged
    var dragID = e.dataTransfer.getData("text");
    var dragPiece = document.getElementById(dragID);

    // Work around-if we can't get the dataTransfer, don't
```

```
        // disable the move yet, the drop event will catch this
        if (dragPiece) {
            if (e.target.tagName === "DIV" &&
                isValidMove(dragPiece, e.target, false)) {
                e.dataTransfer.dropEffect = "move";
            }
            else {
                e.dataTransfer.dropEffect = "none";
            }
        }
    }
```

警告

在编写本书时，Chrome、IE 和 Opera 并不允许在 dragEnter 和 dragOver 事件中访问 dataTransfer 对象。但在 drop 事件中却是允许的。此时即使源对象不可用，dragOver 事件的代码也是允许移动的。游戏仍然会正常运行，因为 drop 事件会忽略任何非法移动，但对于用户体验来说却不是最理想的。而 dragEnter 事件用来使用 drop 类进行样式设计，同样也不会正常工作。因此，在本章的后续练习中，将使用 Firefox 测试应用程序。

(3) 使用下面的代码替换 dragEnter() 函数的实现过程。从本质上讲，该代码与 dragOver() 函数是相同的，只不过此时是向元素添加 drop 类，而不是设置 dropEffect。

```
function dragEnter(e) {
    // Get the img element that is being dragged
    var dragID = e.dataTransfer.getData("text");
    var dragPiece = document.getElementById(dragID);
    if (dragPiece &&
        e.target.tagName === "DIV" &&
        isValidMove(dragPiece, e.target, false)) {
        e.target.classList.add('drop');
    }
}
```

(4) 对于 drop() 函数，可以在一个 if 语句中封装执行放置操作的代码，并添加下面粗体显示的代码来验证移动。请注意，此时向 isValidMove() 函数的第三个参数传递了 true 值。

```
if (droppedPiece &&
    e.target.tagName === "DIV" &&
    isValidMove(droppedPiece, e.target, true)) {
    // Create a new img on the target location
    var newPiece = document.createElement("img");
    newPiece.src = droppedPiece.src;
    newPiece.id = droppedPiece.id.substr(0, 1) + e.target.id;
    newPiece.draggable = true;
    newPiece.classList.add("piece");
    newPiece.addEventListener("dragstart", dragStart, false);
    newPiece.addEventListener("dragend", dragEnd, false);
    e.target.appendChild(newPiece);

    // Remove the previous image
    droppedPiece.parentNode.removeChild(droppedPiece);

    // Remove the drop effect from the target element
    e.target.classList.remove('drop');
}
```

(5) 完成了上述更改后，运行应用程序。此时应该只允许完成合法移动。如果跳过一个棋子，那么该棋子应该从棋盘中删除。

24.4.2　晋升为王

在跳棋游戏中，如果一个棋子一直向前移动到最后一行，那么该棋子就会晋升为王。王的移动方式与普通棋子的移动方式相同，只不过王还可以向后移动。接下来添加代码检查是否需要将一个棋子晋升为王。为了晋升一个棋子，首先需要更改所显示的图像，从而表明是一个王。然后还要更改 id 前缀，使用字母 B 或 W。最后为王应用不同的规则。

可以将所有的逻辑放在单个函数 kingMe()中，每发生一次放置操作时调用该函数。如果棋子已经是一个王或者没有处在最后一行，则函数返回。否则，完成晋升操作。

练习 24-6　添加晋升操作

(1) 向 Checkers.js 脚本添加 kingMe()函数。

```
function kingMe(piece) {

    // If we're already a king, just return
    if (piece.id.substr(0, 1) === "W" || piece.id.substr(0, 1) === "B")
        return;

    var newPiece;

    // If this is a white piece on the 7th row
    if (piece.id.substr(0, 1) === "w" && piece.id.substr(2, 1) === "7") {
        newPiece = document.createElement("img");
        newPiece.src = "Images/WhiteKing.png";
        newPiece.id = "W" + piece.id.substr(1, 2);
    }

    // If this is a black piece on the 0th row
    if (piece.id.substr(0, 1) === "b" && piece.id.substr(2, 1) === "0") {
        var newPiece = document.createElement("img");
        newPiece.src = "Images/BlackKing.png";
        newPiece.id = "B" + piece.id.substr(1, 2);
    }

    // If a new piece was created, set its properties and events
    if (newPiece) {
        newPiece.draggable = true;
        newPiece.classList.add("piece");

        newPiece.addEventListener('dragstart', dragStart, false);
        newPiece.addEventListener('dragend', dragEnd, false);

        var parent = piece.parentNode;
        parent.removeChild(piece);
        parent.appendChild(newPiece);
    }
}
```

如果 id 前缀为 B 或 W(表明棋子已经是一个王)，则 kingMe()函数直接返回。然后检查在第 7 行是否有白色棋子，或者第 0 行是否有黑色棋子。如果有，则创建带有合适 src 和 id 特性的新 img 元素。一旦创建了新 img 元素，函数就会设置所有的属性和事件，从 div 元素中删除现有的 img 元素并添加新 img 元素。

(2) 请添加下面粗体显示的代码行，修改 drop()函数，以便在完成一次放置操作后调用 kingMe()函数。

```
// Remove the previous image
droppedPiece.parentNode.removeChild(droppedPiece);

// Remove the drop effect from the target element
e.target.classList.remove('drop');

// See if the piece needs to be promoted
kingMe(newPiece);
```

提示

当实现 isValidMove()函数时，阻止棋子向后移动的规则仅适用于带有前缀 b 或 w 的 img 元素。由于王使用的是字母 B 或 W，因此该规则并不适用，所以王可以向后移动。此外，当跳过一个棋子时，首先将前缀都转换为小写字母，然后再进行比较，这样，白色棋子既可以跳过黑色棋子，也可以跳过黑色的王。

(3) 尝试移动棋子，直到到达最后一行。此时应该看到图像发生了变化，表明棋子已经是一个王，如图 24-5 所示。

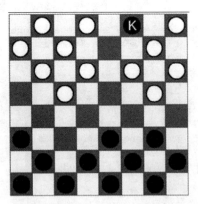

图 24-5　带有一个王的跳棋棋盘

(4) 一旦拥有了一个王，就可以尝试向后移动，并跳过其他棋子。

24.4.3　依次移动

你可能已经注意到，应用程序并没有强制每位玩家依次轮流走棋。接下来实现相关逻辑。一般来说，在每完成一次移动后(由 drop 事件进行处理)，应该将所移动颜色对应的所有棋子的 draggable 特性设置为 false，从而防止再次移动相同颜色的棋子。但该规则也存在一个例外，所以需要完成一些额外的工作。如果跳过了一个棋子，那么只要还可以完成另一次跳跃，相同的棋子就可以再移动一次。

首先实现一般规则。创建一个新的函数 enableNextPlayer()。该函数使用 querySelectorAll() 函数获取所有的 img 元素。然后根据 id 前缀将 draggable 特性设置为 true 或 false。稍后还会添加特殊代码来处理跳跃条件。

练习 24-7 依次走棋

(1) 向 Checkers.js 脚本添加 enableNextPlayer()函数。

```
function enableNextPlayer(piece) {

    // Get all of the pieces
    var pieces = document.querySelectorAll('img');

    var i = 0;
    while (i < pieces.length) {
        var p = pieces[i++];

        // If this is the same color that just moved, disable dragging
        if (p.id.substr(0, 1).toUpperCase() ===
            piece.id.substr(0, 1).toUpperCase()) {
            p.draggable = false;
        }
        // Otherwise, enable dragging
        else {
            p.draggable = true;
        }
    }
}
```

(2) 在 isValidMove()函数的末尾添加下面粗体显示的代码。当完成一次放置操作时调用 enableNextPlayer()函数。

```
        // Set the draggable attribute so the next player can take a turn
        if (drop) {
            enableNextPlayer(source);
        }
        return true;
}
```

注意

通常，在 drop()函数中调用 enableNextPlayer()函数可能更有意义。但只有 isValidMove()函数知道发生了跳跃，所以需要在该函数中添加相同逻辑，并在一般规则应用之后再应用特殊规则。

(3) drop()函数创建了一个新的 img 元素，并将 draggable 设置为 true。接下来需要根据现有棋子的 draggable 特性设置新 img 元素的 draggable 特性。请使用粗体显示的代码替换 drop()函数中现有的代码行：

```
// Create a new img on the target location
var newPiece = document.createElement("img");
newPiece.src = droppedPiece.src;
newPiece.id = droppedPiece.id.substr(0, 1) + e.target.id;
```

```
newPiece.draggable = droppedPiece.draggable;

newPiece.classList.add("piece");
newPiece.addEventListener("dragstart", dragStart, false);
newPiece.addEventListener("dragend", dragEnd, false);
e.target.appendChild(newPiece);
```

(4) 更改 dragStart 事件处理程序，以便在元素不可拖动时忽略该事件。向 dragStart()
函数添加下面粗体显示的代码：

```
function dragStart(e) {
    if (e.target.draggable) {
        e.dataTransfer.effectAllowed = "move";
        e.dataTransfer.setData("text/plain", e.target.id);
        e.target.classList.add("selected");
    }
}
```

下面实现特殊的跳跃逻辑。如果一个棋子完成了一次跳跃，那么应该将其 draggable 特
性设置回 true，以便允许它再进行一次移动。同时，向 classList 添加 jumpOnly 类，从而强
制规定所允许的移动只能是另一次跳跃。

(5) 向 isValidMove() 函数添加下面粗体显示的代码。该代码在 classList 中搜索
jumpOnly，并相应地设置 jumpOnly 标志。

```
var jumpOnly = false;
if (source.classList.contains("jumpOnly")) {
    jumpOnly = true;
}

// Compute the x and y coordinates
var xStart = parseInt(startPos.substr(0, 1));
var yStart = parseInt(startPos.substr(1, 1));
```

(6) 再向 isValidMove() 函数添加下面粗体显示的代码。第一段粗体代码添加了规则，
确保在 jumpOnly 为 true 时完成一次跳跃。第二段粗体代码设置了 jumped 标志，从而表明
只能完成一次跳跃移动。

```
// These rule apply to all pieces
if (yStart === yEnd || xStart === xEnd)
    return false; // Move must be diagonal

// Can't move more than two spaces
if (Math.abs(yEnd-yStart) > 2 || Math.abs(xEnd-xStart) > 2)
    return false;

// Only jumps are allowed
if (Math.abs(xEnd-xStart) === 1 && jumpOnly)
    return false;

var jumped = false;

// If moving two spaces, find the square that is jumped
if (Math.abs(xEnd-xStart) === 2) {
    var pos = ((xStart + xEnd) / 2).toString() +
              ((yStart + yEnd) / 2).toString();
    var div = document.getElementById(pos);
```

```
    if (div.childElementCount === 0)
        return false; // Can't jump an empty square
    var img = div.children[0];
    if (img.id.substr(0, 1).toLowerCase() === prefix.toLowerCase())
        return false; // Can't jump a piece of the same color

    // If this function is called from the drop event
    // Remove the jumped piece
    if (drop) {
        div.removeChild(img);
        jumped = true;
    }
}
```

（7）在 isValidMove()函数的末尾，添加下面的粗体代码。在完成一次跳跃后，重写 draggable 特性，并将 jumpOnly 添加到 classList 中。

```
if (drop) {
    enableNextPlayer(source);

    // If we jumped a piece, we're allowed to go again
    if (jumped) {
        source.draggable = true;
        source.classList.add("jumpOnly"); // But only for another jump
    }
}
```

注意

enableNextPlayer()函数首先禁用了当前玩家所有的棋子，并启用了其他玩家的棋子。然后启用了刚刚完成跳跃的棋子。此时，刚完成跳跃的棋子可以再跳跃一次，或者下一位玩家可以移动棋子。这两种操作都是有效的，所以都被允许。

（8）添加下面的粗体代码，修改 drop()函数，当创建新 img 元素时将 jumpOnly 添加到 classList 中。

```
// Create a new img on the target location
var newPiece = document.createElement("img");
newPiece.src = droppedPiece.src;
newPiece.id = droppedPiece.id.substr(0, 1) + e.target.id;

newPiece.draggable = droppedPiece.draggable;

if (droppedPiece.draggable){
    newPiece.classList.add("jumpOnly");
}

newPiece.classList.add("piece");
```

（9）当完成下一步移动后，需要从 classList 中清除 jumpOnly。请在 enableNextPlayer() 函数中添加下面粗体所示的代码。

```
function enableNextPlayer(piece) {

    // Get all of the pieces
    var pieces = document.querySelectorAll('img');
```

```
        var i = 0;
        while (i < pieces.length) {
            var p = pieces[i++];

            // If this is the same color that just moved, disable dragging
            if (p.id.substr(0, 1).toUpperCase() ===
                piece.id.substr(0, 1).toUpperCase()) {
                p.draggable = false;
            }
            // Otherwise, enable dragging
            else {
                p.draggable = true;
            }

            p.classList.remove("jumpOnly");
        }
    }
```

(10) 测试应用程序，确保每位玩家轮流走棋。此外，验证一下是否可以进行连续跳跃。

注意

对于黑色棋子和白色棋子来说，draggable 特性初始都被设置为 true，所以任何颜色的棋子都可以先走。如果想要指定先走棋子的颜色，可以更改用来创建初始 img 元素的 createBoard() 函数，将一种颜色对应的 img 元素的 draggable 特性设置为 false。我曾经做过一些调查，想弄清楚哪种颜色的棋子应该先走，但却发现结果各不相同。一些地方的人认为黑色棋子应该先走，而另一些人则认为白色棋子应该先走。但不管怎样，这只是一个游戏，谁先走又有什么区别呢？所以我决定实现上述逻辑，任何一方都可以先走。

24.5　使用高级功能

在完成本章内容之前，还有一些事情需要简要地介绍一下。首先演示如何使用自定义拖动图像。然后演示跨浏览器窗口拖动元素。

24.5.1　更改拖动图像

当拖动一个元素时，该元素的副本会随着光标在页面上的移动而移动。该图像副本被称为拖动图像(drag image)。也可以通过使用 dataTransfer 对象的 setDragImage()方法指定使用不同的图像。

在 Images 文件夹中有一个笑脸图像。请向 dragStart()函数添加下面粗体显示的代码，以便使用该图像作为拖动图像。

```
function dragStart(e) {
    if (e.target.draggable) {
        e.dataTransfer.effectAllowed = "move";
        e.dataTransfer.setData("text", e.target.id);

        e.target.classList.add("selected");

        // Use a custom drag image
```

```
    var dragIcon = document.createElement("img");
    dragIcon.src = "Images/smiley.jpg";
    e.dataTransfer.setDragImage(dragIcon, 0, 0);
  }
}
```

测试应用程序，当移动棋子时，会看到如图 24-6 所示的笑脸。

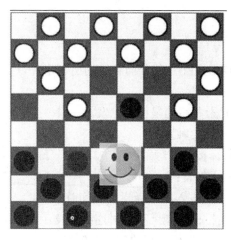

图 24-6　更改拖动图像

24.5.2　在窗口之间拖动

如本章开头所述，在源元素和目标元素上都触发了独立的事件。虽然这些元素可能位于不同的浏览器窗口中甚至不同的应用程序中，但处理过程却是相同的。

为了进行演示，请打开第二个浏览器实例并导航到跳棋应用程序。此时，应该看到两个显示跳棋棋盘的浏览器窗口。在一个窗口中选择一个棋子并拖动至第二个窗口的一个方格内。你将会注意到，只能在相对于第一个窗口初始位置的方格内放置棋子。当放置棋子时，该棋子移动到放置位置，但删除的是第二个窗口中的对应图像，而不是最初选择的图像。

跨窗口拖动的关键是 dataTransfer 对象。在目标对象上的 dragEnter、dragOver 和 dragLeave 事件中都会提供该对象。拖动从什么位置开始并不重要；相关信息会存储在 dataTransfer 对象中，并且会提供给任何支持这些事件的窗口。当 drop 事件接收到相关信息时，会删除 dataTransfer 对象中所指定位置的 img 元素。因为 drop 事件是在第二个窗口中处理的，所以也就从第二个窗口中删除了对应的 img 元素。

drag 和 dragEnd 事件是在源元素上触发的。在这些事件处理程序中编写的任何逻辑都只会在第一个窗口中执行。请注意，在拖动期间，所选择的 img 元素会变得暗淡，但是当完成放置操作时又恢复到原来的状态。这是因为在源元素上触发的 dragEnd 事件清除了 selected 类。

当可以控制两方面的操作时，可以决定哪些数据需要传输，并实现两组事件处理程序。但在大多数情况下，只能控制该过程的一个方面。例如，用户将一个文件从 Windows Explorer 拖动到 Web 页面。此时在 Windows Explorer 应用程序中所触发的 dragStart、drag

和 dragEnd 事件(或者等价事件)都是我们所不能控制的。但在 Web 页面上所触发的 dragEnter、dragOver、dragLeave 和 drop 事件却是可以控制的。可以根据所放置的元素以及 dataTransfer 对象的内容决定是否接受放置操作。此外，还可以控制放置操作完成时所发生的过程。

24.6 小结

在本章，介绍了作为 DnD API 一部分而触发的所有事件以及在哪些元素上触发这些事件。源元素接受以下事件：

- dragStart：当选择元素并移动鼠标时触发。
- drag：当鼠标移动时连续触发。
- dragEnd：当释放鼠标按钮时触发。

下面的事件在目标元素上触发：

- dragEnter：当鼠标首次进入目标元素的空间时触发。
- dragOver：当鼠标在目标元素上移动时连续触发。
- dragLeave：当鼠标离开目标元素的空间时触发。
- drop：当释放鼠标按钮时触发。

dataTransfer 对象用来传递关于源元素的信息。在所有的事件处理程序中都会提供该对象。尤其是 drop 事件处理程序使用该对象执行必要的处理。此外，该对象还允许实现跨应用程序拖动。

dragOver 事件处理程序负责设置 dropEffect，从而控制所使用的光标。如果将其设置为 None，则使用"禁止"光标，表示不能将源元素拖动到该位置。

为了提供一些视觉反馈，dragStart 和 dragEnd 事件处理程序应该修改源元素，从而表明该元素被选择和被拖动。同样，dragEnter 和 dragLeave 事件处理程序应该突出显示目标元素，从而让用户更加容易地了解所选择元素被放置的位置。

本章所创建的示例应用程序实现了一些复杂的规则，用来确定哪些元素可以被拖动，哪些元素可以被放置。

在下一章，将会学习如何使用 Indexed DB 技术，该技术提供了类似于客户端数据库的功能。

第 25 章

■ ■ ■

Indexed DB

随着浏览器功能的不断发展，需要在客户端提供越来越多的功能，并且在本地进行数据存储和操作的需求也在逐渐增加。为了满足这些需求，出现了 Indexed DB 技术。它是一种通过使用键和索引来存储和检索对象的 API。

本章将演示如何在客户端使用 Indexed DB 存储和使用数据。如果你曾经使用过 SQL 数据库，那么我要强调一点的是 Indexed DB 不是一个 SQL 数据库。一旦掌握了该技术的使用诀窍，你就会觉得它功能强大且非常有用，但想要真正掌握 Indexed DB，需要调整你的观点，在学习本章的过程中将使用 SQL 的经验放在一边。

为了演示 Indexed DB 的强大功能，本章将会重新编写第 23 章使用画布创建的国际象棋应用程序。在解释每一个练习时，我并不会详细介绍画布的相关内容。如果需要了解更多信息，可以参阅第 23 章。该应用程序的新版本将会创建对象来存储每个棋子的位置，然后在移动棋子时处理这些数据。

25.1　介绍 Indexed DB

在开始进行详细的演示之前，先介绍一些关键点，从而帮助你更好地理解 Indexed DB 的工作原理。与其他数据库一样，Indexed DB 中的数据也是放在一个持久数据存储中，即本地硬盘驱动器中。数据是永久性的。

在详细解释每一个数据库实体之前，先介绍一下这些实体以及它们之间的关系。一个数据库由对象存储(object stores)组成。每一个对象存储都是一个对象集合，且每个对象通过一个唯一键进行识别。而一个对象存储可以有一个或者多个索引。每个*索引(index)*提供了识别对象存储的键的另一种方法。如图 25-1 所示。

可以通过事务(transaction)对象访问对象存储。当创建事务时，必须定义其作用域，从而表明该事务将引用哪些对象存储以及对数据库是读取数据还是写入数据。

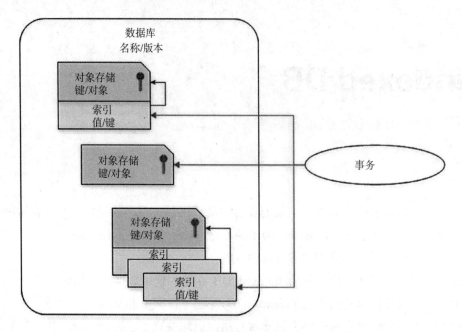

图 25-1 数据库实体

25.1.1   使用对象存储

主存储单元被称为对象存储。该名称非常恰当，因为对象存储就是一个通过键引用的对象的集合。可以将其视为一组名称-值对，其中值是一个带有一组属性的对象。可以使用一个内联键，即以一个对象属性作为键。例如，如果对象拥有一个具有唯一值的 id 属性，那么可以使用该属性作为内联键。而如果使用外联键，则必须在向存储添加一个对象时指定一个键。或者，也可以使用一个键生成器，此时对象存储将为你分配增量键值。下面所示的代码演示了这些替换方法：

```
// Using an inline key
var typeStore = db.createObjectStore("pieceType", { keyPath: "id" });
typeStore.add(pieceType);

// Using an out-of-line key
var sampleStore = db.createObjectStore("sample", { });
sampleStore.add(sample, 5);

// Using a key generator
var pieceStore = db.createObjectStore("piece", { autoIncrement: true });
pieceStore.add(piece);
```

顾名思义,还可以在对象存储上创建索引；事实上，可以创建所需的任何数量的索引。通过一个索引可以快速地找到一个特定对象或者对象集合。索引是一个名称-值对集合，其中值是对象存储中的一个键。例如，如果有一个客户对象存储，并且想要通过姓氏进行查找，那么可以在对象的 lastName 属性上创建一个索引。此时，数据库将在索引中为对象存储中的每个对象自动创建一个条目。该条目包含了姓氏以及该对象对应的键。下面所示的代码演示了如何使用索引：

```
// Create an index on the lastName property
customerStore.createIndex("lastName", "id", { unique: true });

// Get the index
var index = customerStore.index("lastName");
index.get(lastName).onsuccess = function(); // get the object
index.getKey(lastName).onsuccess = function(); // get the key
```

createIndex()函数的第二个参数(此时为 id)指定了键路径，从而告诉数据库引擎如何从对象中提取键值。对于内联键来说，该参数就是用来定义唯一键的属性名称。

Indexed DB 并不支持对象存储之间的关系。比如，不能强制执行外键关系。但是可以使用外键，即一个对象存储中的属性是另一个对象存储的键，相关内容稍后介绍。然而，数据库不强制执行此约束。 此外，也不能在对象存储之间执行连接。

25.1.2　定义数据库

当打开一个数据库时，需要实现三个事件处理程序。

- onsuccess：数据库被打开；可以完成一些事情。
- onerror：发生一个错误，可能是访问问题。
- onupgradeneeded：需要创建或者升级数据库。

当打开一个数据库时，如果该数据库不存在，则自动创建；此时将触发 onupgradeneeded 事件。所以，必须为该事件实现事件处理程序，创建对象存储并使用默认数据进行填充。该事件处理程序是唯一允许更改数据库结构的地方。需要重点记住的是 onupgradeneeded 事件是在 onsuccess 事件之前触发的。

open()调用还指定了版本号。如果所指定的不是当前版本，就会再次触发 onupgradeneeded 事件。事件处理程序需要更改数据库结构以匹配调用者所请求的版本。此外，还可以查询数据库的当前版本，如下所示：

```
var request = dbEng.open("Sample", 2); // get version 2

request.onupgradeneeded = function (event) {
    alert("Configuring database-current version is " + e.oldVersion +
            ", requested version is " + e.newVersion);
}
```

根据当前版本号，代码可能需要执行不同的操作。

25.1.3　异步处理

Indexed DB 的一个关键方面是它的异步处理(可能需要一段时间来习惯这种处理方法)；几乎所有的数据库操作都是异步完成的。一般模式是调用一个方法来完成一个数据库操作，比如打开数据库或者检索一组记录(对象)，同时返回一个请求对象。然后必须为该请求对象实现 onsuccess 和 onerror 事件处理程序。如果请求成功，则调用 onsuccess 事件处理程序，并将方法的结果通过 event 对象传递给处理程序。

对于需要多个数据库调用的复杂处理，则需要小心地嵌套事件处理程序，并考虑何时执行它们。例如，如果需要完成三个数据库请求，可以使用下面所示的代码：

```
var request = dbCall1()
request.onsuccess = function (e1) {
    f1(e1.target.result);

    dbCall2().onsuccess = function (e2) {
        f3(e2.target.result, e1.target.result);

        dbCall3().onsuccess = function (e3) {
            f5(e3.target.result, e2.target.result, e1.target.result);
        }

        f4(e2.target.result);

    }

    f2(e1.target.result);
}

request.onerror = function(e) {
    alert("The call failed");
}
```

上述代码依次调用了 dbCall1()、dbCall2() 和 dbCall3()，并依此顺序进行处理。换句话说，在 dbCall1() 完成并成功之前，dbCall2() 不会开始。每个调用都提供了 onsuccess 事件处理程序，从而进行下一个调用。如果第一个调用失败，则会触发警报信息。但执行非数据库调用的顺序却不是这样。当操作完成时，数据库调用立即返回，然后调用事件处理程序。一旦调用了 dbCall2()，就会马上返回并执行 f2()。当 dbCall2() 完成后，调用其事件处理程序，执行 f3()。

提示

onerror 事件会在层次结构中冒泡。例如，如果在请求对象上发生了一个错误并且没有处理，那么该错误将在事务对象上引发。如果还没有处理，则在数据库对象上引发。在大多数情况下，只需要在数据库级别使用单个事件处理程序来处理所有错误。

由于这种嵌套方法，事件处理程序可以访问来自前面调用的事件对象。因此，应该为事件参数使用唯一名称，从而避免产生歧义。此外，要注意使用闭包来访问这些事件对象。如前所示，在 f3() 之前调用 f2()，所以 dbCall1() 的事件处理程序(定义了 e1 参数)已经完成，并且在执行 dbCall2() 的事件处理程序时事件对象 e1 不再处于作用域之内。而 JavaScript 的闭包功能允许后续的事件处理程序访问该事件对象。这一点是非常重要的，如果需要访问所有三个对象存储才能完成一次数据库操作，就需要等待，直到完成所有调用，然后再访问三个结果。

提示

如果想要避免使用闭包，可以从前两个数据库调用中提取所需的属性，并存储在本地变量中(在 dbCall1() 调用之前声明)。然后在 f5() 调用中使用这些变量，而不是使用事件对象 e1 和 e2。具体使用哪种方法是个人喜好问题，因为任何一种方法都可以很好地工作。

25.1.4　使用事务

所有的数据访问都是在一个事务中完成的，包括读取和写入数据，所以必须首先创建一个事务对象。当创建事务对象时，需要指定其作用域，该作用域由该事务对象将要访问的对象存储所定义。此外，还要指定模式(只读或可读写)。然后通过事务获取一个对象存储并向该存储获取或写入数据，如下所示：

```
var xact = db.transaction(["piece", "pieceType"], "readwrite");
var pieceStore = xact.objectStore("piece");
```

对于可读写事务，在事务完成之前，所做的数据更改是不会提交的。此时，你可能会问"一个事务何时完成呢？"当没有其他未完成的请求时，事务就结束了。请记住，一切操作都是基于请求的。首先发出一个请求，然后执行一个事件处理程序完成某些事情。如果该事件处理程序在事务上又发出另一个请求，那么该事务将保持活动状态。这也就是嵌套事件处理程序的另一个重要原因。如果完成了一个事件处理程序，同时没有发出其他请求，那么事务就结束了，所有的更改都会被提交。如果尝试在提交更改之后再使用该事务，就会得到 TRANSACTION_INACTIVE_ERR 错误。

另一件需要记住的事情是可读取事务不能拥有重叠的作用域。如果创建了一个可读写事务，那么也可以创建第二个可读写事务，只要两者不包括相同的对象存储即可。如果拥有重叠的作用域，则必须在创建第二个可读写事务之前必须等待第一个事务完成。但只读事务可以拥有重叠作用域。

25.2　创建应用程序

接下来开始使用画布创建一个国际象棋棋盘，并像第 23 章那样为棋子配置图像。

25.2.1　创建 Web 项目

首先创建一个 HTML 文档以及一个脚本文件。此外，还需要棋子所用的图像文件。

练习 25-1　创建 Web 项目

(1) 使用基本标记创建新的 Web 页面 Chess.html：

```
<!DOCTYPE html>

<html lang="en">
    <head>
        <meta charset="utf-8" />
        <title>Chapter 25-Chess</title>
        <script src="Data.js" defer></script>
        <script src="Chess.js" defer></script>
    </head>
    <body>
    </body>
</html>
```

(2) 然后使用下面代码创建 Chess.js 脚本文件。

```
"use strict";
```

(3) 使用下面的标记在 Chess.html 文件的空 body 元素中添加一个 div 元素:

```
<div>
    <canvas id="board" width ="600" height ="600">
        Not supported
    </canvas>
</div>
```

(4) 在 Web 项目中添加一个 Images 文件夹。

(5) 棋子对应的图像包括在源代码下载文件中,使用了与第 23 章相同的图像。可以从 Chapter23\Images 文件夹中找到这些图像文件。请将所有 12 个文件都拖动到 Web 项目的 Images 文件夹中。

25.2.2　绘制画布

接下来,通过 JavaScript 设计 canvas 元素。初始设计仅绘制一个空的棋盘,然后再添加棋子。关于如何使用 canvas 元素的更多内容,请参见第 23 章。向 Chess.js 脚本中添加代码清单 25-1 所示的代码。

代码清单 25-1　设计初始画布

```
// Get the canvas context
var chessCanvas = document.getElementById("board");
var chessContext = chessCanvas.getContext("2d");
drawBoard();

function drawBoard() {
    chessContext.clearRect(0, 0, 600, 600);

    var gradient = chessContext.createLinearGradient(0, 600, 600, 0);
    gradient.addColorStop(0, "#D50005");
    gradient.addColorStop(0.5, "#E27883");
    gradient.addColorStop(1, "#FFDDDD");

    chessContext.fillStyle = gradient;
    chessContext.strokeStyle = "red";

    // Draw the alternating squares
    for (var x = 0; x < 8; x++) {
        for (var y = 0; y < 8; y++) {
            if ((x + y) % 2) {
                chessContext.fillRect(75 * x, 75 * y, 75, 75);
            }
        }
    }

    // Add a border around the entire board
    chessContext.strokeRect(0, 0, 600, 600);
}
```

在浏览器中显示 Chess.html 文件，应该如图 25-2 所示。

图 25-2　初始(空白)棋盘

25.2.3　配置棋子

下面使用图像文件来表示棋子。在将图像添加到画布之前，需要为每个图像创建一个 Image 对象并指定其 src 特性。同时，将这些对象放置到一个数组中，以便可以更容易地以编程方式选择所需的图像。

此外，还需要定义加载到对象存储中的数据。pieceTypes[]数组定义了显示每个棋子所需的属性，比如高度和宽度。另外，还在 images[]数组中为黑色和白色图像指定了相应的索引。pieces[]数组包含了前一章所使用的相同的详细信息，比如行和列，并定义了 32 个棋子的起始位置。

请向新的 Data.js 脚本文件中添加代码清单 25-2 所示的代码。源代码下载中也提供了该文件，所以可以直接复制到自己的 Web 项目中，而不需要重复输入这些数据。

代码清单 25-2　定义静态数据

```
// Define the chess piece images
var imgPawn = new Image();
var imgRook = new Image();
var imgKnight = new Image();
var imgBishop = new Image();
var imgQueen = new Image();
var imgKing = new Image();
var imgPawnW = new Image();
var imgRookW = new Image();
var imgKnightW = new Image();
var imgBishopW = new Image();
var imgQueenW = new Image();
var imgKingW = new Image();

// Specify the source for each image
imgPawn.src = "images/pawn.png";
imgRook.src = "images/rook.png";
imgKnight.src = "images/knight.png";
imgBishop.src = "images/bishop.png";
imgQueen.src = "images/queen.png";
imgKing.src = "images/king.png";
```

```
        imgPawnW.src = "images/wpawn.png";
        imgRookW.src = "images/wrook.png";
        imgKnightW.src = "images/wknight.png";
        imgBishopW.src = "images/wbishop.png";
        imgQueenW.src = "images/wqueen.png";
        imgKingW.src = "images/wking.png";

        // Define an array of Image objects
        var images = [
                imgPawn ,
                imgRook ,
                imgKnight ,
                imgBishop ,
                imgQueen ,
                imgKing ,
                imgPawnW ,
                imgRookW ,
                imgKnightW ,
                imgBishopW ,
                imgQueenW ,
                imgKingW
        ];

        var pieceTypes = [
            { name: "pawn", height: "50", width: "28", blackImage: 0, whiteImage: 6 },
            { name: "rook", height: "60", width: "36", blackImage: 1, whiteImage: 7 },
            { name: "knight", height: "60", width: "36", blackImage: 2, whiteImage: 8 },
            { name: "bishop", height: "65", width: "30", blackImage: 3, whiteImage: 9 },
            { name: "queen", height: "70", width: "32", blackImage: 4, whiteImage: 10 },
            { name: "king", height: "70", width: "28", blackImage: 5, whiteImage: 11 }
        ];

        var pieces = [
            { type: "pawn", color: "white", row: 6, column: 0, pos: "a2", killed: false },
            { type: "pawn", color: "white", row: 6, column: 1, pos: "b2", killed: false },
            { type: "pawn", color: "white", row: 6, column: 2, pos: "c2", killed: false },
            { type: "pawn", color: "white", row: 6, column: 3, pos: "d2", killed: false },
            { type: "pawn", color: "white", row: 6, column: 4, pos: "e2", killed: false },
            { type: "pawn", color: "white", row: 6, column: 5, pos: "f2", killed: false },
            { type: "pawn", color: "white", row: 6, column: 6, pos: "g2", killed: false },
            { type: "pawn", color: "white", row: 6, column: 7, pos: "h2", killed: false },
            { type: "rook", color: "white", row: 7, column: 0, pos: "a1", killed: false },
            { type: "rook", color: "white", row: 7, column: 7, pos: "h1", killed: false },
            { type: "knight", color: "white", row: 7, column: 1, pos: "b12", killed: false },
            { type: "knight", color: "white", row: 7, column: 6, pos: "g1", killed: false },
            { type: "bishop", color: "white", row: 7, column: 2, pos: "c1", killed: false },
            { type: "bishop", color: "white", row: 7, column: 5, pos: "f1", killed: false },
            { type: "queen", color: "white", row: 7, column: 3, pos: "d1", killed: false },
            { type: "king", color: "white", row: 7, column: 4, pos: "e1", killed: false },
            { type: "pawn", color: "black", row: 1, column: 0, pos: "a7", killed: false },
            { type: "pawn", color: "black", row: 1, column: 1, pos: "b7", killed: false },
            { type: "pawn", color: "black", row: 1, column: 2, pos: "c7", killed: false },
            { type: "pawn", color: "black", row: 1, column: 3, pos: "d7", killed: false },
            { type: "pawn", color: "black", row: 1, column: 4, pos: "e7", killed: false },
            { type: "pawn", color: "black", row: 1, column: 5, pos: "f7", killed: false },
            { type: "pawn", color: "black", row: 1, column: 6, pos: "g7", killed: false },
            { type: "pawn", color: "black", row: 1, column: 7, pos: "h7", killed: false },
            { type: "rook", color: "black", row: 0, column: 0, pos: "a8", killed: false },
```

```
    { type: "rook",   color: "black", row: 0, column: 7, pos: "h8", killed: false },
    { type: "knight", color: "black", row: 0, column: 1, pos: "b8", killed: false },
    { type: "knight", color: "black", row: 0, column: 6, pos: "g8", killed: false },
    { type: "bishop", color: "black", row: 0, column: 2, pos: "c8", killed: false },
    { type: "bishop", color: "black", row: 0, column: 5, pos: "f8", killed: false },
    { type: "queen",  color: "black", row: 0, column: 3, pos: "d8", killed: false },
    { type: "king",   color: "black", row: 0, column: 4, pos: "e8", killed: false }
];
```

25.3　创建数据库

现在，可以创建并使用本地 Indexed DB 数据库来配置和显示棋子。刚开始，所加载的数据来自前面的静态数据，所以只需要显示起始位置即可。然后通过更新对象存储中的位置来移动棋子。

首先需要使用一些数据来填充数据库。对于本应用程序，将会使用 Data.js 脚本中所声明的数据，并复制到对象存储中。而对于其他的应用程序，可以从服务器上下载数据或者来自用户输入。

25.3.1　打开数据库

请将代码清单 25-3 所示的代码添加到 Chess.js 脚本中(位于 drawBoard()函数的实现之前且调用之后)。

代码清单 25-3　打开数据库

```
var dbEng = window.indexedDB ||
            window.webkitIndexedDB || // Chrome
            window.mozIndexedDB || // Firefox
            window.msIndexedDB; // IE

var db; // This is a handle to the database

if (!dbEng)
    alert("IndexedDB is not supported on this browser");
else {
    var request = dbEng.open("Chess", 1);

    request.onsuccess = function (event) {
        db = event.target.result;
    }

    request.onerror = function (event) {
        alert("Please allow the browser to open the database");
    }

    request.onupgradeneeded = function (event) {
        configureDatabase(event);
    }
}
```

如果不能访问 indexedDB 对象，则表示浏览器不支持该对象。此时，可以使用 alert()

提示用户并停止进一步的处理。

　　上述代码使用了 indexedDB 对象打开了 Chess 数据库，并指定了应该使用的版本。如前所述，open()方法返回一个 IDBOpenDBRequest 对象。可以为此请求附加三个事件处理程序。

- onsuccess：此时该事件处理程序仅保存了对数据库的引用。稍后会添加更多的逻辑。请注意，数据库是通过 event.target.result 属性获取的，所有结果都是这样返回的。
- onerror：浏览器打开数据库失败的主要原因是浏览器阻止了 IndexedDB 功能。禁用该功能是出于安全考虑，此时，提示用户允许访问。当然也可以选择显示错误消息。
- onupgradeneeded：如果数据不存在，或者指定的版本不是当前版本，就会触发该事件。此时，调用了 configureDatabase()函数，稍后将会实现该函数。

25.3.2　定义数据库结构

　　向 Chess.js 脚本添加代码清单 25-4 所示的代码，实现 configureDatabase()函数。

代码清单 25-4　定义数据库结构

```
function configureDatabase(e) {
    alert("Configuring database-current version is " + e.oldVersion +
          ", requested version is " + e.newVersion);

    db = e.currentTarget.result;

    // Remove all existing data stores
    var storeList = db.objectStoreNames;
    for (var i = 0; i < storeList.length; i++) {
        db.deleteObjectStore(storeList[i]);
    }

    // Store the piece types
    var typeStore = db.createObjectStore
        ("pieceType", { keyPath: "name" });

    for (var i in pieceTypes){
        typeStore.add(pieceTypes[i]);
    }

    // Create the piece data store (you'll add
    // the data later)
    var pieceStore = db.createObjectStore
        ("piece", { autoIncrement: true });

    pieceStore.createIndex
        ("piecePosition", "pos", { unique: true });
}
```

警告

　　如果数据库不存在，或者不是当前的版本，就会调用 configureDatabase()函数。如果想要进行版本更改，可以通过使用 db.version 属性获取当前版本，然后进行所需的更改。此外，传递给 onupgradeneeded 事件处理程序的 event 对象还提供了 e.oldVersion 和 e.newVersion 属性。为了简化项目，在进行版本更改时会删除所有的对象存储并重新创建数据库。这样就会清除所有现有的数据。虽然这种做法适用于本章的示例，但在大多数情况下，还是需要尽可能地保留数据。

数据库对象的 objectStoreNames 属性包含了已创建的所有对象存储的名称列表。如果想要删除所有的对象存储，需要将该列表中的所有名称传递给 deleteObjectStore()方法。

最开始使用 createObjectStore()方法创建两个数据存储。

- pieceType：针对每种棋子类型包含一个对象，比如兵、车或王。
- piece：针对每个棋子包含一个对象，16 个白色棋子，16 个黑色棋子。

指定对象键

当创建一个对象存储时，必须在调用 createObjectStore()方法时指定存储的名称。此外，还要指定一个或者多个可选参数。目前仅支持两个参数。

- keypath：被指定为一个属性名称集合。如果仅使用单个属性，可以将该参数指定为一个字符串而不是一个字符串集合。该参数定义了用作键的对象属性。如果没有指定 keypath，则必须使用键生成器定义键，或者使用本节稍后所介绍的方法提供键。
- autoIncrement：如果为 true，则表明键是由对象存储按顺序分配的。

对象存储中的每个对象都必须拥有一个唯一键。可以使用三种方法来指定键。

- 使用 keypath 参数指定一个或者多个属性来定义一个唯一键。当添加对象时，根据对象的属性，使用 keypath 参数生成一个键。
- 使用键生成器。如果指定了 autoIncrement 参数，对象存储将会根据内部计数器指定一个键。
- 在添加对象时提供键值。如果没有指定键路径或者使用键生成器，就必须在向存储添加对象时提供一个键。

对于 pieceType 存储，将会使用 keypath 参数。name 属性指定了类型，比如 pawn 或 knight。对于每个对象来说该值是唯一的。此外，还可以通过该值获取一个对象，所以这也是键路径的一个完美替代方法。在创建了对象存储之后，pieceTypes[]数组中的数据将被复制到 pieceType 存储中。

注意

在 onupgradeneeded 事件处理程序中，可以将数据添加到对象存储中，而不需要显式创建事务。此时会创建一个隐式事务来响应 onupgradeneeded 事件。

创建索引

对于 piece 对象存储来说，由于在棋子数据中没有提供可用的键，因此需要使用键生成器。虽然键生成器可以创建唯一键，但所创建的键没有任何实际意义；它们只是用来满足唯一约束的合成键。在刚开始绘制棋盘时，将会获取所有的对象，所以不需要知道键是什么。

但后面要获取一个棋子并进行移动。此时将根据棋子在棋盘上的位置来找到对应的棋子。为了简化程序，将根据 pos 属性向存储添加索引。因为没有两个棋子可以占用相同的方格，所以 pos 属性可用作唯一索引。一旦将该属性指定为唯一索引，当尝试插入与现有对象具有相同位置的对象时，就会得到一个错误。

当创建一个索引时，必须指定 keypath，如下所示：

```
pieceStore.createIndex
    ("piecePosition", "pos", { unique: true });
```

此时，pos 属性是此索引的 keypath。keypath 可以包括多个属性，此时索引将根据所选属性的组合来确定。一旦对象存储拥有了索引，向该存储添加对象时会自动填充索引。

重置棋盘

前面已经创建了 piece 对象，但还没有进行填充。接下来使用一个单独的函数完成填充。为什么要使用一个单独的函数呢？在解释原因之前，先介绍一下数据库的生命周期。Web 页面首次显示时，数据库被打开，但由于此时数据库还不存在，因此会创建一个新的数据库。之所以会这样是因为触发了 onupgradeneeded 事件，并且实现了该事件处理程序创建所需的对象存储。当页面再次显示时(或者刷新页面时)，该步骤就会被跳过，因为数据库已经存在了。

当移动或者删除了棋子之后，你可能希望在页面再次加载时所有的棋子都回到初始位置。此时可以通过一个独立的函数完成该操作。现在，使用下面的代码向 Chess.js 脚本中添加 resetBoard()函数。当数据库创建时不会调用该函数，而是在加载页面时调用。

```
function resetBoard() {
    var xact = db.transaction(["piece"], "readwrite");
    var pieceStore = xact.objectStore("piece");
    var request = pieceStore.clear();
    request.onsuccess = function(event) {
        for (var i in pieces) {
            pieceStore.put(pieces[i]);
        }
    }
}
```

上述代码首先创建了使用只读模式的事务，并指定了唯一的 piece 对象存储，因为只需要访问该存储。然后从事务获取 piece 存储，并使用 clear()方法删除存储中所有的对象。最后将 pieces[]数组中的所有对象复制到对象存储中。

接下来，向 onsuccess 事件处理程序添加下面粗体显示的代码。该代码将在数据库打开之后调用 resetBoard()函数。

注意

一旦触发了 onupgradeneeded 事件，其事件处理程序就必须在触发 onsuccess 事件之前完成，从而确保在使用数据库之前进行了正确的配置。

```
var request = dbEng.open("Chess", 1);

request.onsuccess = function (event) {
    db = event.target.result;

    // Add the pieces to the board
    resetBoard();
}
```

提示

在 resetBoard()函数中重复调用了 32 次 put()方法。但没有获得任何响应对象或者实现任何事件处理程序。该代码看上去以同步方式工作，但实际上这些调用是被异步处理的，每次调用都会返回一个响应对象，只不过返回值被忽略了而已。可以为这些请求使用 onsuccess 或 onerror 事件处理程序。此时可以稍微做一点弊，由于并不需要像检索数据那样的结果值，因此不必处理 onsuccess 事件。因为这些调用都是在一个事务中处理的，所以在更新完成之前，将阻止其他事务使用这些对象存储。

25.4　绘制棋子

到目前为止，已经打开了数据库，并配置了对象存储(如果有必要的话)。此外，还使用初始位置填充了 piece 对象存储。接下来开始绘制棋子。可以实现一个 drawAllPieces()函数遍历所有的棋子并使用 drawPiece()函数显示单个图像。这些函数与第 23 章所创建的函数相类似(连函数名称都是相同的)。但它们所使用的数据都是从新数据库中获取的。

drawAllPieces()函数使用了一个游标来处理 piece 对象存储中的所有对象。对于每个棋子，该函数首先提取所需的属性，并传递给 drawPiece()函数。然后 drawPiece()函数访问 pieceType 对象存储来获取类型属性，比如 height 和 width，最后在合适的位置显示图像。

25.4.1　使用游标

当从对象存储中检索数据时，如果想要通过键来获取单条记录，可以使用下面所介绍的 get()方法。此外，也可以使用索引来选择一个或者多个对象(相关内容稍后介绍)。而为了获取所有的棋子，需要访问完整的对象存储，此时就需要使用游标。

在创建了事务并获取了对象存储之后，将会调用 openCursor()方法。该方法返回 IDBRequest 对象，因此需要为其提供 onsuccess 事件处理程序。当触发事件时，该处理程序仅提供了第一个对象。如果想要获取下一个对象，可以调用 continue()方法。为了演示该过程，请向 Chess.js 脚本添加代码清单 25-5 所示的函数。

代码清单 25-5　绘制棋子

```
function drawAllPieces() {

    var xact = db.transaction(["piece", "pieceType"]);

    var pieceStore = xact.objectStore("piece");
    var cursor = pieceStore.openCursor();
```

```
cursor.onsuccess = function (event) {
    var item = event.target.result;
    if (item) {
        if (!item.value.killed) {
            drawPiece(item.value.type,
                      item.value.color,
                      item.value.row,
                      item.value.column,
                      xact);
        }
        item.continue();
    }
}
```

上述代码首先创建了一个使用 piece 和 pieceType 对象存储的事务。其模式没有指定，所以默认为 readonly。然后获取 piece 对象存储并调用 openCursor()方法。onsuccess 事件处理程序从 event 对象中获取第一个对象(使用 event.target.result)。如果该棋子没有被捕获，则调用 drawPiece()函数进行显示(该函数稍后实现，同时还会解释 killed 属性)。除了向 drawPiece()函数传入所需的属性(比如 type、color、row 和 column)之外，还需要传入事务对象，以便 drawPiece()函数可以使用相同的事务来访问 pieceType 存储。

调用 continue()方法将会再次触发相同的事件，从而在 event.target.result 属性中提供下一个对象。如果没有下一个对象，那么 result 属性将为 null，从而表明所有的对象都已被处理完毕。

openCursor()方法提供了对所返回对象进行过滤的基本功能。如果没有提供任何参数，该方法将返回对象存储中的所有对象。可以使用下面所示的值来指定键范围：

- IDBKeyRange.only()：指定了单个值，只有相匹配的记录才会返回。
- IDBKeyRange.lowerBound()：仅返回大于指定值的键值。默认情况下是包含的，也就是说会返回与所指定值完全匹配的键值，当然也可以进行更改，从而仅返回大于所指定值的键值。
- IDBKeyRange.upperBound()：工作原理与 lowerBound()相类似，只不过返回的是小于或等于指定值的键值。本章稍后将会详细介绍该值。
- IDBKeyRange.bound()：允许指定下限和上限。此外，还可以指定上限或下限值是否包含在内。默认值为 false，意味着不包含。

还可以向 openCursor()函数传入第二个参数来指定记录返回的方向。IDBCursorDirection 枚举定义了所支持的值。可能的值如下所示：

- next：以递增键顺序返回下一个记录(这是默认值)。
- prev：返回前一个记录。
- nextunique：返回下一个拥有不同键的记录；忽略重复的键。
- prevunique：返回前一个记录，忽略重复的键。

下面所示的示例以递减的顺序返回了键值大于 3 且小于等于 7 的对象。在创建键范围时，最后两个参数表明了下限值是不包含在内的，但上限值却包含在内。当打开游标时，第二个参数指定了应该使用相反方向。

```
var keyRange = IDBKeyRange.bound(3, 7, false, true);
store.openCursor(keyRange, IDBCursorDirection.prev);
```

25.4.2　获取单个对象

接下来实现在棋盘上绘制单个棋子的 drawPiece() 函数。该函数必须首先访问 pieceType 对象存储来获取图像的详细信息。此时，可以使用键来获取单个对象。pieceType 对象存储的键是 type 属性。请在 Chess.js 脚本中添加代码清单 25-6 所示的函数。

代码清单 25-6　绘制单个棋子

```
function drawPiece(type, color, row, column, xact) {
    var typeStore = xact.objectStore("pieceType");
    var request = typeStore.get(type);
    request.onsuccess = function (event) {
        var img;
    if (color === "black") {
        img = images[event.target.result.blackImage];
    }
    else {
        img = images[event.target.result.whiteImage];
    }

    chessContext.drawImage(img,
                (75-event.target.result.width) / 2 + (75 * column),
                73-event.target.result.height + (75 * row),
                event.target.result.width,
                event.target.result.height);
    }
}
```

上述代码通过传入参数的方式使用了相同的事务对象。它首先获取 pieceType 对象存储，然后调用 get() 方法。紧接着 onsuccess 事件处理程序获取所需的属性并调用 drawImage() 方法。关于在画布上绘制图像的更多内容，请参见第 23 章。

现在，添加下面粗体显示的代码，在 onsuccess 事件处理程序中添加对 drawAllPieces() 的调用，从而调用 open()。

```
request.onsuccess = function (event) {
    db = event.target.result;

    // Add the pieces to the board
    resetBoard();

    // Draw the pieces in their initial positions
    drawAllPieces();

}
```

25.4.3　测试应用程序

现在可以测试应用程序，将显示初始起始位置。刷新浏览器，将会显示一个警告框，从而告知正在配置数据库，如图 25-3 所示。

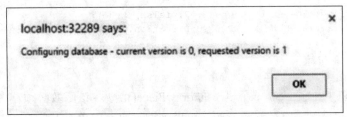

图25-3　显示正在配置数据库的警告框

当再次运行应用程序时，就不再需要进行配置了。此时棋盘应该如图25-4所示。

图25-4　带有静态位置的已完成棋盘

提示

如果想从计算机中删除数据库，可以找到存储数据库的文件夹并删除对应的子文件夹即可。在我的计算机中使用的是 Firefox，因此路径为 C:\Users\Mark\AppData\Roaming\Mozilla\Firefox\Profiles\p1i1rsab.default\storage\default。在该文件夹中，针对每个数据库都有一个子文件夹。子文件夹名包括了协议(http:)；域名；和端口(如果使用了端口)。对于本应用程序，在我的计算机上对应的子文件夹名为 http+++localhost+25519。删除该文件夹并重启浏览器。此时页面会重新配置数据库，因为必须创建新数据库。而在 Chrome 中可以从 C:\Users\Mark\AppData\Local\Google\Chrome\User Data\Default\IndexedDB 中找到对应的文件。

如果在 Chrome 中打开 Chess.html 文件，可以通过开发人员工具访问数据库。在 Storage 部分选择 Application 链接，然后展开 IndexedDB 项，如图25-5所示。

图 25-5　在 Chrome 中查看数据库

25.5　移动棋子

现在，可以通过移动棋子来实现棋盘动画。此时将使用与第 23 章相同的移动。首先更新棋子位置，然后在棋盘上重新绘制，从而实现棋子的移动。但有一个复杂的问题需要解决；如果一次移动捕获了一个棋子，则需要将其从棋盘上删除。目前只需要从存储中删除对象，在本章的结尾处会介绍一种解决该问题的更好办法。

25.5.1　定义移动

既然你已经非常精通数据库，那么可以在数据库中存储移动数据。移动由起始位置和结束位置所定义。例如，"将棋子从 e2 移动到 e3"。 首先从 1 到 7 对棋子移动进行编号，以便按照正确的顺序移动。此外，还需要一个新的对象来保存移动的详细信息。为此，需要指定新的数据库版本，从而触发 onupgradeneeded 事件。然后向 configureDatabase()函数添加逻辑来创建新的对象存储。

练习 25-2　添加移动存储

(1) 请将下面的代码添加到 Chess.js 脚本的开头，drawBoard()函数调用之前。

```
var moves = [
    { id: 1, start: "e2", end: "e3" },
```

```
        { id: 2, start: "e7", end: "e5" },
        { id: 3, start: "f1", end: "c4" },
        { id: 4, start: "h7", end: "h6" },
        { id: 5, start: "d1", end: "f3" },
        { id: 6, start: "g7", end: "g6" },
        { id: 7, start: "f3", end: "f7" }
];
```

(2) 在 configureDatabase() 函数的结尾处添加下面粗体所示的代码。该代码在配置数据库时创建并填充了 move 存储。

```
pieceStore.createIndex
    ("piecePosition", "pos", { unique: true });

// Store the moves
var moveStore = db.createObjectStore
    ("move", { keyPath: "id" });

for (var i in moves) {
    moveStore.add(moves[i]);
}
}
```

(3) 打开 open() 调用，如下所示，将版本号更改为 2。这样，在下次加载页面时就会触发 onupgradeneeded 事件。

```
if (!dbEng)
    alert("IndexedDB is not supported on this browser");
else {
    var request = dbEng.open("Chess", 2);
```

警告

在本示例中，configureDatabase() 函数删除了所有现有的数据存储，然后再重新创建它们。之所以可以这么做，是因为我们不需要考虑维护任何现有的数据；这些数据都会使用预定义值重新加载。但在大多数情况下，却不能这么做，而是应该根据当前版本完成一些具体的更改。例如，如果请求的版本是 5，而当前版本为 2，就需要依次添加版本 3、版本 4 和版本 5 中所完成的更改。在规划结构变化时一定要牢记这一点。

25.5.2　转换位置

piece 存储中的对象拥有 row、column 和 pos 属性。其中 row 和 column 属性遵循第 23 章使用的相同约定，左上角为 0,0。这与画布的工作方式是一致的，从而简化了 drawPiece() 的实现过程。与之相反，pos 属性使用了国际象棋中常用的符号，当从左到右移动时，列(竖线)从 a 到 h。而当从下向上移动时，行(横线)从 1 到 8。因此，a1 表示左下角。

在开始编写复杂的棋子移动代码之前，先创建一个将 pos 属性转换为 row 和 column 属性的函数。例如，当棋子移动到 e3 时，需要将 e3 转换为对应的 row 和 column 坐标，即第 5 行、第 4 列。请向 Chess.js 脚本中添加代码清单 25-7 所示的函数。

代码清单 25-7　实现 computeRowColumn()函数

```
function computeRowColumn(oStart, end) {
    oStart.pos = end;
    switch (end.substring(0, 1)) {
        case "a": oStart.column = 0; break;
        case "b": oStart.column = 1; break;
        case "c": oStart.column = 2; break;
        case "d": oStart.column = 3; break;
        case "e": oStart.column = 4; break;
        case "f": oStart.column = 5; break;
        case "g": oStart.column = 6; break;
        case "h": oStart.column = 7; break;
    }

    oStart.row = 8-parseInt(end.substr(1, 1));
}
```

　　oStart 参数是位于起始位置(本示例中，起始位置为 e2)且来自 piece 存储的对象。end 参数为结束位置(即 e3)，需要将其复制到 pos 属性中，因为该结束位置将是棋子的新位置。

　　此外，代码还使用了 switch 语句将竖线符号 a~h 转换为坐标 0~7，然后存储在 column 属性中。而 row 属性是通过从位置数据中提取最后一个数字并减去 8 后计算出来的。

25.5.3　完成一次移动

　　就像第 23 章所做的那样，使用一个计时器每 2 秒钟完成一次移动。使用一个 timer 变量，以便可以在动画完成时清除计时器。此外，还需要跟踪当前的移动。请在 Chess.js 脚本中添加下面粗体显示的两个变量(调用 drawBoard()方法之前)。

```
var moveNumber = 1;
var timer;

drawBoard();
```

移动一次棋子需要完成五次数据库调用：

(1) 从 move 存储中获取下一个对象(该存储定义了起始和结束位置)。

(2) 获取起始位置的对象。

(3) 获取结束位置的对象(如果移动捕获了一个棋子，就只有一个棋子)。

(4) 删除结束位置的对象(只有在完成了一定的移动之后才会需要完成该步骤)。

(5) 更新起始位置的对象(将其移动到结束位置)。

　　这些调用都是使用相同的事务完成的。如本章开头所述，需要为每个调用嵌套onsuccess 事件处理程序。在 Chess.js 脚本中添加代码清单 25-8 所示的函数。

代码清单 25-8　实现 makeNextMove()函数

```
function makeNextMove() {

    var xact = db.transaction(["move", "piece"], "readwrite");
    var moveStore = xact.objectStore("move");

    moveStore.get(moveNumber).onsuccess = function (e1) {
```

```
        var startPos = e1.target.result.start;
        var endPos = e1.target.result.end;
        var startKey = null;
        var oStart = null;

        var pieceStore = xact.objectStore("piece");
        var index = pieceStore.index("piecePosition");

        index.getKey(startPos).onsuccess = function (e2) {
            startKey = e2.target.result;

            index.get(startPos).onsuccess = function (e3) {
                oStart = e3.target.result;

                // If there is a piece at the ending location, we'll
                // need to update it to prevent a duplicate pos index
                removePiece(endPos, oStart, startKey, pieceStore);

            }
        }
    }
}
```

该函数首先创建了一个访问 move 和 piece 存储的事务，其模式被设置为 readwrite，因为 piece 存储中的对象将会被修改。然后获取 move 存储并调用其 get()方法，同时指定当前移动编号(移动编号是表格的键)。该方法返回单个对象，并在 onsuccess 事件处理程序中从结果提取出 start 和 end 位置。

提示

请注意，上述代码没有显式地定义请求变量，而是直接将 onsuccess 事件处理程序附加到数据库调用。在前面的示例中，曾经声明了一个请求变量，然后将事件处理程序附加到该变量，从而有助于了解所发生的事情。但此时将事件处理程序直接附加到方法可以完成相同的事情，并简化了代码。

25.5.4　获取对象键

对于 piece 存储，使用了一个键生成器，所以键不是对象的一部分。makeNextMove()函数的代码将使用基于 pos 属性的索引来获取起始位置的对象(如果结束位置存在棋子，也会获取该位置的对象)。如果想要更新或删除对象，则需要使用键。

当需要获取起始位置上的 piece 对象时，该代码首先从事务获取 piece 存储。然后再从该存储中获取 piecePosition 索引。而为了获取键值，需要调用 index.getKey()方法，并返回所请求起始位置的键。最后将该键存储在 startKey 变量中。

为了获取所需的对象，需要调用 index.get()方法并传入要搜索的位置。该方法返回所请求起始位置的对象，并将其存储在 oStart 变量中。

在这两种情况下，数据都在 result 属性中返回。同样，处理结果的事件处理程序也是嵌套的。

在获取了必要的数据之后，可以调用 removePiece()方法，并传入下面的参数：

- end：被移动棋子的结束位置
- oStart：表示正在被移动棋子的对象
- startID：oStart 对象的键
- pieceStore：用来执行更新操作的 piece 存储

25.5.5　执行更新

接下来实现 removePiece()函数。该函数也许名不副实，因为该函数只会在必要时才删除一个棋子。在 Chess.js 脚本中添加代码清单 25-9 所示的代码，实现 removePiece()函数。

代码清单 25-9　removePiece()实现过程

```
function removePiece(endPos, oStart, startKey, pieceStore) {
    var index = pieceStore.index("piecePosition");
    index.getKey(endPos).onsuccess = function (e4) {
        var endKey = e4.target.result;
        if (endKey) {
            pieceStore.delete(endKey).onsuccess = function (e5) {
                movePiece(oStart, startKey, endPos, pieceStore)
            }
        }
        else
            movePiece(oStart, startKey, endPos, pieceStore);
    }
}
```

上述代码获取结束位置的键。如果存在棋子，则调用 delete()方法删除该棋子，然后在delete()方法的 onsuccess 事件处理程序中调用 movePiece()函数。请注意，该函数并没有检索对象；仅需要使用键就可以完成删除操作。如果不存在棋子，则直接调用 movePiece()函数。当调用 movePiece()函数时，会传入所需的所有数据，包括对象、键、结束位置以及所使用的对象存储。

最后实现最终执行实际更新操作的 movePiece()函数。为了更新对象，需要调用 put()方法。与前面添加棋子所使用的 add()方法不同，put()方法需要对象和键。如果不存在具有指定键的对象，则添加对象。向 Chess.js 脚本的末尾添加代码清单 25-10 所示的 movePiece()函数。

代码清单 25-10　实现 movePiece()函数

```
function movePiece(oStart, startID, end, pieceStore) {
    computeRowColumn(oStart, end);

    var startUpdateReq = pieceStore.put(oStart, startID);
    startUpdateReq.onsuccess = function (event) {

        moveNumber++;

        drawBoard();
        drawAllPieces();

        if (moveNumber > 7) {
            clearInterval(timer);
            chessContext.font = "30pt Arial";
```

```
            chessContext.fillStyle = "black";
            chessContext.fillText("Checkmate!", 200, 220);
        }
    }
}
```

上述代码首先使用前面所创建的 computeRowColumn()函数计算 row 和 column 属性。然后更新对象。在 onsuccess 事件处理程序中，递增 moveNumber 变量，并使用现有的函数绘制棋盘和所有棋子。如果当前移动是最后一次移动，则清除计时器并在画布上绘制"Checkmate!"文本。

25.5.6 启动动画

最后一步是启动计时器，从而调用 makeNextMove()函数。可以在 open()调用的 onsuccess 事件处理程序中完成启动操作。添加下面粗体所示的代码：

```
var request = dbEng.open("Chess", 2);

request.onsuccess = function (event) {
    db = event.target.result;

    // Add the pieces to the board
    resetBoard();

    // Draw the pieces in their initial positions
    drawAllPieces();

    // Start the animation
    timer = setInterval(makeNextMove, 2000);
}
```

保存所做的更改并刷新浏览器。此时应该会看到报警，告知正在配置数据库，因为我们更改了数据库版本。在完成一系列的移动之后，就会看到如图 25-6 所示的棋盘。

图 25-6 已完成的国际象棋棋盘

25.6　跟踪被捕获的棋子

当捕获一个棋子时，只需要删除对应的对象即可，因为该棋子不再需要显示。但如果应用程序想要跟踪被捕获的棋子，则需要在存储中保留对象。接下来演示如何更改程序来更新对象而不是删除对象。同时还会演示如何查询存储以列出被捕获的棋子。

第一步是更改 removePiece() 函数。此时需要更新结束位置上的对象并设置 killed 属性，而不是删除该对象。此外，还需要更改 pos 属性，因为在该属性上存在唯一索引。由于被捕获的棋子不再显示，因此其所在位置可以是任何棋子。为了确保唯一性，将使用 x 作为唯一 ID 的前缀。通过在这些 ID 上添加前缀 x，可以更方便地对它们进行查询，相关内容稍后介绍。

注释掉 delete() 调用，并添加下面粗体显示的代码：

```
function removePiece(end, oStart, startID, pieceStore) {
    var index = pieceStore.index("piecePosition");
    index.getKey(end).onsuccess = function (e4) {
        var endKey = e4.target.result;
        if (endKey) {
            //pieceStore.delete (endKey).onsuccess = function (e5) {
            //    movePiece(oStart, startID, pieceStore);
            //}

            index.get(endPos).onsuccess = function (e5) {
                var oEnd = e5.target.result;
                oEnd.pos = 'x' + endKey;
                oEnd.killed = true;
                pieceStore.put(oEnd, endKey).onsuccess = function (e6) {
                    movePiece(oStart, startKey, endPos, pieceStore);
                }
            }
        }
        else
            movePiece(oStart, startID, end, pieceStore);
    }
}
```

接下来，向 Chess.js 脚本添加代码清单 25-11 所示的代码，实现 displayCapturedPieces() 函数：

代码清单 25-11　displayCapturedPieces() 实现过程

```
function displayCapturedPieces() {
    var xact = db.transaction(["piece"]);
    var textOut = "";

    var pieceStore = xact.objectStore("piece");
    var index = pieceStore.index("piecePosition");

    var keyRange = IDBKeyRange.lowerBound("x");
    var cursor = index.openCursor(keyRange);

    cursor.onsuccess = function (event) {
        var item = event.target.result;
```

```
        if (item) {
            textOut += "-" + item.value.color + " " +
                                item.value.type + "\r\n";
            item.continue();
        }
        else if (textOut.length > 0)
            alert("The following pieces were captured:\r\n" + textOut);
    }
}
```

上述代码首先创建了一个仅使用 piece 存储的只读事务。然后获取该存储以及 piecePosition 索引，并使用了 x 下限定义一个键范围，从而仅返回以 x 或更大字母开头的对象。由于棋盘上棋子的位置都是以 a~h 开头，所以它们都被排除在外了。最后代码遍历游标，将棋子的细节信息连接到一个文本字符串中，并使用 alert() 函数显示结果。

警告

请注意，键范围中的字符串比较是区分大小写的。如果使用了大写 X，则上述代码不会正常工作，因为小写 a 出现在大写 X 的后面。W3C 规范提供了一些关于如何进行比较的详细内容，可以参见以下文章：www.w3.org/TR/IndexedDB/#key-construct。

最后，需要在动画结束后调用该函数。请将下面的代码行添加到 movePiece() 函数中(在显示文本"Checkmate!"之后)：

```
displayCapturedPieces();
```

保存所做的更改并刷新浏览器。在动画完成后，会看到如图 25-7 所示的警告信息。

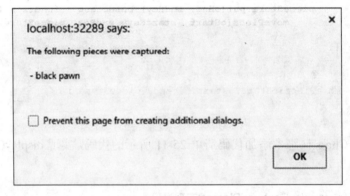

图 25-7　列出被捕获的棋子

25.7　小结

在本章，完成了关于 Indexed DB 的速成课程。可以使用 Indexed DB 完成许多的事情。因为数据是位于客户端的，所以可以避免往返于服务器。本章所演示的虽然只是一个非常简单的应用程序，但却利用了该新技术的大部分功能。其中可能面临的最大挑战是习惯使用异步处理。此外，该程序还提供了许多通过 onsuccess 事件处理程序嵌套连续调用的示例。

以下是需要记住的关键概念：

- 当打开数据库时，通过响应 onupgradeneeded 事件处理程序来创建数据库及其结构。如果有必要，可以使用不同的版本来强制执行更新操作。
- 对象存储中的对象必须拥有一个唯一键，可以通过内联键的键路径定义或者使用键生成器生成外联键。此外，还可以在添加对象时手动提供键。
- 所有的数据访问(读取和写入)都必须通过一个事务对象完成。当创建事务时，必须指定其作用域，即所使用的对象存储列表以及所需的访问类型。
- 可以向一个对象存储添加一个或者多个索引。每个索引将对象中的键路径映射到对象的键。
- 使用游标来处理对象存储中的多个对象。通过指定键范围，可以过滤所选择的对象。
- 先向对象存储添加对象，然后再进行更新。
- 从对象存储中获取一个对象。
- 通过指定对象的键从对象存储中删除一个对象。
- 通过使用索引的 getKey()方法获取对象的键。
- 使用对象存储的 put()方法添加或者更新对象。需要向 put()方法提供对象和键。如果所指定的键不存在，则添加对象。

下一章将演示如何在 Web 页面中使用地理定位和映射。

第 26 章

■■■

地理定位和映射

本章将介绍两种提供了强大功能的技术，通过使用这些技术可以更容易地创建一些有用的网站。地理定位提供了可用来确定客户位置的标准 API。而映射技术增加了在地图上显示用户位置以及其他感兴趣点的功能。总之，这些技术构成了一个非常有用的平台。

在本章，将使用地理定位 API 查找当前位置。而位置的精确程度取决于硬件以及所处的环境。但由于 HTML5 定义了一组可在所有设备上使用的标准 API，因此可以提供独立于设备的解决方案。

仅知道位置的经度和维度是没有多大用处的。要使用这些数据，需要使用 Bing Maps API 在地图上显示对应位置。然后在地图上绘制感兴趣的附加点，并查看它们与当前位置的关系。

26.1 理解地理定位

虽然从技术上讲，地理定位并不是 HTML5 规范的一部分，但 W3C 定义了一组标准的 API 来访问地理位置信息，并且所有主要的浏览器版本都支持该 API。然而，根据设备功能以及用户所处环境的不同，该技术所确定的位置也会发生很大变化。

26.1.1 测量地理位置技术

可以使用多种技术来确定当前的位置，其中包括：

- GPS(Global Positioning System，全球定位系统)：GPS 与卫星进行通信，从而以较高的精确度确定当前位置，特别是在农村地区。虽然城市地区中较高的建筑物可以影响定位的精确度，但在大多数情况下 GPS 还是提供了比较好的结果。该技术的最大局限性在于不能在室内很好地工作。如果想要使用 GPS，设备必须拥有特殊的 GPS 硬件，但是在移动设备上该硬件已经越来越普及了。
- Wi-Fi 定位：Wi-Fi 网络的范围相对较小，诸如 Skyhook Wireless 之类的系统维护了一个大型的 Wi-Fi 网络数据库以及它们的位置。只需要连接到一个 Wi-Fi 网络就可以知道自己的位置是一个非常好的想法。但通常情况下可能位于多个网络范围内，所以系统可以使用三角定位更准确地确定位置。当然，这需要一个启用了 Wi-Fi 功能的设备，在那些没有 Wi-Fi 网络的农村地区，该技术无法使用。

- 发射塔三角测量(cell tower triangulation)：该技术使用了与 Wi-Fi 定位相同的原理，只不过使用的是蜂窝电话塔，但测量精确度不是很高，因为发射塔有更大的作用范围。由于所有的手机都拥有与发射塔通信的能力，因此该技术有着广泛的应用。
- IP 区块：每一个连接到 Internet 的设备都拥有一个 IP 地址，该地址通常由 ISP 提供。每一个 ISP 都拥有一个可用的 IP 地址区块，一般是根据地理位置分配的。所以，连接到 Internet 所使用的 IP 地址可以提供一般的位置(通常是市区位置)。然而，存在多种因素可能产生不正确的结果，比如 NAT 地址。

每种技术都对硬件提出了不同的需求，并提供了不同的精确级别。通过使用地理定位规范，可以轻松地通过浏览器请求当前位置，并让浏览器根据当前硬件以及对外部源(包括卫星、发射塔和 Wi-Fi 网络)的访问来确定最佳的提供方式。

26.1.2　使用地理位置数据

大多数人都认为地理定位是一种提供了转弯方向的设备，但实际上这只是该技术的一个应用。当然，这需要使用 GPS 来获取精确的位置。但即使当前位置不是太准确，网站仍然可以使用相关信息。例如，即使是使用 IP 地址进行定位，也可以使用所确定的位置信息设置默认语言。虽然有时可能允许终端用户重新设置语言，但大多数用户都是使用本国语言查看初始页面的。

当获取当前位置时，地理定位服务还会返回估计精度。应该使用该精度来确定将要使用的功能。例如，假设正在为 U.S Postal Service 创建一个 Web 页面，显示最近的邮局位置。如果当前位置的精度很高，那么 Web 页面可以显示一个地图并标明当前位置以及附近的邮局位置。此外，还可以提供到达每个邮局的驾驶时间。

然而，如果所获取的位置精度不高，那么页面可以显示一个地图，并标明一般区域内的邮局位置。假设用户知道了邮局的位置，就可以使用该信息确定要使用的具体位置。但如果精度非常差，页面应该提供一个 ZIP 代码，然后根据用户的输入显示最近的邮局。所以，根据精度的不同，应用程序可以非常从容地降低某些功能。

26.2　使用地理定位 API

为了演示如何使用地理定位 API，接下来创建一个简单的 Web 页面，调用 API 来确定当前的位置。刚开始，在 Web 页面上以文本的形式显示相关数据，稍后再在地图上显示对应位置。

26.2.1　创建 Web 项目

首先与前几章一样，创建一个 Web 页面，并进行相关的设置。

练习 26-1　创建 Web 项目

(1) 使用下面的基本标记创建新的 Web 页面 Geolocation.html：

```html
<!DOCTYPE html>

<html lang="en">
    <head>
        <meta charset="utf-8" />
        <title>Chapter 26-Geolocation</title>
        <script src="Geolocation.js" defer></script>
    </head>
    <body>
    </body>
</html>
```

(2) 然后使用下面的代码创建 Geolocation.js 脚本文件。

```javascript
"use strict";
```

(3) 使用下面的标记在 Geolocation.html 文件的空 body 元素中添加一个 div 元素：

```html
<div>
    <span id="lbl"> </span>
</div>
```

26.2.2　使用地理定位对象

地理定位 API 由 geolocation 对象所提供，而该对象可以通过 navigator 对象访问，如下所示：

```javascript
navigator.geolocation
```

如果返回诸如 null 或 undefined 之类的 falsy 值，则表示在当前的浏览器上不支持地理定位。可以使用下面的代码检查是否支持：

```javascript
if (!navigator.geolocation) {
    alert("Geolocation is not supported");
}
else
    // do something with geolocation
```

为了获取当前位置，需要使用 getCurrentPosition()函数，接收三个参数：
- 当调用成功时执行的回调函数。
- 当发生错误时调用的错误回调函数。
- 包含零个或多个选项的 PositionOptions 集合。

最后两个参数可以忽略。所支持的选项如下所示：
- maximumAge：浏览器可以缓存以前的位置并返回，而不需要实际确定该位置。maximumAge 特性指定了在不重新查询当前位置的情况下可以重复使用先前位置的时间(以毫秒为单位)。

- timeout：该特性指定了浏览器等待来自 geolocation 对象响应的时长。通常以毫秒为单位表示。
- enableHighAccuracy：这只是对浏览器的一个提示。如果不需要更高的精度来达到特定目的，可以将其设置为 false，从而加快反应速度或者使用更少的电量(对于移动设备来说这一点尤为重要)。

如果调用成功，会将所获取的位置信息传递给所指定的回调函数。Position 对象包括了一个包含以下属性的 coords 对象：

- latitude(以度为单位)
- longitude(以度为单位)
- accuracy(以米为单位)

此外，根据环境以及可用硬件的不同，还可以提供以下可选属性。如果这些属性都不支持，可以将它们设置为 null。(一般来说，只有在使用 GPS 时才使用可选属性)。

- altitude(以米为单位)
- altitudeAccuracy(以米为单位)
- heading(以度为单位；north=0，west=90 等，如果静止，则为 NaN)
- speed(以米/秒为单位，如果静止，则为 0)

这些属性可以通过如下所示的回调函数获取：

```
function successCallback(pos) {
    var lat = pos.coords.latitude;
    var long = pos.coords.longitude;
    var accuracy = pos.coords.accuracy + " meters";
}
```

如果调用不成功，则将 PositionError 对象传入错误回调函数。该对象包括了 code 和 message 属性。错误代码可以是以下三个值中的一个：

- 1: PERMISSION_DENIED
- 2: POSITION_UNAVAILABLE
- 3: TIMEOUT

警告

本章的应用程序仅获取位置信息并显示出来(稍后还会在地图上显示出来)。但可以通过编写脚本将相关位置信息传递回服务器，这是一个潜在的隐私问题。由于浏览器无法控制客户端使用这些信息做什么，因此出于隐私原因，浏览器可能会阻止对 geolocation 对象的访问。此时，会返回 PERMISSION_DENIED 错误代码，相关内容稍后介绍。

如果客户端正在移动，并且需要持续监视当前位置，那么可以通过使用 setInterval()函数重复调用 getCurrentLocation()函数。为了简化该过程，geolocation 对象包含了一个 watchPosition()函数。该函数接收与 getCurrentLocation()函数相同的三个参数(成功回调函数、失败回调函数以及选项)。只要位置发生变化，就会调用回调函数。watchPosition()函数返回一个计时器句柄。当要停止对位置进行监视时，可以将该句柄传递给 clearWatch()

函数，如下所示：

```
var handle = geolocation.watchPosition(callback);
…
geolocation.clearWatch(handle);
```

26.2.3　显示位置

接下来，向应用程序添加获取并显示位置的代码。Web 页面中包含一个 id 为 lbl 的 span 元素。首先获取 geolocation 对象，然后调用此对象的 getCurrentLocation()函数。成功和失败回调函数都会在 span 元素中显示适当的结果。

练习 26-2　显示位置

(1) 向 Geolocation.js 脚本添加下面的代码。

```
var lbl = document.getElementById("lbl");
var latitude = 0;
var longitude = 0;

if (navigator.geolocation) {
    navigator.geolocation
        .getCurrentPosition(showLocation,
                            errorHandler,
                            {
                                maximumAge: 100,
                                timeout: 6000,
                                enableHighAccuracy: true
                            });
}
else {
    alert("Geolocation not suported");
}
function showLocation(pos) {
    // Save the coordinates for later
    latitude = pos.coords.latitude;
    longitude = pos.coords.logitude;

    lbl.innerHTML =
        "Your latitude: " + pos.coords.latitude +
        " and longitude: " + pos.coords.longitude +
        " (Accuracy of: " + pos.coords.accuracy + " meters)";
}
function errorHandler(e) {
    if (e.code === 1) { // PERMISSION_DENIED
        lbl.innerHTML = "Permission denied.-" + e.message;
    } else if (e.code === 2) { //POSITION_UNAVAILABLE
        lbl.innerHTML = "Make sure your network connection is active and " +
            "try this again.-" + e.message;
    } else if (e.code === 3) { //TIMEOUT
        lbl.innerHTML = "A timeout ocurred; try again.-" + e.message;
    }
}
```

(2) 在浏览器中显示 Geolocation.html 文件。当首次尝试访问 geolocation 对象时，会出现如图 26-1 所示的提示信息。

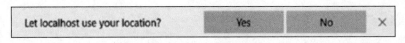

Let localhost use your location?
Yes
No
×

图 26-1　提示进行地理位置访问

注意

此时，演示所使用的是 Edge 浏览器。如果使用了不同的浏览器，此提示可能会有所不同。

---

(3) 为了测试错误处理程序，选择“No”选项。此时，页面应该显示如图 26-2 所示的错误消息。

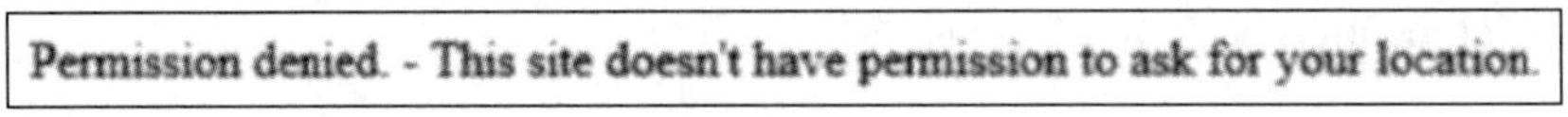
Permission denied. - This site doesn't have permission to ask for your location.

图 26-2　显示访问拒绝错误

(4) 在不同的浏览器中打开 Geolocation.html 文件。当前的位置应该如图 26-3 所示。

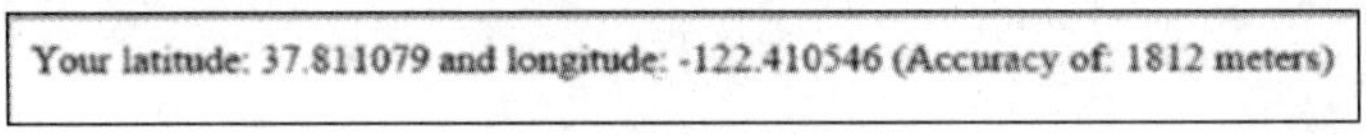
Your latitude: 37.811079 and longitude: -122.410546 (Accuracy of: 1812 meters)

图 26-3　显示当前位置

此时，使用的是不支持发射塔或 GPS 的普通 LAN 连接的机器，所以使用了 IP 地址来确定位置。因此，估计精度为 1.8km(超过 1mile)。

注意

地理定位可以在目前所有的浏览器上使用。但如果尝试在诸如 IE 8 之类的较早浏览器上运行该应用程序，会看到不支持地理定位的警告信息。

26.3　使用映射平台

简单地显示经度和纬度是没有任何意义(或者任何帮助的)。只有相对于其他感兴趣的点来显示自己的位置才更有用。如果可以在附有道路和其他参考点的地图上显示这些信息，那将会发挥真正的作用。幸运的是，如今映射技术已经变得非常强大且易访问，所以可以很容易地完成上述工作。

注意

为了完成本章的演示，使用了 Bing Maps。当然，也可以使用其他的映射平台。如果你感兴趣，可以参阅文章 http://en.wikipedia.org/wiki/Comparison_of_web_map_services，了解不同的映射服务。

26.3.1 创建 Bing Maps 账户

为了使用 Bing Maps，首先需要建立一个对于开发者来说免费的账户。一旦创建了自己的账户，就会接收到一个访问映射 API 所需的密钥。接下来演示一下设置账户的过程。

练习 26-3 创建一个 Bing Maps 账户

(1) 访问 Bing Maps 网站，地址为 www.microsoft.com/maps/create-a-bing-maps-key. aspx。

(2) 需要获取一个允许访问映射 API 的密钥。进入 Basic Key 选项卡。完成本章练习只需要使用免费、基础密钥即可。单击页面底部的 Get the Basic Key 链接。

(3) 在下一个页面中，需要使用 Windows Live ID 进行登录。如果没有，可以单击 Create 按钮创建一个账户。

(4) 一旦完成登录，就会看到如图 26-4 所示的 Create account 页面。

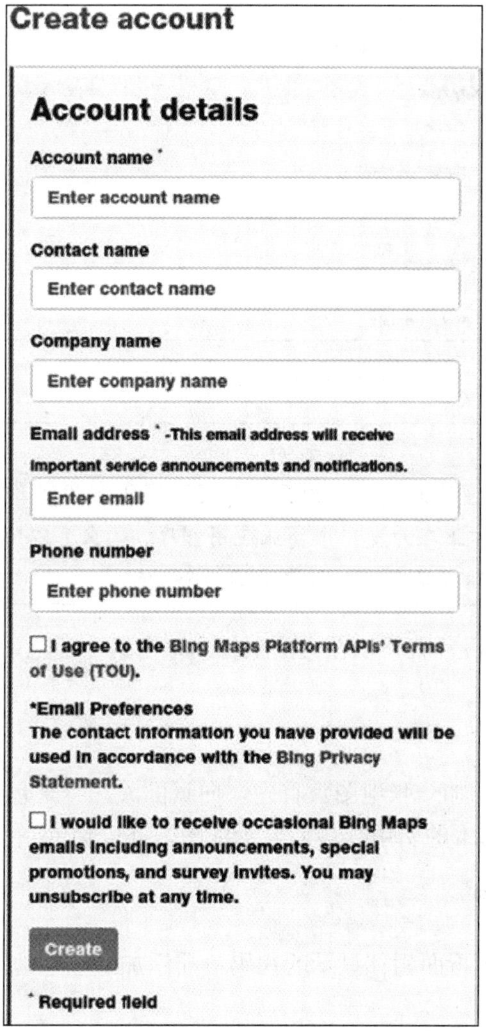

图 26-4 Create account 页面

(5) 输入一个账户名称。如果你有多个账户，那么请确保可以区分每个账户；测试一下即可。Email 地址应该是来自 Windows Live 账户的默认地址。请确保选择了符合使用条款的复选框。最后单击 Save 按钮，创建账户。

(6) 从 My account 菜单中选择"My keys"链接。此时不会看不到任何现有的密钥，而是显示了 Create key 对话框。如果没有出现该对话框，请点击链接创建一个新的密钥。

(7) 在"Create key"页面中，输入一个应用程序名称，比如 HTML5 Test。而 URL 则输入 http://localhost，同时，应用程序类型选择 Universal Windows App，如图 26-5 所示。单击 Submit 按钮。

图 26-5　创建一个密钥

注意

Bing Maps 将会监视密钥的使用。由于没有实际将该密钥部署到一个公开展示的网站上，因此并不真正适用。如果你正在开发一个商业应用程序，那么可以使用免费的密钥进行程序开发，但如果部署到一个实际网站中，则需要购买一个密钥。

---

(8) 在生成了密钥之后，就可以在页面上看到该密钥。请记下该密钥，以备后面使用。

26.3.2　添加地图

现在，向 Web 页面添加一张地图。首先，向页面添加一个包含地图的 div 元素。然后添加对用于操作地图的脚本的引用。最后显示地图，并以你的当前位置为中心。

练习 26-4　添加地图

(1) 向 body 元素添加下面粗体显示的代码，即添加了显示地图的 div 元素。

```
<body>
    <div>
        <span id="lbl"> </span>
    </div>
```

```
    <div id="map">
    </div>
</body>
```

(2) 创建带有以下样式规则的 Geolocation.css 样式表，该规则调整了包含地图的 div 的大小。

```
#map {
    width: 800px;
    height: 1000px;
    border: 1px solid black;
}
```

(3) 向 head 元素添加下面所示的 link 元素，引用了 Geolocation.css 样式表。

```
<link rel="stylesheet" href="Geolocation.css" />
```

(4) 在 head 元素中添加下面的 script 元素，从而让页面能够调用地图 API。该元素应该出现在 Geolocation.js 脚本元素的后面。

```
<script
    src=http://www.bing.com/api/maps/mapcontrol?branch=release&callback=
    DisplayMap
    async defer>
</script>
```

上述脚本首先异步加载映射脚本，加载完毕之后调用 DisplayMap()函数。

(5) 使用下面的代码向 Geolocation.js 脚本中添加 DisplayMap()函数。此时，需要插入练习 26-3 中所获取的 API 密钥。

```
function DisplayMap() {
    var map = new Microsoft.Maps.Map(document.getElementById('map'),
        {
        credentials: '<use your key here>',
        center: new Microsoft.Maps.Location(latitude, longitude),
        mapTypeId: Microsoft.Maps.MapTypeId.aerial,
        zoom: 20
        });
```

Map()函数的调用接收两个参数：第一个参数是显示地图的 HTML 元素，此时为前面所添加的 div 元素，可以通过 getElementById()方法获取；第二个参数是一个带有一系列选项的 JSON 对象。credentials 字段包含了 API 密钥，而 center 字段指定了地图的中心点，即 geolocation 对象所返回的位置。此外，mapTypeId 指定了应使用鸟瞰视图，并将 zoom 设置为 20。

(6) 刷新浏览器。根据你当前的位置，页面显示应该如图 26-6 所示。请注意页面右上角的控件。可以使用该控件进行缩放操作以及任意方向的平移。此外，还可以将视图更改为 Road 或 Streetside。

当调用 Map()函数来指定中心点位置时，代码还将缩放设置为 20。而对于你自己的应用程序，刚开始可能不需要放大这么多。可以使用 15 或 16 来测试上述代码，看看效果如何。当然，也可以在地图显示时调整缩放。

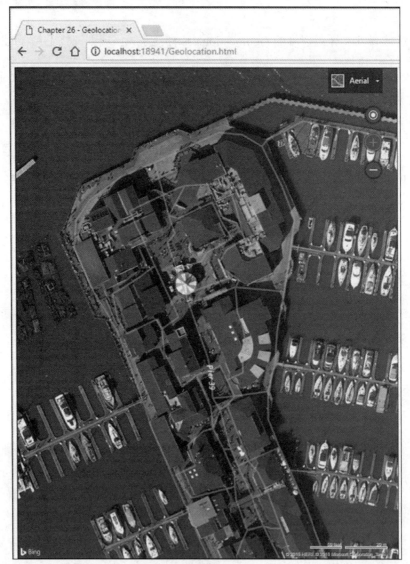

图 26-6　显示初始地图

26.3.3　添加图钉

接下来，将在地图上显示一些图钉。为了添加图钉，首先需要创建一个指定图钉位置的 Pushpin 对象。然后将其添加到地图的 entities 集合中。我们将在当前位置添加一个默认图钉。稍后，还会添加自定义图钉来标明感兴趣的点。

请在 DisplayMap()函数的末尾添加下面粗体显示的代码：

```
function DisplayMap() {
    var map = new Microsoft.Maps.Map(document.getElementById('map'),
    {
    ...
```

```
    });
    var pushpin = new Microsoft.Maps.Pushpin(map.getCenter(), {
        color: 'orange',
        text: 'X',
        title: 'You are here'
    });
    map.entities.push(pushpin);
}
```

Pushpin()方法接收一个位置以及带有选项的 JSON 对象。对于位置，使用了 getCenter()
方法获取地图的中心点，在加载地图时指定了该中心点。此外，也可以使用下面的代码创
建一个位置：

```
new Microsoft.Maps.Location(latitude, longitude)
```

对于选项，则分别将颜色设置为橘色，在图钉上放置文本"X"以及添加了标签"You
are here"。刷新浏览器，应该看到标明当前位置的图钉，如图 26-7 所示。

图 26-7　在当前位置添加一个图钉

在 Web 页面中，地图最常见的用途之一是显示附近的位置。例如，假设你有多个仓库，
那么可能希望在地图上显示每个仓库的位置。或者在警察局里，并在地图上标出某些犯罪
行为发生的地点。又或者想要开发一个公共交通系统，显示所有的巴士或火车站在哪里。

从根本上讲，这些应用场景都是相同的；需要在地图上显示一个位置集合。可以在地
图上添加任何数量的位置。而对于每个位置，只需要创建一个 Pushpin 对象并添加到实体
集合中即可。如果显示多个位置，则应该让图钉看起来不一样，以便用户可以更加容易地
加以区分。

为了便于演示，接下来在地图上显示附近卫生间的位置。此时使用的是常见的卫生间
图标，而不是标准的图钉。通常的做法是首先查询服务器，然后根据客户端的位置获取一
个位置列表。但为了简化过程，这些位置信息以硬编码的形式提供。

此时对卫生间的位置进行了硬编码，所以在你当前位置附近可能并没有这些卫生间。你可以提供附近不同的卫生间位置或者使用我当前的位置替换你自己的位置。这样就可以保持卫生间位置的一致。

练习 26-5　添加自定义图钉

(1) 源代码下载中包含一个 restroom.gif 图像文件。请将其拖放至 Web 项目中。

(2) 在现有的 Geolocation.js 脚本的顶部添加下面的声明，定义了卫生间的位置。

```
var restrooms = [
    { lat: 37.810079, long: -122.410806 },
    { lat: 37.809579, long: -122.410206 },
    { lat: 37.811279, long: -122.410446 }
];
```

(3) 在创建地图对象之前，将以下代码添加到 DisplayMap()函数。该代码重写了当前位置，以便更靠近卫生间的位置。

```
// Override these for testing purposes
latitude = 37.810579;
longitude = -122.410546;
```

(4) 在 Geolocation.js 脚本的底部添加下面的函数。markRestrooms()函数遍历数组，并调用 markRestrooms()函数。markRestrooms()函数添加了一个图钉。它首先创建了一个选项集合，定义了所使用的图像文件以及图像大小。然后在创建 Pushpin 对象时将其传入。

```
function markRestrooms(map) {
    for (var i in restrooms) {
        markRestroom(map, restrooms[i].lat, restrooms[i].long);
    }
}

function markRestroom(map, lat, long) {
    var pushpinOptions = { icon: '/images/restroom.gif', width: 35, height: 35 };
    var pushpin = new Microsoft.Maps.Pushpin
        (new Microsoft.Maps.Location(lat, long), pushpinOptions);
    map.entities.push(pushpin);
}
```

(5) 在 DisplayMap()函数的底部添加对 markRestrooms()函数的调用，显示额外的图钉：

```
// Display the restroom locations
markRestrooms(map);
```

(6) 刷新浏览器，此时应该在地图上看到标明了卫生间所在位置的图钉，如图 26-8 所示。

以上显示的数据都是虚构的。如果你在阅读本书时碰巧位于 San Francisco 的 Pier 39，那么请不要尝试使用该地图找到卫生间。

使用映射 API 可以完成很多的事情。例如，可以显示到达所选择感兴趣点的方向。甚至可以显示目前哪里的交通比较繁忙。可以查看互动式 SDK：http://www.bing.com/api/maps/sdk/mapcontrol/isdk。可以尝试每种功能，对应的 JavaScript 代码将显示在地图下面。

图 26-8　添加卫生间图钉

26.4　小结

在本章，组合使用 Bing Maps 和地理定位功能创建了一个真正有用的网站。地理定位请求是以异步方式处理的。在获取了 geolocation 对象之后，可以调用其 getCurrentPosition() 函数并指定成功和失败回调函数。当获取了位置时，将 Position 对象传入回调函数。该对象包含经度、纬度和估计精度。如果客户端拥有 GPS 功能，那么 Position 对象还包含高度、速度以及方向。

诸如 Bing Maps 之类的映射平台非常容易使用，并可以集成到 Web 页面。在本应用程序中，显示了地图并以当前位置为中心点。同时，还添加了图钉来显示附近卫生间的位置。

附录 A

■■■

Ajax

在传统的 Web 应用程序中，首先呈现一个页面，用户与之进行交互；可能是登录、输入一些搜索条件或者选择一个选项。然后将相关信息发送回服务器，最后返回并在浏览器中显示一个新的页面。该过程需要往返于服务器，并下载和显示一个新页面。然而，可以使用另外一种方法得到更快的响应，即使用第 18 章所介绍的 DOM 操作技术更新当前页面。但需要从服务器获取一些数据完成更新操作，这就是 Ajax 技术的来源。Ajax 的另一个常见用途是刚开始仅下载部分页面。当用户查看已下载的部分页面时，可以在后台使用 Ajax 加载页面的剩余部分。

Ajax 是 Asynchronous JavaScript And XML 的缩写。它并不是一种技术，而是一种使用了一系列技术的设计模式。简而言之，Ajax 就是在客户端运行的 JavaScript 代码，通过服务器调用获取数据。当进行调用时，需要注册一个回调函数来处理响应。当最初开发这项技术时，XML 就是响应的预期格式，因此而得名。但响应并不一定是 XML；如今，在大多数情况下，响应的格式为 JSON 或 HTML。

该概念最早是在 Internet Explorer 5 中引入的，当时使用了一个名为 XMLHTTP 的 ActiveX 对象。随后，其他的浏览器相继使用了提供类似功能的 XMLHttpRequest 对象。直到 IE7，Microsoft 才支持 XMLHttpRequest 对象。

注意

Ajax 用于与 RESTful Web 服务进行通信。为了能够使用 Ajax，需要了解 RESTful Web 服务的基本知识，比如 HTTP 动词、请求和响应头等。如果你是初次接触相关内容，建议阅读以下文章：http://www.drdobbs.com/web-development/restful-webservices-a-tutorial/240169069。

A.1 发送请求

为了发送请求，首先需要创建一个 XMLHttpRequest 对象的实例。然后完成以下操作：

- 分配一个回调函数来处理 readystatechange 事件。相关内容稍后介绍。
- 打开连接；需要指定 HTTP 动词(比如 GET、POST、PUT 或 DELETE)以及所调用 Web 服务的 URL。
- 设置所需的请求头。
- 发送请求。

接下来演示一个简单的 GET 请求，如下所示：

```
var myRequest = new XMLHttpRequest();
myRequest.onreadystatechange = displayResults;
myRequest.open("GET", url);
myRequest.setRequestHeader("Content-Type", "application/json");
myRequest.send();
```

如果使用动词 POST 或 PUT，则需要向请求体传入数据。此时，通过 send()方法传递请求体。例如：

```
myRequest.send(body);
```

警告

通常，Ajax 只能调用与调用它们的页面相同域中的服务。例如，如果页面来自 http://someDomain.com，那么只可以调用 URL 以 http://someDomain.com 开头的服务。当然，也可以使用一些方法绕开这些限制，但相关内容已经超出了本书的讨论范围。如果想要了解更多内容，可以参阅以下文章：https://developer.mozilla.org/en-US/docs/Web/HTTP/Access_control_CORS。

A.2 处理响应

你可能已经注意到，每当请求的准备状态(或状态)改变时，就会调用一个回调函数。不管是接收到响应还是发生错误，状态都会发生变化，所以回调函数需要处理这两种情况。共有五种状态值，不论状态变为哪种状态值，都会调用回调函数：

- 0——UNSENT
- 1——OPENED
- 2——HEADERS_RECEIVED
- 3——LOADING
- 4——DONE

在大多数情况下，都不需要关心这些临时状态，只需要知道请求何时完成就可以了。此时可以使用常值 XMLHttpRequest.DONE(对应值为 4)。回调函数通常以以下所示的代码开始，从而忽略所有其他状态转换。

```
if (myRequest.readyState === XMLHttpRequest.DONE) {
    ... do something
}
```

还可以将代码封装到一个 try/catch 块中，因为诸如网络错误之类的错误会产生异常。接下来需要做的是检查请求的状态。准备状态指示告诉我们请求已经完成，但并没有告诉是否成功。此时就需要对 status 属性进行检查，如下所示：

```
switch(myRequest.status) {
    case 500: // server error
        ...
```

```
            break;
    case 404: // not found
            ...
            break;
    case 200: // success
            ...
            break;
}
```

提示

所返回的 status 值是 HTTP 规范所定义的标准 HTTP 状态代码(http://www.w3.org/Protocols/ rfc2616/rfc2616-sec10.html)。Mozilla 文章提供了一个更浓缩的版本: https://developer.mozilla.org/ en-US/docs/Web/HTTP/Status。

假设得到了成功状态(200)，那么可以从响应消息中提取数据。这些数据位于 responseText 属性中。然后根据所期望的格式进行转换。例如，如果返回的是 JSON，可以使用下面的代码将其转换为实际对象:

```
var data = JSON.parse(myRequest.responseText);
```

A.3　小结

通常创建一个函数来发送请求，然后使用另一个函数来处理响应。这些函数都要共享 XMLHttpRequest 对象，所以需要在函数作用域之外定义该对象。将这些函数放在一起，构成如代码清单 A-1 所示的简单解决方案。

代码清单 A-1　简单 Ajax 示例

```
var myRequest;
var responseData;

function getData() {
    myRequest = new XMLHttpRequest();
    myRequest.onreadystatechange = getResponse;
    myRequest.open("GET", "http://someDomain.com/resource");
    myRequest.setRequestHeader("Content-Type", "application/json");
    myRequest.send();
}

function getResponse() {
    try {
        if (myRequest.readyState === XMLHttpRequest.DONE) {
            switch(myRequest.status) {
                case 500:
                    break;
                case 404:
                    break;
                case 200:
                    responseData = JSON.parse(myRequest.responseText);
                    break;
            }
        }
```

```
        }
        catch(ex) {
            console.log("Ajax error: " + ex.Description);
        }
    }
```

当调用 getData()函数时，假设请求是成功的，**responseData** 对象将会保存从服务器返回的数据。当然，也可能需要对这些数据进行一些处理。为此，getReponse()函数应该调用其他的函数，并使用所提取的数据。

附录 B

拖放源代码

代码清单 B-1 包含了第 24 章所演示的拖放应用程序的完整 JavaScript 实现过程。

代码清单 B-1　第 24 章源代码

```javascript
"use strict";

function createBoard() {
    var board = document.getElementById("board");

    for (var y=0; y < 8; y++) {
        var row = document.createElement("div");
        row.className = "row";
        board.appendChild(row);

        for (var x=0; x < 8; x++) {
            var square = document.createElement("div");
            square.id = x.toFixed() + y.toString();
            if ((x + y) % 2) {
                square.className = "bblack";
            }
            else {
                square.className = "bwhite";
            }

            // If the square should have a piece in it...
            if ((x + y) % 2 != 0 && y != 3 && y != 4) {
                var img = document.createElement("img");
                if (y < 3) {
                    img.id = "w" +square.id;
                    img.src = "Images/WhitePiece.png";
                }
                else {
                    img.id = "b" + square.id;
                    img.src = "Images/BlackPiece.png";
                }
                img.className = "piece";
                img.setAttribute("draggable", "true");
                square.appendChild(img);
            }
            square.setAttribute("draggable", "false");
            row.appendChild(square);
        }

    }
}
```

```
function allowDrop() {
    // Wire up the target events on all the black squares
    var squares = document.querySelectorAll('.bblack');
    var i = 0;
    while (i < squares.length) {
        var s = squares[i++];
        // Add the event listeners
        s.addEventListener('dragover', dragOver, false);
        s.addEventListener('drop', drop, false);
        s.addEventListener('dragenter', dragEnter, false);
        s.addEventListener('dragleave', dragLeave, false);
    }

    // Wire up the source events on all of the images
    i = 0;
    var pieces = document.querySelectorAll('img');
    while (i < pieces.length) {
        var p = pieces[i++];
        p.addEventListener('dragstart', dragStart, false);
        p.addEventListener('dragend', dragEnd, false);
    }
}

createBoard();
allowDrop();

// Handle the dragover event
function dragOver(e) {
    e.preventDefault();

    // Get the img element that is being dragged
    var dragID = e.dataTransfer.getData("text");
    var dragPiece = document.getElementById(dragID);

    // Work around-if we can't get the dataTransfer, don't
    // disable the move yet, the drop event will catch this
    if (dragPiece) {
        if (e.target.tagName === "DIV" &&
            isValidMove(dragPiece, e.target, false)) {
            e.dataTransfer.dropEffect = "move";
        }
        else {
            e.dataTransfer.dropEffect = "none";
        }
    }
}

// Handle the dragstart event
function dragStart(e) {
    if (e.target.draggable) {
        e.dataTransfer.effectAllowed = "move";
        e.dataTransfer.setData("text", e.target.id);
        e.target.classList.add("selected");

        // Use a custom drag image
        var dragIcon = document.createElement("img");
        dragIcon.src = "Images/smiley.jpg";
        e.dataTransfer.setDragImage(dragIcon, 0, 0);
    }
```

```
        }

        // Handle the dragend event
        function dragEnd(e) {
            e.target.classList.remove("selected");
        }

        // Handle the drop event
        function drop(e) {
            e.stopPropagation();
            e.preventDefault();

            // Get the img element that is being dragged
            var droppedID = e.dataTransfer.getData("text");
            var droppedPiece = document.getElementById(droppedID);

            if (droppedPiece &&
            e.target.tagName === "DIV" &&
            isValidMove(droppedPiece, e.target, true)) {
                // Create a new img on the target location
                var newPiece = document.createElement("img");
                newPiece.src = droppedPiece.src;
                newPiece.id = droppedPiece.id.substr(0, 1) + e.target.id;
                newPiece.draggable = droppedPiece.draggable;

                if (droppedPiece.draggable){
                    newPiece.classList.add("jumpOnly");
                }
                newPiece.classList.add("piece");

                newPiece.addEventListener("dragstart", dragStart, false);
                newPiece.addEventListener("dragend", dragEnd, false);
                e.target.appendChild(newPiece);
            // Remove the previous image
            droppedPiece.parentNode.removeChild(droppedPiece);

                // Remove the drop effect from the target element
                e.target.classList.remove('drop');

                // See if the piece needs to be promoted
                kingMe(newPiece);
            }
        }

// Handle the dragenter event
function dragEnter(e) {
    // Get the img element that is being dragged
    var dragID = e.dataTransfer.getData("text");
    var dragPiece = document.getElementById(dragID);

    if (dragPiece &&
        e.target.tagName === "DIV" &&
        isValidMove(dragPiece, e.target, false)) {
        e.target.classList.add('drop');
    }
}

// Handle the dragleave event
function dragLeave(e) {
    e.target.classList.remove("drop");
```

```
}

function isValidMove(source, target, drop) {
    // Get the piece prefix and location
    var startPos = source.id.substr(1, 2);
    var prefix = source.id.substr(0, 1);

    // Get the drop location, strip off the prefix, if any
    var endPos = target.id;
    if (endPos.length > 2) {
        endPos = endPos.substr(1, 2);
    }

    // You can't drop on the existing location
    if (startPos === endPos) {
        return false;
    }

    // You can't drop on occupied square
    if (target.childElementCount != 0) {
        return false;
    }
    var jumpOnly = false;
    if (source.classList.contains("jumpOnly")) {
        jumpOnly = true;

    }

    // Compute the x and y coordinates
    var xStart = parseInt(startPos.substr(0, 1));
    var yStart = parseInt(startPos.substr(1, 1));
    var xEnd = parseInt(endPos.substr(0, 1));
    var yEnd = parseInt(endPos.substr(1, 1));

    switch (prefix) {
        // For white pieces...
        case "w":
            if (yEnd <= yStart)
                return false; // Can't move backwards
            break;

        // For black pieces...
        case "b":
            if (yEnd >= yStart)
                return false; // Can't move backwards
            break;
    }

    // These rule apply to all pieces
    if (yStart === yEnd || xStart === xEnd)
        return false; // Move must be diagonal

    // Can't move more than two spaces
    if (Math.abs(yEnd-yStart) > 2 || Math.abs(xEnd-xStart) > 2)
        return false;

    // Only jumps are allowed
    if (Math.abs(xEnd-xStart) === 1 && jumpOnly)
        return false;
```

```
        var jumped = false;

        // If moving two spaces, find the square that is jumped
        if (Math.abs(xEnd-xStart) === 2) {
            var pos = ((xStart + xEnd) / 2).toString() +
                        ((yStart + yEnd) / 2).toString();
            var div = document.getElementById(pos);
            if (div.childElementCount === 0)
                return false; // Can't jump an empty square
            var img = div.children[0];
            if (img.id.substr(0, 1).toLowerCase() === prefix.toLowerCase())
                return false; // Can't jump a piece of the same color
            // If this function is called from the drop event
            // Remove the jumped piece
            if (drop) {
                div.removeChild(img);
                jumped = true;
            }
        }

        // Set the draggable attribute so the next player can take a turn
        if (drop) {
            enableNextPlayer(source);

            // If we jumped a piece, we're allowed to go again
            if (jumped) {
                source.draggable = true;
                source.classList.add("jumpOnly"); // But only for another jump
            }
        }
        return true;
}

function kingMe(piece) {

    // If we're already a king, just return
    if (piece.id.substr(0, 1) === "W" || piece.id.substr(0, 1) === "B")
        return;

    var newPiece;

    // If this is a white piece on the 7th row
    if (piece.id.substr(0, 1) === "w" && piece.id.substr(2, 1) === "7") {
        newPiece = document.createElement("img");
        newPiece.src = "Images/WhiteKing.png";
        newPiece.id = "W" + piece.id.substr(1, 2);

    }

    // If this is a black piece on the 0th row
    if (piece.id.substr(0, 1) === "b" && piece.id.substr(2, 1) === "0") {
        var newPiece = document.createElement("img");
        newPiece.src = "Images/BlackKing.png";
        newPiece.id = "B" + piece.id.substr(1, 2);

    }

    // If a new piece was created, set its properties and events
    if (newPiece) {
        newPiece.draggable = true;
```

```
            newPiece.classList.add("piece");
            newPiece.addEventListener('dragstart', dragStart, false);
            newPiece.addEventListener('dragend', dragEnd, false);

            var parent = piece.parentNode;
            parent.removeChild(piece);
            parent.appendChild(newPiece);
        }
    }

function enableNextPlayer(piece) {

        // Get all of the pieces
        var pieces = document.querySelectorAll('img');

        var i = 0;
        while (i < pieces.length) {
            var p = pieces[i++];

            // If this is the same color that just moved, disable dragging
            if (p.id.substr(0, 1).toUpperCase() ===
                piece.id.substr(0, 1).toUpperCase()) {
                p.draggable = false;
            }
            // Otherwise, enable dragging
            else {
                p.draggable = true;
            }

            p.classList.remove("jumpOnly");
        }
    }
```

■■■

参考资料

第 II 部分

HTML 元素

Name	Meta	Sect	Root	Head	Embed	Inter	Form	Phrase	Flow
a						X			X
abbr								X	X
address									X
area									X
article		X							X
aside		X							X
audio					X	X		X	
b								X	X
base	X								
bdi									X
bdo								X	X
blockquote			X						X
body			X						
br								X	X
button						X	X	X	X
canvas					X			X	X
caption									
cite								X	X
code								X	X
col									

(续表)

Name	Meta	Sect	Root	Head	Embed	Inter	Form	Phrase	Flow
colgroup									
command		X							X
data									X
datalist								X	X
dd									
del			X						X
details						X			X
dfn								X	X
div									X
dl									X
dt									X
em								X	X
embed					X	X		X	X
fieldset			X			X		X	
figcapture									
figure			X						X
footer									X
form									X
h1				X					X
h1				X					X
h3				X					X
h4				X					X
h5				X					X
h6				X					X
head									
header									X
hr									X
html									
i								X	X
iframe					X	X		X	X
img					X	X		X	X
input						X	X	X	X
ins									X

Name	Meta	Sect	Root	Head	Embed	Inter	Form	Phrase	Flow
kbd								X	X
keygen						X	X	X	X
label						X	X	X	X
legend								X	
li									
link	X								
main									X
map									X
mark								X	X
math					X			X	X
menu						X			X
meta	X								
meter							X	X	X
nav		X							X
noscript								X	
object					X	X	X	X	X
ol									X
optgroup									
option									
output							X	X	X
p									X
param									
pre									X
progress						X	X	X	
q								X	X
rp									
rt									
ruby								X	X
s									X
samp								X	X
script	X							X	X
section		X							X
select						X	X	X	X

(续表)

Name	Meta	Sect	Root	Head	Embed	Inter	Form	Phrase	Flow
small								X	X
source									
span								X	X
strong								X	X
style	X								
sub								X	X
summary									
sup								X	X
svg					X			X	X
table									X
tbody									
td			X						
template									X
textarea					X	X	X	X	
tfoot									
th									
thead								X	X
time									
title	X								
tr									
track									
ul									X
var								X	X
video					X	X		X	X
wbr								X	X

全局特性

下面是所有 HTML 元素所支持的特性。

公共特性

- accesskey——用来定义键盘快捷键以激活或设置元素上的焦点。处理快捷键的实际键盘命令取决于浏览器和操作系统。更多内容，请参见文章：https://developer. mozilla.org/en-US/docs/Web/HTML/Global_attributes/accesskey。

- id——唯一标识符，它是一个不能包含任何空格字符的字符串，在整个 HTML 文档中必须是唯一的。

- tabindex——当使用 tab 命令时，指定了当前元素导航的顺序。

格式化特性

- class——空格分割的分类列表，当应用样式时使用该特性。
- hidden——Boolean 特性，如果使用，则表明元素当前是不可见的。
- style——包括了一个或者多个 CSS 声明，提供了元素的内联样式。

文本特性

- dir——表明了文本方向，ltr 或 rtl。默认值为 auto，此时将根据其内容的字符集以及继承的值来设置特性值。
- lang——表明了内容的语言。
- spellcheck——Boolean 特性，如果使用，则表明应该在文本上执行拼写和语法验证。
- translate——如果当浏览器对页面进行变形操作时元素的内容应该进行相应的变形，则设置为 yes。否则设置为 no。

拖放特性

(具体内容请参见第 24 章)

- draggable
- dropzone

其他特性

- contenteditable——如果内容可编辑，则设置为 true 或者一个空字符串；否则设置为 false。
- contextmenu——表示一个上下文菜单的 id(目前大多数浏览器都不支持该特性)。
- data-*——这些都是浏览器不使用但在客户端脚本中非常有用的自定义特性。
- title——关于元素的额外信息。

自结束标签

下面所示的 HTML5 元素都是自结束标签，也就意味着不需要单独使用开始和结束标签。同时也意味着除了特性之外，它们没有任何内容，因为内容必须包含在开始和结束标签之间。这些元素也被称为空元素。

- \<area/>——图像的可选择区域
- \<base/>——文档中任何相对路径的根路径
- \
——一个换行符，就像回车一样
- \<col/>——定义了表中的一列

- <embed />——嵌入式内容
- <hr />——水平规则，用来表示主题变化
- <iframe />——在当前文档中嵌入另一个 Web 页面
- <img />——一个图像或图片
- <input />——一个输入字段，比如表单中的文本框或复选框
- <link />——链接一个外部或相关联的资源
- <meta />——提供关于当前文档的元数据
- <param />——对象元素中的参数
- <source />——用来引用视频或音频元素的源
- <track />——指定了视频或音频元素的轨迹
- <wbr />——提供一次断字的机会，类似于一次换行

在 HTML5 中，自结束标签末尾的"/"是可选的，因为在斜线前存在一个空格。但对于 XHTML 来说，如果使用了 XML MIME 类型，那么该斜线就是必需的(但这种情况比较少见)。我曾经见过许多的应用程序尝试通过一个简单的 XML 验证器来验证 HTML，如果此时没有使用斜线字符，那么该验证器就会报错。

在 Web 开发人员的世界里，就是否应该包括斜线字符存在很大的争论。但反对使用斜线的人主要是为了提供可读性，所以究竟是否使用取决于个人的喜好。

输入类型

单个 input 元素用于所有类型数据的输入，从复选框到日期选择器。type 特性定义了 input 元素的功能。所支持的类型如下表所示。

类型	描述	备注
button	按钮，没有默认操作	
checkbox	复选框	使用 checked 特性默认为选中
color	选择一个颜色	浏览器不同，选择颜色的用户界面也会不同
date*	选择没有任何时间元素的日期	
datetime-local*	选择一个日期和时间	没有定义时区；这是浏览器的本地时间
email	接收有效电子邮件地址的文本框	仅仅对格式进行验证。如果输入了多个电子邮件，则可以使用多个特性
file	从客户端设备选择一个文件	accept 特性指定了所允许的文件类型。如果想要选择多个文件，可以使用 multiple 特性
hidden	没有用户界面，但可以与表单一起提交值	
image	显示一个图像的按钮	使用 src 特性定义所使用的图像

(续表)

类型	描述	备注
month*	只能选择月份和年份的日期选择器(没有日期)	
number	接收数值的文本框	
password	所输入的内容被遮蔽,例如为每个字符显示一个星号	
radio	工作原理与复选框相类似,只不过一组中只能选择一个	
range	用来选择相对值的滑块	min、max 和 step 特性定义其功能
reset	用来清除输入字段并返回到原始、默认值的按钮	
search	用来输入搜索条件的文本框	
submit	默认行为为提交表单的按钮	
tel	接收有效电话号码的文本框	必须通过pattern特性指定格式规则
text	单行的文本框,没有额外的验证	
time*	指定一个时间(小时、分钟和秒)	
url	输入有效 URL 的文本框	使用 pattern 特性来定义格式约束
week*	选择年份和周的日期选择器(1-53)	

表中的*表示浏览器支持可能受限。详细内容请访问 http://html5test.com/index.html。

第Ⅲ部分

颜色单位

Keyword	Hex Value	Hex	rgb	rgb(%)
black	#000000	#000	rgb(0,0,0)	rgb(0%,0%,0%)
navy	#000080	No equiv	tgb(0,0.128)	rgb(0%,0%,50%)
blue	#0000FF	#00F	rgb(0,0,255)	rgb(0%,0%,100%)
green	#008000	No equiv	rgb(0,128,0)	rgb(0%,50%,0%)
teal	#008080	No equiv	rgb(0,128,128)	rgb(0%,50%,50%)
lime	#00FF00	#0F0	rgb(0,255,0)	rgb(0%,100%,0%)
aqua	#00FFFF	#0FF	rgb(0,255,255)	rgb(0%,100%,100%)
maroon	#800000	No equiv	rgb(128,0,0)	rgb(50%,0%,0%)
purple	#800080	No equiv	rgb(128,0,128)	rgb(50%,0%,50%)

Keyword	Hex Value	Hex	rgb	rgb(%)
olive	#808000	No equiv	rgb(128,128,0)	rgb(50%,50%,0%)
gray	#808080	No equiv	rgb(128,128,128)	rgb(50%,50%,50%)
silver	#C0C0C0	No equiv	rgb(192,192,192)	rgb(75%,75%,75%)
red	#FF0000	#F00	rgb(255,0,0)	rgb(100%,0%,0%)
fuchsia	#FF00FF	#F0F	rgb(255,0,255)	rgb(100%,0,100%)
yellow	#FFFF00	#FF0	rgb(255,255,0)	rgb(100%,100%,0%)
white	#FFFFFF	#FFF	rgb(255,255,255)	rgb(100%,100%,100%)

距离单位-绝对值

单位	定义
cm	厘米——1 英寸等于 2.54 厘米
mm	毫米——等于 1 厘米的 1/10
q	四分之一毫米——1 厘米的 1/40
pc	皮卡——1 英寸等于 6 皮卡
pt	点——1 英寸等于 72 点
px	像素——1 英寸等于 96 像素
in	英寸——96 像素、72 点或 6 皮卡

距离单位-相对值

单位	定义
em	当前元素的字体大小
ex	当前元素的字体高度
ch	当前字体的 "0" 字符的宽度
rem	根元素的字体大小
vw	视口宽度的 1%
vh	视口高度的 1%
vmin	较小视口尺寸的 1%
vmax	较大视口尺寸的 1%

角度单位

单位	定义
deg	角度——一个圆有 360°

(续表)

单位	定义
grad	梯度——一个圆的梯度为 400
rad	弧度——一个圆的弧度为 2π
turn	圈——一个圆有一圈

时间单位

单位	定义
s	秒
ms	毫秒

可以以秒或毫秒为单位指定时间单位。前缀 s 或 ms 是必需的；否则值被视为一个数值。值和单位之间不允许有空格。有效的时间单位为 3s、1.5s、100ms。

CSS 特性列表

特性	Sub	章节
align		14
	-content	
	-items	
	-self	
animation		15
	-delay	
	-direction	
	-duration	
	-fill-mode	
	-iteration-count	
	-name	
	-play-state	
backface-visibility		15
background		12
	-attachment	
	-blend-mode	
	-clip	
	-color	
	-image	

(续表)

特性	Sub	章节
	-origin	
	-position	
	-repeat	
	-size	
border		12
	-top/-bottom/-left/-right	
	-collapse	13
	-color	
	-radius	
	-spacing	13
	-style	
	-width	
border-image		12
	-outset	
	-repeat	
	-slice	
	-source	
	-width	
box-decoration-break*		
box-shadow		12
break*		11
	-after	
	-before	
	-inside	
caption-side		13
clear		10
color		11
column*		
	-count	
	-fill	
	-gap	
	-rule	
	-rule-color	

(续表)

特性	Sub	章节
	-rule-style	
	-rule-width	
	-span	
	-width	
content		10
counter-increment		
counter-reset		
cue*		
	-after	
	-before	
cursor		11
direction		11
display		10
elevation*		
empty-cells		13
filter*		
flex		14
	-basis	
	-direction	
	-flow	
	-grow	
	-shrink	
	-wrap	
float		10
font		11
	-family	
	-feature-setting	
	-kerning	
	-language-override*	
	-size	
	-size-adjust*	
	-stretch	
	-style	

(续表)

特性	Sub	章节
	-synthesis*	
	-weight	
font-variant		11
	-alternatives*	
	-caps	
	-east-asian*	
	-ligatures*	
	-numeric	
	-position*	
hanging-punctuation*		11
hyphens		11
image*		
	-orientation	
	-rendering	
	-resolution	
justify-content		14
layer-background		
	-color	
	-image	
letter-spacing		11
line-break*		11
line-height		11
list-style		13
	-image	
	-position	
	-type	
margin		10
	-top/-bottom/-left/-right	
marks*		11
	-after	
	-before	
marker-offset*		10
max-height		10

(续表)

特性	Sub	章节
max-width		10
min-height		10
min-width		10
nav		
	-down	
	-index	
	-left	
	-right	
	-up	
object*		
	-fit	
	-position	
opacity		11
order		14
orphans*		11
outline		12
	-color	
	-offset	
	-style	
	-width	
overflow		10
overflow-wrap		11
padding		10
	-top/-bottom/-left/-right	
page-break		11
	-after	
	-before	
	-inside	
perspective		15
perspective-origin		15
position		10
quotes		11
resize		

特性	Sub	章节
tab-size*		11
table-layout		13
text		11
	-align	
	-align-last*	
	-autospace*	
	-combine-upright*	
	-decoration*	
	-decoration-color*	
	-decoration-line*	
	-decoration-style*	
	-indent	
	-justify*	
	-kashida-space*	
	-orientation*	
	-overflow	
	-shadow	
	-transform	
	-underline-position*	
top/bottom/left/right		10
transform		15
	-origin	
	-style	
transition		15
	-delay	
	-duration	
	-property	
	-timing-function	
unicode-bidi		11
vertical-align		11
visibility		10
white-space		11
windows		13

(续表)

特性	Sub	章节
width		10
word-break		11
word-spacing		11
word-wrap		11
writing-mode		11
z-index		10
zoom		

表中标有*的特性表示浏览器支持可能受限。

第Ⅳ部分

数组方法

以下的方法可用于数组属性。

方法	示例	描述
concat	var newArray = items. concat(array1, array2, ...);	返回一个新数组，其内容由源数组和作为参数传入的数组组成
copyWithin	items.copyWithin(2, 4, 2);	将一个数组中的元素复制为该数组中的其他元素。第一个参数指定了复制到的索引位置，第二个参数指定了开始复制的索引位置，第三个参数指定了结束索引。也就是说，第二个和第三个参数之间的元素将被复制到第一个参数所指定的索引位置。复制操作将覆盖现有元素
every	var bool = items. every(compareFunc);	如果指定的比较函数对于数组中的每个元素都返回 true，则方法返回 true
fill	items.fill("x", 3, 2);	使用第一个参数所指定的值替换指定元素的值。第二个和第三个参数表明了开始和结束索引
filter	var subset = items. filter(compareFunc);	针对数组中的每个元素执行比较函数，并返回比较函数返回 true 的元素组
find	var item = items. find(compareFunc);	返回数组中指定比较函数返回 true 的第一个元素
findIndex	var i = items. findIndex(compareFunc);	返回数组中指定比较函数返回 true 的第一个元素对应的索引

(续表)

方法	示例	描述
forEach	items.forEach(function);	针对数组中的每个元素调用指定的函数
indexOf	var i = items. findIndex(compareFunc, 2);	返回数组中指定比较函数返回 true 的第一个元素对应的索引。第二个参数表明了数组中开始搜索的位置(默认为 0)
join	items.join("; ");	将元素输出到一个字符串中,每个元素由指定字符串分隔
lastIndex	var i = items. findIndex(compareFunc);	返回数组中指定比较函数返回 true 的第一个元素对应的索引
map	var newArray = items. map(function);	创建一个与现有数组相同大小的新数组。通过在原始数组中的对应元素上调用指定的函数来创建每个元素
pop	var item = items.pop();	从数组中删除最后一个元素,并将其返回
push	var l = items.push("xyz");	添加指定的元素到数组的末尾,并返回新的数组长度
reduce	var v = items. reduce(aggrFunc, initial);	通过将指定的函数应用于每个元素,将数组减少为单个值, 从最后一个元素开始
reduceRight	var v = items. reduceRight(aggrFunc,initial);	通过将指定的函数应用于每个元素,将数组减少为单个值, 从最后一个元素开始并反向执行
reverse	items.reverse();	按照字母的相反顺序排列元素
shift	var item = items.shift();	删除并返回数组的第一个元素。剩余元素的索引依次减 1, 所以第二个元素(此时为第一个元素)的索引为 0
slice	var subArray = items. slice(2, 3);	删除数组中的元素,并以一个新数组的形式返回。第一个参数指定了开始的位置,第二个参数表明了应该删除的元素数量
some	var bool = items. every(compareFunc);	如果指定比较函数对于数组中的至少一个元素返回 true,那么该方法返回 true
sort	items.sort();	按照字母顺序排列项目
splice	items.splice(2, 1, "x",'y', "z");	首先根据前两个参数(分别指定了开始元素以及删除元素的数量)从数组中删除元素,然后将剩余参数的值插入到该位置的数组中。后续元素的索引根据需要进行调整
toString	items.toString();	将每个元素输出为逗号分隔的字符串

(续表)

方法	示例	描述
unshift	var l = items.unshift("abc");	在数组的开头位置(即索引为 0 的位置)添加指定元素,并依次增加其他元素的索引。返回数组的新长度
valueOf	var v = items.valueOf();	这是默认函数,返回一个包含逗号分隔的元素列表的字符串

窗口成员

属性	描述
applicationCache	提供了为脱机支持所缓存的资源列表
console	用来写入调试消息以及运行特定的 JavaScript 命令
crypto	返回用于哈希、加密或随机数生成的 Crypto 对象。相关的规则目前仍处于早期阶段。更多的内容,请参见规则 https://w3c.github.io/webcrypto/Overview.html
devicePixelRatio	表示设备像素与设备独立像素之间的比率
dialogArguments	对于对话框窗口来说,该属性提供了窗口打开时传入的参数
document	窗口所加载的 HTML 文档
frameElement	如果窗口表示一个框架,那么该属性指示了该框架所嵌入的元素
frames	返回当前窗口内子框架的集合
fullScreen	指明窗口是否使用 fullScreen 模式
history	返回用来导航到上一个页面的 history 对象
innerHeight	可以显示窗口内容的可用区域的高度。如果使用了水平滚动条,那么该高度将包括水平滚动条所使用的空间
innerWidth	可以显示窗口内容的可用区域的宽度。如果使用了垂直滚动条,那么该宽度将包括垂直滚动条所使用的空间
isSecureContext	如果窗口正在使用一个安全上下文,则返回 true
length	返回窗口中子框架的数量
localStorage	提供了一个地方来存储会话结束后需要使用的数据
location	返回提供了当前文档 Web 地址详细信息的 location 对象
locationbar	返回 Web 地址 UI 控件的 BarProp 接口
menubar	返回菜单 UI 空间的 BarProp 接口
messageManager	返回用来管理进程间通信的 MessageManager 对象。需要提升使用权限
name	窗口的名称
navigator	返回提供了浏览器和设备详细信息的 navigator 对象
opener	打开了当前窗口的窗口
outerHeight	窗口的高度,包括诸如工具栏和菜单之类的浏览器元素

(续表)

属性	描述
outerWidth	窗口的总宽度，包括所有的 UI 元素
parent	返回当前窗口的父窗口或者当前窗口(如果当前窗口就是最上面的窗口)
performance	返回为监视客户端性能提供实用工具的 Performance 对象
personalbar	返回个性化 UI 控件的 BarProp 接口
returnValue	用于对话框窗口；包含了要返回给调用函数的值
screen	返回提供了设备显示详细信息的 screen 对象
screenX	从设备显示的左边缘到浏览器窗口左边缘的距离
screenY	从设备显示的顶部边缘到浏览器窗口顶部边缘的距离
scrollbars	返回滚动栏 UI 控件的 BarProp 接口
scrollX	文档当前水平滚动的距离
scrollY	文档当前垂直滚动的距离
self	返回对当前窗口的引用
sessionStorage	用来存储在会话结束时过期的应用程序数据
speechSynthesis	返回用来访问 Web Speech API 的 SpeechSynthesis 对象
status	浏览器状态栏中显示的文本。如果更新该属性，则会更改所显示的文本
statusbar	返回状态栏 UI 控件的 BarProp 接口
toolbar	返回工具栏 UI 控件的 BarProp 接口
top	返回最上面的窗口
window	返回当前窗口

方法	描述
alert()	显示带有指定消息的模式对话框
atob()	将 base-64 编码的字符串转换为二进制数据
blur()	从窗口删除焦点
btoa()	将二进制数据转换为 base-64 编码的字符串
clearInterval()	取消使用 setInterval()方法设置的重复计时器
clearTimeout()	取消使用 setTimeout()方法创建的计时器
close()	关闭窗口
confirm()	显示一个模态确认对话框
dispatchEvent()	触发指定的事件
dump()	向控制台写入一条消息
find()	在文档内搜索指定的字符串
focus()	将窗口更改为此窗口

方法	描述
getComputedStyle()	计算所有应该应用于窗口的 CSS 声明
getSelection()	返回表示选定项的选择对象
matchMedia()	执行指定的媒体查询，并返回一个 Boolean 结果
moveBy()	将窗口移动指定的数量
moveTo()	将窗口移动到指定的位置
open()	打开一个新窗口/选项卡
openDialog()	打开一个新窗口作为对话框
postMessage()	向另一个窗口发送消息
print()	打开 Print 对话框，允许用户打印文档
prompt()	打开一个对话框，并返回用户的输入
resizeBy()	按照指定的数量调整窗口大小
resizeTo()	将窗口调整为指定的大小
scroll()	将文档滚动到指定位置
scrollBy()	按照指定的数量滚动窗口
scrollByLines()	滚动文档指定的行数
scrollByPages()	滚动文档指定的页数
scrollTo()	将文档滚动到一组特定的坐标
setCursor()	设置光标图标
setInterval()	设置在每次执行之间指定间隔重复执行的函数
setResizeable()	切换窗口是否可以调整大小
setTimeout()	设置指定间隔后执行的函数
showModalDialog()	显示一个模态对话框
sizeToContent()	更改窗口的大小，以适应当前内容
stop()	阻止窗口加载
updateCommands()	在浏览器的 UI 中更新命令的状态

导航成员

属性	描述
appCodeName	指明浏览器的代码名称
appName	指明浏览器的名称
appVersion	指明浏览器版本的详细信息

(续表)

属性	描述
battery	提供了关于设备电池的详细信息；包括以下属性：charging(如果设备正在充电，则为 true)，chargingTime(完全充满电所剩的秒数)，dischargingTime(电池完全放完电所需的秒数)，level(使用 0 到 1 的值表示当前的充电水平)。当这些值发生变化时，可以监听所触发的事件
cookieEnabled	指明当前是否启用了 cookies
geolocation	从设备获取定位数据。详细内容如第 26 章所述
hardwareConcurrency	返回设备所使用的逻辑 CPUs 的数量
language	指明在浏览器的 UI 中设置当前语言时的用户首选语言
mediaDevices	返回可用的媒体设备数组
mimeTypes	返回任何已注册的 MIME 类型数组
online	一个 Boolean 值，表明设备是否连接到网络
oscpu	指明设备所使用的操作系统
platform	返回浏览器编译的平台
plugins	返回当前启用的插件数组
product	表明浏览器所使用引擎的名称
serviceWorker	返回用于管理与当前文档相关联的 ServiceWorker 对象的 ServiceWorkerContainer 对象
userAgent	描述用户代理(浏览器)的字符串

方法	描述
javaEnabled()	如果浏览器支持 JavaScript，则返回 true
registerContentHandler()	为指定 MIME 类型注册可用的处理程序
registerProtocolHandler()	为指定的协议注册可用的处理程序
vibrate()	如果设备支持震动功能，就震动设备

控制台方法

方法	描述
assert()	只有当第一个参数为 false 时，向控制台日志写入一个条目。可以使用该方法在某些条件下(比如函数返回一个错误)向日志中写入条目
clear()	清除控制台日志中的所有条目
count()	记录某代码行执行的次数。如果向 count()方法传入一个标签，那么该标签将包括在日志条目中

(续表)

方法	描述
dir()	将对象输出到控制台, 其成员可以在日志中展开或折叠
dirxml()	以 XML 或 JSON 格式输出对象的成员
error()	向日志中写入表示一条错误的条目。该方法支持字符串替换
group()	将条目写入控制台日志中, 从而启动一个新组。后续写入日志的条目将依次缩进。可以使用 groupEnd()方法结束当前组。此外, 组是可以嵌套的
groupCollapsed()	工作过程与 group()方法相类似, 只不过组是折叠的。如果想要查看后续条目, 必须展开组
groupEnd()	关闭当前组
info()	向控制台日志写入一条消息。该方法支持字符串替换
log()	该方法用于一般的日志记录。而诸如 error()、info()和 warn()之类的方法意味着更重要的级别(log()方法没有此含义)。该方法支持字符串替换
profile()	启动浏览器内置的分析工具。浏览器不同, 内置的分析工具也不相同
profileEnd()	停止当前的分析器
table()	在控制台中以表格的形式显示数据。数据必须是对象或者数组。如果是对象, 则以表格的形式显示其属性名和值。如果是数组, 则数组中的每个条目显示为一行。如果数组的内容是对象, 则针对每个对象属性使用单独的列。此外, 还可以指定表格中应该包括的属性
time()	启动一个秒表。使用 timeEnd()方法停止秒表并记录所用时间
timeEnd()	停止指定的秒表
timestamp()	向浏览器时间轴或分析工具中添加一个标记
trace()	将堆栈跟踪记录到控制台
warn()	向控制台日志写入一条警告条目。该方法支持字符串替换

元素继承

名称	继承
a	HTMLAnchorElement
abbr	HTMLElement
address	HTMLSpanElement
area	HTMLAreaElement
article	HTMLElement
aside	HTMLElement
audio	HTMLAudioElement
b	HTMLSpanElement

(续表)

名称	继承
base	HTMLBaseElement
bdi	HTMLElement
bdo	HTMLSpanElement
blockquote	HTMLQuoteElement
body	HTMLBodyElement
br	HTMLBRElement
button	HTMLButtonElement
canvas	HTMLCanvasElement
caption	HTMLTableCaptionElement
cite	HTMLSpanElement
code	HTMLSpanElement
col	HTMLTableColElement
colgroup	HTMLTableColElement
command	HTMLCommandElement
data	HTMLDataElement
datalist	HTMLDataListElement
dd	HTMLElement
del	HTMLModElement
details	HTMLDetailsElement
dfn	HTMLElement
div	HTMLDivElement
dl	HTMLDListElement
dt	HTMLSpanElement
em	HTMLSpanElement
embed	HTMLEmbedElement
fieldset	HTMLFieldSetElement
figcapture	HTMLElement
figure	HTMLElement
footer	HTMLElement
form	HTMLFormElement
h1	HTMLHeadingElement
h1	HTMLHeadingElement
h3	HTMLHeadingElement

(续表)

名称	继承
h4	HTMLHeadingElement
h5	HTMLHeadingElement
h6	HTMLHeadingElement
head	HTMLHeadElement
header	HTMLElement
hr	HTMLHRElement
html	HTMLHtmlElement
i	HTMLSpanElement
iframe	HTMLIFrameElement
img	HTMLImageElement
input	HTMLInputElement
ins	HTMLModElement
kbd	HTMLElement
label	HTMLLabelElement
legend	HTMLLegendElement
li	HTMLLIElement
link	HTMLLinkElement
main	HTMLElement
map	HTMLMapElement
mark	HTMLElement
menu	HTMLMenuElement
meta	HTMLMetaElement
meter	HTMLMeterElement
nav	HTMLElement
noscript	HTMLElement
object	HTMLObjectElement
ol	HTMLOListElement
optgroup	HTMLOptGroupElement
option	HTMLOptionElement
output	HTMLOutputElement
p	HTMLParagraphElement
param	HTMLParamElement
pre	HTMLPreElement

名称	继承
progress	HTMLProgressElement
q	HTMLQuoteElement
rp	HTMLElement
rt	HTMLElement
ruby	HTMLElement
s	HTMLElement
samp	HTMLElement
script	HTMLScriptElement
section	HTMLElement
select	HTMLSelectElement
small	HTMLElement
source	HTMLSourceElement
span	HTMLSpanElement
strong	HTMLElement
style	HTMLStyleElement
sub	HTMLElement
summary	HTMLElement
sup	HTMLElement
svg	SVGElement
table	HTMLTableElement
tbody	HTMLTableSectionElement
td	HTMLTableDataCellElement
template	HTMLTemplateElement
textarea	HTMLTextAreaElement
tfoot	HTMLTableSectionElement
th	HTMLTableHeaderCellElement
thead	HTMLTableSectionElement
time	HTMLTimeElement
title	HTMLTitleElement
tr	HTMLTableRowElement
track	HTMLTrackElement
u	HTMLSpanElement
ul	HTMLUListElement

名称	继承
var	HTMLElement
video	HTMLVideoElement
wbr	HTMLElement